机场鸟击防范系列丛书
民航局安全能力建设资助项目

机场净空技术与管理

吴 昊 施泽荣 白文娟 王 正 编著

合肥工业大学出版社

序

自古以来，人类对鸟类的飞行都有着极大的兴趣。“列子御风”“嫦娥奔月”，翱翔蓝天之梦，自古有之。随着社会的发展，人们对“腰缠十万贯，骑鹤下扬州”的憧憬之心，日渐浓厚，充分反映出古代人们对快捷、安全、舒适、美观的飞行器的向往与追求。一百多年前，飞机的发明给人类插上了“金翅膀”，使飞行成为一种抵挡不住的诱惑。

人类的飞行，比鸟类晚了1.5亿多年。随着科学技术的不断发展，人类终于可以与鸟类共游一片蓝天。然而，蔚蓝的天空并不平静，当飞机与鸟类同时使用同一空域时，鸟击灾害就发生了。据不完全统计：全世界民航业，每年有大约2万起不同程度的鸟击灾害发生，造成直接和间接经济损失约150亿美元。以美国为例，该国民航业每年因鸟击灾害导致直接经济损失约6.3亿美元、间接经济损失约25.2亿美元、飞机停场超过50万小时。鸟击灾害给人类造成了巨大的生命和财产损失，也带来了巨大的社会影响和心理压力。自20世纪50年代以来，全世界因鸟击造成的灾害共计：民航业有103架飞机损毁，706架飞机被击伤，3980人伤亡；军方有312架军机损毁，981架飞机损伤，396名飞行员伤亡（其中272人死亡、124人受伤）。更为严重的是，2005年美国“发现”号航天飞机升空时，燃料箱前端遭遇鸟击。因此，国际航空联合会（FAI）把鸟击灾害定为“A”级航空灾难。鸟击造成的灾害，也使人们在乘坐飞机时平添了几分心悸。

在人们的想象中，柔弱的小鸟与飞机相撞是以卵击石，而事实绝非如此。飞机真的害怕小鸟，鸟击飞机的威力非同一般。据测定，一只800g的小鸟，在飞机相对速度为300～500km/h时撞击飞机，就相当于一枚小型炮弹击中飞机。一只小鸟如果被吸进发动机，就会使进气道阻塞或打断涡轮叶片，导致空中停车、失火或操纵失控，造成灾难事故。

鸟击灾害并非是个新问题，早在1912年，美国人卡尔·罗杰斯（Kari

Rogers）驾机飞越美洲大陆时，就因鸟击导致坠机身亡。随后，为防止鸟击灾害的发生，飞机设计专家做了大量改进。但是，喷气发动机时代的到来，进一步加剧了鸟击灾害的发生。因为，早期飞机的活塞式发动机噪音大、速度慢，鸟类在空中还来得及避让飞机，即使发生鸟击灾害其损失也比较小，然而，现代喷气式飞机的速度快、噪音小、体型大，发动机的涡轮叶片与螺旋桨极易受到鸟击而遭损坏。因此，如何减控鸟击灾害的发生，确保飞行安全，已成为各国政府共同关心的一个大问题。

随着航空业的快速发展，鸟击灾害问题被列入航空业的议事日程，因地制宜地制定综合防治与控制措施，坚持“以防为主，防治并举，土洋结合，经济有效”的原则，“治早、治小、治了”，及时清除鸟击带来的飞行安全隐患，已成为全人类的基本共识。目前，摆在我们面前的现实是，机场上空和地面上的鸟类及其他有害生物，已成为飞行安全的大敌。因此，要防止鸟击灾害、确保飞行安全，就不能等到事故发生了才仓促应对，而要“以防为主”，打主动仗，在鸟类迁徙、集群、繁殖、扩散及活动峰值期，做好防控工作。也就是说，不但要认识防治对象，熟悉防控措施，还要掌握相应的鸟类及其他有害生物的活动规律，通过系统的调查研究和周密的计算分析，综合各种信息来预测（判断）鸟击灾害发生的高峰期、发生数量以及可能受到危害的航线、机种、飞行高度等。只有做到“知己知彼”，才能取得最佳的防治效果。鸟击灾害基础理论的研究工作，是我国鸟击灾害防治工作的基础，是减控鸟击灾害的重要环节，是保证飞机安全起降的重要工作。

在机场鸟击灾害防治工作中，我们要建立一支以机场专业人员为主的鸟击防灾专业队伍，广泛开展鸟击防范基础理论的研究工作，形成特有的鸟击防范理论体系和防灾综合治理模式，从而及时、有效地防治鸟击灾害的发生，为飞行安全做出贡献。

机场鸟击防范是一项崭新的、前所未有的工作，与气象、地质、害虫等自然灾害相比，鸟击防范没有完整的理论体系，缺乏先进的仪器设备，缺乏专业技术人才，更没有深厚的理论基础积淀。可以说，机场鸟击防范工作，国内外起步都很晚，在理论体系的建设、应用技术的研究开发以及人才培养等方面都是白手起家。为开拓这一新的领域，广州民航职业技术学院的教师们抓住机遇，率先协同相关专家学者进行深入探讨与研究。首先，从基础理论体系建设

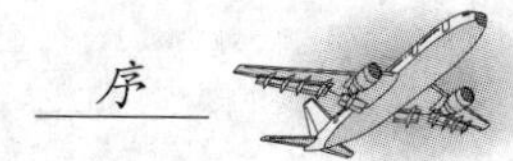

入手，针对机场鸟击灾害的特点，编写出一套综合性的“机场鸟击防范系列丛书”，初步形成了较为完整的理论体系；其次，以全国不同生态、不同区域的民用和军用机场为研究基地，为培养鸟击防范专业技术人才，建立了一套鸟击防范综合治理模式；再次，利用现代雷达扫描技术，研究航空鸟击灾害预测预报与控制技术。

“机场鸟击防范系列丛书”让我耳目一新，特别是《鸟击防灾预测与预报技术》。据我了解，目前国内外尚无他人开展这一领域的系统研究，这是一种创新和探索。该系列丛书的出版，为我国在鸟击防范工作理论体系建设方面抢占世界理论研究和实践的制高点创造了条件，并且首开先河，开拓思路，为后续研究夯实了基础。该系列丛书既有比较深厚的理论基础，又有丰富的实践案例，图文并茂，通俗易懂，集科学性、实用性、可读性于一体。由于时间等诸多原因，该系列丛书不够完善，甚至有不少疏漏之处，尽管如此，仍希望其能得到相关专家学者和同行的批评、指正；同时，也期盼更多的同仁及有兴趣的人士能够了解、支持并加入这一研究领域，为提升我国机场鸟击防范技术水平，实现有效治理做出贡献。毋庸置疑，该丛书必将对我国鸟击防范工作起到积极的指导和促进作用。可以说，它是一套具有科研参考价值和教学实用价值的好书，这是我在阅读该丛书后的观感，也是欣然为序的原因。相信广大读者读后也会有同感。

希望本套丛书的出版能进一步推动我国民航、军用机场鸟击防范工作的进步，使鸟击防范理论研究、新技术应用及鸟击防范人才培养工作，走在世界的前列。

广州民航职业技术学院院长 吴万敏

二〇一五年五月十八日

目　录

绪 论

机场净空保护，就是指在机场区域创造一个适航、安全的净空空域。在这一空域中，既没有超高的固定障碍物，也没有电磁干扰以及鸟类、漂浮物、烟雾、粉尘、灯光、施工机械、车辆等影响飞行安全的事物。狭义上则主要是对机场周边影响飞行安全的障碍物进行高度控制。从影响安全运行的角度来说，障碍物、鸟类、升空物体、电磁等都是同样具有危险性的，因此都是净空管理的主要内容。

随着城镇建设步伐的加快，高层建筑、粉尘、灯光对机场净空环境的影响日渐严重；同时，高压输电线、电气化铁路、大型工业设备等产生的无线信号以及非法的无线电台（站）等对机场电磁环境的威胁也越来越突出。由机场所在地地区民用航空管理机构和有关地方人民政府划定民用机场净空保护区域，由机场所在地地方无线电管理机构会同地区民用航空管理机构确定民用机场电磁环境保护区域。民用航空管理部门和机场管理机构应当加强对民用机场净空状况的核查。机场所在地县级以上地方人民政府也应当及时采取有效措施，消除对飞行安全的影响；民用航空无线电专用频率受到干扰时，机场管理机构和民用航空管理部门应当立即采取排查措施，及时消除干扰。同时，还明确规定禁止在净空保护区域内从事排放大量烟雾、粉尘、火焰、废气等影响飞行安全的物质，放飞影响飞行安全的鸟类，修建靶场、强烈爆炸物仓库等活动，禁止在电磁环境保护区域内从事修建架空高压输电线、架空金属线，存放金属堆积物等活动。

对于在净空保护区域内从事的特定活动提出了相应的要求，例如，县级以上地方人民政府审批民用机场净空保护区域内的建设项目，应当书面征求民用机场所在地地区民用航空管理机构的意见；在民用机场净空保护区域内设置 22 万伏及以上的高压输电塔的，应当按照国务院民用航空主管部门的有关规定设置障碍灯或者标志，并向相关监管部门和机场管理机构提供有关资料；在民用机场电磁环境保护区域内设置、使用非民用航空无线电台（站）的，无线电管理机构应当在征求民用机场所在地地区民用航空管理机构的意见后，按照国家无线电管理的有关规定审批。

第一章 民用机场基础知识

第一节 机场与终端区

飞行区的概念是指机场供飞机起飞、着陆、滑行和停放使用的场地和近空空域，包括升降带、跑道端安全区、滑行道、机坪和机场净空。

一、机场

1903 年飞机出现的时候还没有机场的概念，当时飞机直接在平整的土地或草地上起飞和降落。第一个机场是 1910 年在德国出现的，这个机场使用的是一片划定的草地，由几个人管理飞机的起飞和降落，使用简易帐篷来存放飞机。1919 年后，随着航空运输的发展，欧洲开始建立最初的民用航线，机场开始大量建立起来。经过几十年的发展，机场越来越先进，由过去简易跑道发展到混凝土浇筑的跑道系统；机场所提供的服务越来越全面，空管、通信、安全等保障系统都建立起来了；同时，社会对机场的要求也越来越高。

国际民航组织在国际民航公约附件 14《机场设计与运行》中给出的机场定义是："陆地或水面上供飞机起飞、着陆和地面活动使用的划定区域，包括各种建筑物、装置和设施。"机场的分类方法较多，比较常见的是按机场服务对象、航线性质和航线布局进行分类。根据服务对象，机场可分为民用运输机场、通用航空机场、工厂用机场（研制和试飞）、学校用机场（培训）和军用机场。

机场作为航空器运行的始点或终点，首先必须满足航空器的起飞和降落。此外，还必须提供相应的人员和服务空间。我们主要以民用运输机场来介绍组成部分，民用运输机场主要由飞行区、旅客航站区、货运区、机务维修区、供油设施、空中交通管制设施、安全保卫设施、救援和消防设施、行政办公区、生活区、生产辅助设施、后勤保障设施、地面交通设施及机场空域等组成。也可以分为空侧（Air Side）和陆侧（Land Side）两部分。空侧指飞行区，陆侧也称为地面运输区，包括机场进入通道、机场外停车场和机场内部通道系统。

图 1－1 为机场平面图，可以从图中看到跑道、升降带、净空道、滑行道、停机坪、航站楼、机坪、货机坪、助航灯光等相应的位置。

（一）飞行区

机场飞行区为飞机地面活动及停放提供适应飞机特性要求和保证运行安全的构筑物的统称，包括：跑道及升降带、滑行道、停机坪、地面标志、灯光助航设施及排水系统，目前常直接使用机场飞行区等级指称机场等级。飞行区等级并不直接与机场跑道长度、宽度

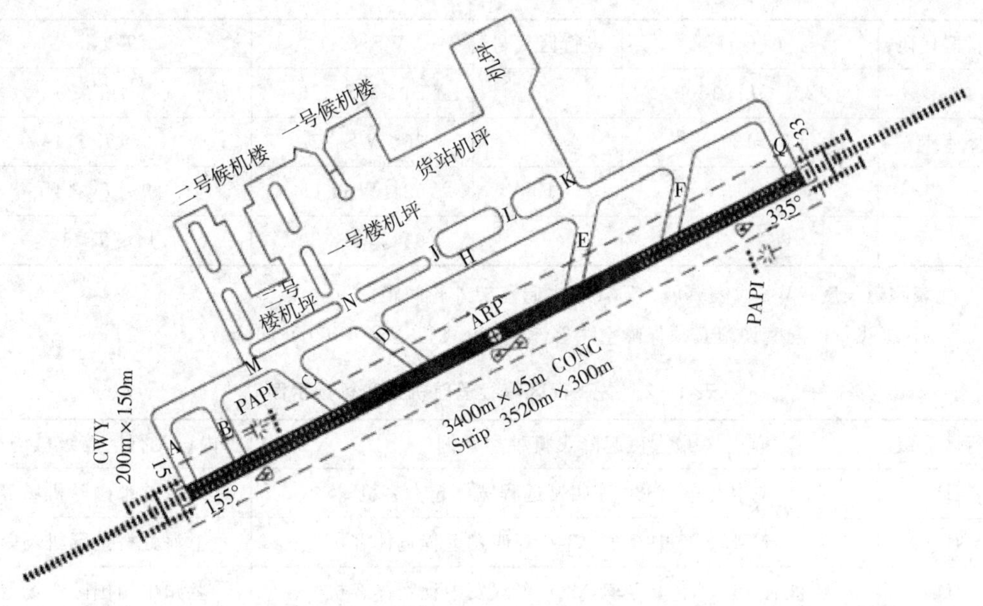

图 1-1 机场平面图

等同，还与道面强度、道面摩擦力等相关，这些具体用道面等级序号 PCN 与飞机等级序号 ACN 指称。飞行区等级可以向下兼容，例如我国机场最常见的 4E 级飞行区常常用来起降国内航班最常见的 4C 级飞机（如波音 737、空中客车 A320 等），飞机一般使用跑道长度一半以下（约 1500m）即可离地起飞或使用联络道快速脱离跑道。在天气与跑道长度允许的情况下偶尔可在低等级飞行区起降高等级飞机，例如我国大部分 4E 级机场均可以减载起降 4F 级的空中客车 A380 飞机，但这会造成跑道寿命降低，并需要在起降后人工检查跑道道面。增加跑道长度有利于降落时在气象条件不佳、刹车反推失效或错过最佳接地点的情况下避免冲出跑道，亦有利于在紧急中断起飞的情况下利用剩余跑道长度减速刹车。增加跑道宽度有利于在滑跑偏离跑道中心线的情况下有较大修正余地，避免飞机冲出跑道。表 1-1 为飞行区等级代码。

飞行区各项构筑物的技术要求和飞机的特性有关，我国采用航空民航标准 MH 5001-2000《民用机场飞行区技术标准》加以规范。国际民航组织和中国民用航空局用飞行区等级指标Ⅰ和Ⅱ将有关飞行区机场特性的许多规定和飞机特性联系起来，从而为在该飞机场运行的飞机提供适合的设施。飞行区等级指标Ⅰ根据使用该飞行区的最大飞机的基准飞行场地长度确定，共分 4 个等级；飞行区等级指标Ⅱ根据使用该飞行区的最大飞机翼展和主起落架外轮间距确定，共分 6 个等级。表 1-2 为各飞行区等级适航机型和机场示例。

表 1-1 飞行区等级代码

飞行区代码	L（m）	飞行区代号	WS（m）	T（m）
1	$L<800$	A	WS<15	$T<4.5$
2	$800\leqslant L<1200$	B	15⩽WS<24	$4.5\leqslant T<6$

（续表）

飞行区代码	L（m）	飞行区代号	WS（m）	T（m）
3	1200≤L<1800	C	24≤WS<36	6≤T<9
4	L≥1800	D	36≤WS<52	9≤T<14
		E	52≤WS<65	9≤T<14
		F	65≤WS<80	14≤T<16

L 代表跑道长度；WS 代表翼展；T 代表主起落架外轮间距。

注：4F 级飞行区配套设施必须保障空中客车 A380 飞机全重（560t）起降。

表 1-2　各飞行区等级适航机型和机场示例

飞行区等级	最大可起降飞机种类举例	国内该飞行区等级机场举例
4F	空中客车 A380 等四发远程宽体超大客机	北京首都国际机场等
4E	波音 747、空中客车 A340 等四发远程宽体客机	上海虹桥国际机场等
4D	波音 767、空中客车 A300 等双发中程宽体客机	兰州中川国际机场等
4C	波音 737、空中客车 A320 等双发中程窄体客机	盐城南洋机场等
3C	波音 733、ERJ、ARJ、CRJ 等中短程支线客机	内蒙古乌海机场等

目前我国大部分直辖市、省级行政中心城市机场均为 4E 级飞行区级别，北京首都、上海浦东和广州白云机场为 4F 级。另外，厦门高崎、大连周水子、宁波栎社、深圳宝安、青岛流亭、珠海三灶、三亚凤凰、桂林两江等机场也为 4E 飞行区级别。

（二）跑道

对于机场来说，跑道首先要满足航行容量需求，即数量要够；其次，跑道要保证飞机起降安全，即要满足适航技术要求。为此，机场跑道必须在几何特性（方位、长度、宽度、坡度）、物理特性（道面强度、表面功能、完好性）两个方面满足机场技术标准。

（三）升降带

飞行区内必须设置升降带（图 1-2）。升降带应包含跑道及停止道（当设置时）。升降带长度应自跑道端（当设置停止道时应自停止道端）向外延伸：飞行区等级 I 为 2、3 或 4 时至少延伸 60m；飞行区指标 I 为 1 并为仪表跑道时，延伸 60m；飞行区指标 I 为 1 并为非仪表跑道时，延伸 30m。升降带宽度规定：含有精密进近跑道的升降带，只要实际可行，必须沿升级带的全长，从跑道中线及其延长线每侧横向延伸至少下述距离：基准等级为 3 或 4 的，延伸 150m；基准等级为 1 或 2 的，延伸 75m。

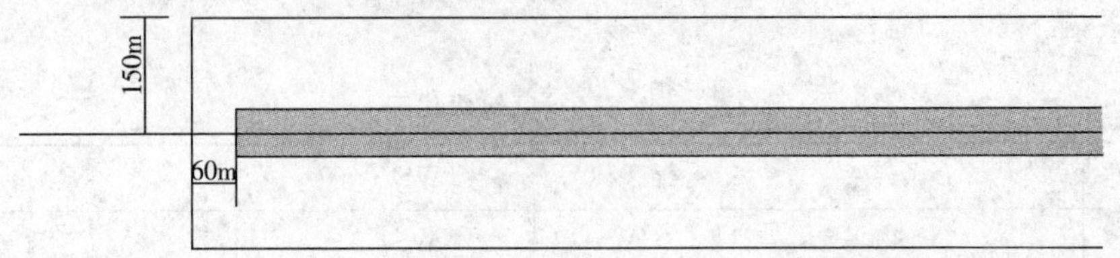

图 1-2　升降带示意图（飞行区等级 I 为 4，仪表跑道）

跑道两端的升降带土面区，主要用于保证飞机在起飞、着陆滑跑过程中一旦偏出跑道时的安全。除了为保证飞行安全所必须的并符合易折要求的助航设备外，升降带在下列范围（表1－3）内不应有任何危及飞行安全的固定物体和运动物体。

表1－3 不同跑道对应的升降带长度和宽度

跑道类别	距 离	飞行区指标Ⅰ			
		1	2	3	4
非仪表跑道	距跑道端点水平距离（m）	30	60	60	60
	距跑道中心线垂直距离（m）	30	40	75	75
仪表跑道	距跑道端点水平距离（m）	60	60	60	60
	距跑道中心线垂直距离（m）	75	75	150	150

二、终端区

机场是空中交通网络中的节点，从一个机场到另一个机场之间飞行的航班将各机场联系在一起，形成了空中交通网络。航空器的飞行活动是空中交通管理的主要对象。航空器从始发机场起飞往目的机场降落，都要经历离场过程、航路飞行、进场过程三个不同阶段，不同的管制区负责不同的飞行阶段，图1－3为航空器飞行过程图，图1－4为航空器进离场平面图。为了能更好地进行空域管理，更好地提供空中交通服务，将空域划设为不同组成单元，不同单元提供相应的空中交通服务。

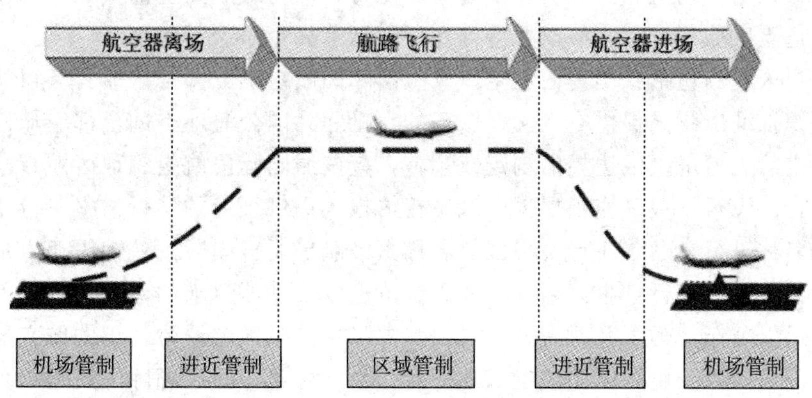

图1－3 航空器飞行过程图

空中交通服务是空中交通管理的主要内容，包括空中交通管制服务、飞行情报服务和告警服务。空中交通管制服务的任务是防止航空器与航空器相撞以及在机动区内航空器与障碍物相撞，维护并加速空中交通的有序活动。飞行情报服务的任务是向飞行中的航空器提供有助于安全和高效地实施飞行的建议和情报。告警服务的任务是向有关机构发出需要搜寻与援救航空器的通知，并根据需要协调该机构或者协调该项工作的进行。

确定需要提供空中交通服务后，应当根据所需提供的空中交通服务类型设立相应的空中交通服务区域。空中交通服务区域包括飞行情报区、管制区（高空管制区、中低空管制区、终端管制区、进近管制区、机场塔台管制区）航路和航线。

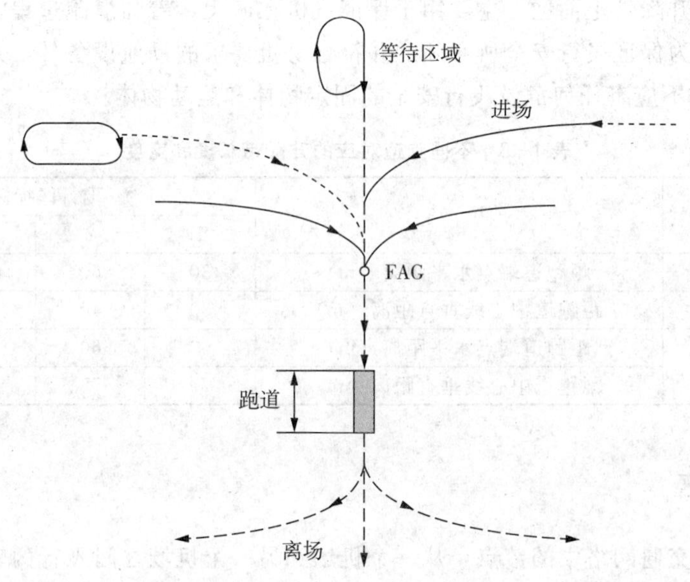

图 1-4　航空器进离场平面图

（一）飞行情报区

飞行情报区（Flight Information Region）：是为提供飞行情报服务和告警服务而划设的空间。飞行情报区内的飞行情报服务工作由该区飞行情报部门承担或由指定的单位负责。这些情报包括机场状态、导航设备的服务能力、机场或航路上的气象、高度表拨正值调定、有关危险区域、航空表演以及特殊飞行限制等。

飞行情报区应当包括我国境内上空以及由国际民航组织亚太地区航行会议协议，并经国际民航组织批准由我国提供空中交通服务的，毗邻我国公海上空的全部空域以及航路结构。公海上空的飞行情报区边界的划定或调整，应按照国际民航组织地区航行会议协议的有关要求进行。飞行情报区应当根据向该飞行情报区提供服务的飞行情报单位或者指定的其他单位的名称进行命名。飞行情报区的名称由民航局通报国际民航组织亚太地区办事处并协调确定其代码。飞行情报区名称、代码、范围以及其他要求的信息应当按照航行情报发布的规定予以公布。为了及时有效地对在我国飞行情报区内遇险失事的航空器进行搜寻救援，在我国境内以及由国际民航组织地区航行会议协议，并经国际民航组织批准由我国提供空中交通服务的海域上空划设搜寻救援区，搜寻救援区的范围和飞行情报的范围相同。

我国境内和国际民航组织批准的由我国提供飞行情报服务的公海范围内，共划分成11个飞行情报区，分别是：北京、上海、广州、昆明、武汉、兰州、沈阳、乌鲁木齐、三亚、香港和台北11个飞行情报区。

（二）管制区

管制空域应当根据所划空域内的航路结构和通信、导航、气象、监视能力进行划分，以便对所划空域内的航空器飞行提供有效的空中交通管制服务。

我国在航路、航线地带和民用机场区域设置高空管制区、中低空管制区、终端（进近）管制区和机场塔台管制区。通常情况下，高空管制区、中低空管制区、终端（进近）

管制区和机场塔台管制区内的空域分别为 A、B、C、D 四种类型（图 1-6）。

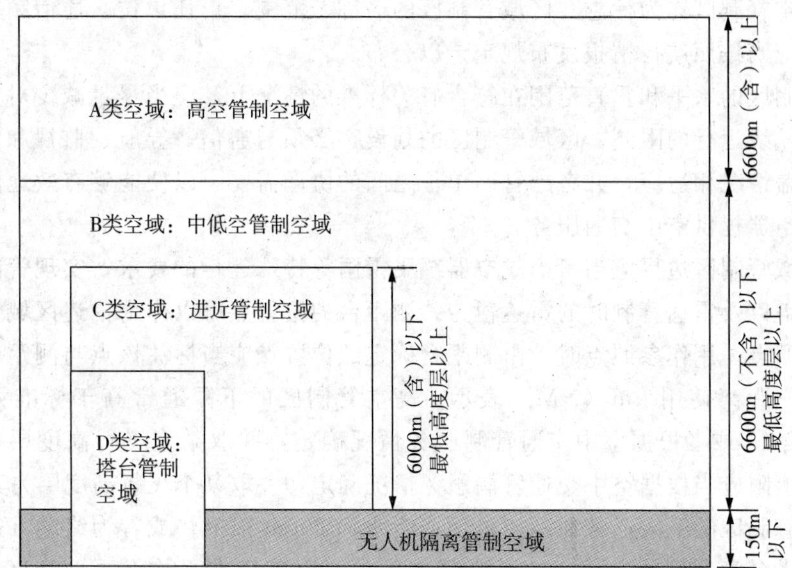

图 1-5　空域垂直划分示意图

A 类空域为高空管制空域。在我国境内 6600m（含）以上的空间，划分为若干个高空管制空域，在此空域内飞行的航空器必须按照仪表飞行规则飞行并接收空中交通管制服务。我国共有高空管制区域 27 个。

B 类空域为中低空管制空域。在我国境内 6600m（不含）以下最低高度层以上的空间划分为若干个中低空管制空域。我国中低空管制区共计 28 个，其中 27 个由相应的高空管制区兼负。

C 类空域为终端（进近）管制空域。通常设置在一个或几个机场附近的航路汇合处，便于进场和离场飞行的民用航空器飞行。它是中低空管制空域与塔台管制空域之间的连接部分，其垂直范围通常在 6000m（含）以下最低高度层以上；水平范围通常为半径 50km 或走廊进出口以内的除机场塔台管制范围以外的空间。我国进近管制区共计 15 个，分别是长春、北京、上海、南京、杭州、福州、广州、汕头、重庆、昆明、温州、厦门、成都、海口、湛江。

D 类空域为塔台管制空域。通常包括起落航线和最后进近定位点之后的航线以及第一个等待高度层（含）以下地球表面的空间和机场机动区。在此类空域内飞行的航空器可以按照仪表飞行规则飞行，并接受空中交通管制服务。对符合目视气象条件的，经航空器驾驶员申请，并经塔台管制员批准，可以按照目视规则飞行，并接受空中交通管制服务。

高空管制区和中低空管制区统称为区域管制区。区域管制区的范围应当包含按照仪表飞行规则运行的所有航路和航线，以及仪表等待航线区域和空中放油区等特殊飞行区域，但是终端（进近）管制区和机场塔台管制区除外。

高空管制区内提供空中交通服务的空域通常为 A 类空域；在包含其他类型空域的情形下，应当明确其空域类型和范围。中低空管制区内提供空中交通服务的空域通常为 B 类空域；在包含其他类型空域的情景下，应当明确其空域类型和范围。

区域管制区应当以向该区域提供管制服务的空中交通管制单位所在城市的名称加上高空或者中低空管制区作为标志。区域管制区的名称、范围、责任单位、通信频率以及其他要求的信息应当按照航行情报发布规定予以公布。

区域管制区的水平和垂直范围在符合有关标准的情况下，应当尽量减少对空中交通服务和航路、航线运行的限制。区域管制区的划设，必须与通信、导航、监视和气象等设施的建设和覆盖情况相适应，并考虑管制单位之间的协调需要，以便能够有效地向区域内所有飞行的航空器提供空中交通服务。

确定区域管制区边界应当考虑航空器绕飞雷雨等特殊运行的要求，实现管制移交点附近的通信覆盖以及雷达管制时的雷达覆盖。测距台的位置点可以作为描述区域管制区边界时的重要参照点。用作参照点时，由测距台确定的位置点应当标注该点与测距台之间的距离。标注时，距离使用 km（NM）表示。高空管制区的下限通常高于标准大气压高度 6000m（不含），或者根据空中交通管制服务情况确定，并取某个飞行高度层为其值。高空管制区的上限应当根据空中交通管制服务情况确定，并取某个飞行高度层为其值。

中低空管制区的下限通常在距离地面或者水面 200m 以上，或者为终端（进近）管制区或者机场塔台管制区的上限；中低空管制区的下限确定在平均海平面高度 900m 以上的，则应取某个飞行高度层为其值。中低空管制区的上限通常衔接高空管制区的下限；其上方未设高空管制区的，应当根据空中交通管制服务情况确定其上限，并取某个飞行高度层为其值。区域管制区可以根据区域内的空中交通流量、管制员工作负荷以及地空通信的繁忙程度，划设管制扇区。

（三）终端（进近）管制区

机场附近进场和离场航线飞行比较复杂，一个或几个邻近机场全年总起降架次超过 36000 架次，应当考虑设立终端或者进近管制区，以便为进场、离场飞行的航空器提供安全、高效的空中交通管制服务。

通常情况下，终端管制区同时为 2 个或者 2 个以上机场的进场和离场飞行提供进近管制服务，进近管制区仅为一个机场的进场和离场飞行提供进近管制服务。

终端（进近）管制区应当包含仪表着陆、起飞及必要的等待空域。起始进近阶段的选择与终端（进近）管制区设计应当协调一致，尽量减少对空域的需要。终端（进近）管制区的水平和垂直范围在符合有关标准的情况下，应当尽量减少对空中交通服务和航路、航线运行的限制。

终端（进近）管制区的划设，应当与通信、导航、监视和气象等设施的建设和覆盖情况相适应，并考虑管制单位之间的协调需要，以便能够有效地向区域内所有飞行的航空器提供管制服务。

终端（进近）管制区的设计应当满足飞行程序设计的要求，并兼顾航路或者航线飞行阶段与进近场飞行的衔接。特殊情况下，终端（进近）管制区也可以包含部分飞越的航路、航线，或者将部分进离场航线交由区域管制负责。

测距台的位置可以作为终端（进近）管辖区设计的参照点，测距台的距离值必须在图上予以标注，标注时，距离使用 km（NM）表示。终端（进近）管辖区边界的设置应当尽量避免出现以下情形：管辖区边界划设在航路或者航线的侧向缓冲区内；航路、航线飞

行与进离场飞行之间的空间界定模糊，导致飞越航空器与进离场航空器的飞行高度相互穿插；航路、航线短距离穿越某终端（进近）管辖区，导致管制移交频繁；管制区边界设置在航空器爬升或者下降阶段的航路、航线上，导致在爬升或者下降阶段进行管制移交；来自几个管制区的条条航路、航线的汇聚点距离管制区边界较近，增加汇聚点附近管制工作的高度。

终端（进近）管制区的下限通常应当在距离地面或者水面200m以上，或者为机场塔台管制区的上限。如果终端（进近）管制区内存在弧半径为13km的机场管制地带，则终端（进近）管制区的下限应当在地面或者水面450m以上。如果终端（进近）管制区的下限确定在平均海平面高度900m以上，则应当取某个飞行高度层为其值。终端（进近）管制区的上限通常不超过标准大气压高度6000m，并应当取某个飞行高度层为其值。

终端（进近）管制区的外围边界呈阶梯状的，确定其外围边界是应当考虑终端（进近）管制区内的最小爬升梯度、机场标高、机场管制地带的半径、管理区阶梯状外围边界是否与机场周围空域和地理环境相适应并符合有关的安全标准。

终端（进近）管制区阶梯状外围边界应当按照下列规定确定：①机场管制地带外围边界至外侧20km，若管制地带半径为10km，则阶梯最低高为300m，若管制地带半径为13km，则阶梯最低高为450m；②机场管制地带外围边界向外20～30km，阶梯最低高为750m；③机场管制地带外围边界向外30～40km，阶梯最低高为1050m；④机场管理地带外围边界向外40～60km，阶梯最低高为1350m；⑤机场管制地带外围边界向外60～120km，阶梯最低高为2250m；⑥机场管制地带外围边界向外120～180km，阶梯最低高为3900m；⑦机场管制地带外围边界向外180～240km，阶梯最低高为5100m。

上述阶梯最低高的参照面为机场跑道。在阶梯最低高加上机场标高超过机场过渡高度时，应当将其转换为相应的标准大气压高度。对外公布时，还应当根据机场过渡高或者过渡高度和过渡高度层的设置，将有关高度数据转换为相应的气压面高度。

终端（进近）管制区根据区域内的空中交通管制流量、管制员工作负荷以及地空通信繁忙程度，划设管制扇区。

终端（进近）管制区内提供空中交通管制服务的空域通常为C类空域，包含其他类型空域的，应当明确其空域类型和范围。

（四）机场管制地带和塔台管制区

（1）民用机场应当根据机场及其附近空中飞行活动的情况建立机场管制地带，以便在机场附近空域内建立安全、顺畅的空中交通秩序。一个机场管制地带可以包括一个机场，也可以包括2个或者2个以上位置紧靠的机场。

（2）机场管制地带应当包括所有不在管制区内的仪表进离场航线，并考虑机场能够运行所有类型航空器的不同性能要求。划设机场管制地带，不得影响不在机场管制地带内附近机场的飞行活动。

（3）机场管制地带通常是圆形或者椭圆形的；但是如果只有一条跑道或者是为了方便目视推测领航面利用显著地标来描述机场管制地带的，也可以是多边形的。

（4）划设机场管制地带，通常应当选择机场基准点作为管制地带的基准点。在导航设施距离机场基准点小于1km时，也可以以该导航设施的位置点作为管制地带的基准点。

(5) 机场管制地带的水平边界通常按照下列办法确定:

对于可供D类和D类以上航空器使用的机场，如果为单跑道机场，则机场管制地带为以跑道两端入口为圆心、13km为半径的弧，和与两条弧线相切的跑道的平行线围成的区域；如果为多条跑道机场，则机场管制地带为以所有跑道的两端入口为圆心、13km为半径的弧，及相邻弧线之间的切线围成的区域。该区域应当包含以机场管制地带基准点为圆心、半径为13km的圆。如果因此使得跑道入口为圆心的弧的半径大于13km，则应当向上取值为0.5km的最小整倍数。

对于仅供C类和C类以下航空器使用的机场，其机场管制地带水平边界的确定方法与上述相同。但是，此处以跑道两端入口为圆心的弧的半径以及应当包含的以机场管制地带基准点为圆心的圆的半径应当为10km。

对于仅供B类和B类以下的航空器使用的机场，其机场管制地带的水平边界是以机场管制地带基准点为圆心、以10km为半径的圆。

对于需要建立特殊进近运行程序的机场，其机场管制地带的水平边界可以根据需要适当放宽。

(6) 机场管制地带的下限应当为地面或者水面，上限通常为终端（进近）管制区或者区域管制区的下限。如果机场管制地带的上限需要高于终端（进近）管制区或者区域管制区的下限，或者机场管制地带位于终端（进近）管制区或者区域管制区的水平范围以外，则机场管制地带的上限应当取某个飞行高度层为其值。

(7) 机场管制地带提供空中交通管制服务的空域应当设置为D类空域。

(8) 机场管制地带通常应当使用机场名称加上机场管制地带命名。机场管制地带的名称、范围、空域类型以及其他要求的信息，应当按照航行情报发布规定予以公布。

(9) 为保护机场附近空中交通的安全，在机场净空保护区域以外机场管制地道边界内施放无人驾驶自由气球，施放气球的单位或者个人应当征得机场空中交通管制单位的同意。

(10) 设立管制塔台的机场应当划设机场塔台的管辖区。机场塔台管制区应当包含机场管制地带，如果机场在终端（进近）管制区的水平范围内，则机场塔台管制区的范围通常与机场管制地带的范围一致。机场塔台管制区的范围与机场管制地带的范围不一致，应当明确机场管制地带以外空域的类型。

(11) 机场塔台管制区通常应当使用机场名称加上塔台管制区命名。机场塔台管制区的名称、范围、责任单位、通信频率、空域类型以及其他要求的信息，应当按照航行情报发布规定予以公布。

(五) 终端区内的飞行

在终端区内，对于实施进近飞行的航空器，在进入终端区区域前，航空器必须把速度和高度调整到规定的范围内，从各个管制单位之间指定的移交点进入终端区区域。在终端区区域范围内，航空器按照事先规定的进场航线（标准仪表进近程序）飞向起始进近点开始进近飞行。起始进近点主要用于理顺航路与机场运行路线之间的关系，提高运行效益，维护空中交通秩序，保证空中交通顺畅，一般在飞行流量较大的机场设置这一航段。航空器从起始进近点开始，按照一定的减速程序减小速度并降低航空器的高度，直至按照规定

的高度到达最后进近点同时继续将航空器速度调整到规定的范围并开始最后进近飞行。在最后进近飞行阶段，航空器按照常规飞行程序降落在跑道上，除非航空器放弃进近着陆，否则管制员通常不允许改变航空器的速度、高度或者作一些机动飞行。假如航空器进近着陆失败，它需要按照事先规定的复飞程序进行复飞。

具体来讲，终端区的进近飞行大致可以分为以下五个阶段：

1. 进场航段

指航空器从进入终端区区域后到到达起始进近点之前的飞行过程，这一飞行过程有如下几个特点：

（1）航空器根据管制人员的指令，可以使用终端区区域内可以使用的任意一个高度层，但是应尽量避免飞行高度的忽高忽低，尽量保证航空器飞行高度改变的连续性。

（2）在同一航迹上，位于不同飞行高度层的航空器之间可以相互超越。

（3）位于不同高度层上的航空器在到达起始进近点时必须将高度调整到规定的起始进近高度，与此同时还要进行调速并在到达起始进近定位点时达到规定的起始进近速度。如果航空器在这以前的航段上使用的是垂直间隔而非水平间隔，那么在航空器到达起始进近点前必须对它们进行排序，拉开航空器之间的水平间隔以保证安全。

2. 起始进近阶段

指从起始进近点到中间定位点或最后进近定位点之间的飞行过程，它主要用于调整航空器下降高度并通过一定的机动飞行完成对准中间或最后进近航段。在仪表进近程序中，起始进近具有很大的机动性，一个仪表进近程序可以建立一个以上的起始进近程序，但是其数量应按空中交通流向或其他航行要求加以限制。当中间进近定位点同时是个航路点时，就没有必要规定起始进近航段，仪表进近程序就从中间进近定位点开始并使用中间航段的准则。

这一阶段的飞行主要有如下几个特点：

（1）航空器按照管制员的指令和规定的进近程序调整下降高度并且作一些必要的机动飞行，以便在规定的高度上切入五边进近航段。

（2）在此阶段内，航空器之间的间隔一般不通过各个高度层来配置，即假设所有航空终端区内的飞行过程在终端区内，对于实施进近飞行的航空器，在进入终端区区域前，航空器必须把速度和高度调整到规定的范围内，从各个管制单位之间指定的移交点进入终端区区域。在终端区区域范围内，航空器按照事先规定的进场航线（标准仪表进近程序）飞向起始进近均只有一个高度层可以使用。

（3）调整航空器的飞行姿态、降低高度和速度到规定的数值。

（4）如果不同的进场航线之间有交叉的情况，那么需要在该阶段调整航空器间的水平间隔，以避免交叉点处的冲突。

3. 中间进近阶段

指从中间定位点到最后进近定位点之间的航段。在这一阶段，航空器飞行的主要特点包括：

（1）航空器在该阶段对形态和速度进行调整，并使其稳定飞行在航向道上，以便进入最后进近航段。

（2）在该阶段，航空器一般不下降高度，速度方面也仅仅做微小的调整。

4. 最后进近阶段

指从最后进近定位点开始一直到航空器下降着陆，其仪表飞行部分是从最后进近定位点开始，至复飞点为止。其目视飞行部分可以向跑道作直线进入着陆，或向机场作目视盘旋进近。

该阶段飞行过程的主要特点是：

（1）航空器不论机型，都要按照规定的起始进近速度和高度进场着陆。

（2）着陆的航空器之间不论高度，必须保持规定的尾流间隔和雷达间隔。

（3）假如航空器着陆失败，需要按照复飞程序进行复飞。

5. 终端区内的离场飞行

与航空器的进场飞行相比，航空器在终端区内的离场飞行则显得相对简单。在航空器得到管制员起飞许可的指令后，航空器从机场起飞后会一直上升高度，当航空器上升到一特定的高度并且在雷达屏幕上被识别后，管制员通常会向航空器发出进一步的指令，以便航空器在管制员的指挥下安全离场。当航空器到达管制区间的管制移交点时，管制员会按照管制单位之间的协议进行移交，然后航空器通常按照移交高度过交接点进入相邻的管制区。

第二节　航空器起飞阶段

飞机的起飞过程包括起飞段和起飞爬升段，起飞段是从跑道端滑跑开始，到离地35ft，完成起飞阶段。包括了正常起飞情况、一发失效继续起飞和一发失效中断起飞三种情况。起飞爬升段是从高度35ft开始，到起飞全过程完成，即爬升到离地面高度不低于450m，如图1-6所示。

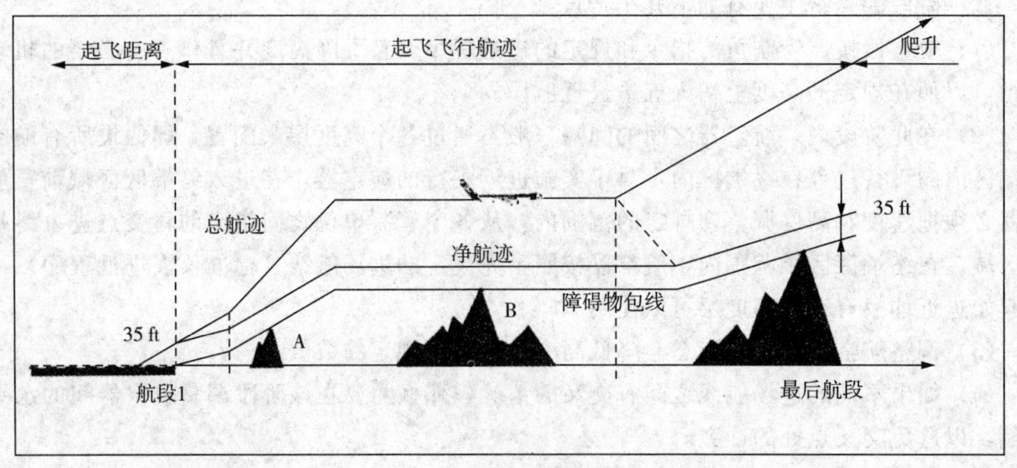

图1-6　飞机起飞爬升过程

一、起飞段

飞机在起飞过程中有可能发生一台（或数台）发动机突然停车。因此，飞机的起飞可能遇到三种基本情况：全部发动机工作正常起飞；一台发动机失效继续起飞；一台发动机

失效中断起飞。此外，也可能发生全部发动机正常工作而中断起飞的情况。

（一）全部发动机工作正常起飞

如图 1－7 所示，在这种情况下，飞机在跑道的起始端，发动机加速到起飞状态，松开刹车并开始加速滑跑，当飞机滑跑速度达到抬前轮速度 V_R 时，驾驶员利用了升降舵将机头上仰，前轮抬起离地；当速度达到离地速度 V_{LO} 时，飞机的升力足够举起飞机的重量，飞机离地；飞机紧接着拉起爬升，当达到起飞安全速度 V_2 与起飞安全高度 10.7m（35ft）时，完成起飞阶段。此时所经过的水平距离为起飞距离。FAR 规定的起飞距离为该距离再加上 15%的裕量。

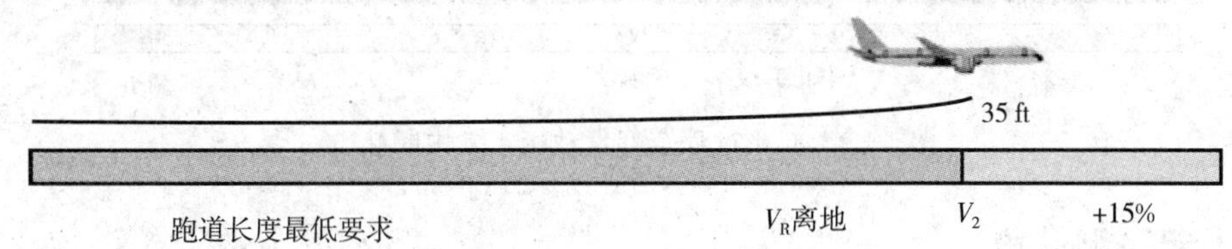

图 1－7　全部发动机工作正常起飞

（二）一发失效继续起飞

如图 1－8 所示，飞机松开刹车加速滑跑，在某一速度 V_{EF} 时一台发动机失效停车，但飞机仍然继续加速，经 0～3s（按 FAR 规定为 2s），驾驶员意识到有发动机失效。此时，如飞机的滑跑速度已超过决断速度 V_1，则别无选择，只能继续起飞。于是，在达到 V_R 时抬前轮，在 V_{LO} 时离地，并紧接着拉起爬升到起飞安全速度与高度，此时所经过的全部水平距离为 FAR 规定的继续起飞距离。若失效发动机未能及时排除故障则在完成起飞后，加入到进港机队，尽快降落，以便检查、排除发动机故障。

（三）一发失效中断起飞

如图 1－8 所示，飞机松开刹车加速滑跑，在某一速度 V_{EF} 时，一台发动机失效停车，在飞机滑跑速度仍然低于决断速度 V_1 的情况下，驾驶员一般应采取中断起飞措施，即采用刹车、收油门以及打开扰流板等手段，使飞机尽快降低速度。当完成上述全措施时，飞机的滑跑速度为 V_B，飞机由原来的加速滑跑变为减速滑跑，直到最后完全停止。整个中断起飞过程的全部滑跑距离为 FAR 规定的中断起飞距离。

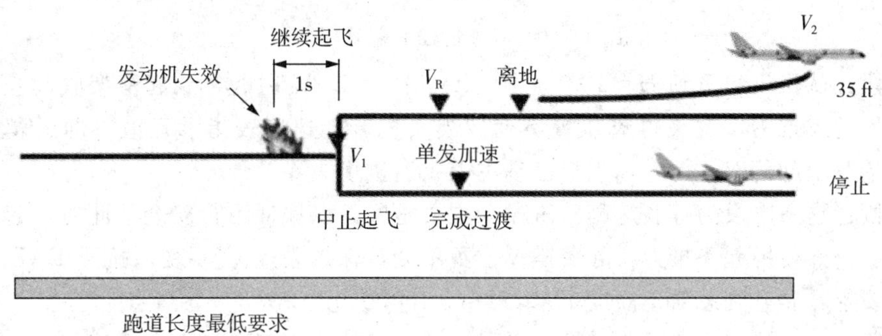

图 1－8　起飞过程一台发动机失效情况

（四）全部发动机正常工作中断起飞

在某些特殊情况下，虽然全部发动机均正常工作，飞机仍被要求中止起飞，这也必须是在滑跑速度低于决断速度 V_1 的条件下，才可以采取中断起飞的措施，如图 1－9 所示。对中断起飞的减速过程有严格的要求。一般首先进行试飞验证，在此基础上制定比试飞验证较为宽松一点的标准。从发动机失效时刻到驾驶员意识到发动机有问题的时间间隔，取决于驾驶员的技术水平与发动机的安装位置。发动机远离飞机的纵向轴线，则发动机停车引起的偏航阻力较大，驾驶员能迅速感觉到问题的发生。

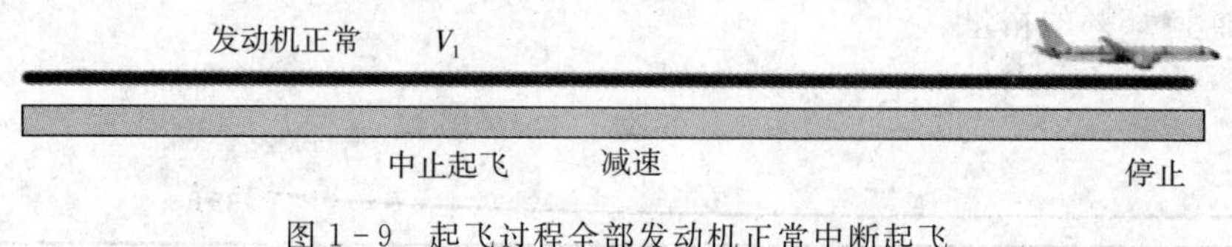

图 1－9　起飞过程全部发动机正常中断起飞

二、起飞爬升段

起飞爬升段，即起飞飞行航迹，指飞机从起飞终点（$H=35$ft 或 $H=10.7$m，$V\geqslant 1.2V_s$）到起飞飞行航迹的终点（$H\nless 1500$ft 或 $H\nless 450$m，$V\geqslant 1.25V_s$）的起飞过程，如图 1－10 所示，由 4 个阶段组成。

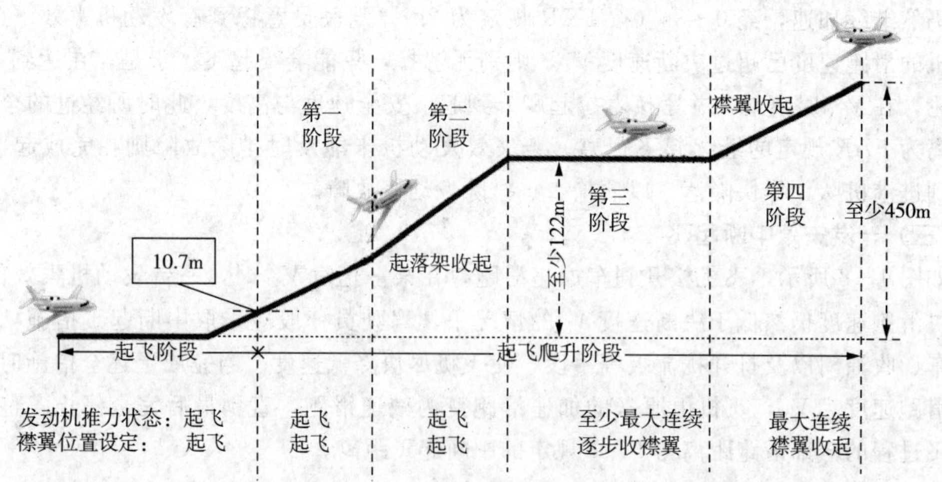

图 1－10　起飞过程示意图

第一阶段：从飞机起飞到 $H=10.7$m（35ft），$V_2=1.2V_s$时起，到起落架收起止，在这一阶段使用起飞推力，起飞襟翼位置不变。当飞机升降速度表指示正值（即正爬升梯度）时，开始收上起落架。此时，飞机已基本上飞出机场边界。

第二阶段：这一阶段为等表速爬升阶段，主要是爬高以保证飞行安全。此时，起落架已完全收上，仍然使用起飞推力，起飞襟翼位置不变，保持表速 V_2 不变。按照 FAR 规定的爬升梯度要求，爬升到总航迹高度 $H\nless 122$m（400ft）止。

第三阶段：这一阶段主要是收襟翼、平飞加速。继续使用起飞推力，或使用最大连续推力。随着速度的增加，逐渐收上襟翼，直到速度达到爬升速度 $V_c\geqslant 1.25V_s$。

第四阶段：起飞飞行的最后爬升阶段。使用最大连续推力，此时，起落架和襟翼均在收上位置。保持等表速，$V \geqslant 1.25V_s$，爬升到离地面高度不低于450m（1500ft），最小爬升梯度应符合FAR的规定。

第三节 航空器进近与着陆

一、进近程序的一般知识

仪表进近程序是航空器根据飞行仪表并对障碍物保持规定的超障余度所进行的一系列预定的机动飞行。这种飞行程序是从规定的机场航路或起始进近定位点开始，到能够完成目视着陆的一点位置，并且包括失误进近的复飞程序。

（一）目视盘旋进近方式

传统的进近方式为目视盘旋进近方式也称五边进近方式，以降低高度，减小速度，进入最后进近阶段，而后进入跑道头开始着陆。飞机在到达目的地之前，已从巡航高度下降。按照目视盘旋进场着陆方式，如图1－11、图1－12所示，当高度达到约450m（1500ft）① 时，飞机由下降构形转变为着陆构形，即襟翼偏度逐步增大，起落架放下，速度逐步下降。在进入三边，即初始进近时，襟翼位置由1改为5，速度由350km/h（190节）降低到315km/h（170节），并逐步降低到278km/h（150节）。此时，襟翼进一步偏置到15，并放下起落架。在转入四边时，高度进一步下降，襟翼偏度25，速度260km/h（140节）。转入五边，即最后进近，襟翼位于着陆位置，即30或40，速度降低到 $V=V_{ref}+0.5V_W+$ 阵风，高度为150～210m（500～700ft），飞机离跑道门槛约2km左右。最后以下滑角30进场（最后进近），在接地前拉平。当飞机接地后，打开减速板，使用刹车，发动机打开反推，减速后转入滑行道至停机坪。当进场失误时，应复飞。

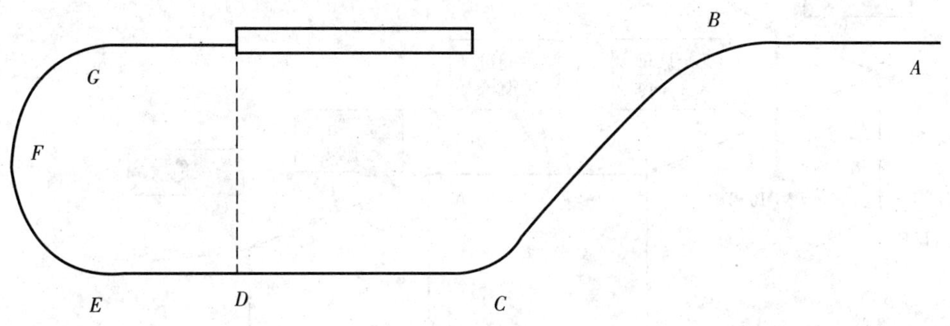

图1－11 目视盘旋进近平面图

① 注：本书中的英尺数据参照国际民航组织规定，米的数据参照国内缩小垂直间隔（RVSM）规定计算。

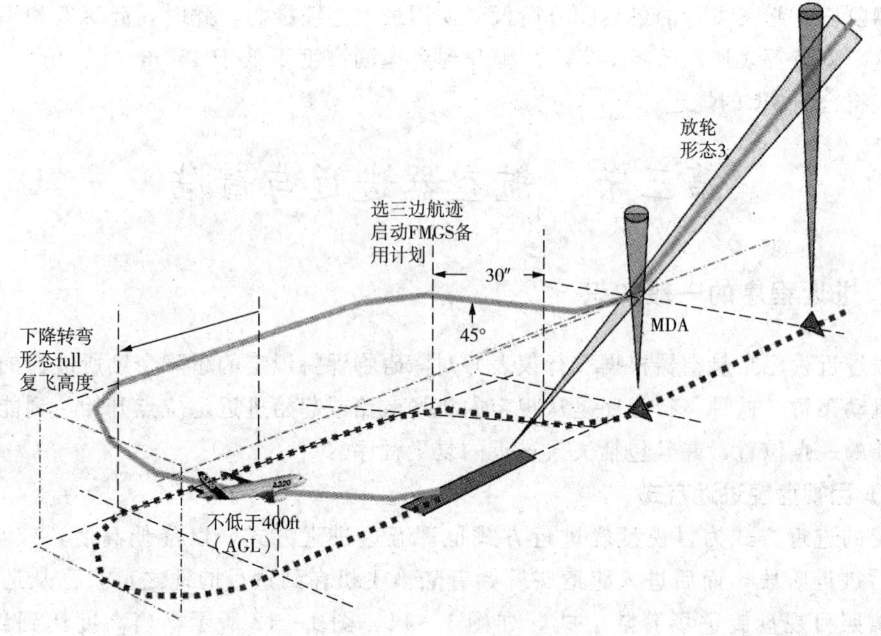

图 1－12　目视盘旋进近立体图

（二）仪表进近方式

目前，采用仪表着陆系统的进近过程是从初始进近点开始，再转到中间进近定位点，进入进近阶段，其高度多选择在 550～900m，通过使用精密进近系统，在航向台和下滑台的引导下，对准跑道中心线，以正确的下滑角在跑道的着陆区平稳接地。

一个仪表进近程序，不论是精密进近还是非精密进近，通常都是有五个航段组成：即进场航段，起始进近航段，中间进近航段，最后进近航段，复飞航段。如图 1－13 所示。

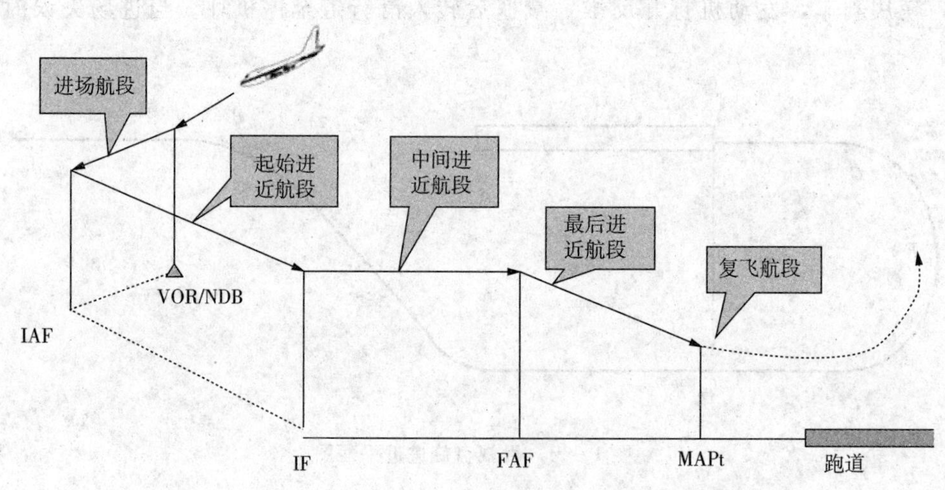

图 1－13　仪表进近程序航段构成

图 1－14 为合肥新桥机场仪表进近程序图，包含了起始进近阶段、中间进近阶段、最后进近阶段和复飞阶段。

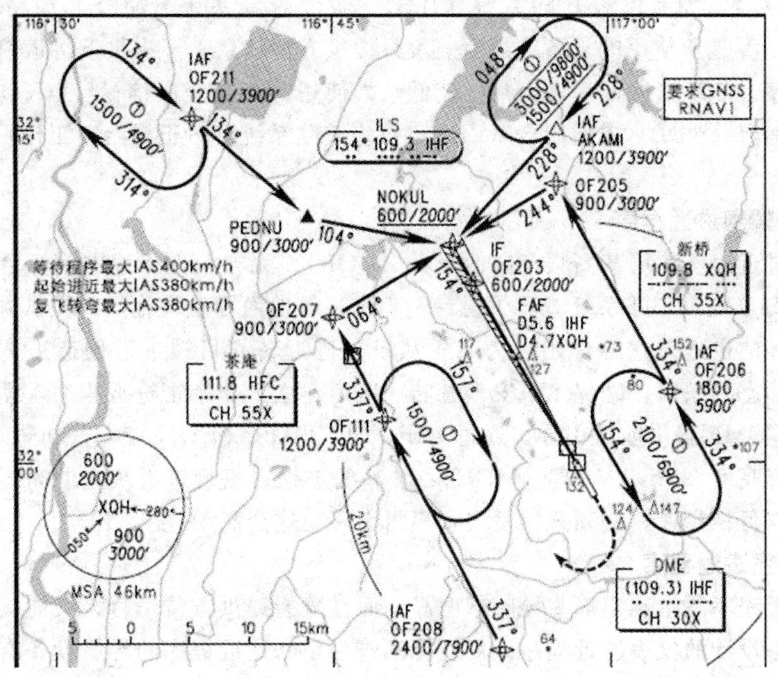

图 1-14　合肥新桥机场仪表进近程序图

二、进近类别

跑道运行最低标准是一条跑道可用于飞机起飞和着陆的运行限制。对于起飞，用能见度 VIS 或跑道视程 RVR 表示，在需要时，还应包括云高。而对于着陆，则要根据跑道运行类别不同，使用不同的标准。

- 跑道运行类别
  - 非仪表跑道（目视）
  - 仪表跑道
    - 非精密进近跑道（VOR、NDB、DME）
    - 精密进近跑道（ILS、PAR、MLS）

非仪表跑道的着陆标志按照中国民航的规定，巡航表速在 251km/h 以上的航空器，只准在起落航向或空管规定的空域内，按目视飞行的规定飞行。其目视气象条件是，飞行能见度不小于 5km，航空器距云的水平距离不小于 1000m，距云底的垂直高度不小于 150m。目视飞行时，机长对保持航空器之间的间隔、距离和飞机距地面障碍物的安全高度负责。

仪表进近是指飞机根据飞行仪表和对障碍物保持规定的超障余度所进行的一系列预定的机动飞行。这种机动飞行从起始进近定位点或从规定的进场航路开始，直至能够完成着陆的一点为止，如果不能完成着陆，则飞至使用等待或航路飞行的超障准则的位置。根据仪表进近程序，最后航段所使用的导航设备及精密仪表进近程序分为两类：一类是所使用的设备在最后航段既能提供方位信息又能提供下滑道信息的称为精密进近程序。精密进近程序的精度较高，如：仪表着陆系统（ILS）、微波着陆系统（MLS）或精密进近雷达（PAR）。另一类是所使用的设备在最后航段只提供方位信息，不提供下滑道信息的称为非精密进近程序。非精密进近程序，精度较低，如使用甚高频全向信标台（VOR）、无方向性无线电信标台（NDB）或航向台（LIZ）（仪表着陆系统ILS下滑台不工作）等地面导航设施等。

（一）非精密进近程序

非精密进近——使用甚高频全向信标台（VOR）、无方向性无线电信标台（NDB）或航向台（LIZ）（仪表着陆系统ILS下滑台不工作）等地面导航设施，只提供方位引导，不提供下滑引导的进近。它的作用是为飞机从仪表进近转入目视进近创造正常的航迹、高度、速度、形态等条件，确保飞机安全着陆。跑道建立了非精密进近程序，即利用VOR、NDB、VOR/DME提供航迹引导。通过IAF、IF、FAF、MAPT指引飞机进近或者复飞。

最低下降高度（MDA）/高（MDH）：非精密进近或盘旋进近规定的高度或高。如果没有取得所需目视参考，必须开始复飞，不得下降至这个高/高度以下。

（二）精密进近程序

精密进近程序是指利用那些导航精度高，而且既能提供方位信号，又能提供下滑道信号的导航设备设计的仪表进近程序。目前能够作为精密进近程序的导航设备有仪表着陆系统ILS、微波着陆系统MLS、精密进近雷达PAR以及由全球导航卫星系统提供垂直引导的进近GNSS APV。目前我国主用的精密进近导航设备是仪表着陆系统ILS。

任何精密进近，包括仪表着陆系统ILS、微波着陆MLS和精密进近雷达PAR进近，其决断高在60m或以上，最低能见度在800m或RVR在550m以上的都属于Ⅰ类精密进近。Ⅰ类精密进近的最低标准包括决断高度/高、跑道视程或者能见度。在装有RVR的跑道，精密进近最低标准用决断高度/高、跑道视程表示。

决断高度（DA）或决断高（DH）：在精密进近中规定的一个高度或高，在这个高度或高，如果不能建立为继续进近所需的目视参考，必须开始复飞，不得下降至这个高度/高以下。

现代民航广泛采用仪表着陆系统（Instrument Landing System），即俗称的“盲降”系统。飞机的进场着陆已经不再采用传统的五边模式，而是在仪表着陆系统的指引下，找正机场跑道的位置，使飞机在跑道入口的正确距离、正确的高度和速度，以正确的下滑角度对准跑道中心线，在跑道的着陆区平稳地接地。图1-15为仪表着陆系统的工作原理图。跑道建立了Ⅰ、Ⅱ、Ⅲ类ILS精密进近程序，采用了近台、远台、内指点标、中指点标、外指点标和侧方归航台（NDB、VOR、VOR/DME）的布局方式。

仪表着陆系统的地面设备由航向台（LLZ）、下滑台（GP）、指点标和灯光系统组成。

（1）航向台的天线安装在跑道末端的中心延长线上，一般距跑道末端400～500m。

（2）下滑台的天线安装在跑道入口内的一侧，一般距入口250m左右，与跑道中心线的横向距离为150m左右。

（3）指点标：内指点标台（IM）要求安装在Ⅱ类精密进近的最低决断高30m与标称下滑道的交点处，距入口75～450m。中指点标台（MM）位于距跑道入口约1050m处。外指点标台（OM）距入口约7.2km。

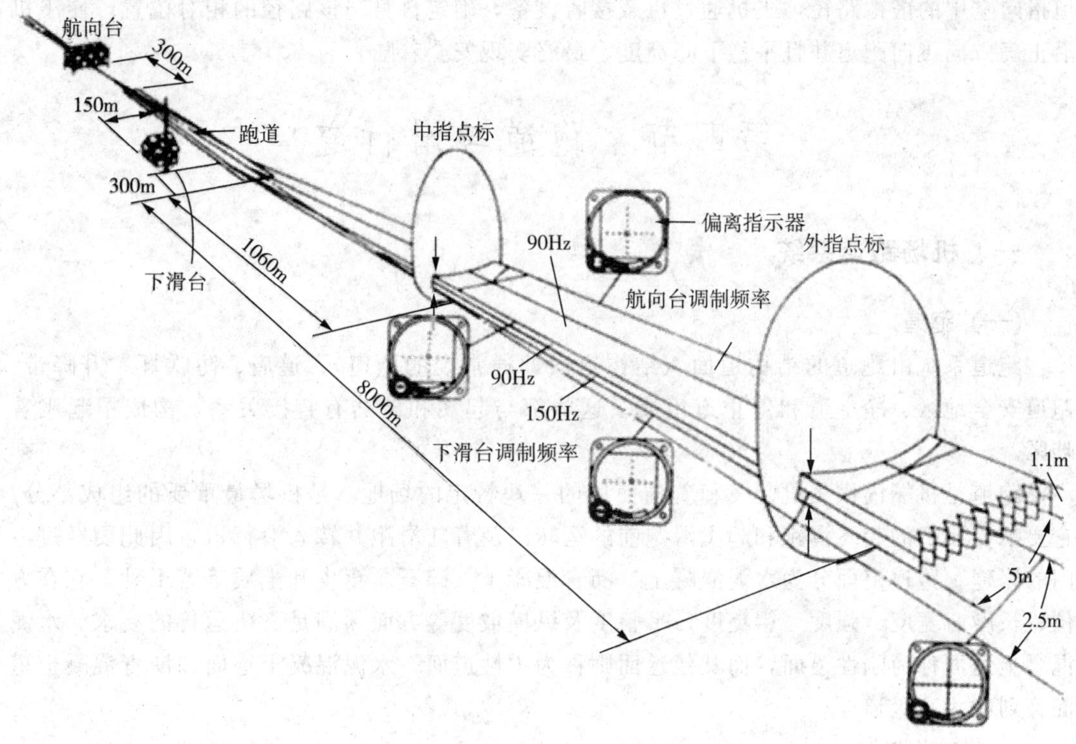

图 1－15　仪表着陆系统的工作原理图

在跑道的飞机着陆接地区附近设置下滑道发射器（GS transmitter），发射器发出上、下偏置的两束不同载频波束，两束波相交的中心线代表了飞机到达跑道接地区的正确的下滑道（下滑角一般为 2.5°～3°），当飞机的机载仪表着陆系统接收到机场的下滑道信号，即找到上、下两波束相交的中心面，便沿此下滑道进场降落。与此同时，在机场的跑道尽头设有定位发射器，发射左右偏置的两束不同载频波束，两波束相交的中心代表了跑道中心线。飞机的机载仪表着陆系统接收此信号，找到两波束相交的中心面，便根据该信号的引导，修正其位置与航向，保证飞机沿着跑道中心线的延长线和捕获的下滑道降落到跑道的接地区域。当机场存在侧风的情况，机头的方位角应作必要的修正，以免飞机在进场着陆过程中被侧风吹偏离跑道中心线。图 1－16 为仪表着陆系统无限电信号指引图。

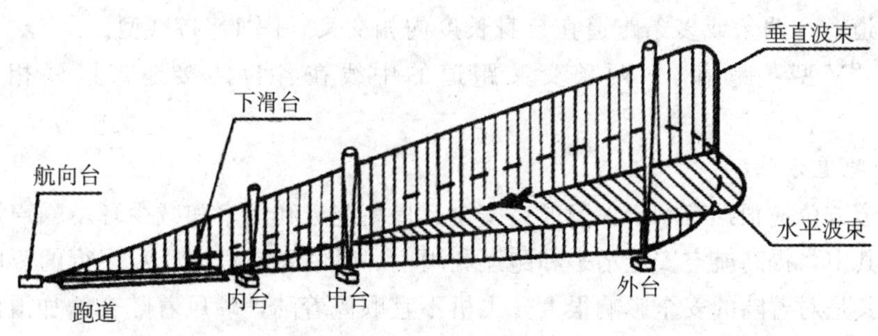

图 1－16　仪表着陆系统无限电信号指引图

ILS 的作用是由地面发射的两束无线电信号实现航向道和下滑道指引，建立一条由跑道指向空中的虚拟路径，飞机通过机载接收设备，确定自身与该路径的相对位置，使飞机沿正确方向飞向跑道并且平稳下降高度，最终实现安全着陆。

第四节　跑道与滑行道

一、机场跑道系统

（一）跑道

跑道系统由跑道的结构道面（结构道面即通常说的跑道）、道肩、防吹坪、升降带、跑道安全地区、净空道和停止道组成。这些都与起飞和着陆有直接关系，构成了起飞着陆区。

跑道是机场内供飞机起飞和着陆使用的一块特定的场地，是机场最重要的组成部分。它要承受飞机的起飞滑跑和起飞滑跑前的运转以及着陆滑跑并转入滑行道，因此要经过专门的修建。跑道道面分为水泥混凝土、沥青混凝土、碎石、草皮和土质等若干种。它在方位、长度、宽度、强度、粗糙度、平整度及纵横坡度等方面须满足飞机运行的要求。水泥混凝土道面称为刚性道面，而其他道面则称为柔性道面。水泥混凝土道面和沥青混凝土道面又划归为高级道面。

1. 跑道构型

机场跑道的数量主要取决于机场的容量需求（年起降架次）、机型组合、跑道运行类别、运行方式、气象条件和周围环境等诸多因素。在机场规划中，我们通常将跑道的平面布局（数量和几何关系）称为机场的跑道构型。常见的机场跑道构型主要有7种，即单条跑道、两条平行跑道、两条不平行或交叉跑道、多条平行跑道、多条平行及不平行或交叉跑道。

单条跑道——一个机场只有一条跑道，这是我国大部分机场的运行模式，图1-17A型。

平行跑道——一个机场有两条或多条跑道，跑道中线相平行。包括近距平行跑道（中线间距小于2500ft），图1-17B型；中距平行跑道（中线间距2500～4300ft）；远距平行跑道（中线间距大于4300ft），图1-17C型。

交叉跑道——两条或多条跑道在自身长度内相交叉，图1-17D型。

开放式"V型"跑道——两条交叉跑道的中线在各自的接地带以外相交，图1-17F型。

2. 机场跑道方位

机场跑道方位应根据有利于保障航空安全、提高跑道利用率和减少环境噪声影响等原则进行确定。其中，提高航空安全水平和跑道利用率一般主要是考虑风对飞行的影响。风对飞机起飞，尤其是对着陆的安全影响很大。飞机不宜顺风着陆，顺风着陆会增加滑跑距离，减小下降率，当风速超过规定值时，飞机就有可能冲出跑道或撞击障碍物。也不宜在大侧风条件下着陆，在有侧风或侧风很大时，飞机的起飞和着陆就会变得复杂，当飞机在侧风中起降时，飞机除向前运动外，还顺着侧风方向移动，如不及时修正方向就会偏离跑道。最好是逆

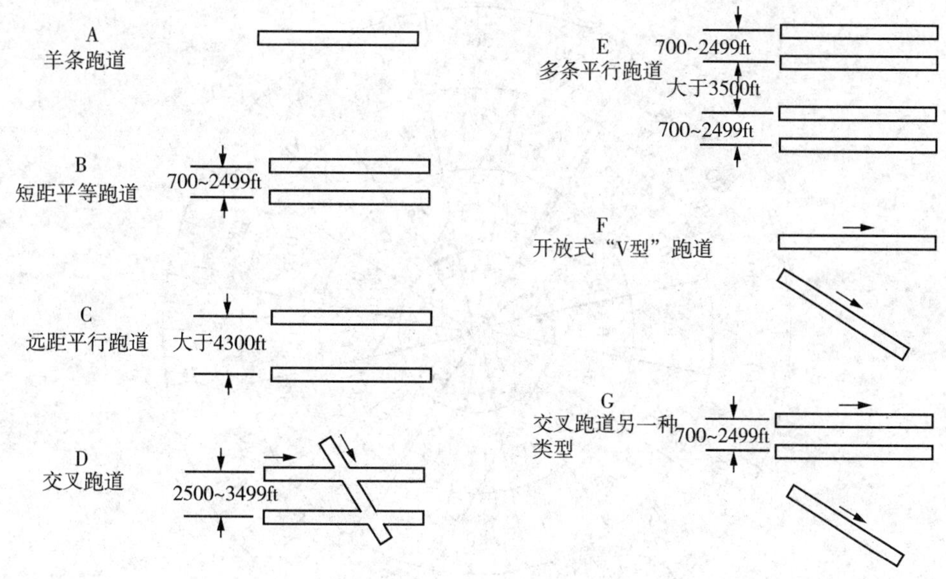

图 1-17 跑道构型

风起飞着陆，在逆风条件下起飞着陆，保持同样空速则地速较小，起飞着陆性能好，而且能获得较大的升力和阻力，会缩短飞机的起飞滑跑距离和增加上升角度。

通常使用机场利用率的概念来表示风对机场跑道使用的影响，机场利用率指在风的影响下机场能够保障飞机起飞着陆的可能性，以百分率表示。某机场利用率为 95%，表示在风的影响下，平均一年能够保证飞机起飞着陆的天数为 365×95%=346.8 天。所以，确定跑道方位时，应尽量把跑道设在机场利用率最大的方向上，以使得一年能起飞着陆的天数最多。根据规定，机场利用率应不低于 95%，当少于 95%时，应考虑设置次要跑道，以保证机场的利用率。

跑道设计根据短期内机场当地的气象预报情况，粗略地分析机场范围内的风向。根据风力风向数据，分析各个方向上的风力负荷，进而绘出风徽图，以确定跑道的方位。将各个风速范围内的风的百分数，标在以风的方向和大小以极坐标的风徽图上的扇形分隔内，将三条等距平行线以风徽图的中心为旋转中心旋转，转动三条平行线直至两侧的百分数总和为最大为止，最佳跑道方向即为图中三条等距平行线中间一条指示的方位，所得最终风徽图如图 1-18 所示。

由图 1-18 可知，跑道方位定在 150°～330°的跑道，在侧风分量不超过 15 英里/小时下，将有 95%的时间可以飞行。

跑道方位一般以跑道磁方向角度表示，由北顺时针转动为正。

跑道方位识别号码即跑道识别标志，由两位数字组成。将跑道着陆方向的磁方位指除以 10，而后四舍五入，即得到这个两位数；同时将该数字置于跑道相反的一端，作为飞行人员和调度人员确定起降方向的标记。如天津滨海国际机场的跑道磁方向角为 160°～340°，则南端识别码为 34，北端识别码为 16；桂林两江国际机场的跑道磁方向角为 6°～186°，则南端识别号码为 01，北端识别号码为 19。

若同一方向有两条或更多条平行跑道，则每个识别标志数字后面（或下面）必须增加

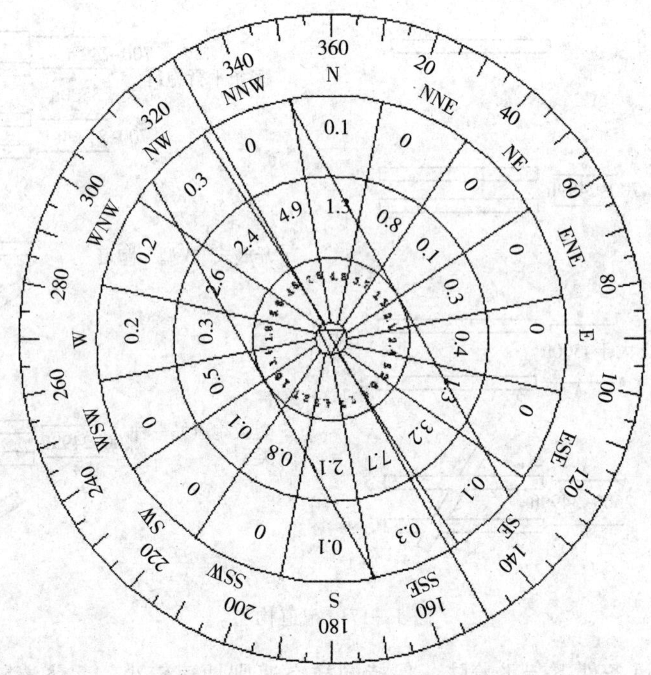

图 1-18　风徽图（单位：度）

一个字母，所加字母为从进近方向看去自左至右的顺序。

如两条跑道则为“L”“R”；

如三条跑道则为“L”“C”“R”；

如四条跑道则为“L”“R”“L”“R”；

如五条跑道则为“L”“C”“R”“L”“R”或“L”“R”“L”“C”“R”。

北京首都国际机场的两条平行跑道，东跑道北端识别标志为 18L，南端为 36R；而西跑道北端识别标志为 18R，南端为 36L（图 1-19）。

当有四条或更多平行跑道时，一组相邻跑道的识别号码可用上述方法获得，另外一组相邻跑道的识别号码则以次一对最接近的数字表示。如四条跑道磁方向角均为 93°～273°，其中一组跑道识别标志号码为 09～27，而另一组则为 10～28。

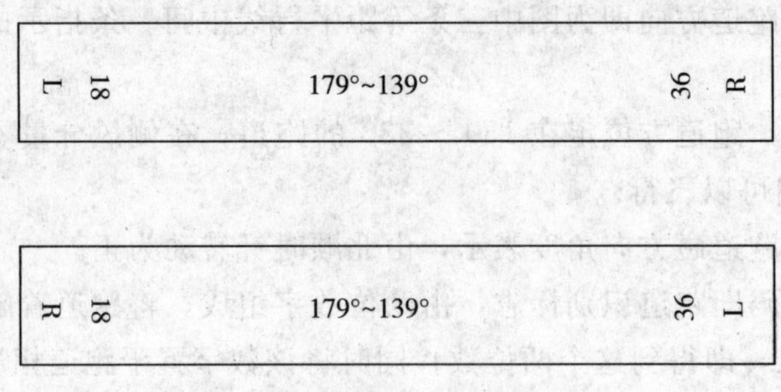

图 1-19　跑道方位示意图

由于地球的真北极和磁北极并不在同一处，而用罗盘测得的方位是磁方位，所以与真方位有差异，其差异值为磁差角（或磁偏角）。磁差角在地球各点不同。

繁忙机场设有多条跑道时，按其所起作用，可以划分为四种。

(1) 主要跑道（主跑道），在条件许可时，比其他跑道优先使用的跑道。主要跑道的长度应足以满足准备使用该跑道的最大型飞机运行要求，即长度较长，强度较高。

(2) 次要跑道，它的长度可以短些，强度也较低，即可以供较小型飞机起降使用。次要跑道的长度应采用类似于确定主要跑道长度的方法确定。

(3) 辅助跑道，又称侧风跑道，当飞机因强侧风影响，无法在主要跑道上起降时，可以在辅助跑道上起降。因其逆风分量很大，它们的长度可以比主要跑道短得多。

(4) 起飞跑道，仅供飞机起飞所用的跑道。起飞跑道的净空要求可以低些，因不用作着陆。

为了确定机场的位置，必须设置一个机场位置点。用主要跑道中线中点作为机场的位置点，以经纬度表示，精确到秒。

3. 跑道参数

指跑道的长度、宽度和坡度。跑道的长度取决于所能允许使用的最大飞机的起降距离、海拔高度及温度。海拔高度高，空气稀薄，地面温度高，发动机功率下降，因而都需要加长跑道。跑道的宽度取决于飞机的翼展和主起落架的轮距，一般不超过 60m。一般来说，跑道是没有纵向坡度的，但在有些情况下可以有 3°以下的坡度，在使用有坡度的跑道时，要考虑对性能的影响。

4. 跑道长度影响因素

飞机起降性能对跑道长度的要求是最重要的，在此不多述。以下简述其他因素对跑道长度的影响。

(1) 飞机质量对跑道长度的影响。随着飞机起飞质量增加，飞机离地速度增加，这将使跑道长度增加。而随着陆质量的增加，着陆接地速度增加，这也会使着陆距离加长。

飞机质量由基本质量以及商务载重、航程燃油和备用燃油构成。基本质量通常包括：①空机质量；②机组质量、机组行李、机油和可移去的应急设备质量；③不能使用的燃油质量。除基本质量以外的其他三项质量是可变的。当飞机在目的地着陆时，飞机着陆质量仅为基本质量、商务载重与备用燃油质量之和。飞机着陆质量不能超过飞机最大结构着陆质量。起飞质量为着陆质量与航程燃油之和，这个质量不能超过飞机的最大结构起飞质量。

(2) 大气条件和海拔高度对跑道长度的影响。大气条件即空气温度、密度和压力的组合，它对飞机起降所需跑道长度起重要影响。

(3) 道面状态对跑道长度的影响。

5. 跑道公布距离

当不设置净空道和停止道时，可用前述方法确定并修正跑道长度，最后选取最大值作为跑道的长度。

如设置停止道和（或）净空道，实际跑道长度可以缩短。但是否设置停止道和净空道还要考虑跑道端以外地区的各种状况。所设置的停止道、净空道与跑道的组合必须满足飞机起降的要求。

通常跑道入口位于跑道端头，但如果障碍物突出于进近净空面，为保证着陆安全，则需要将跑道入口内移，甚至永久内移。

当跑道设置了停止道和（或）净空道以后，或由于各种原因跑道入口内移时，必须在跑道的每个方向公布适用于飞机起降的各种可用距离，即跑道的“公布距离”（图 1-23），以便使用该机场的飞机据此正确地进行起飞和着陆。

公布距离包括以下四个：

（1）可用起飞滑跑距离 TORA，适用于飞机起飞时作地面滑跑使用的跑道长度；

（2）可用起飞距离 TODA，即可用起飞滑跑距离 TORA 加上所设置的净空道长度；

（3）可用加速一停止距离 ASDA，即可用起飞滑跑距离 TORA 加上所设置的停止道长度；

（4）可用着陆距离 LDA，即适用于飞机着陆时作地面滑跑使用的跑道长度。

当跑道不设置停止道及净空道，而跑道入口又无内移时，以上四个公布距离应相等，如图 1-20（a）所示。图 1-20 跑道的公布距离设置净空道时，可用起飞距离 TODA 应包括净空道长度，如图 1-20（b）所示。设置停止道时，可用加速-停止距离 ASDA 应包括停止道长度，如图 1-20（c）所示。由于周围净空条件受限，停止道无法用作净空道，因此可用起飞距离 TODA 与可用起飞滑跑距离 TORA 相等。当跑道入口永久内移时，可用着陆距离 LDA 应去掉跑道入口内移长度，如图 1-20（d）所示。当停止道和净空道同时设置，且跑道入口内移时，4 个可用距离如图 1-20（e）所示。图 1-21 为跑道公布距离案例。

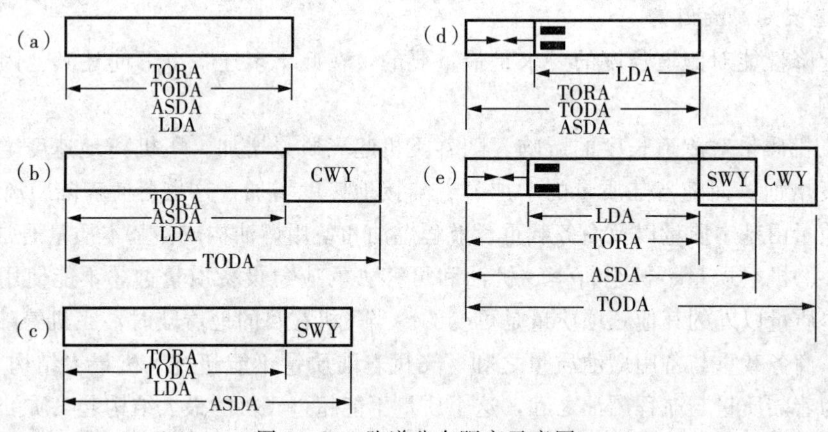

图 1-20　跑道公布距离示意图

注：所示的全部公布距离均为从左至右运行。

（二）跑道道肩

对于代字为 D 和 E 的跑道，当道面宽度不足 60m 时，应在紧靠跑道两侧对称地设置道肩，使跑道及其道肩的总宽度不小于 60m。设置道肩的目的在于对道面边缘起保护作用，而且坚实、平整的道肩还可以增加道面的有效宽度，改善道面边缘的工作状况，使道面的使用寿命延长。道肩作为道面与临接地面之间的过渡用地区，应进行整备或修建，使其有足够承载强度，以便支承滑出跑道的飞机，防止飞机的结构损坏；还可以支承可能在道肩上行驶的地面车辆，并能防止表面被飞机气流吹蚀。

设置道肩还可尽量避免飞机发动机吸入石子和杂物。

对于代字为 D 和 E 的跑道，当道面宽度已达 60m，或代字为 A、B 和 C 铺有道面的跑

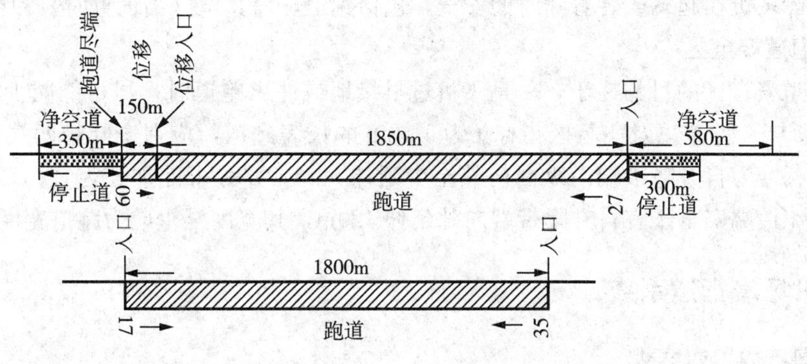

跑道	TORA	ASDA	TODA	LDA
09	2000m	2300m	2580m	1850m
27	2000m	2350m	2350m	2000m
17	1800m	1800m	1800m	1800m
35	1800m	1800m	1800m	1800m

图 1－21　跑道公布距离案例

道，两侧也设置道肩，宽度各为 1.5m。

(三) 防吹坪

由于涡轮发动机喷出的气流对地面产生很强的吹蚀作用，特别对跑道端外面地区影响更大。为了防止紧靠跑道端的表面地区受到燃气的吹蚀，同时也避免提前着陆的飞机有碰上跑道端部裸边的危险，因此在跑道入口前一定距离内设置防吹坪。在该区域内可铺砌道面或植草皮。

防吹坪的宽度应等于跑道加上道肩的宽度。对供波音 747 等大型飞机起降的跑道，防吹坪长度建议为 120m；而对较小的飞机可为 60m，至少为 30m。防吹坪强度应能承受偶尔滑出的飞机及应急或维护车辆的载荷。

(四) 停止道和净空道

设置停止道的目的在于一旦飞机中断起飞时，可以在其上减速并停止。因此停止道应整备或修建得能承受飞机中断起飞时的载荷，不致使飞机结构受损。停止道宽度应与跑道宽度相等，长度应经过计算确定。停止道在跑道两端都要设置，因此占地较多。

设置净空道的目的在于飞机可在其上空进行爬升，直至安全高度（35ft）。净空道应由机场当局控制，仅供飞机在其上飞越。除了导航所需的设备和装置外，位于净空道内可能对飞机构成危险的物体应移走。必须设在净空道内的导航所需设备和装置，其质量和高度应为最小，且易折，并安放在对飞机危害最小的位置。

净空道的起点在跑道末端，其长度应经过计算确定。其宽度应自跑道中线延长线向两侧各延伸至少 75m。净空道的地面应不高出 1.25%升坡的斜面。

是否使者停止道或净空道以增加跑道的公布距离的长度，将取决于跑道端以外地区的外在特性、使用该机场的飞机起降性能要求以及跑道长度和经济因素等。因此净空道和停止道不一定要设置。

(五) 升降带

升降带是飞行区中跑道中线及其延长线两侧一块特定的场地，用来减少飞机冲出跑道时损坏，并保障飞机在起飞或者着陆时的安全，包括跑道、停止道（当设置时）和土质地区。

（六）跑道安全区

设置跑道安全区的目的在于，一旦飞机过早接地或冲出跑道时，尽可能减少危害。飞行区指标Ⅰ为3或4跑道以及飞行区指标Ⅰ为1或2的仪表跑道，应在升降带两端设置跑道端安全区。其长度为自升降带端沿纵向向外至少延伸90m，并尽可能加长为宜；飞行区指标Ⅰ为1或2的跑道端安全区宜自升降带端向外延伸120m，其宽度至少应为跑道宽度的两倍。

二、机场滑行道系统

（一）滑行道设置要求

滑行道是机场内设置的供飞机滑行所用的规定通道。滑行道的主要功能是提供从跑道到航站区和维修区的通道，应使刚着陆飞机迅速离开跑道，不与滑行起飞的飞机相干扰，并尽量避免延误随后到来的飞机着陆。此外，滑行道还提供了飞机由航站区进入跑道的通道。滑行道将性质不同和分散的机场各功能分区（飞行区、旅客和货物航站区以及飞机的停放区、维修区与供应区）连接起来，使机场最大限度地发挥其容量作用并提高运行效率。

各滑行道组成了机场的滑行道系统。滑行道系统的各组成部分起着机场各种功能的过渡媒介的作用，是机场充分发挥功能所必需的。

滑行道系统应使飞机往来于跑道和机坪之间的活动受到最小的限制，应能在没有明显延误的情况下满足飞机在跑道系统上的起降要求。因此，滑行道系统应满足以下要求。

（1）滑行道路线应以最短的距离连接机场各个功能分区，从而减少滑行时间和费用。

（2）滑行道路线应力求简单，从而避免复杂的说明和驾驶员的混淆。

（3）滑行道路线应尽量用直线。必须改变方向时，应设置适当半径的弯道、增补面或加宽滑行道，使飞机能以最大可能速度滑行。

（4）滑行道路线应尽量多设单向交通段，确保飞机滑行的安全，减少延误。

（5）滑行道系统各组成部分发挥作用应均衡，避免“瓶颈”现象。

此外，滑行道系统还应做到：

（1）避开“外人”容易接近飞机的地区，以确保飞机的安全。

（2）其所有部分应能从管制塔台上能看得到，否则设置远距摄像机监视。

（3）其布局可避免滑行的飞机干扰助航设备或地面车辆使用滑行道。

（4）为避免发动机喷气的吹袭，应设置防吹屏保护人员和建筑物，采取措施稳固滑行道接近的土壤。

滑行道系统是机场的过渡设施，该设施维持着机场的运行容量，故应使该系统保证30km/h平均滑行速度的能力。

（二）滑行道系统的组成

滑行道系统主要包括：（1）主滑行道；（2）进出口滑行道；（3）飞机机位滑行通道（即飞机停放位置滑行通道）；（4）机坪滑行道；（5）辅助滑行道；（6）滑行道道肩及滑行带。

主滑行道又称干线滑行道，是飞机往返于跑道与机坪的主要通道，通常与跑道平行。与跑道平行的滑行道称为平行滑行道（简称“平滑”）。

飞机机位滑行通道和机坪滑行通道（图1-22）均为机坪上的滑行道。飞机机位滑行

通道由机坪滑行道分出，是机坪的一部分，是仅作为供飞机进出机位使用的滑行道。机坪滑行道是滑行道系统中位于机坪上的那部分，供飞机穿越机坪或进入进位所用的滑行通道，大多在机坪道面边缘部分。辅助滑行道供飞机同向维修坪或隔离坪等机坪所用，一般较少使用。

进出跑道的滑行道分为进口滑行道和出口滑行道，多是连接跑道与主滑行道。进出口滑行道数量应能适应机场的起飞和着陆高峰的需求，应使飞机在着陆后尽快地脱离跑道，并应在即将起飞前进入跑道。这样才能使飞机在跑道上的活动保持最小时间间隔。

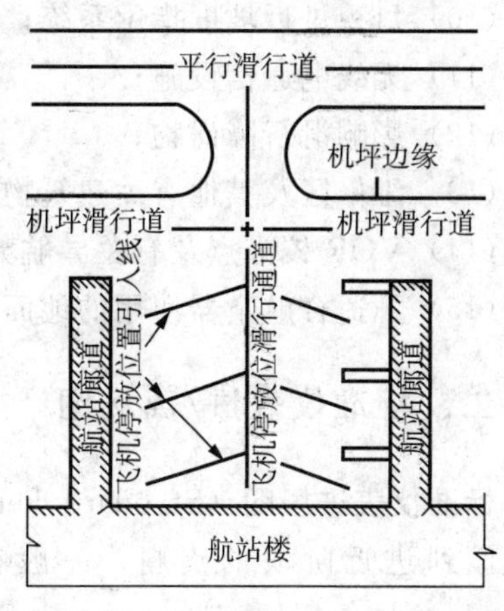

图 1-22　机坪滑行道和机位滑行道

出口滑行道又称为转出滑行道，其功能是使着陆飞机占用跑道的时间减至最短。出口滑行道与跑道入口的距离，取决于飞机通过跑道入口时的速度（即进场速度）、接地速度、在出口弯道中线切点的出口速度（转出速度、脱离速度）以及其间的减速度等因素。出口滑行道可以设置几条，其最佳数量和间距应根据接地速度与接地后的减速度将飞机合理地分为有限的几个组来确定（《国际民用航空公约》附件 14 有具体规定）。

出口滑行道可与跑道成直角，也可以成锐角。直角型滑行道需要飞机减速到极低程度，方可滑离跑道。锐角型滑行道则可允许飞机以较高速度滑离跑道，从而减少了占用跑道的时间，提高了跑道的容量，所以称为快速出口滑行道。繁忙机场应设置快速出口滑行道。快速出口滑行道与跑道交叉角不应大于 45°，也不应小于 25°，最好取 30°。

第五节　航图概述

航图是指专为满足空中航行需要，按照某些规范绘制的地球表面一部分及其地物和地形的图像。ICAO 附件 14《航图》里有 17 种航图的规范。与机场净空保护相关的几种航图包括：机场图、标准仪表进/离场图、仪表进近图、机场障碍物 A 型/B 型图。

一、机场图

机场图不仅为机组提供便于航空器位置与跑道之间往返进行地面活动的资料，它还提供该架次航的基本运行资料。

图中数据包含：

（1）机场基准点 ARP 坐标；

（2）机场、着陆入口、接地带最高点以及停机坪的标高；

（3）所有跑道号码、长度、宽度、跑道强度等标志；

（4）所有停机坪及航空器停机位置灯光等；

（5）跑道入口及停机位置的地理坐标；

(6) 滑行道的编号、宽度、灯光、标志等目视引导和管制设施；

(7) 滑行的标准路线及其编号；

(8) RVR 测报点的位置；

(9) 进近和跑道灯光；

(10) 目视进近坡度指示系统；

(11) 无线电通信设施；

(12) 影响滑行障碍物；

(13) 维修区及其他有关建筑物；

(14) VOR 校准点及有关导航频率；

(15) 不适合航空器使用的地面应如实清楚地加以标识。

二、标准仪表进/离场图

标准仪表进场图（Standard Terminal Arrival Route，STAR）是为机组提供从航路阶段过渡到进近阶段的资料，一般在起始进近定位点（IAF）终止。标准仪表离场图（Standard Instrument Departure，SID）是为机组提供从起飞阶段到航路阶段应遵守的规定的标准仪表航路。

三、仪表进近图

仪表进近图是用于向机组提供资料，使飞机能够向预定着陆跑道进行仪表着陆程序，包括复飞程序，以及有关的等待航线。根据进近使用的导航设施的不同，仪表进近图又分为 NDB 进近图、VOR 进近图、VOR/DME 进近图、ILS 进近图、ILS/DME 进近图、RNAV 进近图等。

四、障碍物 A 型图

当机场存在重要障碍物时必须测绘机场障碍物 A 型图。

目的：为有关人员确定航空器的最大允许起飞重量提供必要的机场的资料。

要求：所有民用机场，在起飞航径区内有重要障碍物时，都应制作出版本图。在有多条跑道的机场，要求每条跑道绘制一张机场障碍物 A 型图。在一些地形较复杂，重要障碍物较多的机场，为将重要障碍物绘于图上，可以按起飞方向分别绘制单张图。

选定的比例尺，必须保证每幅图的范围包括所有重要障碍物。一般水平比例尺应为 1∶10000～1∶15000。垂直比例尺必须是水平比例尺的 10 倍。

第六节　机场道面强度

一、ACN、PCN 的含义

ACN：飞机等级号（Aircraft Classification Number），表示某飞机对某种强度土基上

的道面作用的标准单轮荷载（以吨计）的两倍。

PCN：道面等级号（Pavement Classification Number）表示某道面可无数次安全承受的标准单轮荷载（以吨计）的两倍。

若机场道面强度随当地季节有显著变化，可以报告几个不同的道面等级号。

对于各地段强度不同的道面，道面最薄弱部分的PCN数值应通报作为该道面的强度。

二、道面强度能否安全使用的判断

当飞机的ACN值等于或小于道面的PCN值时，能在规定胎压和飞机的最大起飞质量的条件下使用该道面。

如果飞机的ACN值大于道面PCN，则表示飞机超载，飞机的运行将受到限制或禁止。

三、道面强度通报

（一）道面类型

刚性道面，代号为R；柔性道面，代号为F。

（二）土基强度类型（表1-4）

表1-4　土基强度类型

<table>
<tr><td colspan="2">土基强度类型代号</td><td colspan="2">典型 K（MN/m^3）值（代表 K 值范围）</td></tr>
<tr><td colspan="2">A</td><td colspan="2">150（＞120）</td></tr>
<tr><td colspan="2">B</td><td colspan="2">80（60～120）</td></tr>
<tr><td colspan="2">C</td><td colspan="2">40（25～60）</td></tr>
<tr><td colspan="2">D</td><td colspan="2">20（＜25）</td></tr>
<tr><td>胎压类型</td><td colspan="2">胎压限制</td><td>代号</td></tr>
<tr><td>高</td><td colspan="2">无限制</td><td>W</td></tr>
<tr><td>中</td><td colspan="2">限制到1.50 MPa</td><td>X</td></tr>
<tr><td>低</td><td colspan="2">限制到1.00 MPa</td><td>Y</td></tr>
<tr><td>特低</td><td colspan="2">限制到0.50 MPa</td><td>Z</td></tr>
</table>

（三）评定方法

技术评定：代号为T。

表示通过道面特性专项研究和应用道面动力响应技术进行评定。

经验评定：代号为U。

表示通过某种类型和质量的飞机正常使用该道面所获满意支撑的经验进行评定。

四、道面强度通报举例

【例1】　设在中强度土基上的刚性道面，采用技术评定法得到道面等级号为80，无胎压限制。

则道面通报为：

PCN 80/R/B/W/T

【例 2】 组合结构道面设置在高强度土基上，用经验评定法得到道面等级号为 50，最大允许胎压为 1.00MPa。则道面通报为：

PCN 50/F/A/Y/U

注：道面为组合结构。

【例 3】 设在中强度土基上的柔性道面，用技术评定法评定的道面等级号为 40，最大允许胎压为 0.80MPa。则道面通报为：

PCN 40/F/B/0.80MPa/T

五、机场道面超载限制标准

除严重超载之外，道面的结构性能并不会在受到某一个高于特定限制的荷载而产生突然的或灾难性的毁坏。因此，作为权宜之计，在特殊情况下道面的偶尔超载运行是允许的，这只对道面的预期使用寿命产生有限的损失，对道面的破坏也只是相对的小量的加速。我国《民用机场飞行区技术标准》对超载运行做出如下规定，在满足下述条件时可有限制地超载运行：

(1) 道面没有呈现破坏迹象，土基强度未显著减弱期间；

(2) 对柔性道面，飞机的 ACN 不大于道面通报 PCN 值 10%时；

(3) 对刚性道面或以刚性道面作为主要结构层的组合道面，飞机的 ACN 不大于道面通报 PCN 值 5%时；

(4) 年超载运行次数不应超过年总运行次数的 5%；

(5) 如果道面结构不清楚，应采用 5%的限制。

如果道面已出现破损迹象，上述有限制的超载也应禁止。此外，道面在冻融期间或因水的影响使道面或土基强度减弱时，均应避免超载。超载运行时，机场相关机构应定期检查道面状况。对是否按标准超载也要定期核查，因为过度超载会大大缩短道面使用寿命或导致道面大修。

第七节 机场飞行区技术进展

一、机场道面管理系统（APMS）

（一）我国机场道面管理的问题

(1) 目前主要根据表观的巡视、检查对道面状况进行判断，缺乏先进、系统的道面评价方法、操作规程和技术手段。

(2) 目前主要对跑道道面摩阻性进行定期检测，对于机场道面的完好性、平整度、结构承载力等重要内容缺乏评判和控制，难以全面、有效地保障机场道面的服务性。

（3）对于道面破损，基本采取随破随补、哪破哪补的维修方式，与国际民航组织倡导的预防性维护（Preventive Maintenance）尚有较大距离。各种规模的维修，特别是道面的中修、大修，没有形成系统的道面维修策略，缺乏科学的维修决策支持。

（4）各种机场道面管理信息和技术资料的记录、存储、查询、更新、传递、共享大都依靠人工和传统的纸质文件，效率低下、易出差错、零乱无序。

（5）机场当局对道面各种性状的变化规律和道面预期服务年限等无从把握，难以对各种技术历程、维护经验、检测数据和未来性状发展趋势等进行积累、分析和归纳。

（6）道面日常管理（如道面巡视检查等）技术手段落后、工作效率低下，难以与机场的高密度交通和繁忙运行要求相适应。

（二）基于GIS的机场道面管理系统

机场道面是一种面积大、分布广的结构物，地理位置相近的道面在道面属性上有一定的连续性。为了减少调查评价的变异性，简化道面的维修养护对策（通常对属性相近的道面实施相同的维修养护对策），从而使得道面管理更加科学合理，需要将相邻道面按照一定原则进行组合，构成管理单元。从整个机场道面的角度来看，就是将道面划分成面积较小的区域，这些面积较小的区域就是不同层次的道面管理单元。

APMS的道面管理单元从高到低分为3个层次：区域、区块和调查单元。道面管理单元是道面属性信息的载体，每个层次的道面管理单元都有自己的属性；层次高的管理单元是由若干个层次较低的管理单元组成的；层次低的管理单元对层次高的管理单元的部分属性有继承性，但反之没有。以下给出各层道面管理单元的划分依据：

（1）区域。按照使用功能将整个飞行区道面分为跑道、滑行道、停机坪、其他4个区域。区域的设置主要是为了方便机场当局高层管理人员了解道面性状。

（2）区块。区域中的道面一般不具有相近的道面属性，因此需要依照道面类型、结构组合、修建时期、土基类型、交通等级等因素将每个区域分为若干个区块。一个区块应被当作实施大中修的最小单元。

（3）调查单元。在每个区块内，对于水泥混凝土道面，将相邻20块板作为一个调查单元；对于沥青混凝土道面，将450m^2作为一个调查单元。调查单元的划分主要是便于进行道面损坏状况的调查和评价，因为道面损坏的扣分曲线和修正折减曲线都是以上述的调查单元绘制的。调查单元是道面损坏评价的最小单元。

地理信息系统（GIS）是一个以地理空间数据库为基础，在计算机硬件、软件环境的支持下，对地理空间数据进行获取、存储、编辑、处理、分析和显示的系统。GIS作为一项新兴技术，自20世纪60年代问世以来，不断发展和完善，已经能够成功地运用于机场道面管理系统（APMS）中，如图1－23所示。与传统的APMS相比较，引入GIS的APMS有以下独特的优势：

（1）提供多指标综合、集成的平台。由于道面性状的复杂性，难以使用单一指标评价管理道面，使用GIS能够直观地综合分析多个单一指标的评价结果。

（2）提供位置参照系统（LRS）。不仅能够保证数据采集的位置一致性，有利于有效数据的积累；而且能够为机场的其他设施（如管线、信号、排水等）的管理提供地理信息平台；另外，还便于将机场的地理信息集成到更高层次的系统中（如城市地理信息系统）。

（3）提供了图文一体的道面信息。能够将道面属性信息按需要显示在地图上，便于管理人员全面了解道面的性状。

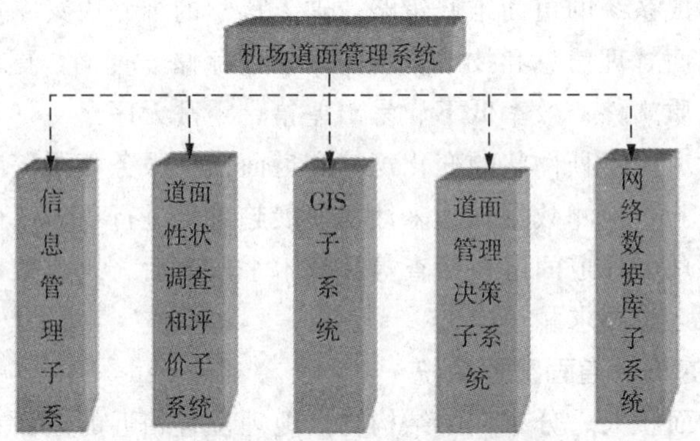

图 1－23　机场道面管理系统构成

GIS 技术在欧美国家的 APMS 中已经得到广泛的应用。GIS 和 APMS 已经能够紧密地结合，如 MicroPAVER 从 4.0 版起已新增 GIS 功能，将 ESRI 公司的 ArcView 作为其空间信息分析、展示的平台，系统的功能有了很大程度的增加，美国纽约州的 Albany 国际机场就是一个成功的示例。国内在 APMS 方面的研究和开发刚刚起步，现有的测试、调查、评价工作由于缺乏准确的地理空间信息的支持，导致难以对有效道面历史数据进行积累，造成历史数据的浪费。

二、机场 FOD 探测

（一）FOD 概念

机场跑道是飞机起飞和着陆的重要设施，在飞机起飞和降落时不能有任何人或异物在跑道上，以免影响飞机的正常起飞和降落，机场跑道的安全是机场飞行区管理中的重中之重。

FOD（Foreign Object Deris）是指外来的不属于跑道、滑行道或机坪区域上的物品。FOD 可对飞机造成损坏，在极端情况下可引发事故。典型的 FOD 包括飞机零部件、轮胎碎片、机械工具、钉子、行李配件、破碎路面和石头等，如图 1－24 所示。

图 1－24　机场 FOD 示意图

根据对航空器运行安全的危害程度，FOD 大致分为三类：

(1) 高危外来物：如各种金属零件、行李锁、拖车挂链和重量较重的外来物等，高危外来物会对航空器造成极大的损伤。

(2) 中危外来物：如道面上的碎石块、起落架销子提示带、报纸、包装箱等，中危外来物对飞行安全有一定的影响。

(3) 低危外来物：如非金属零碎垃圾、纸屑、树叶等，低危外来物对飞行安全威胁较小。

目前国内外机场普遍采用人工目视巡场的方式对跑道进行定期的检查和清扫，西方很多先进国家已采用视频监控的方式，如图 1-25 所示。但人工目视巡场会存在一些弊端，如有时须关闭跑道，降低机场容量；巡场人员自身原因或天气条件较差未发现 FOD；无法进行 FOD 事件分析及追溯管理等，因此需要先进的科技手段和自动化的探测系统，以保障飞机的起降安全。

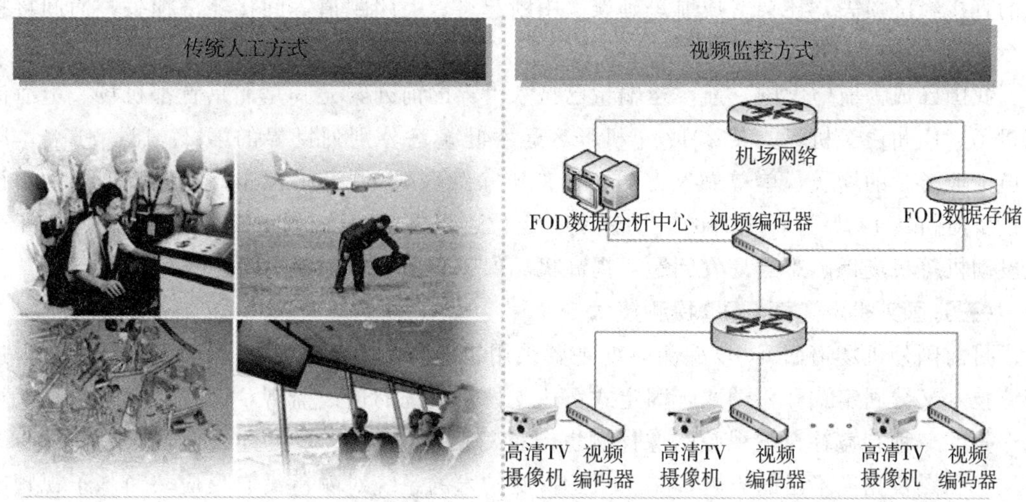

图 1-25　中外机场 FOD 监控方式对比

(二) 机场道面 FOD 带来的安全隐患

飞机对于 FOD 来说是相当脆弱的，FOD 可被吸入飞机的发动机，一小块塑料布吸入发动机就可能引起空停，对飞机造成损害或引发事故；一个小螺钉或金属片甚至尖锐石子都可能扎伤轮胎引起爆破，产生的轮胎碎片还可能打伤飞机机体或重要部件，如液压管、油箱。FOD 带来的危害不仅会损坏飞机和夺去宝贵的生命，而且还会带来巨大的经济损失。

2000 年 7 月 25 日，一架法国协和航空公司 AF—4590 航班在飞离法国巴黎戴高乐国际机场跑道时压上一块从前架美国大陆航空公司 DE—10 客机上脱落下来的钛金属碎片，由此划破了轮胎，其橡胶碎片又击中飞机的燃料箱，致使油箱破裂，引发燃油泄漏并起火，最终导致飞机坠毁，整个过程不到 1 分 30 秒，机上 100 名乘客、9 名机组人员和地面上的 4 人共 113 人遇难，这就是著名的协和空难事件，事故现场的飞机解体碎片如图 1-26 所示。为此，法航向遇难者家属赔偿了约 1.3 亿美元，协和飞机也在 2003 年 10 月 24 日全部退役。

图 1-26 法航协和空难飞机碎片

据保守估计，每年全球因 FOD 造成的损失为 30 亿～40 亿美元，FOD 不仅会造成巨大的直接经济损失，还会造成航班延误、中断起飞、关闭跑道等间接经济损失，而间接损失至少为直接损失的 4 倍。

我国已成为航空大国，航空运输量已挤入世界的前列，尤其是北京首都机场、上海浦东机场、广州白云机场，其 2012 年机场客运吞吐量已分别列世界的第 2、18、21 名。随着航空业务量的增长，单单靠人力的巡检来排除跑道 FOD 已不现实，因此就需要采用设施设备对机场 FOD 进行实时的自动识别、定位、报警，解决道面不洁扎破轮胎、打坏飞机发动机等机场保障难点易发问题，提高机场保障实力和监测能力。

（三）国外机场道面 FOD 探测技术

目前国外机场道面 FOD 探测系统主要采用雷达探测技术和视频图像识别技术。雷达探测技术又分固定式和移动式，固定式雷达支持对机场的连续监视，而移动式雷达是人视觉巡查的一种有益补充。视频图像探测也支持对机场道面 FOD 的连续监视，只是易受恶劣天气和黑夜亮度不足的影响。基于雷达探测技术的系统对颜色没有反应，而基于视频图像技术的系统却能对颜色和光照对比度产生反应。把雷达和视频结合起来，既能实现对机场 FOD 的连续监视，也能克服恶劣天气和黑夜的影响。

目前国外共有四种较为典型的机场道面 FOD 探测系统：一是英国 QinetiQ 公司生产的 Tarsier 系统；二是以色列 XSight 公司生产的 FODectect 系统；三是新加坡 Stratech 公司生产的 Iferret 系统；四是美国 Trex 公司生产的车载式 FODFinder 系统。

1. 英国 Tarsier 系统

Tarsier 系统是英国 QinetiQ 公司的产品，主要由 94GHz 毫米波雷达设备和视频摄像系统等组成。设备安装在距跑道中心线 500m 处的自立塔（高 4～12m）上，雷达设备的扫描范围为 850m，可连续扫描道面，一旦识别出 FOD 的位置，就发送出警报消息，并可准确定位。一条长 2500m 的跑道需要布设 3～4 台雷达设备。该系统能够探测 FOD 的最小尺寸为 25mm（图 1-27）。

2. 以色列 FODetect 系统

FODetect 系统是以色列 XSight 公司的产品，系统采用较小的探测单元，主要由 77GHz 毫米波雷达设备和视频摄像等组成。雷达设备对称安装在跑道两侧边灯的机械底

座上，间距 60m。电源和光缆可利用边灯原来的电缆沟基础，系统能够探测 FOD 的最小尺寸为 25mm，并根据设备编号对异物进行定位。探测单元连续扫描探测区域，当发现 FOD 时会发送一个告警信号给运行管理中心，同时它也发送视频图像以便非常容易地追踪该异物（图 1-28）。

图 1-27　Tarsier 系统探测设备

图 1-28　FODetect 系统探测设备

3. 新加坡 iFerret 系统

新加坡 Stratech 公司的 iFerret 系统，采用智能视频探测技术，使用高分辨率摄像机扫描跑道。其软件可以适应不断变化的光线以及跑道表面情况，一旦发现异物，会及时发送报警信号。摄像机架设在距离跑道中心线 200m 外的自立塔（高 6～12m）上，每台摄像机扫描范围为 300m，一条跑道需要架设 8～10 台摄像机。该系统能够探测异物的最小尺寸为 20mm，但在夜间、阴雨天及低能见度等情况下应用有一定的局限性，目前已在新加坡的樟宜机场安装使用（图 1-29）。

4. 美国 FOD Finder 系统

车载式是美国 Trex 公司的产品，由 77GHz 毫米波雷达扫描设备、数据处理系统和载车组成，能够探测 FOD 的最小尺寸为 25mm，采用车载 GPS 装置对 FOD 进行定位，4 分钟内可将一条 2500m 长的跑道监测一遍。属于移动探测系统，它可以安装在车辆的顶部。该系统可提供异物的雷达和视频图像，一旦拿回该物品，会对物品拍照，并分配一个条码以备调查（1-30）。

图 1-29　iFerret 系统探测设备

图 1-30　FOD Finder 系统探测设备

下面将前面所述的四个系统其技术和安装方面的技术参数进行列表对比，以方便工程设计人员在进行该系统设计选型时，根据各个机场的实际情况，如飞机的数量、种类、监控区域的数量种类及位置、探测的精度、机场的气候条件等因素来确定具体选择何种FOD探测技术，从而更有针对性（表1-5）。

表1-5 技术参数对比表

公司或产品名称	Stratech &iFerret	Xsight &Fodetect	Trex Enterprises &FODFinder	Qinetiq &Tarsier
技术体制	纯光学	光学和雷达	雷达	雷达
工作方式	塔架式	边灯式	车载式	塔架式
使用机场	新加坡樟宜机场 香港国际机场 迪拜机场	波士顿洛根、本古里安、新曼谷机场、西雅图一塔科马机场	美国海军陆战队各级航空站	伦敦希思罗机场 多哈哈迈德机场 温哥华国际机场
特点	检测性能好，设备安装、维护成本较低，易受天气影响	检测性能好，可靠性高，工作环境恶劣，设备维护成本高	部署使用方便，不能连续工作，可能产生新异物	技术成熟，检测率低，扫描速度慢，有盲区，受跑道倾斜影响

（四）应用展望

机场FOD探测系统，通过雷达技术、视频技术、传输技术、信息分析技术的相结合，实现对机场道面FOD的实时探测，为保障飞机的安全运行创造了条件。

目前，全球绝大多数机场的FOD监测仍然是靠人工完成的，这种方法不但可靠性差、效率低，而且占用了宝贵的跑道使用时间，无形中降低了跑道的容量。在机场使用FOD探测系统，可以克服恶劣天气和黑夜亮度不足的影响，全天候连续不断的监视跑道道面，节省人工巡查跑道的时间，节省人力投入，尤其是航空业务量大的机场，使用FOD探测系统后，不占用机场跑道的宝贵时间，提高跑道使用率，提高经济效益。采用机场道面FOD探测设备，技术先进，可靠性高，提高了机场道面的安全性，增强了公众乘飞机的安全感，带来良好的社会效益。

随着我国经济的发展，机场规模和容量都在不断地扩大，起降架次日益增加，给机场的运营带来了前所未有的压力，无论从安全角度，还是经济效益、社会形象等方面，机场都应全力以赴提高运行安全，以提高机场安全运营和综合管理的总体水平。国外经历了10多年的发展，技术比较成熟，产品也比较齐全，我们可以借鉴国外先进成熟的技术，以满足我国国内民航机场安全建设的需求。

三、飞机道面拦阻系统

飞行跑道是机场最重要的基础设施，飞机在跑道上的运行安全，历来是机场安全管理和技术研究所关注的重点，而跑道端部安全更是机场安全的焦点。如何减少飞机冲出跑道的危险发生，进而减少对飞机的损伤、保障机组人员和乘客的生命安全，已成为近年来机

场安全技术研究的热点。道面拦阻系统（EMAS）主要通过飞机轮胎压碎拦阻材料来制动飞机，从而使飞机减速并停止，用来保护冲出跑道的飞机。图 1－31 为机场拦阻系统使用现状。

图 1－31　机场拦阻系统使用现状

（一）道面拦阻材料特性

飞机经过道面拦阻系统时，将拦阻道面压碎，被压碎的拦阻材料吸收了飞机的动能，从而将飞机拦停。拦阻材料对飞机能量的吸收应与材料被压碎的体积成比例关系。

分析一种材料是否适宜用作道面拦阻材料，需要注意两个重要因素：其一，机轮压力的精确校准。机轮压力过大，会增加起落架负担，严重时可能会使起落架结构遭受损伤；机轮压力过小，会降低材料的拦阻性能，从而影响拦阻面对飞机的拦阻。应根据飞机和起落架的动态响应来求得机轮压力。其二，材料的最大压缩比。压缩比用来确定整个拦阻过程中能量的吸收值。

1. 道面拦阻系统的力学特性

飞机冲出跑道后进入拦阻道面内，前、主起落架将同时承受垂直荷载和拖力负载。飞机在设计时主要考虑由主起落架提供拖力负载，而前起落架不参与刹车过程，因此前起落架的结构强度要小于主起落架，但拦阻系统在对飞机进行拦截时会同时给前、主起落架施加阻力，因此设计飞机道面拦阻系统时必须严格控制拦阻材料的压碎强度，以保证不损伤飞机起落架。道面拦阻系统的力学特性主要与五种因素有关：即飞机冲出跑道的速度，压入拦阻材料的深度，机轮压力，起落架构型及前、主起落架支柱的强度。

2. 材料要求

由于处于露天工作环境，道面拦阻材料遭受风吹日晒、雨雪冰冻等各种自然因素的作用。为确保其性能可靠，拦阻材料应具有以下特性：

（1）易碎性。当材料的表面压力超过其设计荷载时，材料即被压碎。EMAS 的设计原理是通过制动飞机起落架机轮，从而达到拦阻飞机的目的。因此，材料的设计荷载应当在一定的范围内，即不损伤起落架结构而且能保证安全拦阻冲出跑道的飞机。如果材料强度过大，导致起落架折断，将会降低拦阻安全性能。

(2) 耐水性。由于 EMAS 道面所处的环境较为恶劣，要受到雨淋、冰冻、霜雪、太阳暴晒等各种自然因素的作用，因此材料自身应不吸收水分，可以较好地防止水分侵蚀，保证遇水后不影响拦阻系统的使用品质和使用寿命。

(3) 应不吸引鸟类及野生动物。应保证 EMAS 的使用安全，避免鸟类等动物靠近，防止发生鸟击危险事故的发生。

(4) 抗燃性。EMAS 应具有耐受飞机高温尾喷气流和吹雪车短时吹喷的能力，在高温下应不易燃、不助燃。

(5) 耐久性。拦阻系统需要裸露在自然环境中，经受着持续变化的自然环境的影响。EMAS 应不随环境温度和湿度的变化而退化，不受盐碱、除冰液、机油和润滑油的侵蚀，能抵抗吹沙、吹雪等工作的影响，始终保持良好的使用品质。

(6) 可修复性。当道面拦阻系统拦阻飞机后，必须尽快完成 EMAS 的修补检查工作。为确保对其它冲出跑道的飞机再次安全拦阻，应当及时修复已被机轮损坏的道面。在此修复期间，EMAS 中未被损及的部分应当被隔离并暂停使用。

（二）道面拦阻系统铺设要求

1. 距跑道端距离

道面拦阻系统设在跑道两端外的跑道中心延长线上。为增大飞机进入拦阻系统时所受的阻力，并防止提前接地飞机的尾喷气流对道面拦阻系统造成伤害，EMAS 的铺设起点应与跑道端有一定距离，至少为 23m，称这一段为滞后段。如果跑道端安全区距离不足，导致拦阻道面的铺设距离不能满足要求时，可以适当地缩短滞后段距离。

2. 长度

道面拦阻系统的长度极其重要，它将直接影响拦阻效果。当跑道的进近端设有垂直引导时，若不设停止道，EMAS 的铺设终端应距跑道端至少 180m；若设有停止道，EMAS 铺设终端应距停止道端至少 180m；当跑道的进近端不设垂直引导时，应设置标准的跑道端安全区。按照规定，标准的跑道端安全区应自跑道端向外延伸至少 300m。

3. 宽度

飞机冲出跑道进入拦阻道面时，可能会偏离跑道中心延长线，给拦阻飞机造成一定的偏差。为确保飞机冲出跑道后能够被安全拦停，EMAS 道面必须具有足够的宽度。EMAS 道面的宽度至少要与跑道宽度相同，其宽度的设置应充分满足应急救援的需要，便于救援车辆迅速到达事故现场，并保证不会造成飞机、车辆受损以及人员伤亡。

4. 坡度

EMAS 道面应充分考虑飞机进入和拦停后飞机处理工作的方便（为牵引飞机离开道面提供便利）。若 EMAS 铺设在现有道面上，其坡度的设置应确保应急救援车辆可以从靠近跑道的一端及其两侧迅速到达，远离跑道一端的坡度应尽量为救援车辆提供便利。

（三）EMAS 建模分析与仿真

飞机冲出跑道进入道面拦阻系统后，机轮受飞机的重力作用而压入 EMAS 内。拦阻

道面在被压碎的同时吸收了飞机前进的动能，从而制动飞机使之减速停止。性能优良的道面拦阻系统要求对不同质量和不同冲入拦阻系统速度的飞机能够在限定的铺设距离内将飞机安全拦停，且起落架所受的拖滞力、EMAS 作用给机轮的垂直荷载均能满足飞机的设计要求，不对飞机造成结构损伤。

1. 建模假设

（1）飞机起落架为前三点式；

（2）飞机在受到应急拦阻时，刹车系统不起作用，不使用反推力，不考虑飞机轮胎在道面滚动的摩擦力，即只有拦阻系统给飞机提供制动力；

（3）飞机荷载 G、起落架可承受的最大水平拖力 F_G 和机轮胎最大压力 P_T 为已知。

2. 拦阻过程动力学分析

一般冲出跑道时飞机与道面拦阻系统相互作用，飞机初始冲入拦阻道面内，前、主起落架均压入其中，共同受 EMAS 拖滞力的作用而减速停止。

第二章 空 域

第一节 概 述

空域即飞行空域，指根据航空器飞行或作战的需要划设的一定范围的飞行空间。在大气层中活动的航空器，有高度范围上的限制，因此空域的定义是：地球表面以上的，可以供航空器飞行使用的，一定范围内的空气空间。

一、空域的概念

(一) 空域的属性

空域的属性一方面是其自身所固有的，另一方面是随着人们对于航空活动认识的深入以及空中交通服务的不断改善后所赋予的。具体为以下三个方面：

1. 主权性

《国际民用航空公约》中对主权的解释为："缔约各国承认每一国家对其领土之上的空气空间有完全的和排他的主权。"《中华人民共和国民用航空法》第一章第二条明确规定："中华人民共和国的领陆和领水之上的空域为中华人民共和国领空。中华人民共和国对领空享有完全的、排他的主权。"

2. 资源性

飞行活动可以被用于获得国防、科技和经济建设等方面的各种利益，而一切飞行活动均是在空域当中完成的，空域当然也就成为人类可以利用的一种资源。

3. 客观存在性

空域是先于人类的活动而客观存在的。人类可以利用各种技术手段去合理利用空域，但无法创造空域。

(二) 空中交通服务空域

国际民航组织附件 11 规定空中交通服务将在如下空域提供：飞行情报区（FIR）、管制区（CTA）、管制地带（CTR）、高空飞行情报区（UIR）以及高空管制区（UTA）等。

(1) 飞行情报区（FIR）：空域的一部分，在这些空域内要提供涵盖整个航线结构的飞行情报服务和告警服务。这样的划分应涉及航路的性质和高效的服务需求，而不是国家的界限。

搜寻援救区的范围与飞行情报区相同。我国共划分沈阳、北京、上海、广州、昆明、武汉、兰州、乌鲁木齐、三亚、香港和台北 11 个飞行情报区。

(2) 管制区（CTA）和管制地带（CTR）——部分空域，在该空域内提供空中交通管制服务给仪表飞行的航班。管制区包括除其他事项外，应划定航线（AWY）和终端管制区，以便涵盖足够的空域，来控制那些仪表航班的飞行路径，同时考虑在该地区工作的导航设施正常使用的能力。

我国规定管制区应当覆盖提供空中交通管制服务的空域，管制区包括高空管制区、中低空管制区、进近管制区和机场塔台管制区。

（三）空域的限制与保留

因为一些存在潜在风险的活动和空中需要保护的敏感地区，可能对航空器飞越造成干扰，因此需要设立限制空域，按照不同严重程度，国际民航组织有下列的定义：

危险区（D）：危险区是一个划定范围的空域，在规定的时间内，此空域中可能存在对飞行有危险的活动。危险区不仅可以在主权空域内设置，也可以在公海上空等非主权空域内设置，但应公布时间和高度范围，以及设置危险区的原因。驾驶员可以自行决定能否进入或飞越此类空域并能保证飞行安全。

限制区（R）：限制区是在一个国家的陆地或领海上空根据某些规定条件限制航空器飞行的一个划定范围的空域。限制区内的活动对航空器构成凭驾驶员自身所不能判定的，所以需要用时间和高度等条件限制航空器的进入和飞越，如飞行空域、炮射区、靶场等。

禁区（P）：在陆地或领海上空规定的空域，其内禁止航空器飞行。

国际民航组织附件 11 还建议："为了提供增加空域的容量和改善飞机运行的效率和灵活性，各国应建立一个灵活的空域使用保留程序，提供给军事或其他特殊活动。程序应允许所有空域用户可以安全进入这种保留空域。"

国际民航组织 9426 文件为保留空域提供了一个通用的定义，"一个在民航局权限下划定的区域，该区域内通过共同的协议，由另一个航空管理单位专用"。依据空域灵活使用的概念，可进一步明确定义以下两种不同类型的保留空域：

临时保留区（TRA）是一个定义的在航空管理局管辖下，依据共同的协议暂时备用，由另一航空管理局专门使用，并根据空管许可，通过其他手段可获准过渡的空域。

临时隔离区（TSA）是一个定义的在航空管理局管辖下，依据共同的协议暂时隔离，由另一个航空管理局专门使用，并根据空管许可，通过其他手段不可获准过渡的空域。

当建立临时保留区/临时隔离区，危险区或限制区时，空域包含活动的边界，并确保目视飞行规则飞机是在垂直和/或横向的备用/限制区范围内，以不危及其活动。

我国相关规定：禁区是在一个国家的陆地或领海上空禁止航空器飞行的一个划定范围的空域，禁区的设置通常是为了保护重要的国家设施、重要的工业集团（避免由于航空器事故引起灾难性的后果，如核电站、敏感的化工集团）或者是关系到国家安全保卫的特别敏感的设施。禁区分为永久性禁区和临时禁区。永久性禁区禁止航空器在任何时间、任何飞行条件下进入，如北京、上海、沈阳、武汉、长辛店、葫芦岛等禁航区。临时禁航区只在规定的时间内禁止航空器飞入，如杭州、北戴河等禁航区。

在中国，未按照国家有关规定经特别批准，任何航空器不得飞入空中禁区和临时空中

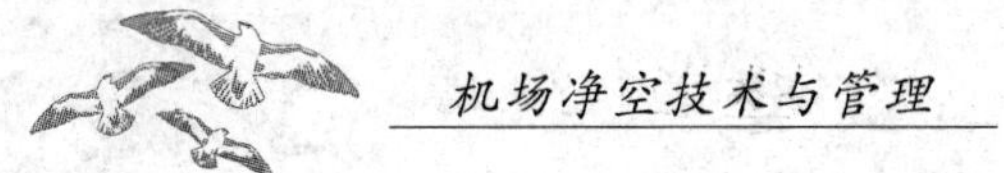

禁区。

二、空域管理概念

空域管理是指按照各国国家法律规定以及国际民航组织相关标准的要求，对空域资源进行规划、管理和设计的一项工作，是空中交通管理的重要组成部分，与空中交通服务和空中交通流量管理既有重叠又存在独立性

空域规划、管理和设计涉及航空运输的参与者在安全、有序、正常的环境和规则下运行。为了对航空器能提供安全、及时、有效、正常的管制服务，飞行情报服务和告警服务，防止航空器空中相撞或航空器与地面障碍物相撞，保证飞行安全，促使空中交通有秩序地运行，必须对空域资源进行规划、管理和设计。同时，各国空域资源的特点即空域资源的国家属性和空域资源分时重复使用性，也决定了空域管理的重要性、动态性和技术性。

（一）空域管理目标

空中交通管理的空域管理总体目标是最大限度地满足各类飞行的空域使用要求，实现有限空域安全、高效、经济、公平地利用，加快航空通行率。

1. 空域管理原则

（1）主权性原则：空域管理代表各国主权，不容侵犯，具有排他性。

（2）安全性原则：在有效的空域管理体系下，确保航空器空中飞行安全，具有绝对性。

（3）经济性原则：在确保飞行安全性基础上，科学地对空域实施管理，保证航空器沿最佳飞行路线，在最短时间内完成飞行活动，具有效益性。

2. 空域管理分类

空域管理主要包括：空域规划、空域划设和空域数据管理这三种。

（1）空域规划，指对某一给定空域，通过对未来空中交通量需求的预测或空域使用各方的要求（军方和民航），根据空中交通流的流向、大小与分布，对其实施战略设计和规划，并加以实施和修正的全过程。

空域规划的目的是增大空中交通容量、有序空中交通运行、有效地利用空域资源、减轻空中交通管制员工作负荷和提高飞行安全水平。空域规划工作是空域管理工作中的重要组成部分，为空域管理工作提供了宏观指导，是其他空域管理工作开展的目标和依据。

（2）空域划设是指对空域中涉及的飞行情报区和管制区、航路、航线、进离场航线（飞行程序）、禁区、限制区、危险区等空域资源以及飞行高度、间隔等空域标准进行设计、调整、实施与监控的过程。

空域划设工作是空域规划工作的具体实现，在工作开展过程中，需要针对不同的空域使用者的需求，提出合理的空域设计调整方案，并通过对空域容量、工作负荷、安全、设施设备、环境等方面的评估后，确保设计方案能够满足空域标准的要求后，才能投入运行使用。

空域划设是空域管理工作中内容最多的一部分，需要协调的相关环节比较多，在划设过程中，既需要保障运行安全又需要满足空域使用各方的要求，是一项复杂的设计工作。

(3) 空域数据按照使用性质分为空域结构数据和空域运行数据。

空域数据的管理包括空域结构数据和运行数据的收集、整理和使用。空域数据管理是空域规划和空域划设工作的基础。

空域结构数据是指导航设施数据、飞行情报区和管制区数据、管制地带数据、航路和航线数据、其他空域数据等静态数据。

空域运行数据是指各类空域使用方面的数据，包括该空域范围内活动的种类、飞行架次、使用时间等动态数据。为了保证空域数据的时效性，空域建设方案生效后，会对相关的空域数据及时进行修订。

3. 空域管理相关概念

空域战略管理是在充分考虑国家和国际空域需求的基础上，国家空域政策的高层次解释和综述，其主要内容包括空域组织的建立、永久和临时空域结构的规划与建立优先权与协商程序的协议等。

空域预战术管理是在战略空域管理层所定义的内容和程序框架内对空域实施具体运行管理，其主要内容包括每天的空域分配、跨越边境条件航路和/或跨越边界区域激活/取消的协调、向所有相关部门发送的空域分配数据等。

空域战术管理是对预战术管理层分配的空域进行激活、非激活或真实分配、实际空中交通和整体空中交通之间特定空域问题和/或个别交通情况的处理，其主要内容包括有关军民航空中交通服务单位之间在系统支撑或非系统支撑条件下快速的数据交换，确保所辖空域内空中交通与整体空中交通飞行安全快速运行。

三、空域系统

(一) 系统概念

对系统的定义，国内外存在很多不同的说法。在我国，对系统较为通用的定义为：由相互联系、相互作用的若干部分，以一定结构组成的具有特定功能的有机整体。人们日常生活、工作所置身的都可以称作是具体的系统。可以说，人类是不能脱离系统而独立存在的。

根据对系统定义的描述，可以总结出系统具有以下特性：

1. 系统具有整体性

整体是由部分组成的，并且各组成部分之间存在有机的联系。系统是由一些部分组成的，这些组成部分其本身可以是单独的个体，也可以是一个系统。例如机场可以认为是由陆侧系统和空侧系统组成的，同时机场本身又是民航运输体系中的一个子系统。

2. 系统具有相对独立性

一方面，系统的独立性表现为具有特定的质和量的规定性，从而将其区别于周围环境和事物；另一方面，这种独立性也是相对的，因为任何系统都与周围的世界环境存在一定的关系。世界上根本不存在绝对独立于环境和周围事物的东西，亦不存在完全孤立的系统。

3. 系统具有一定的功能

系统的功能是指系统在与外部环境相互作用的过程中所体现出的一些功能。任何一个系统都有其自身的功能和价值，例如空管系统的功能是管理多架航空器的起降、航行，以保障飞行的安全和有序。

（二）空域系统概念

从系统工程的角度出发，将空域视为一个巨大的系统，并根据我国管制空域的分类以及航空器的运行过程，将整个空域系统分为航路巡航空域系统、终端区空域系统和机场塔台空域系统。

其中，航路巡航空域系统的管辖范围是航空器巡航时所用的空域，包括高空管制空域和中低空管制空域；终端区空域系统的管辖范围是航空器进离场时所用的空域，即进近管制空域；机场塔台空域系统的管辖范围是航空器起降时所用的空域。

第二节　空域分类

一、空域分类概念和目的

（一）概念

空域分类是指将连续空域划分为若干个不同类别的空域，不同类别的空域对航空器的使用条件要求不同，管制单位对在不同类别空域内活动的航空器提供的空中交通服务类别也不相同。空域分类不是简单的命名规则，而是对人员、设备、服务和管理的综合要求，是复杂的系统性标准和系统运行软硬件框架的集合。一个固定类型的空域对飞行人员的执照种类、机载设备、间隔配备、空中交通服务种类均有详细的要求。这些要求在国家层面的法规中有原则性的体现，在飞标、适航以及空管等部门的规章和标准中有具体条款的支持，提供服务和使用空域的人员和单位都应充分理解和严格执行。国际民航组织提供了空域类别的建议标准，各国根据自己的实际情况有选择地采纳并细化不同空域类别对机载、地面、人员的要求，将空域分类与有关各方面有机地紧密关联起来。

（二）目的

空域分类的目的是为了建立一个更为简单、有效的国家空域系统，使空域用户更容易理解不同类型空域对飞行规则、所需性能、空管服务的要求，从而满足不同空域用户的使用需求和空管资源的最优配置，确保空域得到安全、合理、充分、有效的利用。公共运输航空、通用航空和军事航空等空域用户对空域的需求千差万别，对空中交通服务的需求也各有侧重。

概括来看，空域分类的目的包括以下三点：

(1) 能够优化配置空域资源，在公共运输航空、军事航空和通用航空用户等不同空域用户需求之间寻找平衡点，满足各空域用户的使用需求。

(2) 能够满足空域服务专业化与多样化，为不同的空域用户提供适当的空中交通服务，在公共运输飞行繁忙的空域内提供飞行情报服务和告警服务，创造宽松和灵活的运行空间；在军事作战训练、转场和演习等飞行任务繁重的空域内提供航空管制服务，强化空军攻防能力。

(3) 可以提高空域的安全水平，通过对飞行规则、飞行人员资格、地空通信、导航、监视设备能力的分类要求，将空域的安全水平控制在可接受的范围之内。

二、国际民航组织空域分类标准

(一) 国际民航组织提出空域分类建议的背景

为了规范目视和仪表飞行对设备以及飞行员的各种要求，澄清在各类空域内仪表飞行和目视飞行需要提供的相关服务，结束高空管制区、中低空管制区、终端（进近）管制区和机场管制区之间空域管理的混乱状况，国际民航组织制定了空域分类的相关标准，将空中交通服务空域分为 A、B、C、D、E、F、G 七类基本类型。其中 A、B、C、D、E 类空域为管制类空域，F、G 类空域为非管制类空域。各级空域不以物理空间划分，它同空域内交通密度、航线结构等有关。

(二) 国际民航组织建议的空域分类标准

A 类空域：仅允许航空器按照仪表飞行规则（IFR）飞行，对所有飞行中的航空器提供空中交通管制服务，并在航空器之间配备间隔。

B 类空域：允许航空器按照仪表飞行规则（IFR）飞行或者按照目视飞行规则（VFR）飞行，对所有飞行中的航空器提供空中交通管制服务，并在航空器之间配备间隔。

C 类空域：允许航空器按照仪表飞行规则（IFR）飞行或者按照目视飞行规则（VFR）飞行，对所有飞行中的航空器提供空中交通管制服务，并在按照仪表飞行规则（IFR）飞行的航空器之间，以及在按照仪表飞行规则（IFR）飞行的航空器与按照目视飞行规则（VFR）飞行的航空器之间配备间隔；按照目视飞行规则（VFR）飞行的航空器应当接收其他按照目视飞行规则（VFR）飞行的航空器的活动情报。

D 类空域：允许航空器按照仪表飞行规则（IFR）飞行或者按照目视飞行规则（VFR）飞行，对所有飞行中的航空器提供空中交通管制服务；在按照仪表飞行规则（IFR）飞行的航空器之间配备间隔，按照仪表飞行规则（IFR）飞行的航空器应当接受按照目视飞行规则（VFR）飞行的航空器的活动情报；按照目视飞行规则（VFR）飞行的航空器应当接收所有其他飞行的航空器的活动情报。

E 类空域：允许航空器按照仪表飞行规则（IFR）飞行或者按照目视飞行规则（VFR）飞行，对按照仪表飞行规则（IFR）飞行的航空器提供空中交通管制服务，并在按照仪表飞行规则（IFR）飞行的航空器之间配备间隔，所有航空器应当接受其他航空器的活动情报。E 类空域一般设为非管制空域。

F 类空域：允许航空器按照仪表飞行规则（IFR）飞行或者按照目视飞行规则（VFR）飞行，所有飞行中的航空器应当在需要的情况下接受空中交通咨询服务和飞行情报服务。

G 类空域：允许航空器按照仪表飞行规则（IFR）飞行或者按照目视飞行规则（VFR）飞行，所有航空器在需要的情况下应接受飞行情报服务。

不同类型的空域垂直相邻时，在共用飞行高度层的飞行应当遵守限制较少的空域类型的要求，同时空域服务机构提供适合该类空域要求的服务，具体要求见表 2-1 所列。

表 2-1 国际民航组织空域类型表

空域种类	飞行种类	所能飞行种类	提供的服务类型	能见度及距云的距离	速度限制
A	IFR	所有飞行	空中交通管制服务	无	无
B	IFR	所有飞行	空中交通管制服务	无	无
	VFR	所有飞行	空中交通管制服务	3050m 及其以上 8km，3050m 以下 5km，无云	无
C	IFR	IFR 与 IFR，IFR 与 VFR	空中交通管制服务	无	无
	VFR	VFR 与 IFR	1. IFR 与 IFR 间隔服务 2. VFR 与 VFR 间活动信息（根据要求活动避让警告）	3050m 及其以上 8km，3050m 以下 5km，距云水平距离 150m，垂直距离 300m	3050m 以下表速 250 节
D	IFR	IFR 与 IFR	包括有关目视活动信息的管制服务（含因要求提供的活动避让警告）	无	3050m 以下表速 250 节
	VFR	无	目视和仪表飞行间的活动信息（含因要求提供的活动避让警告）	3050m 及其以上 8km，3050m 以下 5km，距云水平距离 1500m，垂直距离 300m	3050m 以下表速 250 节
E	IFR	IFR 与 IFR	空中交通管制服务，尽可能提供有关目视飞行的活动信息	无	3050m 以下表速 250 节
	VFR	无	尽可能提供活动信息	3050m 及其以上 8km，3050m 以下 5km，距云水平距离 1500m，垂直距离 300m	3050m 以下表速 250 节
F	IFR	尽可能保证 IFR 与 IFR 间的间隔	空中交通咨询服务，飞行情报服务	无	3050m 以下表速 250 节
	VFR	无	飞行情报服务	3050m 及其以上 8km，3050m 以下 5km，距云水平距离 1500m，垂直距离 300m，900m 及以下 5km	3050m 以下表速 250 节

（续表）

空域种类	飞行种类	所能飞行种类	提供的服务类型	能见度及距云的距离	速度限制
G	IFR	无	飞行情报服务	无	3050m 以下表速 250 节
	VFR	无	飞行情报服务	3050m 及其以上 8km，3050m 以下 5km，距云水平距离 1500m，垂直距离 300m，900m 及以下 5km	3050m 以下表速 250 节

注：①除了 E、F、G 类的 VFR 飞行，其他都需要连续的双向通讯；

②IFR：仪表飞行；

③VFR：目视飞行。

（三）美国空域分类

1. 宽松的空域管理政策

对于美国人来说，驾驶飞机的权利几乎和驾驶汽车的权利一样。公民有权使用任何民用机场，并以先到者先享受服务为基础。

自二战后，美国政府将大约 85％的空域划为民用空域，其中的绝大部分又被通用航空使用。相对来说，美国的空域管理是比较宽松的。简单地说，在绝大部分美国国土上，只要有一部航空电台，就可以在 3000m 海拔高度以下自由飞行；而仅仅多装一台 C 模式应答机（一般不超过 2 万元人民币），高度限制就可以提升到海拔 5400m；至于在 200～360m 高度（真高）以下，甚至连电台都可以没有。而某些管制空域，目视飞行规则的航空器也是可以进入的，只不过条件和程序比较复杂而已。

2. 美国空域类型

1926 年，美国国会通过了航空商务法令，授权国家商务部负责制定第一套空域管理制度，美国空管的雏形由此产生。但是在 1993 年以前，美国的空域系统与世界民航组织推荐的空域划分并不一致，主要体现在分类命名和结构方面。1993 年 9 月 16 日，美国才采用了国际上通用的空域体系，命名了 A、B、C、D、E 和 G 类空域，如图 2－1 所示。

A 类是绝对管制区（positive control area），横跨美国全境，高度从 18000ft 至 60000ft，ATC（空中交通管制人员）负责所有飞行间的间隔。此空域是只允许按仪表飞行规则飞行的空域，这个空域一般的小飞机是飞不到的，因为没有密封增压设备，寒冷和缺氧会使人致命。此空域只允许按 IFR（仪表飞行规则，一般用于高空飞行和恶劣天气情况下）飞行，所有航空器之间配备飞行间隔，提供 ATC 服务，要求实现地空双向通信，航空器进入空域需要 ATC 许可。

B 类是终端管制区（terminal control area），一般建立在繁忙机场附近，是从地面至最高 8000ft 的空域，其形状就像一个倒立的金字塔，此类空域是围绕在国内 37 个最繁忙的机场周围上空的空域，以按仪表飞行规则运行和执行客运任务的飞机为基础。在这个管

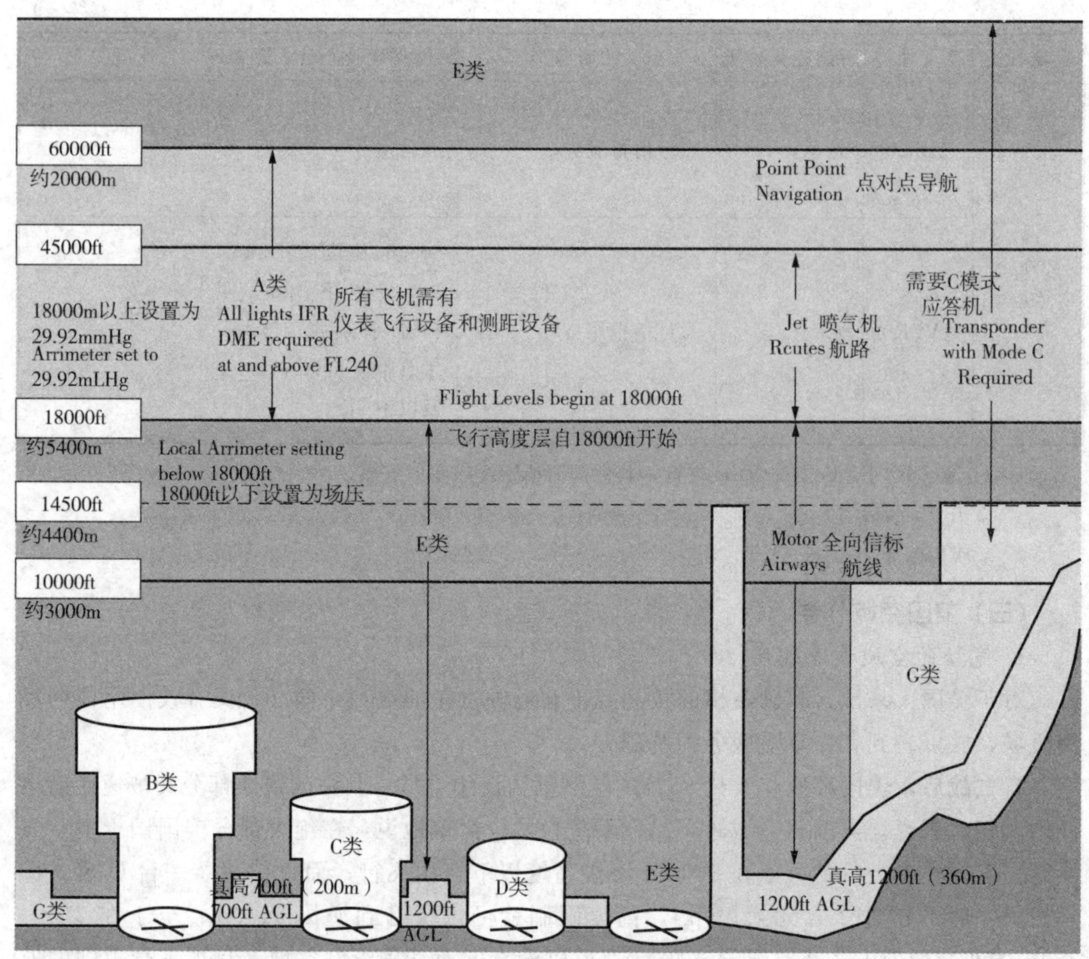

图 2-1　美国空域分类图

IFR：非管制空域　G；管制空域　A，B，C，D，E

VFR：非管制空域　E，G；有限管制空域　C，D；强制管制空域　A，B

制空域飞行，要有相应的机载设备，比如二次雷达应答机，以便管制部门能在雷达上确定飞行员的高度和位置；还要有相应的无线电设备，以便保持连续的双向沟通。事先还要获得进入这类空域的许可。这类空域也不是一般百姓去的。

C类是机场雷达服务区（airport radar service area），一般建立在中型机场，从地面或从某一高度至地面以上 4000ft，该区域一般由两部分组成即内环（半径 5NM）和外环（半径 10NM，下限 1200ft），飞行员要保持和管制员的通信联络，飞机具有应答机、间隔的提供取决于飞行的种类，此乃 B、C 类空域的最大区别之一。美国的 C 类空域涉及约 120 个不太繁忙的机场。这些机场有足够的能力和手段对所有的空中交通进行无线电通信和雷达管制。

D类是管制地带（control zone），一般建立在有管制塔台的机场，半径 5NM，从地面至此类空域的管制下限（通常是航路的下限 1000～3000ft）的空域，此空域包括除了上述以外的“机场交通管制区域”，也就是有塔台的机场区域。这类空域对应的机场不太大或不太繁忙，流量与C类相当。

E类是过渡区（transition area），一般是从1200ft至此类空域的管制下限（美国中低空航路的主要运行空间，在美国东部为1200～18000ft，在西部山区为145000～180000ft），自此往下的空域都属于普遍意义上的低空。此类空域包括无塔台的机场，还包括那些机场管制塔台分时段运行的机场雷达服务区类机场，例如从午夜到早上6点钟，这段时间机场雷达服务区关闭机场塔台时，空域即属于过渡区。此类空域是美国面积最大、应用最广泛的一类空域。

G类是非管制空域，一般指1200ft以下的空域，飞行安全由飞行员本人负责。所有从地表到700ft或1200ft，并且不属于A、B、C、D、E类空域的非管制空域即为G类空域。没有塔台的机场为G类空域的一部分。

当然，美国还有一些其他类型的空域：特殊用途空域、禁区、限制区和军事行动区（MOA）。其中，禁区是指在规定的时间内不能飞入的地方，比如射击区，政府敏感区（白宫、国会大厦等）。这类区域很少，在航空图上有标注。限制区就是在特定的时间和特定的高度飞行员不能进入的空域，比如划归军事航空演习、跳伞、射击等活动的空域。“9·11”事件以后，政府强制划分了临时飞行限制区，以此来加强国家安全。还有军事行动区，它不是严格的限制区，如果有特殊需要也可以穿越。

美国对国际民航组织空域分类标准的引用和变通，较好地体现了“空域是国家资源，每个公民都享有使用空域的权力”这一原则，在安全与效率之间找到了一个平衡点，为目视飞行创造了宽松的空域条件，极大地促进了通用航空的发展。可以说，目前世界上没有哪一个国家拥有如此广阔和宽松的目视飞行环境，人们可以像自驾车旅行一样，从纽约飞往加利福尼亚，从旧金山飞往华盛顿，而不需要与任何人通话。

3. 繁盛的通用航空

美国的航空分为军事航空、商业航空和通用航空，后两者属于民用。其中，通用航空主要是除军事、警务、海关缉私飞行和公共航空运输飞行以外的航空活动。具体来讲，其经营范围主要包括公务飞行、私用飞行、飞行员训练、体育与娱乐飞行、空中出租、农业、建筑、摄影、勘探、观测与巡逻等航空作业以及搜寻与救援等特殊飞行。通用航空主要是在距离地面10000ft（约3000m）以下的低空空域飞行。

美国在册通用航空飞机约有22.2万架（全球通用飞机总数约为34万架），占全美注册民用飞机的96%。近60%的通用航空飞机为私人拥有，其中约有2.5万架飞机是由个人从事商业飞行，1.5万家企业使用通用航空飞机从事企业自身的公务飞行，另外约有8万架通用航空飞机用于从事社会公益性质的非经营性活动。

美国现有近70万名飞行员，其中通用航空飞行员约59.7万人，在役的运输飞行员中有一半以上来自通用航空。

美国有19000多个供通用飞机起降的小型简易机场，占民用机场总数90%以上。通用航空年飞行量为2600万～2700万小时，累计飞行小时占民用飞机总飞行小时的80%。

根据美国公务航空协会的统计，2005年通用航空对美国的经济贡献为1500亿美元。其4.5万家通用飞机制造商和1万多个零部件供应商共创造了150万个就业机会和530亿美元的净收益。

在美国，阿拉斯加州是通用航空最为发达的地区之一，每年商业飞行承运的人数是州人口总量的4倍（其他州为1.7倍）。由于陆路、水路交通不便且建设成本较高，自驾飞机飞行成为该地区公众出行的主要方式，甚至进行钓鱼等休闲活动也以飞行为主。阿拉斯加州拥有注册飞机9900架、在册飞行员1.1万人、陆地机场387个、直升机机场33个以及有记录的起降场地640个。此外，还有数以千计的湖泊供水上飞机起降。

（四）中国民用航空空域分类

空域应当根据航路、航线结构、通信、导航、气象和监视设施以及空中交通服务的综合保障能力划分，以便对所划空域内的航空器飞行提供有效的空中交通服务。在充分考虑了国际民航组织关于空域划设的建议和标准，并结合我国实际情况的基础上不断改进后将我国的空域划分为飞行情报区、管制区、限制区、危险区、禁区以及航路航线。并且根据所划空域内的航路结构、通信导航和监视能力将我国管制空域划分为A、B、C、D四类，具体见表2-2所列。

表2-2　管制空域分类

管制空域类别	管制空域名称	下限（m）	上限（m）	允许飞行的种类	接受ATC服务的航空器
A	高空管制空域	6000（含）	巡航高度层上限	IFR	所有
B	中低空管制空域	最低飞行高度层	6000（不含）	IFR VFR	所有
C	进近管制空域	最低飞行高度层	6000（含）	IFR VFR	所有
D	塔台管制空域	地面	第一等待高度层（含）	IFR VFR	所有

航路、航线地带和民用机场区域设置高空管制区、中低空管制区、终端（进近）管制区和机场塔台管制区。通常情况下，高空管制区、中低空管制区、终端（进近）管制区和机场塔台管制区内的空域分别为A、B、C、D四种类型。

A、B、C类空域的下限，应当为该空域的最低可用飞行高度层；D类空域的下限应当为地面或者水面。A、B、C、D类空域的上限，应当根据提供空中交通管制服务的情况确定，其上限通常应当取某个飞行高度层为其值。

不同类型的空域垂直相邻时，在共同飞行高度层的飞行应当遵守限制较少的空域类型的要求，并提供适合该类空域要求的服务。A、B、C、D类空域对飞行的限制程度按照字母顺序递减。

第三节　空域划设

一、空域划设规范

（一）空中交通服务区域

空中交通服务是空中交通管理的主要组成部分，包括空中交通管制服务、飞行情报服务和告警服务。

空中交通管制服务的任务是防止航空器与航空器相撞以及在机动区内航空器与障碍物相撞，维护并加速空中交通的有序活动。其中空中交通管制服务包括机场管制服务、进近管制服务和区域管制服务。

(1) 机场管制服务是指为防止航空器相撞以及在机动区内航空器与障碍物相撞，维护并加速有秩序的空中飞行活动，向在机场附近飞行、接受进近管制服务以外的航空器提供的空中交通管制服务。

(2) 进近管制服务是指为防止航空器相撞，加速并维持有秩序的空中飞行活动，向进场或者离场飞行阶段接受管制的航空器提供的空中交通管制服务。

(3) 区域管制服务是指为防止航空器相撞，维持并加速有秩序的空中飞行活动，向接受进近和机场管制服务以外的航空器提供的空中交通管制服务。

飞行情报服务的任务是向飞行中的航空器提供有助于安全和高效地实施飞行的建议和情报。

告警服务的任务是向有关机构发出需要搜寻与援救航空器的通知，并根据需要协助该机构或者协调该项工作的进行。

确定某区域或者机场是否需要提供空中交通服务时，应当依据以下因素：

(1) 所涉及的空中飞行活动的类型和复杂性；

(2) 空中交通的密度；

(3) 气象条件；

(4) 其他可能因素，包括地理条件等。

确定某区域或者机场是否需要提供空中交通服务时，不得考虑在该区域或者机场运行的航空器是否装备机载防撞系统；确定需要提供空中交通管制服务的区域，应当根据所需提供空中交通管制服务的类型，设立相应的管制区；确定需要提供飞行情报服务和告警服务的空域，应当设立飞行情报区和搜寻援救区；确定需要提供空中交通服务后，应当根据所需提供的空中交通服务类型设立相应的空中交通服务区域。空中交通服务区域包括飞行情报区、高空管制区、中低空管制区、终端管制区、进近管制区、机场塔台管制区、航路和航线。

其中进近管制空域可以包含在高空、中低空管制区或者机场塔台管制区内，但是在进近管制空域内的空中交通密度大，且飞行复杂的情形下，应当设立终端管制区或者进近管制区。

航路和航线的划分：

(1) 根据执行飞行任务的性质和条件，航路划分为国际航路和国内航路；根据航空器机载导航设备的能力、地面导航设备的有效范围以及空中交通管制情况，可以按照规定在某些空域内建立区域导航航路。

(2) 按照允许使用时间的限制，航线划分为固定航线和临时航线。

连接机场或者跑道至可以开始航线飞行的某点之间的航段为离场航线；连接航路或者航线上一点与靠近机场的一点，且可以从航线飞行阶段转为进近飞行阶段的航段为进场航线。进场航线和离场航线可以合称为进离场航线。

（二）导航容差

导航容差是多种相关因素共同作用的结果，采用平方和根的方法计算，即总的导航容差值等于影响导航精度的各项因素所产生偏差值的平方相加后再开平方。

导航容差是各类空域设计或者技术评估的基本依据，主要用于划设空域缓冲区，设计航路和航线以及仪表进离场和进近程序，包括为确定超障区提供导航精度数据。以标称飞行航迹或者标称区域为中心，按照导航容差99.7%概率可容度确定的超障区域中，按照导航容差95%的概率可容度确定的区域为主区，除主区之外的区域为副区。

地面无线电导航设施标定的位置点的导航容差，由地面无线电导航设施的系统特征，以及该位置点与无线电导航设施之间的方位和距离决定。

区域导航航路运行所需导航性能的类型，应当根据不同地区所提供的通信、导航、监视和空中交通服务情况确定。对于全向信标台和测距台在同一位置的，应当按照最大的导航容差设计空域。

（三）飞行情报区

飞行情报区应当包括我国境内上空以及由国际民航组织亚太地区航行会议协议，并经国际民航组织批准由我国提供空中交通服务的，毗邻我国公海上空的全部空域以及航路结构。

公海上空飞行情报区边界的划定或者调整，应当按照国际民航组织地区航行会议协议的有关要求进行。

飞行情报区应当根据向该飞行情报区提供服务的飞行情报单位或者指定的其他单位的名称进行命名。飞行情报区的名称由民航总局通报国际民航组织亚太地区办事处并协调确定其代码。飞行情报区的名称、代码、范围以及其他要求的信息应当按照航行情报发布规定予以公布。

为了及时有效地对在我国飞行情报区内遇险失事的航空器进行搜寻援救，在我国境内以及由国际民航组织亚太地区航行会议协议，并经国际民航组织批准由我国提供空中交通服务的海域上空划设搜寻援救区。搜寻援救区的范围与飞行情报区的范围相同。

（四）高空和中低空管制区

高空管制区和中低空管制区统称为区域管制区。区域管制区的范围应当包含按照仪表飞行规则运行的所有航路和航线，以及仪表等待航线区域和空中放油区等特殊飞行区域，但是终端（进近）管制区和机场塔台管制区除外。

区域管制区的划设，必须与通信、导航、监视和气象等设施的建设和覆盖情况相适应，并考虑管制单位之间的协调需要，以便能够有效地向区域内所有飞行的航空器提供空中交通服务。

区域管制区的水平和垂直范围在符合有关标准的情况下，应当尽量减少对空中交通服务和航路、航线运行的限制。

确定区域管制区边界应当考虑航空器绕飞雷雨等特殊运行的要求，实现管制移交点附近的通信覆盖以及雷达管制时的雷达覆盖。

测距台的位置点可以作为描述区域管制区边界时的重要参照点。用作参照点时，由测距台确定的位置点应当标注该点与测距台之间的距离。标注时，距离使用 km（NM）

表示。

设置区域管制区的水平边界，应当尽量避免出现以下情形：

(1) 管制区边界划设在航路或者航线的侧向缓冲区内；

(2) 航路或者航线短距离穿越某管制区，导致管制移交频繁；

(3) 管制区边界设在航空器爬升或者下降阶段的航路、航线上，导致航空器在爬升或者下降阶段进行管制移交；

(4) 来自几个管制区的多条航路、航线的汇聚点距离管制区边界较近，增加汇聚点附近区域管制工作的难度。

高空管制区的下限通常高于标准大气压高度 6000m（不含），其上限和下限根据空中交通管制服务情况确定，并取某个飞行高度层为其值。

中低空管制区的下限通常在距离地面或者水面 200m 以上，或者为终端（进近）管制区或者机场塔台管制区的上限；中低空管制区的下限确定在平均海平面高度 900m 以上的，则应当取某个飞行高度层为其值。

中低空管制区的上限通常衔接高空管制区的下限；其上方未设高空管制区的，应当根据空中交通管制服务情况确定其上限，并取某个飞行高度层为其值。

区域管制区可以根据区域内的空中交通流量、管制员工作负荷以及地空通信的繁忙程度，划设管制扇区。

高空管制区内提供空中交通服务的空域通常为 A 类空域；在包含其他类型空域的情形下，应当明确其空域类型和范围。中低空管制区内提供空中交通管制服务的空域通常为 B 类空域；在包含其他类型空域的情形下，应当明确其空域类型和范围。

区域管制区应当以向该区域提供管制服务的空中交通管制单位所在城市的名称加上高空或者中低空管制区作为识别标志。区域管制区的名称、范围、责任单位、通信频率以及其他要求的信息应当按照航行情报发布规定予以公布。

(五) 终端（进近）管制区

机场附近进场和离场航线飞行比较复杂，一个或几个邻近机场全年总起降架次超过 36000 架次，应当设立终端或者进近管制区，以便为进场、离场飞行的航空器提供安全、高效的空中交通管制服务。

通常情况下，在终端管制区内同时为 2 个或者 2 个以上机场的进场和离场飞行提供进近管制服务，在进近管制区内仅为一个机场的进场和离场飞行提供进近管制服务。

终端（进近）管制区应当包含仪表着陆、起飞及必要的等待空域。起始进近航段的选择与终端（进近）管制区设计应当协调一致，尽量减少对空域的需求。其水平和垂直范围在符合有关标准的情况下，应当尽量减少对空中交通服务和航路、航线运行的限制。

终端（进近）管制区的划设，应当与通信、导航、监视和气象等设施的建设和覆盖情况相适应，并考虑管制单位之间的协调需要，以便能够有效地向区域内所有飞行的航空器提供管制服务。其设计还应当满足飞行程序设计的要求，并兼顾航路或者航线飞行阶段与进离场飞行的衔接。特殊情况下，终端（进近）管制区也可以包含部分飞越的航路、航线，或者将部分进离场航线交由区域管制负责。

测距台的位置可以作为终端（进近）管制区设计的参照点，测距台的距离值必须在图上予以标注，标注时，距离使用 km（NM）表示。

终端（进近）管制区边界的设置应当尽量避免出现以下情形：

（1）管制区边界划设在航路或者航线的侧向缓冲区内；

（2）航路、航线飞行与进离场飞行之间的空间界定模糊，导致飞越航空器与进离场航空器的飞行高度相互穿插；

（3）航路、航线短距离穿越某终端（进近）管制区，导致管制移交频繁；

（4）管制区边界设置在航空器爬升或者下降阶段的航路、航线上，导致在爬升或者下降阶段进行管制移交；

（5）来自几个管制区的多条航路、航线的汇聚点距离管制区边界较近，增加汇聚点附近管制工作的难度。

终端（进近）管制区的下限通常应当在距离地面或者水面 200m 以上，或者为机场塔台管制区的上限。如果终端（进近）管制区内存在弧半径为 13km 的机场管制地带，则终端（进近）管制区的下限应当在地面或者水面 450m 以上。如果终端（进近）管制区的下限确定在平均海平面高度 900m 以上，则应当取某个飞行高度层为其值。

终端（进近）管制区的上限通常不超过标准大气压高度 6000m，并应当取某个飞行高度层为其值。

终端（进近）管制区的外围边界呈阶梯状的，确定其外围边界时应当考虑终端（进近）管制区内的最小爬升梯度、机场标高、机场管制地带的半径、管制区阶梯状外围边界是否与机场周围空域和地理环境相适应并符合有关的安全标准。

终端（进近）管制区阶梯状外围边界应当按照下列规定确定：

（1）机场管制地带外围边界至外侧 20km，若管制地带半径为 10km，则阶梯最低高为 300m，若管制地带半径为 13km，则阶梯最低高为 450m；

（2）机场管制地带外围边界向外 20～30km，阶梯最低高为 750m；

（3）机场管制地带外围边界向外 30～40km，阶梯最低高为 1050m；

（4）机场管制地带外围边界向外 40～60km，阶梯最低高为 1350m；

（5）机场管制地带外围边界向外 60～120km，阶梯最低高为 2250m；

（6）机场管制地带外围边界向外 120～180km，阶梯最低高为 3900m；

（7）机场管制地带外围边界向外 180～240km，阶梯最低高为 5100m。

前款所述阶梯最低高的参照面为机场跑道。在阶梯最低高加上机场标高超过机场过渡高度时，应当将其转换为相应的标准大气压高度。对外公布时，还应当根据机场过渡高或者过渡高度和过渡高度层的设置，将有关高度数据转换为相应的气压面高度。

终端（进近）管制区可以根据区域内的空中交通流量、管制员工作负荷以及地空通信的繁忙程度，划设管制扇区。划设管制扇区参照《管制扇区划设指导材料》。

终端（进近）管制区内提供空中交通管制服务的空域通常为 C 类空域，包含其他类型空域的，应当明确其空域类型和范围。

终端（进近）管制区应当以向该区域提供管制服务的空中交通管制单位所在城市的名称加上终端或者进近管制区作为识别标志。终端（进近）管制区的名称、范围、责任单位、通信频率以及其他要求的信息应当按照航行情报发布规定予以公布。

（六）机场管制地带和塔台管制区

民用机场应当根据机场及其附近空中飞行活动的情况建立机场管制地带，以便在机场附近空域内建立安全、顺畅的空中交通秩序。

一个机场管制地带可以包括一个机场，也可以包括 2 个或者 2 个以上位置紧靠的机场。

机场管制地带应当包括所有不在管制区内的仪表进离场航线，并考虑机场能够运行的所有类型航空器的不同性能要求。划设机场管制地带，不得影响不在机场管制地带内邻近机场的飞行活动。

机场管制地带通常是圆形或者椭圆形的；但是如果只有一条跑道或者是为了方便目视推测领航而利用显著地标来描述机场管制地带的，也可以是多边形的。

划设机场管制地带，通常应当选择机场基准点作为管制地带的基准点。在导航设施距离机场基准点小于 1km 时，也可以以该导航设施的位置点作为管制地带的基准点。

机场管制地带的水平边界通常按照下列办法确定：

（1）对于可供 D 类和 D 类以上航空器使用的机场，如果为单跑道机场，则机场管制地带为以跑道两端入口为圆心、13km 为半径的弧和与两条弧线相切的跑道的平行线围成的区域；如果为多跑道机场，则机场管制地带为以所有跑道的两端入口为圆心、13km 为半径的弧及相邻弧线之间的切线围成的区域。该区域应当包含以机场管制地带基准点为圆心、半径为 13km 的圆。如果因此使得以跑道入口为圆心的弧的半径大于 13km，则应当向上取值为 0.5km 的最小整数倍。

（2）对于仅供 C 类和 C 类以下航空器使用的机场，其机场管制地带水平边界的确定办法与本款（1）项相同。但是该项中以跑道两端入口为圆心的弧的半径以及应当包含的以机场管制地带基准点为圆心的圆的半径应当为 10km。

（3）对于仅供 B 类和 B 类以下航空器使用的机场，其机场管制地带的水平边界为以机场管制地带基准点为圆心、以 10km 为半径的圆。

（4）对于需要建立特殊进近运行程序的机场，其机场管制地带的水平边界可以根据需要适当放宽。

机场管制地带的下限应当为地面或者水面，上限通常为终端（进近）管制区或者区域管制区的下限。如果机场管制地带的上限需要高于终端（进近）管制区或者区域管制区的下限，或者机场管制地带位于终端（进近）管制区或者区域管制区的水平范围以外，则机场管制地带的上限应当取某个飞行高度层为其值。

机场管制地带提供空中交通管制服务的空域应当设置为 D 类空域。

机场管制地带通常应当使用机场名称加上机场管制地带进行命名。机场管制地带的名称、范围、空域类型以及其他要求的信息，应当按照航行情报发布规定予以公布。

为保护机场附近空中交通的安全，在机场净空保护区域以外至机场管制地带边界内施放无人驾驶自由气球，施放气球的单位或者个人应当征得机场空中交通管制单位的同意。

设立管制塔台的机场应当划设机场塔台管制区。机场塔台管制区应当包含机场管制地带，如果机场在终端（进近）管制区的水平范围内，则机场塔台管制区的范围通常与机场管制地带的范围一致。机场塔台管制区的范围与机场管制地带的范围不一致的，应当明确

机场管制地带以外空域的类型。

机场塔台管制区通常应当使用机场名称加上塔台管制区命名。机场塔台管制区的名称、范围、责任单位、通信频率、空域类型以及其他要求的信息，应当按照航行情报发布规定予以公布。

（七）航路和航线

航路和航线的建设，应当充分考虑所经地区的地形、气象特征以及附近的机场和空域，充分利用地面导航设施，方便航空器飞行和提供空中交通服务。

航路和航线的建设和使用，应当有利于提高航路和航线网的整体运行效率，并且应当符合下列基本准则：

（1）航路或者航线应当根据运行的主要航空器的最佳导航性能划设；

（2）中高密度的航路或者航线应当划设分流航线，建立支持终端或者进近管制区空中交通分流需要的进离场航线；

（3）航路或者航线应当与等待航线区域侧向分离开；

（4）最多可以允许两条空中交通密度较高的航路或者航线汇聚于一点，但是其交叉航迹不得大于90度；

（5）最多可以允许三条空中交通密度较低的航路或者航线汇聚于一点；

（6）航路或者航线的交叉点应当保持最少，并避免在空中交通密度较大的区域出现多个交叉点；交叉点不可避免的，应当通过飞行高度层配置减少交叉飞行冲突。

空中交通管制航路的宽度为20km，其中心线两侧各10km；航路的某一段受到条件限制的，可以减少宽度，但不得小于8km。

航路和航线的高度下限不应当低于最低飞行高度层，其上限与飞行高度层的上限一致。

航路和航线的最低安全高度，应当是航路和航线中心线两侧各25km以内的障碍物的最高标高加上最低超障余度后，向上以米取整。在高原和山区，最低超障余度为600m，在其他地区，最低超障余度为400m。

根据受性能限制的航空器在某段航路或者航线上运行的需要，可以对该段航路或者航线的最低安全高度进行评估，并根据评估结果重新确定其最低安全高度。

评估航路和航线的最低安全高度时，应当将95%概率可容度所确定的导航容差区域，与导航设施上空的多值性倒圆锥容差区域相连接形成的区域确定为航路或者航线的主区。航路和航线导航设施的精度优于标准信号或者有雷达监视时，航路、航线的主区可以适当缩小。

评估航路和航线的最低安全高度时，应当将99.7%概率可容度所确定的区域确定为航路或者航线的超障区，包括中间的主区和两侧的副区。

如果具有有关实际运行经验的资料以及对导航设施的定期校验，可以保证导航信号优于标准信号，或者有雷达引导时，航路和航线副区的宽度可以适当缩小。

评估航路和航线的最低安全高度时，航路和航线主区、副区内的最低超障余度应当按照《导航容差和缓冲区》确定。

航路和航线的最低安全高度为超障区内障碍物的标高加上其所处位置的最低超障余度后，取其中的最大值，向上以米取整。

根据航空器机载导航设备的能力、地面导航设施的有效范围以及提供空中交通服务的情况，可以按照规定在某些空域内建立区域导航航路。

为了增加空域容量和提高空中飞行的灵活性，可以按照规定建立临时航线，明确临时航线的使用限制和协调规定。

为保持航空器进场或者离场飞行的安全顺畅，应当设置标准进场和标准离场航线。进离场航线的设置应当使得航空器的运行接近于最佳操作状态。邻近有多机场的，各机场的进离场航线应当尽可能统一设置。

航路和航线上应当根据全向信标台的布局设置转换点，以帮助沿航路或者航线飞行的航空器准确飞行。

根据航路和航线的布局、空中交通服务对掌握飞行中航空器进展情况的需要，航路和航线上应当设置重要点，并使用代号予以识别。

重要点的设置和识别应当符合《重要点的设置和识别规范》的规定。

航路和航线应当根据对导航性能的要求设置导航设施。为了帮助航路和航线上的航空器保持在规定的范围之内运行，导航设施的类型和布局应当符合有关技术规范。

航路和航线上影响飞行安全的自然障碍物体，应当在航图上标明；航路和航线上影响飞行安全的人工障碍物体，应当设置飞行障碍灯和标志，并使其保持正常状态。

在距离航路边界 30km 以内的地带，禁止修建影响飞行安全的射击靶场和其他设施。

在距离航路边界 30km 以外的地带修建固定或者临时靶场，应当按照有关规定获得批准。靶场射击或者发射的方向、航空器进入目标的方向不得与航路交叉。

包括进离场航线在内的航路和航线，必须用代号予以识别。航路和航线的代号、航段距离、两端点的起始磁航向、航段最低安全高度和其他要求的信息，应当按照航行情报发布规定予以公布。

包括进离场航线在内的航路和航线的代号按照《航路和航线代号的识别规范》指配。

（八）机场仪表飞行程序的保护

设立机场管制地带的机场，机场管制地带应当包含距离受到限制的起始进近航段的超障区主区以及标准仪表离场航线，以便提供 D 类空域的保护。

起始进近航段和等待航线区域通常应当包含在终端（进近）管制区或者区域管制区内。起始进近高度低于管制区阶梯的，应当提高起始进近高度。

起始进近航线和等待航线区域使用较少的，也可以不包含在管制区内，但必须在起始进近图中予以标注。

机场仪表进场或者离场飞行程序建立、变更或者撤销的，程序设计部门应当及时协调空域管理部门，提出调整机场仪表进近程序保护空域的意见。

（九）等待航线区域

等待航线区域是为了解决或者缓解航空器在空中飞行过程中已经或者将要出现的矛盾冲突，在航路、航线或者机场附近划设的用于航空器盘旋等待或者上升、下降的区域。

确定是否需要划设等待航线区域应当考虑下列因素：

（1）附近的空域、航路和航线的布局；

（2）空中交通密度、复杂程度以及空中交通管制的需要程度；

(3) 需要等待的航空器的性能。

划设等待航线区域通常应当利用有效的全向信标台和测距台来准确定位。等待航线的进入航向应当朝向或者背向用以定位的全向信标台和测距台，以提高航空器在等待航线区域内的导航精度。

利用无方向信标台划设等待航线区域的，等待航线的定位点应当设置在无方向信标台的上空。

划设等待航线区域应当按照等待航空器的性能和飞行程序设计规范进行，并且与周围空域、航路、航线和障碍物保持安全的缓冲区。

划设和使用等待航线区域，应当明确等待高度的气压基准面。等待高度在机场过渡高度（含）以下的，其气压基准面应当为修正海平面气压；等待高度在机场过渡高度层（含）以上的，其气压基准面应当为标准大气压；过渡高度和过渡高度层之间的部分不得用于空中等待飞行。

等待航线区域应当使用标定等待航线区域的导航设施的名称或者代码命名。等待航线区域的名称、范围、使用限制以及其他要求的信息，应当按照航行情报发布规定予以公布。

（十）特殊区域

特殊区域是指空中放油区、试飞区域、训练区域、空中禁区、空中限制区、空中危险区和临时飞行空域。

空中放油区应当根据机场能够起降的最大类型的航空器所需的范围来划设，并考虑气象条件和环境保护等方面的要求。

试飞区域应当根据试飞航空器的性能和试飞项目的要求划设。

训练区域应当根据训练航空器的性能和训练科目的要求划设。

空中禁区、空中限制区和空中危险区根据国家有关规定划设。

根据空域使用的要求，按照国家规定可以划设临时飞行空域。临时飞行空域应当尽量减少对其他空域或者飞行的限制，使用完毕后及时撤销。

特殊区域应当确保与周围空域、航路和航线之间的侧向和垂直缓冲区。无法保证要求的侧向或者垂直缓冲区的，经批准可以适当缩小，但必须在通信、导航或者监视等方面予以保障。

空中禁区、空中限制区和空中危险区应当使用代号识别，并按照航行情报发布规定公布下列资料：

(1) 区域的名称或者代号；

(2) 区域的范围，包括垂直和水平范围；

(3) 区域的限制条件；

(4) 区域活动的性质。

二、扇区划设

划设管制扇区的目的是充分合理地利用空域资源，有效地减轻管制人员的工作负荷，降低地空无线电通话密度，提高空中交通服务能力。

1. 扇区划设基本要素

管制扇区的划设应当考虑以下因素：本地区的空域结构；空中交通服务航路网，包括航路和航线数量、交叉点数量及位置、航空器飞行状态的分布情况（如平飞、上升、下降的百分比）；空中交通流量的分布情况；管制员工作能力；空中交通管制设备的保障能力；机场及跑道情况；飞行剖面；空域需求；空中交通服务方式；与相关单位之间的协调；管制扇区之间的移交条件；航空器转换扇区飞行的航路及高度。

2. 划设管制扇区的原则

（1）划设雷达管制扇区应当保证管制扇区范围内达到雷达信号覆盖，并根据雷达信号覆盖状况确定管制扇区的最低雷达引导高度。单向航路、航线或者无交叉的航路、航线较多情况下，可以适当扩大管制扇区的范围。

划设雷达管制扇区时，管制扇区之间的管制移交地段应当在雷达信号覆盖范围内，以便管制员监视其他有关管制扇区的活动，特别是多个管制扇区的航空器进入同一个管制扇区时，接收航空器的管制扇区的管制员可以根据本管制扇区的情况，以及掌握的其他管制扇区的情况，对其他管制扇区的活动提出限制。

（2）划设管制扇区时应当保证管制扇区范围内达到地空通信信号覆盖，并根据通信信号覆盖状况确定最低航路通信覆盖高度。

划设管制扇区应当考虑通信频道的拥挤程度，适当平衡各管制扇区单位时间内的地空通话量。

（3）划设管制扇区时应当考虑管制扇区内的导航设施布局。导航设施多，则表明航线交叉多，飞行冲突多，所需雷达引导少，航空器可以按照导航设施确定精确的位置，减少管制员的工作量。

（4）划设管制扇区应当考虑管制扇区内航空器的飞行性能和运行类型。适用于高速航空器活动的管制扇区，其范围应当适当扩大，便于大的转弯半径；适用于慢速航空器活动的管制扇区，应当尽可能在本管制扇区内解决所有交叉冲突。

管制扇区内特殊空域，如放油区、训练空域、限制空域等的特殊运行即使只是偶尔发生，其空中交通服务活动也应当列为管制扇区的工作量，最好是在特殊运行发生时，能够将该扇区的工作量适当转移至其他扇区。

（5）划设管制扇区时应当考虑管制员注意力的分配和工作负荷。

① 管制扇区的划设应当有利于管制员将注意力控制在特定区域内的所有飞行活动，且管制员不应当受到较多的干扰。

② 雷达管制扇区的划设应当有利于管制员将注意力集中到雷达屏幕上，减少雷达屏幕上视频图像对管制员的干扰，减少协调移交的工作量。

③ 根据管制扇区内航空器的运行类型，应当限定管制员同一时间最多可以管制的航空器的架次。

④ 雷达管制扇区应当考虑雷达引导、排序等因素，为管制员提供足够的调配空间。

（6）划设管制扇区应当考虑空中交通管制的需要，避免不必要的管制通报和协调。划设管制扇区应当具有逻辑性，便于管制员掌握。管制扇区的边界应当避免交叉重叠。

相邻区域、终端（进近）管制区或者机场塔台管制区之间的管制协调和移交应当避免涉及多个管制扇区。

如果相邻的两个或者多个终端（进近）管制区之间达到充分的雷达信号覆盖，而且管制工作程序严密时，终端（进近）管制区之间的空域可以委托相关的机场塔台提供空中交通管制服务。

（7）管制扇区的最低安全高度和最低安全引导高度。

① 管制扇区的最低安全高度，是在管制扇区以及管制扇区边界外 9km 范围内的最高障碍物的标高加上最少 400m 的最低超障余度，然后以 50m 向上取整。如果在高原和山区，则应当在最高障碍物的标高之上加上 600m 的最低超障余度，然后以 50m 向上取整。

② 雷达管制扇区最低雷达引导高度是指应当在雷达管制扇区内，根据地形、通信和雷达信号覆盖情况确定的，满足最低安全高度和管制员实施雷达引导所需的高度，这个数值应当以 50m 向上取整。

③ 管制扇区应当标明最低安全高度，雷达管制扇区还应当标明最低雷达引导高度，以便为航空器驾驶员和管制员所遵守。

3. 管制扇区的划设和使用方法

（1）管制扇区的划设可以采用以下方法：

① 平面几何象限划分。以主要机场或者主要导航设施（如 VOR/DME）为中心，根据空中交通流量分布特点，采用几何划分的办法划设管制扇区，合理分配工作量。

② 按照高度划分管制扇区。根据上升、下降和飞越的高度，选定区域内的高度界定值，在该值附近确定管制扇区的高度范围。

③ 按照航路、航线的繁忙程度、使用性质和飞行特点划分管制扇区。根据进离场航线的单向进出特点和航路飞行交叉冲突矛盾点的分布，选定比较繁忙的几条航路、航线，将这些航路、航线合理地分配至相应的管制扇区，使得管制员的注意力能够集中在这些主要的航路、航线上，做到工作负荷比较平均。

（2）管制扇区通常应当明确开放使用的时间。各区域应当根据本区域空中交通流量随着时间变化的特点，确定各个管制扇区的开放使用的起止时间，做到管制扇区的灵活使用。

4. 管制扇区的名称和代码指配

（1）管制扇区名称采用管制单位加管制扇区代码的最后两位数的办法来指配，如上海区域 02 号扇区。

（2）管制扇区代码为八位数字或者字母，前六位为字母，后两位为数字。其中，前四位字母为管制单位所在地的四字代码，如上海为 ZSSS；第五、六两位字母标明管制扇区的性质，即 TM——终端管制扇区，AP——进近管制扇区，AR——区域管制扇区；最后两位数字表示该区域内扇区的序列号。如 ZSSSAR03 表示上海区域 03 号管制扇区。

三、空域数据和使用程序

（一）空域数据

空域数据应当标准化，保证其准确性、完整性和真实性，同时兼顾已经建立的质量系统程序的要求。

空域数据的准确性应当按照95%概率的可信度确定，并且应当按照测量的、计算的和公布的三种类别列出。

空域数据的完整性应当根据数据错误所造成的潜在危险和数据项的用途来确定。空域数据按照下列完整度分类：

(1) 关键数据是指完整性水平为1×10^{-8}的数据，当使用的关键数据错误时，导致航空器飞行出现灾难性危险的概率极高。

(2) 基本数据是指完整性水平为1×10^{-5}的数据，当使用的基本数据错误时，导致航空器飞行出现灾难性危险的概率较低。

(3) 一般数据是指完整性水平为1×10^{-3}的数据，当使用的一般数据错误时，导致航空器飞行出现灾难性危险的概率极低。

在空域数据的电子存储或者传送过程中，应当使用循环冗余校验方法对数据的完整度水平进行监控。对于关键数据，应当使用32位冗余校验；对于基本数据，应当使用24位冗余校验；对于一般数据，应当使用16位冗余校验。

空域数据按照使用性质分为空域结构数据和空域运行数据。空域结构数据包括导航设施数据、空中交通服务区域数据、机场管制地带数据等。

空域数据的管理包括采集、整理、汇编和应用。空域数据的存放形式分为文本格式和计算机数据库格式。两种格式数据的内容应当保持一致。

各类空域数据应当符合规定的质量和标准格式要求，并按照空域建设和使用程序以及国家保密的有关规定处理、使用和保存。

(二) 空域使用程序

民航总局空中交通管理局负责提出民用航空活动对空域的建设和使用意见，按照国家规定组织建设和使用相应的空域，监督和检查民用航空活动使用空域的情况。

民航地区管理局负责监控本地区民用航空活动使用空域的情况，协调民用航空活动在空域内的日常运行，提出民用航空活动对空域设置的改进意见和建议并报民航总局或者根据有关规定协商解决。

飞行情报区和高空管制区的建设和调整由民航总局提出后，按照规定上报审批。

中低空管制区和国境地带附近机场塔台管制区的建设和调整由民航总局商有关部门确定。

终端管制区的建设和调整可以由民航总局提出，商有关单位后按照规定上报审批。

进近管制区和国际机场塔台管制区的建设和调整，由民航地区管理局提出并上报民航总局审批。

航路的建设和使用由民航总局提出，按照规定上报审批。

国际航线、跨越民航地区管理局所辖范围或者军航飞行管制区的国内航线的建设和使用，由民航总局提出，按照规定上报审批。

在民航地区管理局所辖范围内且没有跨越军航飞行管制区的航线，其建设和使用由民航地区管理局向当地有关部门确定后报民航总局备案。

对外公布或者提供的空域数据，由民航总局报国家有关部门审核后对外公布。

对外开放使用的等待航线区域和空中放油区的建设，由民航地区管理局向当地有关部

门确定后，报民航总局空中交通管理局审核，并由民航总局空中交通管理局按照规定上报审批。不对外开放使用的等待航线区域和空中放油区的建设，由民航地区管理局向当地有关部门确定后报民航总局空中交通管理局备案。

国内机场塔台管制区的建设和调整由民航地区管理局向当地有关部门确定后，报民航总局空中交通管理局备案。

管制扇区的建设和调整，由民航地区管理局报民航总局空中交通管理局批准。

空中交通管理部门应当定期了解和监测民用航空活动使用空域的状况，统计各类运行数据，提出改进意见和建议。

空中交通管理部门应当对民用航空活动使用空域的有关数据进行规范管理，及时补充、修订和清理，并监督空域数据的公布。

办理空域事宜应当遵守下列规定：

(1) 提出需求。空域用户和运行管理人可以向空中交通管理部门提出改善空域设置的意见和建议。空中交通管理部门对有关意见和建议应当及时分析研究，提出改进方案。

(2) 掌握空域的运行情况。空中交通管理部门应当收集民用航空活动使用空域的运行数据和意见，并定期或者不定期地将运行情况、使用需求以及建议的解决方案上报有关部门。

(3) 建立征询制度。空中交通管理部门应当定期或者不定期地向国内和国际的空域用户征询，了解他们对空域使用的意见和需求，并及时将处理结果反馈给空域用户。

(4) 规范建设和使用空域。空域的建设和使用应当规范化，尽可能地与国际民航组织的规范保持一致，已经建立的技术标准和规范应当严格执行。

(5) 明确原则和目标。空中交通管理部门应当制订处理空域事宜的原则和目标，确定处理方法和办事程序。

(6) 加强协调。空中交通管理部门在处理具体的空域事宜时，应当与涉及空域事宜的空中交通服务单位和空域用户全面、充分地协商与协调。

(7) 编制实施方案。空域的建设和使用应当编制详细的实施方案，实施方案应当科学合理，并具有可操作性和可控制性。

(8) 评估空域安全水平。重大的空域建设和使用方案应当进行安全水平评估，达到可以接受的安全水平时，该方案才能实施。

(9) 人员培训。在空域方案实施前，空中交通管制单位和空域用户应当组织有关人员进行必要的训练，以切实掌握方案，保证空域方案的顺利实施。

(10) 发布相关资料。空域实施方案应当按照航行情报发布规定，编制成航行情报资料汇编，向民用航空的空域用户和空中交通服务单位发布。

(11) 时间要求。空中交通管理部门处理空域事宜时应当对全过程的各项工作提出严格的时间规定，并合理分配各项工作占用的时间。

民航总局空中交通管理局负责编写民用航空空域使用手册。民用航空空域使用手册的内容应当包括下列空域的有关资料和管理规定：飞行情报区、高空管制区、中低空管制区、终端管制区、进近管制区、机场塔台管制区、机场管制地带、管制扇区、航路、航线、等待航线区域以及特殊区域。

民用航空空域使用手册应当定期分发，明确接受单位并保持固定联系。

民用航空空域使用手册应当及时修订，保持其完整性和准确性。

民用航空空域使用手册应当按照保密规定严格管理和使用。

四、重要术语解释

本部分内容所用术语的含义按照下列规定：

准确性（ACCURACY）：估计值或者测量值符合真实值的程度。

区域导航（RNAV：AREA NAVIGATION）：在以地面台站为基准的导航设施的作用范围内，或者在航空器自备导航设备的覆盖范围内，或者在两者相结合的条件下，航空器在任何欲飞航径上飞行的一种导航方法。

航空器（AIRCRAFT）：能从空气的反作用而不是从空气对地面的反作用，在大气中获得支撑的任何机器。

机场（AIRPORT）：供航空器起飞、降落、滑行、停放以及进行其他活动使用的划定区域，包括附属的建筑物、装置和设施。

航线（AIR TRACK）：航空器在空中飞行的预定路线，沿线须有为保障飞行安全所必需的设施。

航路（AIRWAY）：以空中航道形式建立的，设有无线电导航设施或者对沿该航道飞行的航空器存在导航要求的管制区域或者管制区的一部分。

标高（ELEVATION）：从平均海平面至地球表面或者依附于地球表面的一个点或者一个平面测得的垂直距离。

空中交通管制服务（ATC：AIR TRAFFIC CONTROL SERVICES）是为下列目的提供的服务：

（1）防止航空器之间以及在机动区内航空器与障碍物之间相撞；

（2）加速和维持有秩序的空中交通。

转换点（CHANGE－OVER POINT）：在用全向信标台标定的空中交通服务航路的航段上的某一点，自该点起，航空器由利用后方的导航设施导航转换为利用前方的下一导航设施导航。

概率可容度（CONTAINMENT）：提供的保护空域可以容纳沿航路飞行的总飞行时间（即累积所有航空器）的百分比。例如允许有5%的总飞行时间的飞行在保护空域之外，但不可能把这些飞行可能偏离保护空域的最大距离予以量化时，用概率可容度为95%表示。

管制空域（CONTROLLED AIRSPACE）：一个划定范围的空域，在此空域内可按照空域的类型，对仪表飞行规则飞行和目视飞行规则飞行的航空器提供空中交通管制服务。

管制扇区（CONTROL SECTOR）：将区域管制区或者终端（进近）管制区划分为两个或者两个以上的部分，每个部分称为一个管制扇区。其目的是为了将管制区的工作量分配至两个或者两个以上的管制席位，减轻单一管制席位的工作负担或者减少陆空通信频率拥挤。

管制区（CONTROL AREA）：地球表面上空从某一规定界限向上延伸的管制空域。

管制地带（CONTROL ZONE）：从地球表面向上延伸到规定上限的管制空域。

循环冗余校验（CRC：CYCLIC REDUNDANCY CHECK）：适用于数据的以数学表达式形式表示的一种数学算法，这种算法可以确保数据免于丢失或者畸变。

数据质量（DATA QUALITY）：所提供数据满足数据用户需求的程度，通常用数据的精度、准确性和完整性来说明。

推测领航（DR：DEAD RECKONING NAVIGATION）：利用方向、时间和速度数据由前一个已知位置点向后推算或者确定位置的一种方法。

飞行情报区（FLIGHT INFORMATION REGION）：为提供飞行情报服务和告警服务而划定范围的空间。

飞行高度层（FL：FLIGHT LEVEL）：相对于一个特定的气压基准 1013.2hPa（百帕斯卡）的等压面，这些等压面之间用一定的气压间隔隔开。

航向（HEADING）：航空器纵轴所指的方向，通常以北（真北、磁北、罗盘北或者网格北）为基准，用“度”表示。

等待（HOLDING）：航空器在等待空中交通管制单位作进一步许可或者进近许可时，在指定空域内按一定程序所进行的预定的机动飞行。也可以用于地面活动阶段，航空器在等待空中交通管制进一步许可时，保持在指定区域或者指定地点。

完整性（INTEGRITY）：确保空域数据产生或者颁布修订后，不发生丢失和畸变的程度。

起始进近航段（INITIAL APPROACH SEGMENT）：在仪表进近程序中起始进近定位点和中间进近定位点之间，或者与最后进近定位点之间的航段。

轻型航空器（LIGHT AIRCRAFT）：最大允许起飞全重等于或者小于 7000kg 的航空器。

机动区（MANUEVORING AREA）：机场内供航空器起飞、着陆和滑行使用的那部分区域，不包括停机坪。

复飞程序（MISSED APPROACH PROCEDURE）：如果不能继续进近时应当遵循的飞行程序。

主区（PRIMARY AREA）：以规定的飞行航迹为对称轴划定的区域，在该区域内提供全额最低超障余度。

报告点（REPORTING POINT）：航空器作位置报告所依据的规定的地理位置。报告点分为强制报告点和要求报告点两类。

区域导航航路（RNAV ROUTE）：为能采用区域导航的航空器建立的空中交通服务航路。

所需导航性能（RNP：RQUIRED NAVIGATION PERFOR－MANCE）：在一个指定空域内运行所必需的导航性能的说明。

跑道（RUNWAY）：陆地上供航空器起飞和着陆而划定的一块长方形场地。

副区（SECONDARY AREA）：沿规定的飞行航迹位于主区两侧划定的区域，在该区域内提供逐渐减少的最低超障余度。

重要点（SIGNIFICANT POINT）：用以标定空中交通服务航路、航线和航空器的航径以及为其他航行和空中交通服务目的而规定的地理位置。

标准大气压（STANDARD ATMOSPHERE PRESSURE）：在标准大气条件下海平面的气压，其值为1013.2hPa。

标准仪表进场（STAR：STANDARD INSTRUMENT ARRI－ VAL）：一种标准的按照仪表飞行规则划设的进场航线，为从航路或者航线至终端区内一个定位点或者航路点之间的飞行提供过渡。

标准仪表离场（SID：STANDARD INSTRUMENT DEPAR－ TURE）：一种标准的按照仪表飞行规则划设的离场航线，为终端区至航路或者航线之间的飞行提供过渡。

终端（进近）管制区（TERMINAL/APPROACH CONTROL AREA）：设在一个或者几个主要机场附近的空中交通服务航路汇合处的管制区。

入口（THR：THRESHOLD）：能用于着陆的那部分跑道的开始点。

管制移交点（TRANSFER OF CONTROL POINT）：沿航空器飞行航径上规定的一点，在该点上，对航空器提供空中交通管制服务的责任由一个管制单位或者管制席位移交给下一个管制单位或者管制席位。

过渡高度（TRANSITION ALTITUDE）：一个特定的修正海平面气压高度。在此高度或者此高度以下，航空器的垂直位置按照修正海平面气压高度表示。

第四节 基于性能的导航（PBN）

PBN技术是民航应用的重大进步和技术革新，美国、欧洲、澳大利亚等国家和地区都在积极开展和推动PBN的实施。本节就PBN的内涵与优势、PBN应用分析、中国民航PBN实施规划与现状等进行分析，为大家进一步了解我国民航PBN的实施和推广提供参考。

一、背景

为进一步提高空域容量和运行效率，满足航空运输飞行量不断增长的需求，国际民航组织在整合区域导航RNAV和所需导航性能RNP的概念上，提出新的基于性能导航PBN的概念和运行理念。

国际民航组织于2008年发布PBN手册，并要求各缔约国在2016年以前以全球一致和协调的方式过渡到PBN运行，按照既定的进度在航路和终端区实施RNAV和RNP运行，并把具有垂直引导的进近程序（APV）（Baro－VNAV和/或增强的GNSS）作为进近的主要方式或者精密进近的备份程序，到2016年在所有仪表跑道实施APV，满足2014年70％的指标。

二、PBN的内涵与优势

PBN规定了航空器在指定空域范围内或者沿ATS航路、仪表程序飞行的系统性能要求，包括导航的精度、完整性、可用性和所需功能，将航空器的机载设备与卫星导航及其

他先进技术相结合，覆盖了从航路、管制终端区到进近着陆的整个飞行阶段，提供了更精确的飞行方法和更高效的空中交通管理模式，PBN 的概念的引入体现了航行方式从基于传感器的导航到基于性能导航的转变，如图 2-2 所示。以 RNAV 为例，航空器不是按照传统的向背台飞行，而是在导航设备信号覆盖满足要求的情况下，机载设备按照设定的航路点实现不完全依赖导航台的“自由”航路飞行。

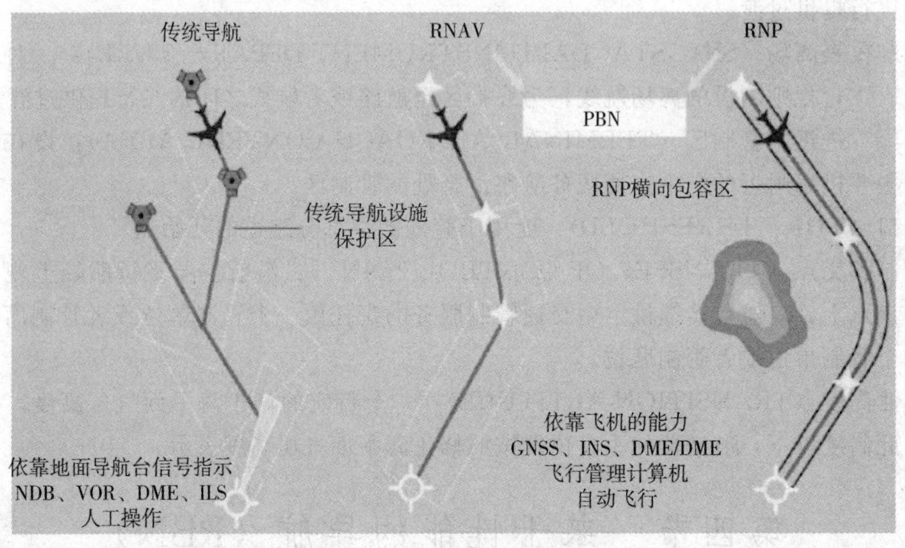

图 2-2 PBN 概念示意图

PBN 充分利用飞机机载设备和性能，使航空器在导航信号覆盖范围内，沿任意期望的路径飞行。相对于传统导航技术，PBN 运行的飞行轨迹更为灵活和精确，具备不依赖陆基导航设施、航迹选择灵活、飞行轨迹准确、降低高原和复杂机场运行最低标准、提高航班正常率、减少飞行时间、降低飞机对地面噪音的影响、增加空域容量、降低管制员工作负荷等诸多优势，同时可以减少差错，保证安全，增加飞机的业载。

世界各个国家和地区都在大力推动 PBN 的运行，以美国为例，截至 2012 年底，已公布 200 多条 PBN 航路、400 多个机场 RNAV 进离场程序、2000 多个 RNP APCH 程序，欧洲和澳大利亚等地区与国家实施了大量基于 RNAV5、RNP10、RNP4 的航路。

三、PBN 的应用分析

PBN 技术有利于提高安全水平，降低运行成本，增加空域容量，提高运行效率。通过不同的 PBN 实施规范，可以确定不同的运行需求，国际民航组织就 PBN 在航路、终端区和进近给出了多种可选的导航规范供使用，不同航行阶段对于 PBN 规范的建议如下：

（一）航路运行方面

RNAV2、RNAV5、RNP4、RNP10 均可以提供航路运行服务，通过设计平行航路或是灵活的拉直航路可实现减少间隔、增加容量的效果。其中 RNP4、RNP10 规范以 GNSS 为导航源，适用于飞行量较少、导航设施缺乏的洋区或者偏远地区。RNAV2、RNAV5 规范适用于飞行量较大、导航设施较多的繁忙地区，在现行航路 40km 宽度范围内，可以划设近距平行或者编组航路，增加85%的容量。利用PBN技术重新规划全国航路网络，可以“拉直”航路航线，灵活设计出最佳飞行路径，完成民航强国战略任务。

（二）终端区运行方面

RNAV1、RNP1规范适用于飞行繁忙终端区，可以提高空域利用效率，减小导航设施需求，缩小航线超障区，建立更多、更灵活的航线，增加终端区运行容量；可以实现点对点直飞，引导精度更高，管制通话量少，管制员可以把更多精力用于调配间隔，有助于加速飞行流量。当前阶段繁忙机场容量不足的问题非常突出，在空域条件难以根本改善情况下，有必要加快、加大繁忙机场PBN强制运行。对于雷达覆盖的机场考虑使用RNAV1终端区程序，对于没有雷达覆盖的机场考虑使用RNP终端区程序。

（三）进近运行方面

RNP AR和RNP APCH可用于进近运行，其中RNP APCH进近程序可以有效地提升机场的非精密进近能力，也可以作为ILS进近程序的有效备份，国际民航组织要求所有机场都将建立RNP APCH程序。

RNP AR规范适用于地形或者气象条件复杂、飞行量少或者存在特定限制的机场。林芝机场利用该技术解决了不适航问题，拉萨等机场利用该技术解决了超障、运行标准等问题，大大提升了航班正常性，减少了返航备降等现象。美国华盛顿杜勒斯机场的RNP程序就是由于白宫空中禁区限制，国外还有很多机场由于噪音敏感区域限制而设立了RNP程序。

四、中国民航PBN实施规划与现状

中国民航按照国际民航组织要求，于2009年10月发布了《中国民航PBN路线图》，将PBN实施分为三个阶段，近期（2009—2012）实现PBN重点应用，中期（2013—2016）实现PBN全面应用，远期（2017—2025）实现PBN与CNS/ATM系统整合，成为我国发展“新一代航空运输系统”的重要基石。

（一）实施规划

“十二五”期间，中国民航将分批完成涉及160个机场全部PBN实施工作，同时根据运行需要，在20个“特殊机场”实施RNP AR程序，2013—2016年，雷达覆盖的机场终端区实施RNAV1运行；无雷达覆盖的机场终端区实施RNP1运行；部分地形复杂机场根据需要实施RNP AR程序；全部机场仪表跑道具备RNP进近能力；在部分机场实施陆基增强着陆系统（GLS）和具有Baro－VNAV的RNP进近。

2013至2016年，在哈尔滨—北京—太原—西安—成都—昆明以东航路实施RNAV2运行，以西地区雷达管制航路实施RNAV2运行，部分非雷达管制航路实施RNP2运行。2017年后，传统航路全面过渡到PBN运行，根据技术发展情况实施更高精度导航规范，持续增强航路网络运行能力。

（二）实施现状

截至2012年底，北京、广州、天津、深圳、武汉、西安等二十几个机场实施了RNAV1进离场程序；固原、三亚、绵阳等五十几个机场实施了RNP进近程序；延吉、西宁、玉树、拉萨等十几个机场实施了要求授权的RNP进近程序。我国主要在西部地区和三亚洋区实施了PBN航路，其中三亚飞行情报区4条航路实施了RNP10运行；西部欧亚航路及其支线、拉萨至阿里航路、西宁至玉树航路实施了RNP4运行。

为加强地面设施对PBN运行的支持，已自主研发接收机自主完好性监视RAIM预测系统并免费提供服务，满足GPS终端区主用导航手段的运行要求；开发区域导航地面设施信号评估软件，辅助开展区域导航设备规划评估。

五、深入开展PBN实施的思考

根据我国东西部空域系统具有明显不同特点，东部地区交通流量大、空域拥挤、雷达导航设施完备，可实现多重覆盖，西部地区地形复杂，雷达导航设施信号覆盖不全的特点，为全面推动PBN实施，须做好以下几点：

（1）东西部并重实施，针对东部陆基设施设备齐备，飞行业务繁忙的特点，新辟PBN平行航路，提高空域容量，缓解航路繁忙；在繁忙终端区强制实施PBN区域导航，提高运行效率和安全余度；对于西部地形复杂地区，充分利用PBN的技术优势，解决传统导航不同运行的问题，解决提高林芝、阿里等复杂机场的超障、运行标准等问题，提升航班正常性，减少返航备降等现象。

（2）加强同军方的协调，制定和修改相应的程序以满足军民航的空域需求，灵活使用空域，提高空域利用率。

（3）开展GNSS相关新技术研发，PBN技术的不断推广，将逐步从基于传统的陆基导航运行过渡到将来的基于GNSS的多星座混合运行，在目前PBN运行的机载设备处于国外生产、导航源为美国GPS的条件下，随着中国国产大飞机项目的进展和中国自主北斗卫星导航系统的建设完成，有必要提前开展相关自主卫星导航国际技术标准、机载设备、多星座兼容运行等方面的研究工作。

（4）加强空管、机场、航空公司等各方密切联合，空管系统开展PBN程序、PBN航路规划，管制员培训工作；航空公司开展航空器加改装和飞行人员培训力度，提高航班PBN程序实施能力和实际执行率；机场公司加强协调，利用机场新改扩建等时机推进PBN应用。只有各方密切协同形成合力，才能按计划落实PBN实施任务，有效提升空域使用效率，促进航空事业又好又快发展。

第三章 低空管制基础知识

民用航空飞行高度一般在6000m以上。低空空域指的是1000m以下的飞行区域。在2009年的全国低空空域管理改革研讨会上，有关方面提出将3000m以下的空域分为3类：管制空域、监视空域、报告空域。从2013年起，航空管制放松，低空空域开放将在全国铺开，湖北等中南地区5省37片空域将开放。放开低空领域对整个国家的经济，尤其是“大交通”系统的发展和确立有着重要的意义。

由上一章我国空域分类可知，C类进近管制空域和D类机场管制区域都在6000m高度之下，与机场的净空管理密切相关。本章就这两部分管制基础知识做一个明确的介绍。

第一节 机场管制服务与机场塔台

一、基本定义

（一）机场交通的定义

在机场机动区内的一切交通和在机场附近飞行的一切航空器（当航空器在机场起落航线上以及在进入或脱离机场起落航线时，即认为该航空器在机场附近）。

（二）机场管制服务

为机场交通提供的空中交通管制服务。

（三）机场管制塔台

为机场交通提供空中交通管制服务而设立的空管单位。

（四）机场基本管制服务

防止在机场周围的起落航线上以及在机动区内运行的航空器与航空器之间发生相撞；防止着陆航空器与起飞航空器之间发生相撞；防止在机动区内运行的航空器和车辆之间以及航空器与障碍物之间发生相撞。

（五）飞行情报服务

管制员需要向航空器机长提供起飞、着陆条件，机场重要情报等飞行情报服务。

（六）告警服务

为告警航空器提供的服务，即快速营救、适当组织搜索和协调关于航空器的搜寻和救援活动。

（七）席位设置

放行许可发布席；地面管制席；机场管制席（也称塔台席）；主任席（也称领班席）。

(八)我国机场塔台管制范围

1. 起落航线(Traffic Circuit)

机场起落航线，航空器在机场附近飞行时规定的飞行路线称为机场起落航线。

2. 第一等待高度层及其以下空间

等待空域一般设置在机场上空或机场附近的某个导航台上空。在等待空域内等待航线分层设置，每层之间满足最小垂直间隔 300m 的标准。

3. 机场机动区

机场机动区，有机场管制员向滑行、起飞和着陆的航空器提供管制服务。

二、机场管制塔台的职能

(一)一般职能

机场管制塔台为使在机场内和机场附近的空中交通安全、有序和迅速地流通，必须对在其管制下的航空器提供情报及发布空中交通管制许可，以防止在其管制下的航空器与航空器之间、航空器与地面车辆之间及航空器与地面障碍物之间发生相撞。

1. 防止在机场周围的起落航线上飞行的航空器与航空器之间发生相撞

采用正确、有效的方法调整在起落航线上飞行的航空器与航空器之间的间隔，及时向有关航空器发布其他相关航空器的位置情报，使航空器与航空器之间保持安全的间隔在起落航线上飞行。

2. 防止在机动区内运行的航空器与航空器之间发生相撞

合理地安排航空器在地面的滑行路线，为航空器与航空器之间提供安全的滑行间隔，密切注视滑行航空器的动向，确保机动区内的交通安全、有序和迅速。

3. 防止着陆航空器与起飞航空器之间发生相撞

适时向着陆航空器发布着陆许可或复飞指令，向起飞航空器发布进跑道许可或起飞许可或指示其在跑道外按正确方法进行等待及向地面运行的航空器发布穿越跑道的许可或令其跑道外等待，是防止着陆航空器与起飞航空器发生相撞的有效手段。

4. 防止在机动区内运行的航空器和车辆之间发生相撞

在有关车辆和人员进入机动区之前，适时发布进入许可或禁止进入的指令，合理地安排车辆在地面的运行路线，提供正确的间隔标准，随时与在机动区内使用的车辆之间保持双向无线电通信，密切注视在机动区内活动的航空器及车辆的动态，有效防止相撞事故的发生。

5. 防止机动区内的航空器与该区内的障碍物发生相撞

当航空器在机动区内靠近有关障碍物滑行时，应提醒航空器驾驶员注意观察，并向其通报有关障碍物的位置，防止其与机动区内的障碍物相撞。

(二)提供告警服务

(1) 机场管制塔台负责向有关安全服务部门告警，并且当机场上为引导机场交通和航空器机长而设置的任一设备、灯光或其他装置发生失效或不能正常工作时，应将这些情况立即报告有关单位。

(2) 航空器被移交给机场管制塔台后未向塔台报告，或报告一次后即失去无线电联

络，或在任一情况下，在预期着陆时间之后5分钟尚未着陆，机场管制塔台必须向区域管制中心或飞行情报中心报告。

（三）允许和中止目视飞行规则的运行

（1）如当场气象报告或当前气象报告和气象预报表明本场、航路和目的地天气符合目视气象条件，在得到塔台的允许后可以按照目视飞行规则进行航路飞行。

（2）由于安全需要，机场所在的管制区的区域管制中心或值班机场管制员或有关空中交通服务当局，可以中止机场上空及其邻近区域内的任一或全部目视飞行规则的运行。

（3）中止目视飞行规则的运行必须通过机场管制塔台实施或中止运行的指令必须通知机场管制塔台。

（4）目视飞行规则一经中止运行，机场管制塔台必须遵守下列程序：

① 停止一切VFR离场；

② 撤销所有按VFR的本场飞行或取得按特殊VFR飞行的许可；

③ 将已采取的措施通知进近管制单位或ACC；

④ 如需要或经请求，将采取此种措施的理由，通知所有的经营人或其指定代表。

第二节　机场管制服务内容

一、机场管制内容

负责塔台管辖区内航空器的开车、滑行、起飞、着陆和与其相关的机动飞行的管制工作。

机场管制服务内容包括：发布放行、地面管制和塔台管制。

（一）ATC许可

ATC航路放行许可（ATC Route Clearance），安排航空器的离港时间（Slot Time），最后将准备好可放行的航班移交给相应地面管制。

放行许可的发布是由放行席位管制员（delivery）负责，但放行许可的批准是由区域管制单位负责。机场放行席位管制员必须首先向区域管制申请批准，然后再向航空器发布放行许可。

根据相关规定，在我国区域管制单位和进近管制单位应当于航空器起飞前或者进入本管制区前30分钟，发出允许进入本管制区的航路放行许可或者按管制协议执行，并通过有关管制单位通知航空器驾驶员。

ATC放行许可发放内容包括：

航空器呼号（Aircraft identification）；

许可界限（Clearance limit）；

标准仪表离港程序（Standard Instrument Departure ）；

飞行航路或计划飞行航路（Route of flight）；

飞行高度层（Altitude data in the order flown）；

离港管制的频率（DEPARTURE Frequency）；

二次应答机编码（SSR Transponder）；

QNH 值和当前的 ATIS 序号（Altimeter setting、ATIS number）；

其他必要情报（Any special information）。

ATC 放行许可中英文用语标准格式包括：（航空器呼号）-（管制单位呼号）-放行许可-（待航空器回答准备抄收时继续以下内容）-可以-（按所索取的放行许可内容逐字发布）。

（二）地面管制

地面管制的范围包括进场航空器自脱离跑道至机坪和离场航空器自机坪至进入跑道等待位置止。

1. 地面管制——推出开车

一般情况下，所有停靠停机桥的航空器都需要推出，所有航空器的滑出都必须得到地面管制的允许。

由于喷气航空器滑出时尾喷对后面活动的人员、车辆、航空器有影响，航空器推出时必须严格按照指定的路线。

由于考虑到停机坪的拥挤及相互的影响，地面管制员在航空器完成推出开车之后应尽量让该航空器滑出，以免影响其他航空器的活动。

2. 地面管制——地面滑行

地面滑行路线十分重要，应尽量避免地面运行的各航空器之间的滑行路线互相影响过大。

通常，航空器地面滑行管制员首先必须熟悉本场滑行道的分布和类型以及各滑行道设置的目的，其次必须熟悉各滑行道关键等待位置，便于对滑行航空器进行排序。

（三）机场管制

机场管制员负责向塔台管制范围内的航空器提供空中交通管制服务、飞行情报服务和告警服务。主要工作内容包括：

（1）选择跑道，委托协调席位与地面管制，进近管制室协调，确定后通知发报席位发布 ATIS；

（2）对离场航空器适时发布起飞许可；

（3）对进场航空器提供着陆情报、进近方式，发布着落许可，脱离跑道及联系地面管制的指令等；

（4）向塔台管制范围内的航空器及时提供已变化的飞行情报和航行情报；

（5）负责开启和关闭跑道的导航、助航灯光设备；

（6）负责跑道起降带及附近（影响安全）地带在运行期间的一切地面活动（检测、维护、施工、割草和航空器车辆进入）控制等。

（四）向航空器机长提供起飞着陆条件

1. 向起飞航空器提供有关情报

使用跑道；地面实际风向、风速（包括风的变化情况）；修正海压；当地面能见度小于 10km 时，提供能见度或跑道视程；正确的时间；大气温度；在起飞及爬升区域内重要的气象条件，如积雨云、中度或重度结冰、垂直风切变等。

2. 向着陆航空器提供有关的情报

加入起落航线的位置；使用跑道；地面风向、风速；修正海压；落地次序；其他相关航空器的位置情报（如有必要）；出现的危险情况；有关地面风向、风速的重要变化情况；有关跑道道面的重要变化情况；跑道视程或能见度的变化情况。

（五）向航空器提供有关的情报

在活动区域内或紧邻区域内修建或维修工程；跑道、滑行道或停机坪上不平或破裂道面；跑道、滑行道或停机坪表面的积水、雪水或冰。

二、工作程序

根据所管制航空器的运行性质，机场管制席位管制员的工作程序主要分为起飞管制程序和着陆管制程序两大类。

（一）起飞管制程序

(1) 航空器预计起飞前 1 小时了解天气情况，检查通信、导航、雷达设备，校对时钟，检查风向风速仪和校正高度表。

这项工作程序与地面管制基本相同，了解天气、检查风向风速仪、校正高度表的主要目的是及时向航空器机长提供最新发生重大变化的准确的起飞条件；检查通信、导航及雷达设备是否正常，一旦发现不正常情况，应立即通知有关单位进行检修，如因这些设备工作不正常而将危及飞行安全时，应按有关程序报批关闭机场。

(2) 航空器预计起飞前 20 分钟，开放本场的通信、导航设备。按时开放本场的通信、导航设备，确保向在机场管制区域内的运行的航空器提供连续的空中交通管制服务和导航服务。地面通信设备是空中交通管制部门向航空器提供空中交通管制服务最基本的设施，地面导航设备是航空器在飞行过程中用于定位的最基本的设施，因此上述两种设备在确保飞行安全方面起着至关重要的作用，所以在上述设备处于工作状态时，未经值班管制人员的许可，任何单位和个人都不得擅自关机。

(3) 合理安排航空器的离场顺序。塔台管制员在安排航空器的离场顺序时，必须根据空中交通服务报告室的安排、拟离场航空器的任务性质及各型航空器性能，合理地放行航空器。起飞航空器之间的间隔必须符合有关起飞间隔标准的规定。

组织实施飞行管制时，应当合理安排飞行次序，通常是：

一切飞行让战斗飞行；

其他飞行让专机飞行和重要任务飞行；

国内一般任务飞行让班期飞行；

训练飞行让任务飞行；

场内飞行让场外飞行；

场内、场外飞行让转场飞行。

(4) 与航空器取得联系后，视情况指示航空器在跑道外等待或进跑道等待或直接进跑道起飞。

(5) 发布起飞许可。发布起飞许可的内容有如下：

航空器呼号；

地面风向、风速、能见度或跑道视程、云高、高度表拨正值；

起飞后的转弯方向；

离场程序（标准离场航路代号或区域管制及进近管制室对该离场航空器的要求）；

飞行高度；

其他事项；

可以起飞＋跑道（跑道号码）。

（6）通报起飞时间。航空器的起飞时间是指航空器开始起飞滑跑时轮子移动瞬时的时间。航空器起飞后，机场管制塔台管制员应将该航空器的起飞时间通知有关空中交通服务单位及其他协议单位。

（7）安排航空器在机场管制塔台范围内严格按离场程序飞行。当机场管制塔台或进近管制室或区域管制中心，根据所管制区域范围内的空中交通状况，需要对离场航空器起飞以后的飞行航径及飞行高度进行一些必要的限制时，航空器起飞后，塔台管制员应严格安排航空器按这类限定的条件飞行；如无上述限制，则安排航空器严格按标准离场航路离场。

（8）管制移交。当机场管制塔台对离场航空器向提供进近管制服务的单位（进近管制室或区域管制中心）实施管制责任移交时，若双方制定有管制责任移交的协议时，按协议中规定的时间和移交点进行移交；若无此项协议时，通常情况下，按有关规定实施管制移交。

当机场管制塔台同时负责提供进近管制服务，对离场航空器向负责提供区域管制服务的单位进行移交时，应在两个单位同意的地点或时间进行。

（二）着陆管制程序

（1）航空器预计着陆前 1 小时了解天气情况，检查通信、导航、雷达设备，校对时钟，检查风向风速仪和校正高度表。

（2）航空器预计进入机场管制空域前 20 分钟，开放本场通信、导航设备。

（3）与航空器建立联络后，向其发布继续进近的许可。

（4）发布着陆许可。

① 发布着陆许可的条件：在航空器进近着陆的航径上，没有其他航空器活动；跑道上无障碍物；符合规定的尾流间隔标准。

② 发布着陆许可的时机：原则上在航空器到达最后进近定位点之前，应发给着陆许可；对于做直线进近的航空器，在航空器到达离跑道端 3.7km（2NM）之前，应发布着陆许可。

在实际应用当中，一般情况做仪表进近的航空器驾驶员报告过远台/五边或做目视起落航线进近的航空器驾驶员报告四边时，向其发布着陆许可。

③ 着陆许可的内容：着陆许可一般包括航空器呼号、地面风、其他相关情报、“可以着陆”指令、使用跑道（如果机场同时有两条及两条以上的跑道同时使用时）。

（5）密切监视进入着陆的航空器与其他相关航空器的相对位置。

目视飞行航空器使用同一跑道起飞、着陆时，在着陆航空器通过使用跑道首端之前，先起飞或先着陆航空器必须到达指定位置。

（6）着陆航空器滑跑冲程结束后，通知机长脱离跑道程序。

（7）管制移交。当航空器脱离跑道后，通知机长转换频率联系地面管制，同时将飞行

进程单移交给地面管制。

当机场使用跑道活动不频繁时，着陆航空器着陆滑跑冲程结束后，在向机长通知脱离程序的同时，可进行通信移交。

（8）通报着陆时间。航空器的着陆时间是指航空器着陆滑跑终止瞬时的时间。航空器着陆后，机场管制塔台管制员应将该航空器的着陆时间通知有关空中交通服务单位及其他协议单位。

（9）通知空中交通服务报告室。当本机场区域范围内有关航空器起飞、着陆的飞行动态是由本机场的空中交通服务报告室负责向有关空中交通服务单位通报或机场管制塔台与本机场的空中交通服务报告室有此项协议时，当航空器着陆后，机场管制塔台管制员应使用直通电话将该航空器的实际着陆时间通报给本机场的空中交通服务报告室。

（10）其他空中交通服务单位。

当本机场区域范围内有关航空器起飞、着陆的飞行动态由机场管制塔台负责向有关空中交通服务单位通报时，当航空器着陆后，机场管制塔台应将该航空器着陆的动态以空中交通服务电报的形式发往有关空中交通服务单位，这些单位包括：起飞机场的空中交通服务报告室；起、降机场所从属的省、市、区局管制室和地区管理局管制室；民航总局空管局总调度室（地区管理局范围内的飞行除专机与急救飞行外不发）。

（11）有关协议单位。

当其他有关单位与机场管制塔台有此项协议时，塔台管制员应在航空器着陆后，将该航空器的实际着陆时间通知给这类协议单位。

三、机场管制塔台的管制范围

（一）我国规定的机场管制塔台的管制范围

我国规定的机场管制塔台的管制范围为D类空域，通常包括起落航线、第一等待高度层（含）及其以下地球表面以上的空间和机场机动区。

（二）ICAO关于机场管制塔台管制范围的标准

ICAO规定在管制地带范围内，由机场管制塔台向机场交通服务报告室提供机场管制服务。管制地带是指从地球表面向上延伸到规定上限的管制空域，也是为便于向有关航空器提供机场管制服务，专门为机场管制塔台划设的管制空域。在此空域内，包括机场机动区、机场起落航线、部分标准离场航路及最后进近航迹。

（三）管制地带的侧向界限

（1）管制地带的侧向界限，至少必须包括不在管制区内的，但是在仪表气象条件（IMC）下IFR飞行所使用的进场和离场航径的那部分空域；

（2）管制地带的侧向界限须向有关机场（一个或几个）中心向可以作进近的方向延伸至少9.3km（5NM）。

（四）管制地带的上限

管制地带应划定一个上限，如果管制地带位于管制区侧向界限以内，则该管制地带须从地面向上延伸至少到管制区的下限（管制区的下限至少为200m，即700ft），如果适宜，划定的上限亦可高出其上管制区的下限。

第三节　进近管制概述

一、进近管制的职责

（1）一个或多个机场航空器的进离场防撞。

（2）加速空中交通有序流动。

（3）提供实时的飞行情报服务、告警及协助。

（4）执行协调移交协议及相关规定。

二、航空器进离场飞行特点

（1）飞机为爬升或下降状态，少部分飞越。

（2）多以标准进离场航路飞行，必要时会有雷达引导。

（3）进离场飞机之间存在冲突，互相穿越高度层频繁。

航空器在进近时发生冲突，会表现出以下几个特点：航空器为上升、下降状态；对于离场航空器，多以标准离场航路 SID 飞行，必要时会有雷达引导；对于进场航空器，多以 STAR 引导，也有雷达引导，梯次下降；进离场航空器间存在冲突，互相穿越高度层频繁。

三、运行环境

进近管制，针对 IFR 飞行的航空器的起飞后进入航路和着陆前由航路到机场管制区的管制。

进近管制的范围上接航路区，下接机场管制区。包括：①C 类空域（终端进近管制空域）为进近管制空域；②中低空管制空域与塔台管制空域之间的过渡，垂直范围通常在 6000m（含）以下最低高度层以上；③半径 50km 或延伸至走廊口以内的除机场塔台管制范围以外。

当飞机准备从航路上下降时，管制员把飞机接引到 ILS（仪表着陆系统）的作用范围内，当飞机飞临机场上空 500m 高度左右，将该飞机降落任务交给塔台管制员，塔台管制员继续引导飞机降落。

当飞机起飞时，进近管制员从塔台管制员手中接过指挥权，继续引导飞机上升，直至加入航线。

四、进近席位设置与职责

进近管制单位工作席位的设置，按照以下规定来确定：

（1）进近管制单位应当设置进近管制席；

（2）年起降超过 60000 架次的机场，应当分别设置进场管制席和离场管制席或者增设管制扇区；

（3）年起降超过 36000 架次或者空域环境复杂的机场，但无条件设置进近管制单位或

者在进近管制单位设立前，可以在塔台管制单位设立进近管制席位；

(4) 进近管制单位应当设置主任席；

(5) 进近管制单位应当根据实际情况设置飞行计划编制席、通报协调席、军方协调席。

而各席位在职责安排上也各有不同，具体有：

(1) 进近管制席，负责对进、离场的航空器及其空域范围内飞越航空器提供空中交通管制服务；

(2) 进场管制席，负责对进场着陆的航空器提供空中交通管制服务；

(3) 离场管制席，负责对起飞离场加入航路的航空器提供空中交通管制服务；

(4) 通报协调席，负责协助管制席向有关单位通报飞行动态信息和计划，并进行必要的协调；

(5) 主任席，负责进近管制单位现场运行工作的组织管理和监督，以及与其他单位的总体协调；

(6) 飞行计划编制席，负责审核、批复、制作飞行计划；

(7) 军方协调席，负责本管制单位与飞行管制部门之间的协调。

在交接班组织实施中，应注意：连续值勤的时间不得超过 6 小时；雷达管制员，连续工作不得超过 2 小时；两次工作的时间间隔不得少于 30 分钟。

五、进近管制空域

进近管制空域，也称终端管制空域，其结构有一定宽度、长度和高度（或深度），由不同的横向或纵向的限制组成。这些限制并不都是统一和固定的，而是依据进近管制空域内进离场航线和等待航线设计自然而然生成的。通常，进近管制空域结构的下限呈现出阶梯形状。

为了保护 IFR 航空器进离场飞行，进近管制空域的下限应该与机场管制地带的上限相接，根据 ICAO ANNEX11 2.7.3.2，此边界线的高应该离地面或水面的距离至少 200m (700ft)。进近管制空域的上限则与航路管制下限相接，保证 IFR 航空器从航路飞行阶段过渡到下降阶段的安全连续性。进近管制空域的水平边界与其内包含的仪表飞行进离场程序有关，主要包括标准离场程序、标准进近程序和等待程序。

终端区是进近管制空域的一种，通常设在一个或几个繁忙机场附近的空中交通航路汇合处，上接航路管制区，下接机场管制地带。建立终端区的目的主要是为繁忙机场上空的仪表飞行规则（IFR）运行的航空器进离场飞行提供空中交通服务（ATS)，保证其安全、有序、经济地运行。

从进近管制空域演变到终端区甚至终端空域系统，主要源于不断增长的空中交通需求和空中交通运行的日益复杂。该演变过程可描述如下：

首先从一个枢纽机场开始，终端空域不断扩大，直至无法继续扩大为止（例如，该机场无法再扩建跑道)，此时机场及其终端空域无法再满足日益增长的交通需求。于是，该枢纽机场附近的另一机场（通常是较小的）的终端空域也开始膨胀，随着流量的增加，第二个机场和它周围的空域也达到了极限，然后第三个机场可能会建起来或者扩张。如此一来，过了十几年，枢纽机场和临近的小机场为了满足自己的需求，彼此之间就会形成空域的紧张，空中交通管理的复杂性也越来越大。

六、仪表飞行规则航空器的进离场飞行特点

在进近管制空域内，IFR飞行的航空器主要分为三类：①起飞后进入航路的上升状态的航空器；②由航路下降到机场着陆的下降状态的航空器；③少部分飞越的航空器。根据目前IFR航空器主流机型的下降方式，一般为先等马赫数下降后等表速下降，接着在10000ft平飞减速到250节表速，然后再保持250节表速下降至截获航向道，建立ILS盲降。而其上升方式正好与之相反，先上升到10000ft，平飞加速到250节，然后等表速上升，再转换高度变为等马赫数上升到巡航高度层。

进近管制空域内IFR航空器上升下降频繁，互相之间需要穿越高度层，因此潜在冲突较多，需要管制员及时有效地管制航空器飞行的高度和航向、对航空器的上升和下降过程进行准确的预测。在此阶段，常用的民用航空器的上升率和下降率通常按平均每分钟600m计算。

对距机场40km范围内进场落地航空器的管制是进近管制员工作最为关键的一部分。航空器进近落地方式包括多种，针对采用的技术不一样，常用的有：

（1）ILS进近，也称盲降进近，是目前使用最广泛的。

（2）VOR/NDB结合DME进近，通过VOR/NDB提供航向道引导，DME提供距离信息，实施起来更加准确、方便。

（3）RNP进近，是PBN技术在进近程序的设计和应用方面的主要体现。其优越性在于：首先，RNP进近程序能改善全天候运行水平，降低运行标准，有效避开地形、障碍物、其他飞机、不利天气、噪音敏感区，因此能提高航班正常性，保障地形复杂机场中航班运行的安全。其次，在同现存的非精密进近的对比中，RNP进近程序能够提供一个更低的决断高度，在很多情况下它已经可以与ILS相提并论了，因此不再需要其他非精密进近和盘旋进近手段。

（4）目视进近，也称能见进近，是指当部分或全部仪表进近程序尚未完成时，空中交通管制部门允许IFR飞行计划的航空器驾驶员保持能见飞向目的机场。目视进近或称能见进近，可由管制员发起，也可由飞行员主动提出。目视进近是航空器驾驶员按照IFR运行时保持云外能见飞向着陆机场的一种进近方式。绝大多数的民用枢纽机场，都配备了ILS系统，航空器通常采用ILS进近的比较多。进近管制员在引导航空器使用ILS进近时，最关键的就是控制好航空器的高度、速度和航向，辅助其截获ILS的航向道和下滑道。

七、目视飞行规则航空器的进离场飞行特点

（一）管制单位目视进近运行的条件

管制单位实施目视进近方式运行时应当具备以下条件：

（1）管制单位为塔台或者进近管制单位；

（2）气象条件符合本节规定的云高和能见度；

(3) 航空器在 6000m（含）以下按照仪表飞行规则飞行；

(4) 昼间进行；

(5) 本管制区已经实施雷达管制 2 年以上。

实施目视进近方式运行的管制单位应当制定相应的工作程序，完成管制员培训，并将相关信息在航空情报资料上公布。

(二) 航空器目视进近运行的条件

航空器驾驶员能够保持对地面的目视参考，并且满足以下条件之一时，管制员可以许可航空器实施目视进近：

(1) 报告的云底高高于规定的航空器起始进近高度；

(2) 航空器驾驶员在起始进近高度或者在仪表进近程序中的任何时间报告气象条件能够保证完成目视进近和着陆；

(3) 报告的机场云底高高于最低雷达引导高度以上 150m 或者按仪表飞行规则飞行的最低高度以上 150m，能见度大于 5km，气象条件能够保证航空器驾驶员完成目视进近和着陆时，可以实施雷达引导航空器进行目视进近。

当管制员雷达引导航空器进近时，只有航空器驾驶员报告已经目视机场或者前行航空器后，管制员可以许可其进行目视进近，并可以终止雷达引导。

(三) 航空器目视进近的提出和拒绝

在符合实施目视进近的情况下，目视进近可以由航空器驾驶员提出或者由管制员提出并经航空器驾驶员同意。

如果管制员认为航空器驾驶员对机场周围地形不熟悉、预计周边气象条件不适合或者受到空中交通活动的限制时，管制员可以不同意实施目视进近。

(四) 间隔责任

管制员应当为所有进近的航空器指定着陆顺序，为许可目视进近的航空器与其他航空器之间配备间隔。

当航空器跟随进近，且后随航空器实施目视进近时，管制员应当保持航空器的间隔直至驾驶员报告已看到前方航空器为止，然后要求后随航空器跟随并自行保持与前方航空器的间隔。如果两架航空器都属于重型或者前方航空器尾流机型种类重于后方航空器，且航空器间的距离小于规定的尾流间隔时，管制员应当提醒航空器驾驶员。后方航空器驾驶员负责保证与前方航空器之间有足够的间距，不受尾流的影响，如果认为需要增加间距时，应当向管制员表明需求。

管制员发现雷达显示的目视进近航空器之间的间隔过小，管制员应当提醒航空器驾驶员。当航空器驾驶员提出无法保持间隔时，管制员应当协助航空器驾驶员重新建立航空器间的间隔。

(五) 试运行的批准程序

管制单位实施目视进近方式运行时，管制单位按照规定提出试运行申请，由地区管理局组织评估并提出意见，报民航局批准。

经过试运行证明切实可行的，管制单位可以向地区管理局提交正式运行申请，经地区管理局组织审查后，报民航局批准。

第四节　进近方式与等待航线

一、进近方式介绍

（一）标准仪表进离场程序

标准仪表离场（standard instrument departure，SID）：航空器按照规定的仪表飞行程序，从起飞至航路（线）加入点之间的飞行过程。通常用标准仪表离场图表示。

标准仪表进场（standard instrument arrival，STAR）：航空器按照规定的仪表飞行程序，自航路（线）脱离点至落地之间的飞行过程。通常用标准仪表进场图表示。

（二）标准进场程序

根据使用导航设备的不同，进场方式主要分为标准进场程序（STAR）、雷达引导进场以及区域导航进场程序 RNAV STAR。其中：

标准进场程序（STAR）：根据地面台（VOR/DME/NDB）搭建的，由巡航航路到起始进近定位点的一条路线。在程序管制状态下，只能按照 STAR 进场；而在雷达管制状态下，STAR 仍然是最为常用的进场方式，当存在进离场冲突时，可以进行雷达引导，但引导也尽量不要偏离 STAR 太远，以便于冲突解脱后指挥航空器直飞 STAR 上某点、恢复自主领航。

（三）雷达引导

雷达引导是解决冲突最为有效地方式，除此之外，还可以结合调速、盘旋等待，进行冲突调配。

（1）速度调整：速度调整对间隔调配的影响是相当有限的，避免反复多次调速。速度调整范围：250 节是 86 号令规定的 3000m 以上的最低调整速度。220 节多用于飞机净型的最小速度（最小光洁速度）调整。200 节用于放襟翼后的最大速度。

（2）雷达引导：由于速度调整的局限性，雷达管制下，用雷达引导进行间隔调配要比速度调整灵活得多。由于其灵活性和可控性强，成为间隔调配的主要手段，被广泛运用。但应注意：避免过多引导、避免过度引导、避免非惯用的引导。

（3）盘旋等待：超过 4 分钟的延误采用盘旋等待可以简化管制员的指挥方案。

（四）区域导航进场程序

区域导航进场程序（RNAV STAR：RNAV STAR）是在雷达管制和雷达监控下，针对进场航空器提供的水平方向区域导航。终端区实施区域导航进场程序优势体现在：实行平行进离场航段，为飞越高密度终端区域的航空器提供旁通航路，提高交通流量；增加终端区内进离场航线定位点，更多直飞航路，减少飞行距离；提供更有效的爬升和下降剖面，便于飞行员操作；减少陆空通话和雷达引导需求，降低飞行员和管制员工作负荷。

举例：

2003 年 2 月 21 日，天津滨海国际机场作为中国民航首家实施区域导航（RNAV）试点单位，进行了为期 5 个月的试运行，顺利通过了当时中国民航总局空管局进行的“区域导航飞行程序试验”的科技成果鉴定。

2007 年 1 月 18 日，在珠三角空域紧张的情况下，广州白云国际机场率先在全国繁忙机场中开始 RNAV 程序试运行。

二、仪表进近程序

（一）仪表进近程序

在完成进场阶段 STAR 后，航空器通过执行仪表进近程序，实现最终落地或复飞。（在这里只针对 IFR 飞行，因此 VFR 飞行的目视盘旋不在讨论之列。）

进近阶段包括：进场、起始进近、中间进近、最后进近、复飞，如图 3-1 所示。

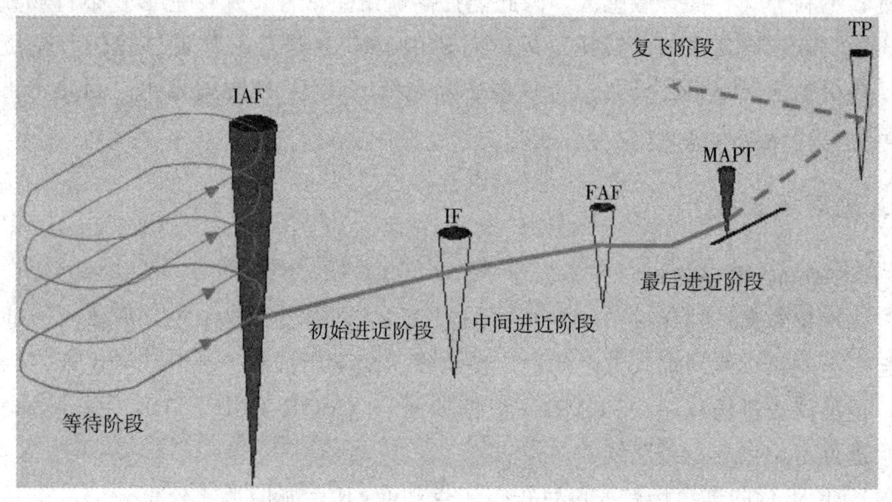

图 3-1　进近阶段图

根据其最后航段所使用的导航设备及其精度，可以分为精密进近和非精密进近两类：

（1）精密进近程序：是指在最后进近航段能够为航空器提供航向道和下滑道信息，引导其沿预定的下滑道完成着陆的仪表进近程序，精确度比较高。如 ILS 进近、MLS 进近、精密进近雷达（PAR）。

（2）非精密进近程序：是指在最后进近航段，只能提供航向道信息，而不能提供下滑道信息的仪表进近程序，精确度比较低，因而受天气条件的限制要大得多。如：NDB 进近、VOR 进近、NDB/VOR 结合 DME 进近、SRE 进近（监视雷达进近）、RNP 进近，以及 ILS 设备下滑台不工作或机载设备收不到下滑台信号时。

ILS 进近：仪表着陆系统（盲降）进近，ILS 是国际上广泛使用的一种着陆引导系统，我国有超过一半的机场安装有该设备。

MLS 进近：微波着陆系统进近，利用微波信号对航空器进行引导的技术，目前该技术并没有大规模推广，我国并未采用。

PAR 进近：精密雷达进近，是一种被动的着陆引导系统，飞行员无法判断飞机相对于航向道、下滑道的位置，飞行员必须按照雷达管制员的指令来操纵飞机的航向和高度，目前我国没有将其作为一种独立的程序使用，只是一种辅助手段。

NDB 进近：利用地面 NDB 台和自动定向机 ADF 实施航向道引导的非精密进近程序，

精度较低。

VOR 进近：利用地面 VOR 台和机载 VOR 设备实施航向道引导的非精密进近程序，精度比 NDB 进近要高。

VOR/NDB 结合 DME 进近：通过 VOR/NDB 提供航向道引导，DME 提供距离信息，实施起来更加准确、方便。

SRE 进近（监视雷达进近）：作为 ILS 进近的一种备份的非精密进近程序。

RNP 进近：是 PBN 技术在进近程序的设计和应用方面的主要体现，其优越性在于：第一，RNP 进近程序能改善全天候运行水平，降低运行标准，有效避开地形、障碍物、其他飞机、不利天气、噪音敏感区，因此能提高航班正常性，保障地形复杂机场航班运行的安全。第二，在同现存的非精密进近的对比中，RNP 进近程序能够提供一个更低的决断高度，在很多情况下它已经可以与仪表着陆系统（ILS）相提并论了，因此不再需要其他非精密进近和盘旋进近手段。

三、进离场航线

（一）指明的进离场航线

（1）标准仪表离场程序（SID）：根据地面台（VOR/DME/NDB）搭建的，供 IFR 航空器由起飞至航路（线）加入点之间的一条路线。通常用标准仪表离场图表示。

（2）标准仪表进场程序（STAR）：根据地面台（VOR/DME/NDB）搭建的，由巡航航路起始进近定位点的一条路线。

（3）VFR 飞行的进离场航线以目视报告点和 VFR 走廊的形式公布。

（二）非指明的进离场航线

战术性雷达引导航线或以“直飞”某一 RNAV 航线点的指令形式给出的战术性航线。

四、等待航线

（一）等待航线

等待航线指使飞机在一个规定的空域内进行盘旋等待，通常用来缓解由于各种原因导致飞机不能够着陆的交通压力。

等待航线的平面形状像运动场的跑道，呈椭圆形，立体形状像一个螺旋形的楼梯，层层叠起。

它的位置由地面的无线电信标决定。无线电信标向上发射信号，飞机就绕着这个信标盘旋飞行。

等待航线每一层的高度间隔是 300m，最底层离地高度为 600m。最多时可达 10 层。

飞机每飞一层的时间为 4 分钟，速度快的飞机飞的圈大，速度小的飞机所飞的圈小。

等待程序的进入应根据当时所飞航向与等待航线的相对位置关系，有三种进入方法，如图 3-2 所示：

第一扇区平行进入；

第二扇区偏置进入；

第三扇区直接进入。

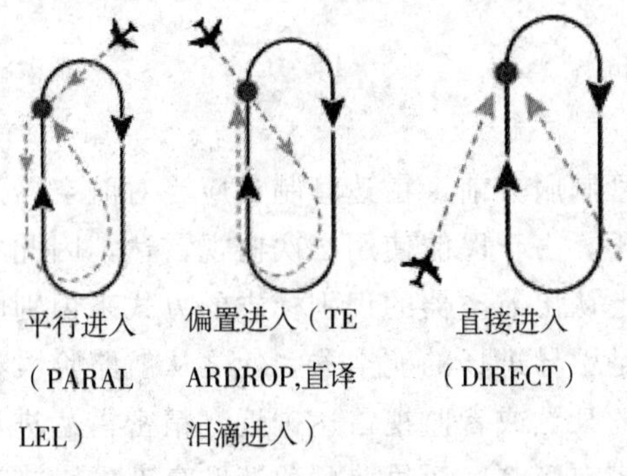

图 3-2　等待航线进入方式

（二）等待的要素

对 IFR 的航空器，在等待空域内等待，通常不超过 30 分钟。超过 30 分钟的，管制员应当了解航空器的续航能力并迅速通知该航空器预计进近时间或者预计更新管制许可的时间。严格保持规定高度层，在进入等待程序 5 分钟之前，报告程序相关内容。航空器进行等待后向其发出更新的管制许可，与其他等待航线上的航空器满足间隔要求。

第五节　进近管制服务内容与程序

一、一般服务程序

（一）离场航空器的管制

仪表飞行航空器在起飞后由机场管制员移交到进近（离场）管制员，通常会按照 SID 沿预定飞行航路继续爬升，直至达到指定的协议移交高度，随后在协议移交点由进近（离场）管制员移交给区域管制员。

（二）进场航空器的管制

进近管制员在从区域管制员接收移交过来的航空器后会指挥其按 STAR 和标准进近图飞行，并对其高度加以控制，实时监控其飞行动态，在接近目的地机场时对其进行雷达引导使其加入雷达起落航线，安排其进场落地次序，引导其减速和截获航向道。当航空器报告截获航向道时，即可移交给机场管制员。

二、进近航空器的管制程序

（1）接收：进近管制员从区域管制员接收到航空器，指挥其按标准进场程序 STAR 飞行，对其高度加以控制，实时监控其飞行动态，接近本场时对其进行雷达引导加入雷达起落航线；

（2）引导建立 ILS 进近：航空器加入雷达起落航线后，由管制员继续引导其建立仪表着陆系统（ILS）进近；

（3）移交：航空器报告建立ILS航向道后，进近管制员将其移交给塔台，指挥航空器联系塔台。

三、进近雷达管制

在向航空器提供雷达管制服务前，雷达管制员应当对航空器进行识别确认，并保持该识别直至雷达管制服务终止。由于民航使用二次监视雷达，因此在对雷达识别时，管制员通常直接通过从雷达标牌上认出航空器的识别标志的方式来识别航空器。

进近雷达管制的任务是引导进场的航空器，使之从航路阶段过渡到可以利用机载和地面设备进入最后仪表进近的某点或者监视雷达进近、精密雷达进近、目视进近的某点；引导离场的航空器使之离开塔台管制区后尽快到达巡航高度层，或者缩短飞行航径，简化离场程序。

对于进场航空器，雷达管制员最重要的工作就是对航空器进行合理的排序。航空器的排序是指在相对比较集中的时间内对同时或接近同时到达机场的多架航空器进行合理的空间再分布，以便形成安全、有序且间距适当的空中交通流，控制航空器使之保持合理的间距稳定进近，直到移交给相关的机场管制单位。对飞机排序的时候主要考虑的因素，按照重要度由上至下为：①航空器预计到达进近入口的时间；②航空器机型或进近阶段速度；③航空器进入终端区的高度；④航空器进港航线的飞行距离和可伸缩性。一般预计到达时间早的、飞行高度低的航空器具有优先落地权。

在符合雷达间隔的情况下，为了合理安排落地次序，通常的做法有三种：调速、雷达引导做机动和盘旋等待。速度调整对间隔调配的影响是相当有限的，实际工作中也会避免反复多次调速，根据有关规定，飞行高度层3000m以上，航空器速度不可小于250节；进近着陆放襟翼后航空器可飞的最大速度为200节。盘旋等待一圈一般为4分钟，对于延误时间较长的航空器比较适用。雷达引导是解决冲突最为有效的方式，一般通过指定航空器的应飞航向实施雷达引导。雷达引导机动飞行是排序时最常用的技巧。

雷达引导机动可以借助雷达航线作为参考来进行。雷达航线是一个约定明确、规范成型的飞行引导路线，在雷达航线上航空器的飞行动作与进程是可以预期和推测的。由于有这样的标准飞行引导路线作为比照和参考，管制员可以较准确地分析航空器间的相对位置关系，控制航空器的间距，进而通过控制航空器加入雷达航线的位置和进程方便地进行排序。

雷达引导航线的程序主要由三边、四边和五边3个航段组成，形状如图3-3所示。从2进入的飞机先加入四边，然后进入五边后落地；从1进入的飞机先入三边，然后进入四边，最后进入五边落地；从3进入的飞机直接沿五边落地。管制员根据各航空器预计到达进近口的时间（ETA），根据先到先服务（FCFS）的原则建立排序

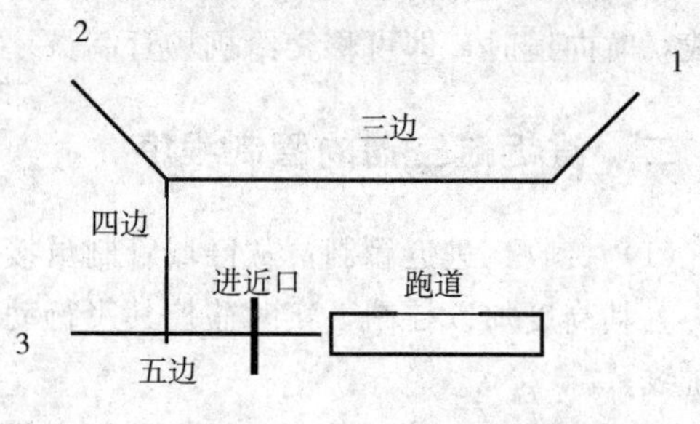

图3-3 雷达引导（航线）程序

空间，排名在前的航空器先下高度，排名在后的跟随前机下高度，形成“前低后高”的状态。如果两架飞机预计到达时间一样，五边的飞机具有优先着陆权，其次是四边。

进近雷达管制员不断地引导航空器下降高度，减小速度，当航空器已经建立最后进近航径，而且距接地点 19km 以内，当时的天气表明航空器可以完成该进近时；或航空器报告能看到地面时；或航空器已着陆（通常是上述情况中的较早者）时，进近管制员就可以把航空器移交给塔台。

四、进近顺序

（一）进近顺序

（1）最大数量，平均延误时间最短。

（2）前机处于下列状态时，可以准许后机进近：①报告以完成其进近；②已经与塔台管制建立联络，能正常着陆。

（3）如果进场航空器请求等待，应予准许。

（4）在安排进近顺序时，对于被准许在航路上通过巡航减速来消磨进港延误时间的航空器，尽可能告知其应消磨的时间。

（5）注意掌握等待程序中航空器的位置，根据前机情况，及时安排等待航空器进近。

（6）安排进近次序时应综合考虑航空器机型、进近方式等因素，选择最佳的进近顺序，避免造成延误的累积。

（二）予优先着陆权的航空器

（1）遇险航空器；

（2）处于紧急情况下的航空器；

（3）专机；

（4）救护航空器和载有待医治病人或重伤员的航空器。

第四章 净空障碍物标准

机场净空条件的破坏通常是由于障碍物超高造成的。为此，必须规定一些假想的平面和斜面作为净空障碍物限制面，用以限制机场周围的天然地形及人工构筑物的高度。凡超出假想面之上的部分应拆除或移走，以便达到标准，保证飞行安全。当跑道的一端或一侧的净空条件达不到标准要求时，应在航行程序上规定相应的确保飞行安全的措施。机场净空区范围和规格根据机场等级确定，如图 4-1 所示。

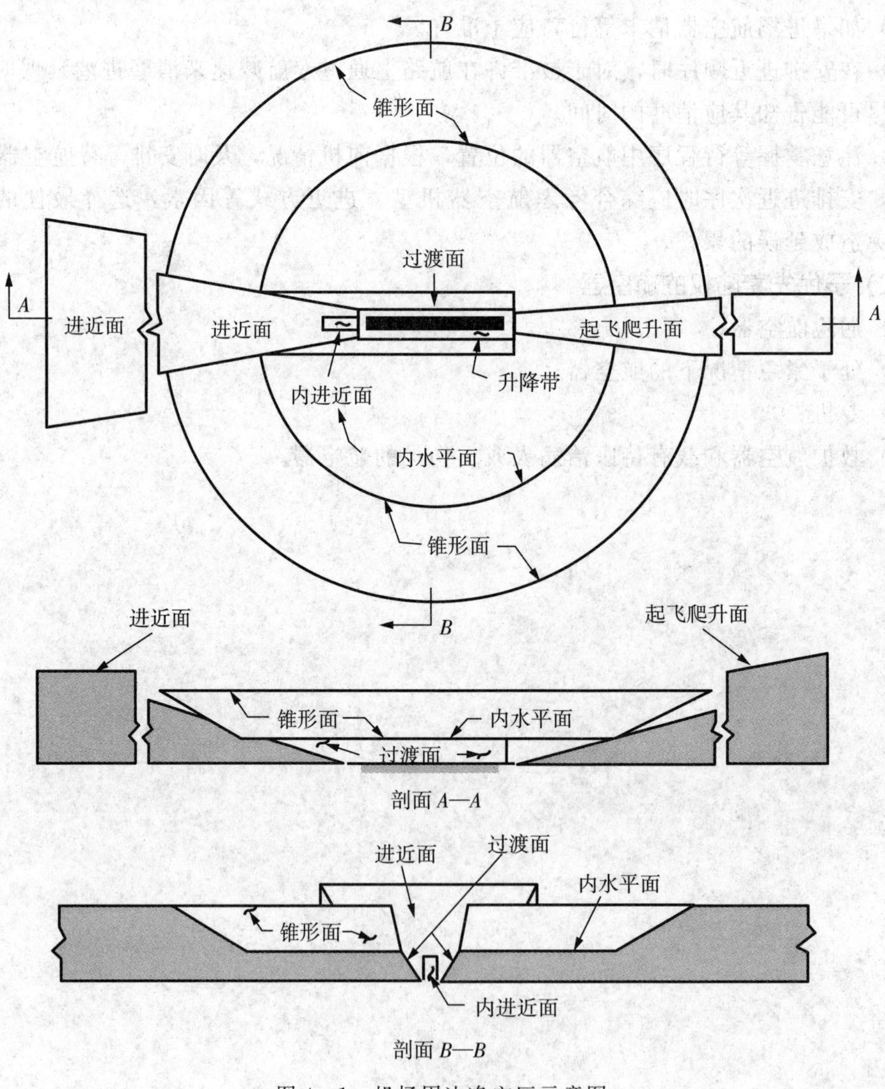

图 4-1　机场周边净空区示意图

第一节 障碍物限制面的规定

机场净空是指机场现有的和规划的每条跑道的两端和两侧供飞机起飞、爬升、下滑、着陆、目视所需的规定空间，用于保障飞机安全运行，防止机场周围及其相邻地面上障碍物增多而使机场变得无法使用。

机场净空条件的破坏通常是由于超高障碍物造成的（当然，漂浮物或烟雾、粉尘也会破坏净空条件）。为此必须规定一些假想的平面或斜面作为净空障碍物限制面，用以限制机场周围天然地形（山、高地等）及人工构筑物的高度。净空障碍物限制面又称为净空面。

一、内水平面

内水平面为高出机场标高 45m 的一个水平面。内水平面范围是以跑道两端入口中点（基准点）为圆心，以表 4-1 规定的半径画出的圆弧，然后以公切线（与跑道中线平行）连接两圆弧，得到一个近似椭圆形。图 4-2 为飞行区代码 4 的跑道内水平面示意图。

设置内水平面的目的在于保护着陆前目视盘旋所需的空域。

表 4-1 机场净空障碍物限制面的尺寸和坡度（进近跑道） （单位：m）

跑道运行的类型 / 飞行区基准代码 / 净空障碍物限制面及尺寸、坡度①		非仪表跑道				非精密进近跑道				精密进近跑道		
										Ⅰ类		Ⅱ类、Ⅲ类
		1	2	3	4	1	2	3	4	1，2	3，4	3，4
锥形面	高度	1/20	1/20	1/20	1/20	1/20	1/20	1/20	1/20	1/20	1/20	1/20
	坡度	35	55	75	100	60	60	75	100	60	100	100
内水平面	半径	45	45	45	45	45	45	45	45	45	45	45
	高度	2000	2500	4000	4000	3500	3500	4000	4000	3500	4000	4000
内进近面	宽度	—	—	—	—	—	—	—	—	90	120	120
	距跑道入口距离	—	—	—	—	—	—	—	—	60	60	60
	长度	—	—	—	—	—	—	—	—	900	900	900
	坡度	—	—	—	—	—	—	—	—	1/40	1/50	1/50
过渡面	坡度	1/5	1/5	1/7	1/7	1/5	1/5	1/7	1/7	1/7	1/7	1/7
内过渡面	坡度	—	—	—	—	—	—	—	—	1/2.5	1/3	1/3

（续表）

飞行区基准代码 / 跑道运行的类型 / 净空障碍物限制面及尺寸、坡度①		非仪表跑道				非精密进近跑道				精密进近跑道		
										Ⅰ类		Ⅱ类、Ⅲ类
		1	2	3	4	1	2	3	4	1，2	3，4	3，4
复飞面	起端宽度	—	—	—	—	—	—	—	—		120	120
	距跑道入口距离	—	—	—	—	—	—	—	—	90③	1800②	1800②
	侧边散开斜率	—	—	—	—	—	—	—	—	10%	10%	10%
	坡度	—	—	—	—	—	—	—	—	1/25	1/30	1/30

注：①除另有注明者外，所有尺寸均为水平度量。

②或至跑道端的距离，两者取小者。

③至升降带端的距离。

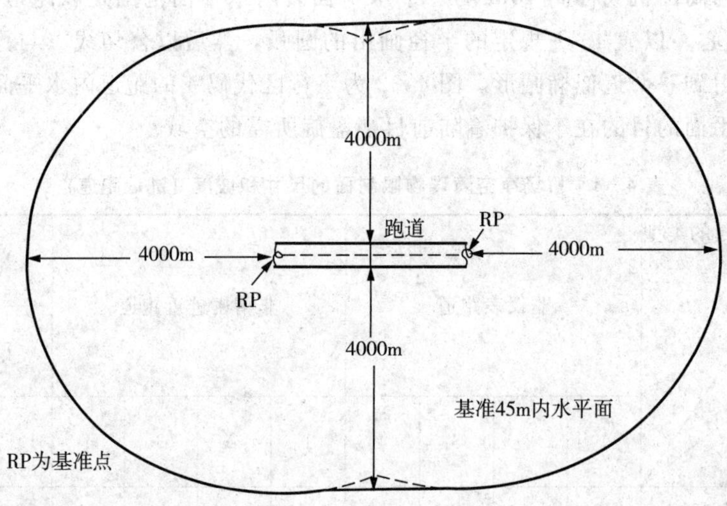

图 4－2　飞行区代码 4 的跑道内水平面示意图

二、锥形面

锥形面是从内水平面的周边起以 1/20 的坡度向上向外倾斜得到的。其外缘（顶边）标高由内水平面起算所增加高度见表 4－1 所列。锥形面的坡度必须在与内水平面周边成直角的垂直平面中度量。锥形面的几何标准如图 4－3 所示。

锥形面的界限由下列各边组成：

（1）一条与内水平面周边重合的底边；

（2）一条位于高出内水平面规定的高度的顶边。

锥形面是内水平面与外水平面之间的一种形状似锥形的过渡面，也可供飞机作目视盘旋用。

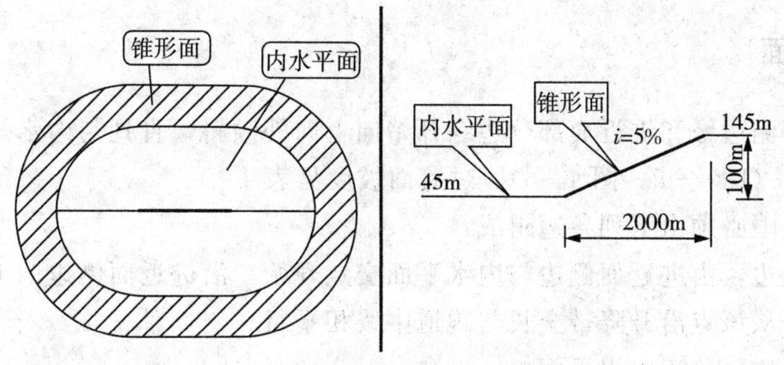

图 4-3　锥形面的几何标准示意图

三、进近面

进近面是在跑道入口前的一个倾斜平面或几个斜面和平面的组合面。进近面的起端由升降带末端开始，斜面向上向外倾斜，其坡度见表 4-1 所列。其内边（起端边）垂直于跑道中线延长线，其标高等于跑道入口中点的标高，两侧边由内边两端向外散开；其外边平行于内边。进近面内边宽度、侧边散开斜率及进近面长度均见表 4-1 所列。

进近面的界限（图 4-4）必须由下列各边组成：

（1）一条内边，水平并垂直于跑道中线延长线，且位于升降带末端；

（2）两条侧边，以内边的两端为起点，由跑道中线延长线均匀地以规定地散开率斜向外散开；

（3）一条外边，平行于内边。

进近面是供飞机进近（着陆）使用的一个斜面或组合面，用以限制构筑物的高度。当飞机以某一下滑角度降落时，能与构筑物保持一定的垂直距离。

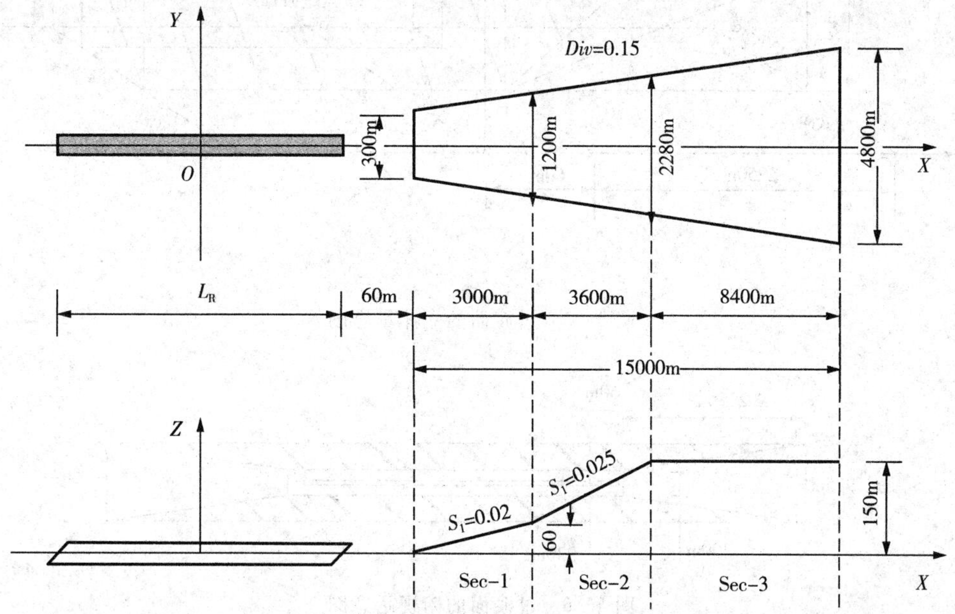

图 4-4　进近面俯视和主视示意图

四、过渡面

从升降带两侧边缘和进近面部分边缘开始向上向外倾斜，直到与内水平面相交的复合面即称作过渡面（图 4-5、图 4-6）。过渡面坡度见表 4-1。

过渡面的界限必须由下列各边组成：

（1）一条底边，由进近面侧边与内水平面交点开始，沿进近面侧边向下延伸至与进近面内边相交，再从该点沿升降带全长与跑道中线相平行；

（2）一条顶边，位于内水平面内。

底边上各点的标高：沿进近面的侧边等于进近面在该点的标高；沿升降带等于跑道中线或其延长线上最近点的标高。

如果跑道有变坡，即跑道纵剖面是弯曲的，则沿升降带的过渡面将是一个曲面；而如果跑道无变坡，即跑道纵剖面是直线，则沿升降带的过渡面将是一个平面。过渡面与内水平面的交线（即过渡面的顶边）视跑道纵剖面的不同而是一条曲线或直线，对于机场周围的建筑物等，过渡面是其控制障碍物限制面。

设置进近面和过渡面的目的在于保证飞机进近至着陆操纵的最终阶段应有的净空区域。它们的坡度和尺寸随机场的基准代号而不同，并且与跑道的导航设施等级有关。

过渡面的立体示意图和俯视示意图如图 4-5、图 4-6 所示。

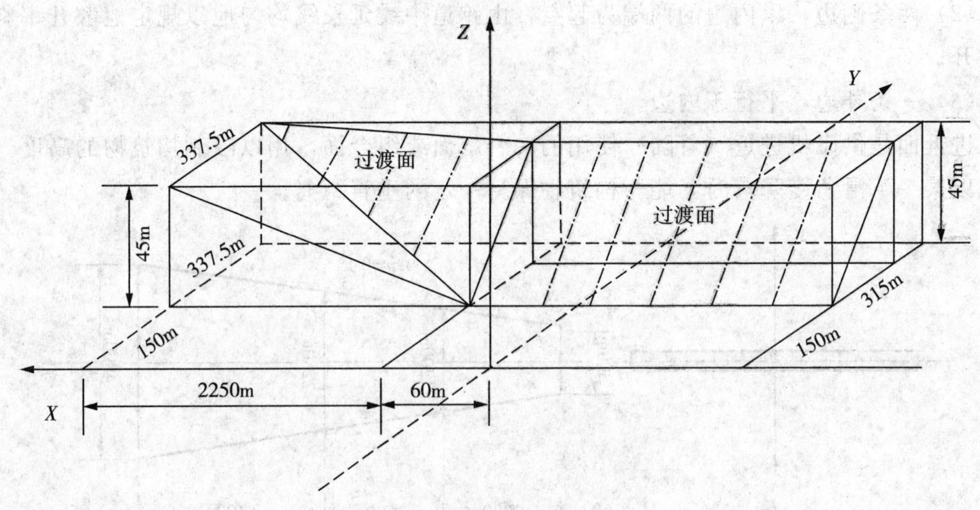

图 4-5　过渡面的立体示意图

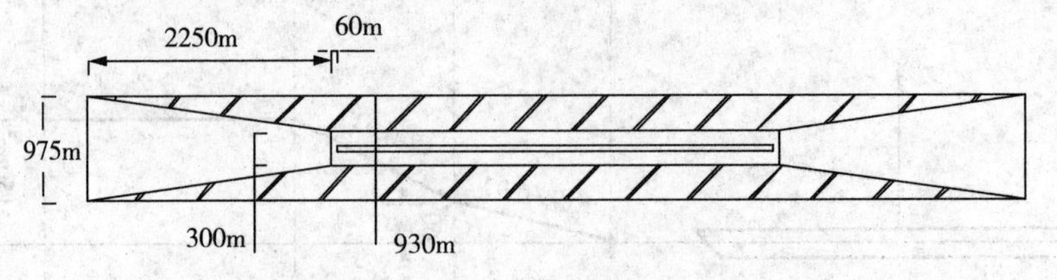

图 4-6　过渡面的俯视示意图

五、内进近面

进近面中紧靠跑道入口前的一块长方形区域称为内进近面（图 4－7）。

内进近面的边界由下列组成：

（1）一条内边，与进近面内边位置相重合，但其长度由表 4－1 规定；

（2）两条侧边，由内边的两端起始，平行于包含跑道中线的垂直平面向外伸长；

（3）一条外边，平行于内边，其长度与内边相等。

内进近面用于精密进近跑道。

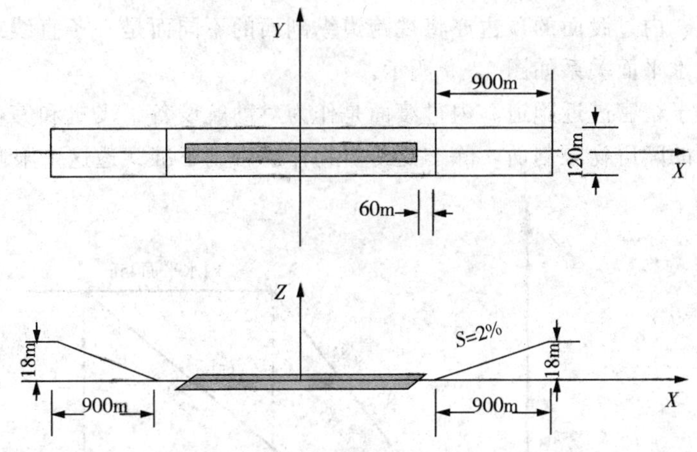

图 4－7　内进近面的俯视和主视示意图

六、内过渡面

内过渡面与过渡面相似，但更接近跑道（图 4－8）。

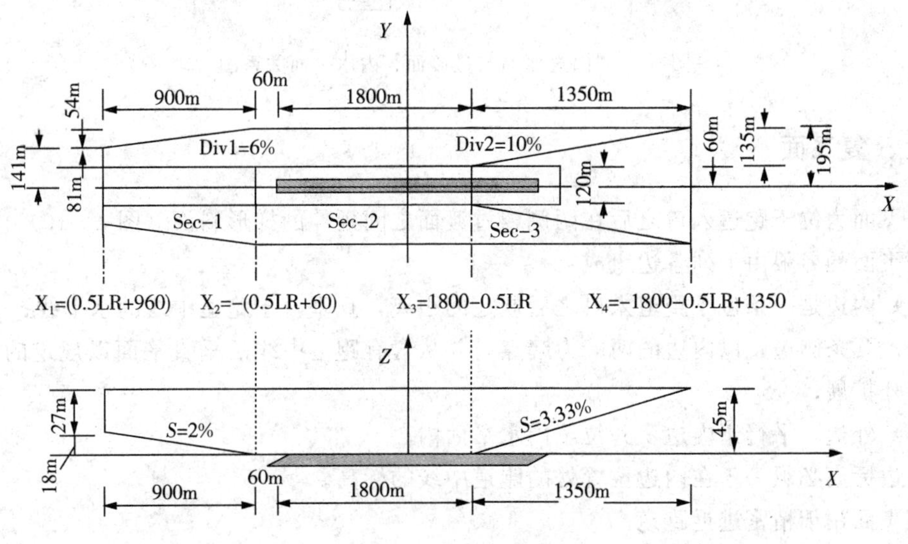

图 4－8　内过渡面的俯视和主视示意图

内过渡面的界限由下列各边组成：

（1）底边，从内进近面靠上末端起，沿内进近面的侧边向下延伸到该面的内边，从该点沿升降带平行于跑道中线至复飞面的内边，然后再从此点沿复飞面的侧边向上至该边线与内水平面的交点为止；

（2）顶边，位于内水平面的平面上，即由底边各点向上向外（向跑道两侧）倾斜，直到与内水平面相交而得。倾斜度见表 4－1。

底边沿内进近面和复飞面侧边的标高等于该点在内进近面或复飞面上的标高；而沿升降带的底边的标高等于跑道中线或其延长线上最近点标高。据此，如果跑道纵剖面是曲线，则沿升降带的内过渡面将是一个曲面；如果跑道纵剖面是直线，则沿升降带的内过渡面将是一个平面。内过渡面的顶边亦将视跑道纵剖面的不同而是一条直线或曲线。内过渡面与过渡面、内水平面关系如图 4－9 所示。

内过渡面用于精密进近跑道。内过渡面是作为对助航设备、飞机和其他必须接近跑道的车辆进行控制的障碍物限制面，除非是易折物体，否则不准穿透这个限制面。

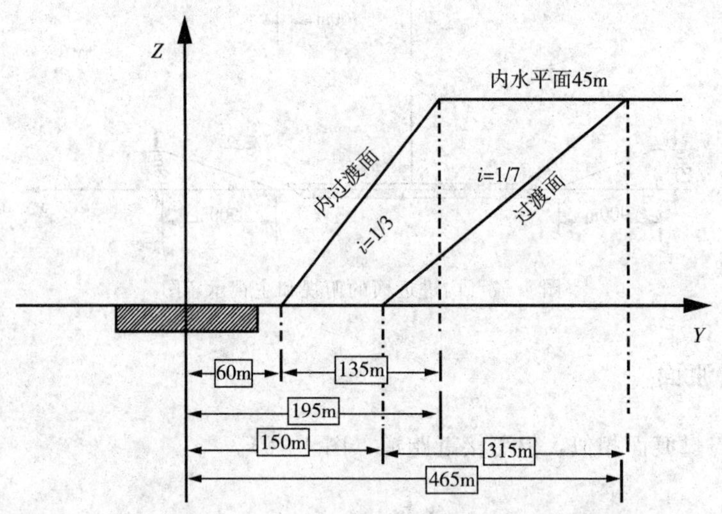

图 4－9　内过渡面与过渡面、内水平面关系图

七、复飞面

复飞面为位于跑道入口之后在两侧内过渡面之间延伸的梯形斜面（图 4－10）。

复飞面的界限由下列各边组成：

（1）内边是一条位于跑道入口之后规定的距离，且垂直于跑道中线的水平线；

（2）两条侧边，以内边的两端为起点，并从含有跑道中线的垂直平面以规定的比率均匀地向外扩展；

（3）外边，平行于内边，并位于内水平面内。

内边标高必须等于在内边位置处的跑道中线的标高。

复飞面用于精密进近跑道。

内进近面、内过渡面和复飞面三者一起在精密进近跑道的升降带上方划定一个空域，

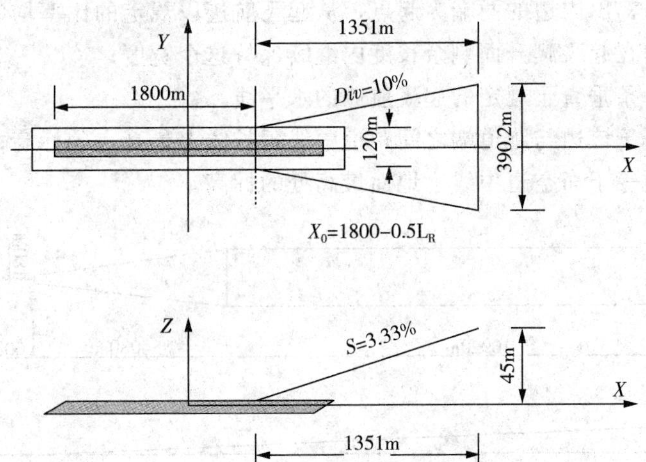

图 4-10　复飞面俯视图和前视图

称为无障碍物区（Obstacle Free Zone，OFZ）（图 4-11）。在这个区域内除了为助航所必需的轻质且易折的装置外，不允许有任何固定障碍物穿透。而跑道用于Ⅱ类或Ⅲ类精密进近时，应没有移动的物体（如飞机或车辆）在此区域内。已建立无障碍物区的Ⅰ类精密进近跑道，当用于Ⅰ类精密进近时，也不允许有任何移动物体。

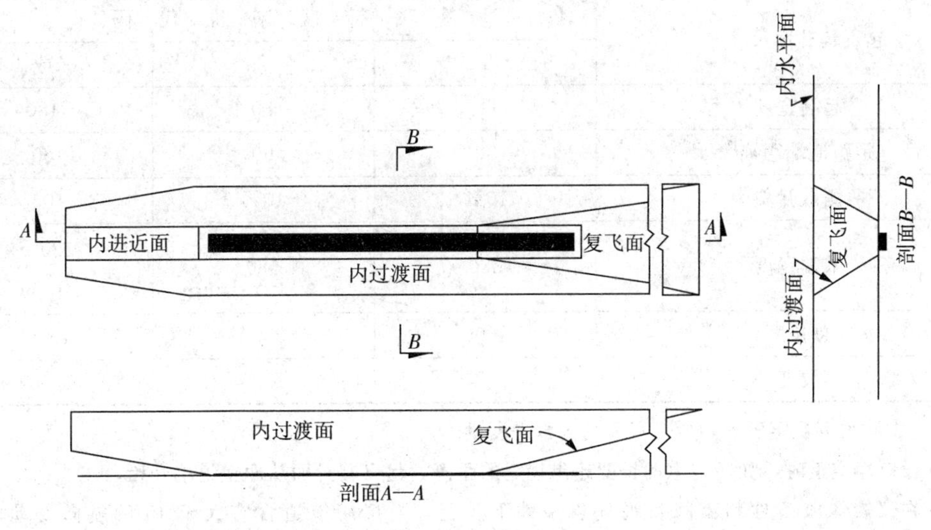

图 4-11　精密进近跑道无障碍区

八、起飞爬升面

起飞爬升面是供起飞所用跑道必须设置的，在起飞跑道端或净空道外端的一个向上梯形（或舌形）的斜面（图 4-12）。

起飞爬升面的界限必须由下列各边组成：

(1) 内边是一条垂直于跑道中线的水平线，位于跑道端外规定距离处或净空道末端（当净空道长度超过上述规定距离时）；

（2）两条侧边，以内边的两端为起点，从起飞航迹以规定的比率均匀地扩展到一规定的最终宽度，然后在起飞爬升面剩余长度内继续保持这个宽度；

（3）外边为一条垂直于规定的起飞航迹的水平线。

内边的标高等于该边与跑道端之间跑道中线延长线上最高点的标高；而如设置净空道时则内边标高必须等于净空道中线上地面最高处的标高。

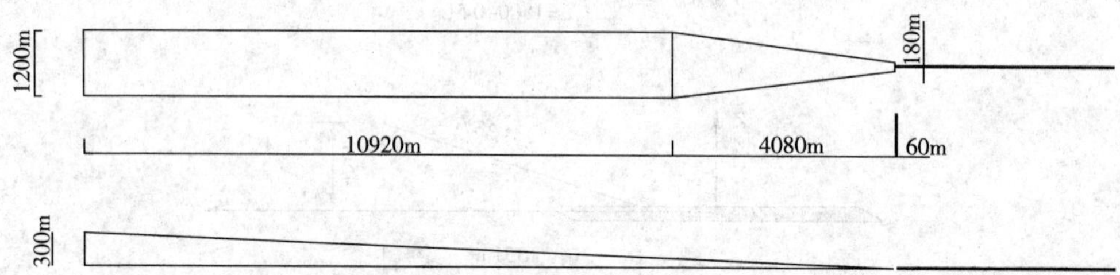

图 4－12　起飞爬升面俯视图与主视图

起飞爬升面的尺寸和坡度见表 4－2。

起飞爬升面的作用是保证飞机在起飞和复飞时，能与构筑物保持足够距离，防止飞行事故的发生。

表 4－2　起飞爬升面的尺寸和坡度（起飞跑道）　（单位：m）

起飞爬升面尺寸[①]	飞行区基准代码		
	1	2	3 或 4
起端宽度	60	80	180
距跑道端距离[②]	30	60	60
两侧散开斜率	10%	10%	10%
末端宽度	380	580	1200[③] 1800
总长度	1600	2500	15000
坡度	1/20	1/25	1/50[④]

注：①除另有规定者外，所有尺寸均为水平度量。

② 设有净空道时，如净空道的长度超出规定的距离，起飞爬升面从净空道端开始。

③ 在仪表气象条件和夜间目视气象条件下飞行，当拟用航道含有大于 15 的航向变动时，采用 1800m。

④ 如机场当地的海拔和气温与标准条件相差悬殊时，应考虑将起飞爬升面的坡度酌予减少。如现实情况并不存在超过 1/50 起飞爬升面的障碍物，则应在起飞爬升面的起始 3000m 范围内维持现有的实际坡度或降至 1/62.5 的坡度。

九、外水平面

为利于保证飞机在机场起降的安全并提高其效率，机场当局认为有必要在更大范围内（机场障碍物限制面以外地区）检查任何高建筑物，以便研究其对飞机运行的影响。特别

是高桅柱状或骨架式构筑物，对飞行安全威胁最大。因为这种构筑物不显眼，用标志或照明的办法使飞机避开也靠不住，尤其是能见度低时，更容易出现危险。

如果高建筑物设在或靠近适用于用仪表进近程序的地方，可能不得不增大程序高度，那就必然对正常运行及进近程序所需的时间造成不良影响。另外，还会对导航设施造成不良影响。

因此，当飞行区基准代码为3或4时，在机场障碍物限制面界限以外地区，距机场中心15000m半径范围内，那些高出机场标高150m而且又高出当地地面30m的物体一般应看成是障碍物，要进行飞行安全论证并在机场使用细则中标明。

外水平面即距机场中心15000m半径范围内高出机场标高150m的水平面。一般认为，凡是高出外水平面的物体即是障碍物，除非经过专门的航行研究表明它们不会危及飞行安全。

十、各类跑道对障碍物限制面的要求

对障碍物限制面的要求是在考虑如何使用跑道的基础上规定的，即起飞或着陆以及进近的类型；当跑道按所述情况使用时，应满足所规定的要求。

(1) 非仪表跑道。非仪表跑道应设置内水平面、锥形面、进近面和过渡面4个障碍物限制面。

(2) 非精密进近跑道。非精密进近跑道必须设置锥形面、内水平面、进近面及过渡面4个障碍物限制面。

(3) 精密进近跑道。

Ⅰ类精密进近跑道必须设置锥形面、内水平面、进近面及过渡面4个障碍物限制面；建议设置：内进近面、内过渡面及复飞面3个障碍物限制面。

Ⅱ类、Ⅲ类精密进近跑道必须设置锥形面、内水平面、进近面、内进近面、过渡面、内过渡面及复飞面7个障碍物限制面。

(4) 供起飞的跑道。供起飞的跑道必须设置的障碍物限制面为起飞爬升面。

当跑道要求在两个方向都能起飞或着陆时，障碍物的限制必须按严格的要求进行控制。在内水平面、锥形面和进近面相重叠的部分，障碍物的限制高度必须按较为严格的要求进行控制，从而确保所有障碍物限制面都符合要求。若机场有多条跑道时，应按上述规定分别明确每条跑道的净空限制区域，其相互重叠部分按较为严格的要求进行控制。

十一、机场净空管理原则

机场当局净空管理部门应当严格按照《国际民航公约附件14》的相关规定划定机场净空保护区，并与当地政府土地管理部门、城市规划部门协调沟通，对机场净空保护区进行有效管理，以防止障碍物对机场净空空域的入侵，以保障飞机的飞行安全和机场空域资源的有效使用。

机场当局净空管理部门应定期对机场净空保护区进行巡视、检查，并向机场周围社区居民宣传《民用航空法》，讲解飞机飞行安全的重要性，防止建筑物超高危及飞行安全，提醒业主新建房屋之前必须向机场净空管理部门申报净空高度等有关事宜。任何单位或个人不得在机场净空保护区内规划、兴建或改建可能超高的构筑物。如需在净空保护区内修建各类建筑物者，除报当地土地管理部门批准外，还必须事先向机场当局净空管理部门提出申请。

当物体（固定物体或可动物体）位于飞机地面活动区或突出于各障碍物限制面时，即成为障碍物。有些机场设备和设施，由于其导航和助航等功能，必须设在或建在成为障碍物的地方，因而有可能成为障碍物。除此之外，任何其他设备和设施都不允许成为障碍物。

任何位于机场内，并且是障碍物的设备和装置的质量和高度应尽可能小，并应放置在对飞机危害最小的地方。底部必须固定的设备和装置，应采用易折结构。结构的易折性是指在所期望的最大载荷下能保持其完整和刚度，但在更大荷载的冲击下能以对飞机危害最小的方式折断、变形或屈服的能力。

另外，对于障碍物限制面范围以外的机场外水平面的空域，高于地面标高 150m 的建筑物或其他物体都视为障碍物，应安装障碍灯等障碍物标志。所安装的障碍物标志必须符合相应的障碍物标志要求。

十二、屏蔽原则

一般情况下，符合屏蔽原则的高出障碍物限制面的构筑物或物体，可以不认为是障碍物。但每一具体情况必须经过认真地飞行安全论证之后，报上级机场主管部门批准方可实施。

所谓屏蔽原则就是指，如果有一自然地形或构筑物突出于障碍物限制面，但又不能搬迁，而成为永久性障碍物时，那么在此障碍物周围一定范围内，可以屏蔽另外某些突出于该障碍物限制面的构筑物（或物体），即后者不被看作是障碍物。在使用屏蔽原则时，对于确定永久性障碍物的范围和其周围允许高度的具体方案，各国不尽相同。一般认为，从永久性障碍物顶端投向与跑道相反方向的水平面和另一个投向跑道端的 10 降坡的斜平面，任何在这两个平面之间下的物体都是可被屏蔽的。

十三、障碍物限制要求小结

非仪表跑道应设立下列障碍物限制面：

——锥形面；

——内水平面；

——进近面；

——过渡面。

非精密进近跑道应设立下列障碍物限制面：

——锥形面；

——内水平面；

——进近面；

——过渡面。

Ⅰ类精密进近跑道应设立下列障碍物限制面：

——锥形面；

——内水平面；

——进近面；

——过渡面；

——内进近面；

——内过渡面；

——复飞面。

Ⅱ类、Ⅲ类精密进近跑道应设立下列障碍物限制面：

——锥形面；

——内水平面；

——进近面和内进近面；

——过渡面；

——内过渡面；

——复飞面。

第二节　障碍物限制面评价基本要求

一、过渡面与内水平面的交线的划设

过渡面是从升降带两侧边缘和进近面的部分边缘开始，按照14.3%的坡度，向上、向外倾斜延伸，直到与内水平面相交的复合面。在划设过渡面时，应注意升降带两侧过渡面与内水平面的交线是一条曲线。在大多数机场的净空图中，过渡面沿升降带两侧与内水平面的交线均被描述为一条直线。根据《民用机场飞行区技术标准》（MH5001—2006）中的规定："过渡面沿升降带两侧边缘地边上的每一点的起算标高应等于跑道中线或其延长线上距该点最近一点的标高……"可见升降带两侧过渡面底边的标高是与跑道中线或其延长线有密切关系的。理想情况下，当跑道无纵坡，跑道中心线每一点标高相同时，升降带两侧过渡面与内水平面的交线为一条直线。但在绝大多数情况下，由于地理环境的影响，跑道均存在纵坡，即跑道的中心线及其延长线上的点，标高均存在差异。因此，升降带两侧过渡面由底边向上向外延伸至内水平面，由于底边上的点标高不同，因此得到的交线为一条曲线。经计算，标高与交线的变化比为14.3%（或1∶7），即跑道中线标高变化1m，交线与跑道中线的投影之间的距离变化7m。在划设过渡面时，由于条件限制无法得到每一点的标高，可根据跑道施工图标出跑道中线的标高及纵坡变化，如此即可划设出准确的过渡面。

二、复合内水平面的计算方法

内水平面对于大多数机场来说，是一个较为简单的限制面。但是，对于两条跑道以上的机场来说，在实际的操作过程中，仍存在问题。

以双跑道机场为例，双跑道复合内水平面包含了部分锥形面的区域。当两条跑道的标高相同时，复合内水平面相对于跑道标高的限制高度为45m。但是，若两条跑道的标高相差较大，此区域限制高度在计算时存在差别。该区域分属不同跑道的锥形面内，应分别相对两条跑道进行计算，最终按最小值限制高度。

三、外水平面与机场净空保护区的区别

机场净空所遵循的最重要的行业标准是《飞行区技术标准》（MH5001－2006）、《国际民用航空公约附件14——机场》，其中都对机场净空做了明确的阐述，其规定的机场净空保护最大范围为锥形面。在《国际民用航空公约附件14——机场》中，关于外水平面的描述少之又少，仅仅用“有关需要设立外水平面机器特性的指导材料包含在《机场勤务手册》第六部分中”予以描述。外水平面是距机场中心15000m半径范围内，高出机场标高150米的水平面。但我国的有关规定中，对于外水平面的概念基本没有提及。

2008年2月1日起施行的《民用机场运行安全管理规定》（CCAR-140）中，第一百六十六条规定，“在机场障碍物限制面范围以外、距机场跑道中心线两侧各10km，跑道端外20km的区域内，高出原地面30m且高出机场标高150m的物体应当认为是障碍物，除非经专门的航行研究表明它们不会对航空器的运行构成危害”。此条给处理机场净空管理的明确范围，即跑道中心线两侧各10km、跑道端外20km的区域。目前执行的各规章制度中，机场净空保护区即为上述区域，如图4-13所示。

从上述定义中可以明确得出结论，外水平面是一个半径15km的平面，而机场净空保护区范围是一个矩形。后者的面积明显大于前者，因此从管理范围讲，我国机场净空保护区域范围更为广泛。

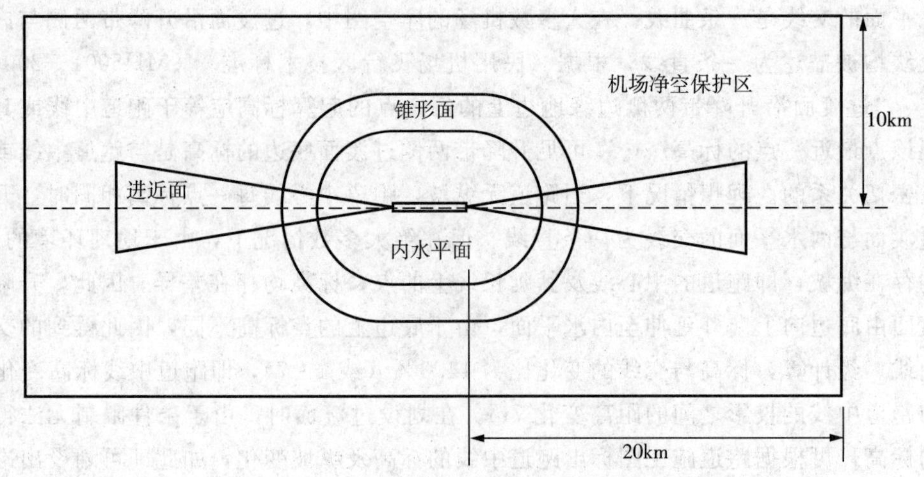

图4-13　机场净空保护区范围

四、性能设计考虑障碍物

对于飞机性能而言，有些设计部门在考虑障碍物时，认为凡是超过飞机性能梯度1.6%的障碍物，或超过机场障碍物A型图1.2%梯度的障碍物都须进行处理，显然这种做法不太合理。原则上，尽量不对障碍物进行削减，能通过设计起飞一发失效应急程序避开障碍物的，最好不进行处理，确实不能避开的，要通过仔细的性能分析后确定是否需要削减。

(1) 需要对关键障碍物进行实地勘察，与大比例尺地形图进行比对，如地形情况大致相符，则可进行应急程序的设计工作。如地形情况有许多明显不符，尤其限制障碍物存在很大差异，则须要求机场建设方对实际地形进行详细测量后进行应急程序的设计工作。

(2) 选择几种典型机型，将每个限制障碍物及等高线逐个输入性能分析软件进行详细计算分析，得出对起飞重量、跑道长度的影响程度。

(3) 根据性能计算结果，结合地形状况、投资情况等相关因素确定是否须进行障碍物处理还是须延长跑道长度。

(4) 若必须对障碍物进行处理，须对有影响的障碍物分段进行。

第三节　其他障碍物保护面

一、机场障碍物A型图确定障碍物限制面

机场障碍物A型图，又称运航限制。所有民用机场，在起飞航径区内有重要障碍物时，都应制作出障碍物A型图。在有多条跑道的机场，要求每条跑道绘制一张机场障碍物A型图。在一些地形较复杂，重要障碍物较多的机场，为将重要障碍物绘于图上，可以按起飞方向分别绘制单张图。

《民用航空情报工作规则》第七十三条规定：对于民用机场，应当绘制机场障碍物A型图，起飞航径区内无重要障碍物的机场可以不绘制，但应当在《中华人民共和国航空资料汇编》和《中国民航国内航空资料汇编》中予以说明。机场周围净空条件复杂的，应当绘制机场障碍物B型图。

B型图中的要素包括跑道、停止道、净空道、跑道可用距离、起飞航径区（以起飞标称航迹在地面的正射投影为对称轴，在地面划定的一个对称区域）及障碍物。起飞航径区的起点为已公布用于起飞区域的末端（跑道端或净空道端），起飞航径区在起点的宽度为180m，以此宽度为基准，按每侧12.5%D的扩散率增加至最大1800m的宽度（D为离起飞航径区起点的投影距离），然后保持1800m的宽度延长至无重要障碍物的一点，或至10km（5.4NM）的距离，以较短者为准，如图4-14所示。

在起飞航径区内的障碍物，如果穿透与起飞航径区起点相同的1.2%坡度面，则必须作为重要障碍物，应在图上标出。如果穿透1.2%坡度面的为运动障碍物，如船只、车辆等，必须认为是重要障碍物。

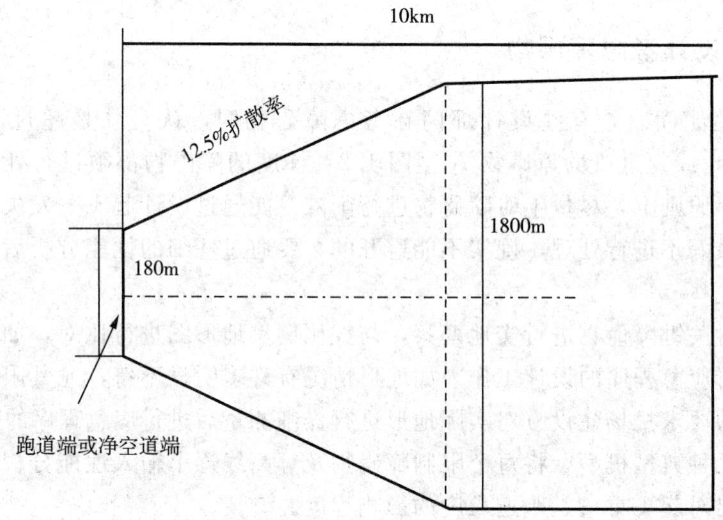

图 4－14 起飞航径区平面范围

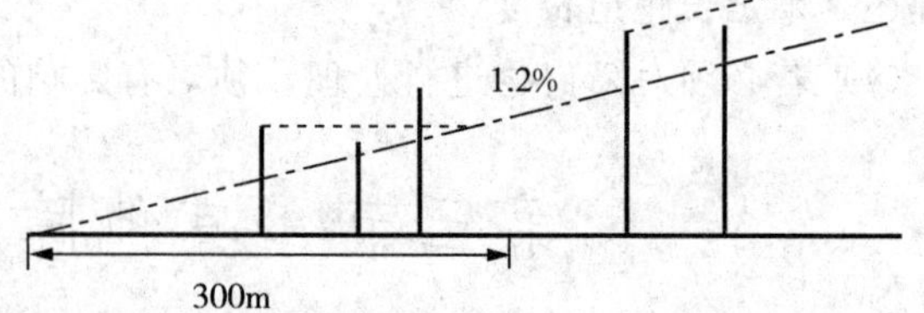

图 4－15 起飞航径区内障碍物阴影面

障碍物阴影面：如图 4－15 所示，每一个重要障碍物将在其身后产生阴影，此阴影是以障碍物的顶点为起点的一个面。当一个穿透 1.2%梯度面的障碍物处于其他重要障碍物的阴影面之下时，可以不在图上表示出来。运动的障碍物不产生阴影面。

二、目视进近坡度指示系统障碍物保护面

目视坡度助航指示系统（VASIS）：是指在夜间或能见度差时，为飞行员指示正确着陆下滑角度的机场照明灯光系统。由一组按一定规定布置的灯光组成，每盏灯由光源、壳体、反射镜、滤光镜等组成。

目视坡度助航指示系统主要有以下七种：①两排目视进近指示系统；②简化两排目视进近指示系统；③三排目视进近指示系统；④简化三排目视进近指示系统；⑤T 型目视进近指示系统（T－VASIS）；⑥简化 T 型目视进近指示系统（AT－VASIS）；⑦精密进近坡度指示系统（PAPI）。其中，两排目视进近指示系统是适合于中小型飞机的指示系统，三排指示系统是适合于宽体客机的指示系统，T 型进近指示系统则是比前两者有改进的系统，而精密进近指示系统是目前最为先进的。

七种系统指示灯排列不同，但工作原理是相同的。目视坡度助航指示系统工作原理是目视进近坡度指示系统灯光对称地排列在跑道两侧，精密进近航道指示器排列在跑道左侧。二者都用于引导飞机在进近过程中保持正常的下滑航迹。因为改变壳体的倾斜度可使光束调整到正确的下滑角度。灯座支架是易折的，当与飞机碰撞时，可使飞机免遭损伤。

目视坡度助航指示系统指示情况：①当航空器高于标称下滑航径时，航空器驾驶员看

到所有灯光都是白光；②当航空器正在标称下滑航径上时，航空器驾驶员看到下风灯是白光而上风灯是红光；③当航空器低于标称下滑航径时，航空器驾驶员看到所有灯光都是红光。

目视坡度助航指示系统作用是各国民用机场多使用红、白双色灯，当视角小于正确下滑坡度时呈红色，视角大于正确下滑坡度时呈白色，光强度为数万烛光，作用距离达数十千米。当飞行员看到前排灯为白色，后排灯为红色时，便能判断飞机处于正确的下滑坡度，可防止飞机过早在跑道上接地或过晚接地而冲出跑道造成严重事故。现代飞机虽装有雷达等测距仪，但低空着陆时仍须目视测距，故国际民航组织规定各国际机场均须设置目视进近坡度指示系统。

针对 T－VASIS 和 AT－VASIS、PAPI，在《国际民航公约附件 14》中相应规范：准备设置目视进近坡度指示系统时必须规定一个障碍物保护面，障碍物保护面的特性即原点、散开度、长度和坡度等必须符合表 4－3 和图 4－16 中有关各栏的规定，不允许有新物体或已有物体的扩展部分突出于障碍物保护面之上，除非有关当局认为新的物体或扩展部分会被一个已有的无法移开的物体所遮蔽。注：可以合理地应用遮蔽原则的情况。现有的高出于障碍物保护面以上的物体必须移去，除非有关当局认为该物体已被一个现有的无法移开的物体所遮蔽，或者经过航空研究后确定该物体不致对飞机安全产生有害影响。

表 4－3

	跑道类型/基准代码							
	非仪表跑道				仪表跑道			
	基准代码				基准代码			
保护面尺寸	1	2	3	4	1	2	3	4
内边长度	60m	80m	150m	150m	150m	150m	300m	150m
距离入口	30m	60m	60m	60m	60m	60m	60m	60m
散开度（每边）	10%	10%	10%	10%	15%	15%	15%	15%
总长度	7500m	7500m	15000m	15000m				15000m
坡度								
① T－VASIS 和 AT－VASIS	—	1.9	1.9	1.9	—	1.9	1.9	1.9
② PAPI	—	A－0.57	A－0.57	A－0.57	A－0.57	A－0.57	A－0.57	A－0.57
③ APAPI	A－0.9	A－0.9	—	—	A－0.9	A－0.9—	—	

① 对 T－VASIS 或 AT－VASIS 此长度应增至 150m。

② 对 T－VASIS 或 AT－VASIS 此长度应增至 15000m。

③ 未规定坡度，因本系统不大可能用于表列的跑道类型和基准代码。

当一个突出于障碍物保护面之上的物体对飞行安全产生不利影响时，必须采取下列一项或几项措施：

① 适当地提高该系统的进近坡度；

② 减小该系统的方位扩散角，使该物体处于光束范围之外；

③ 将该系统的轴线及其相应的障碍物保护面偏移一个不大于5°的角度；

④ 适当地将跑道入口内移；

⑤ 在④项措施实际上不可行时，将该系统适当地朝入口上风方向移动，使飞机过入口高度增大一段与该物体的超高相等的高度。

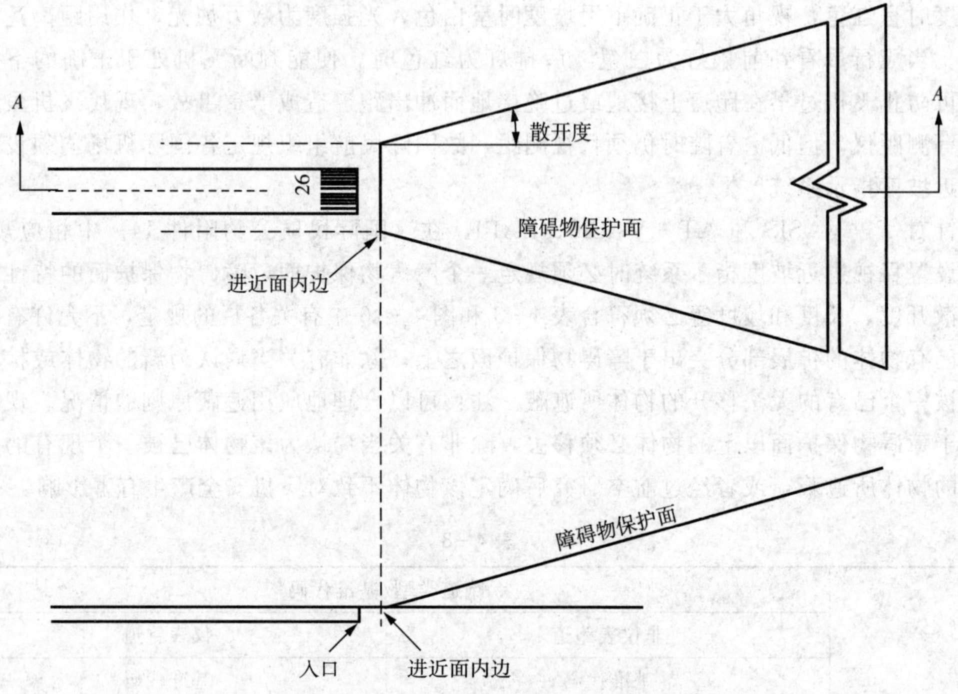

图 4-16　目视进近坡度指示系统的障碍物保护面

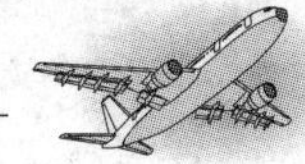

第五章 机场净空限高计算

机场净空评定包括两个方面的内容：一是按机场净空规格评定；二是按飞机飞行航线要求评定。目前颁发的机场净空规格是从保护机场净空条件这一观点出发，结合某些飞行航线的要求等综合考虑后而制定的，对机场的净空要求比较严格。这对保护机场净空条件，保证飞行安全起到了很好的效果。因此，对于新建机场，在机场场址选择时，原则上应按机场净空规格的要求来验算机场各场址的净空状况，力求所选场址的净空条件达到最好。但对于某些拟新建的机场，还应考虑到其本身的特点和需要（飞机重量轻、飞行机动灵活性好）。

同时，为了提高其防护性能，少占良田等，往往需要修建在山区或靠山修建。也就是客观条件要求机场最好尽可能放宽净空要求，而飞行技术在某些程度上又能达到。这样，在机场选址遇到净空条件比较复杂、出现不满足机场净空规格时不能简单地否定该场址不适合修机场，还应该用飞行航线对净空的要求来进一步的评定和进行飞行航线设计。只要满足飞行航线的要求，说明可以修机场。场址的舍取在净空方面主要还是以飞行航线的评定结果为依据。

第一节　限高坐标系选择

进行障碍物限高审核和计算是机场净空管理的主要工作之一。机场净空影响的评估，须由机场管理机构、民航地区管理局机场处和航务处协同工作、配合进行。其中，障碍物影响评估主要由机场负责，然后报地区管理局机场处进行核准。机场管理机构主要依据《飞行区技术标准》和《国际民用航空公约附件 14》的障碍物限制面经过计算来确定障碍物的影响，也可利用专门软件进行评判计算。飞行程序设计部门主要负责障碍物的飞行程序影响评估，通信导航及无线电管理部门主要负责电磁环境影响的评估，上述两项评估需要由民航地区管理局航务处进行核准。

地面和空间点位的确定总是要参照于某一给定的坐标系。坐标系是人为设计和确定的，根据不同的使用目的，所采用的坐标系亦各不相同。在民航应用和建设中常用坐标系统有大地坐标系统、高斯平面直角坐标系统、独立平面直角坐标系统、WGS-84（World Geodetic System-1984）坐标系统。

一、大地坐标系统

大地坐标系是大地测量中以参考椭球面为基准面建立起来的坐标系。地面点的位置用

大地经度、大地纬度和大地高度表示。大地坐标系的确立包括选择一个椭球、对椭球进行定位和确定大地起算数据。一个形状、大小和定位、定向都已确定的地球椭球叫参考椭球。参考椭球一旦确定，则标志着大地坐标系已经建立。大地坐标系是一种地理坐标系。大地坐标系为右手系。

大地坐标系统是以参考椭球体面为基准面的球面坐标系，通常以大地经度和大地纬度表示，简称经度（L）、纬度（B）。图 5-1 表示以 O 为中心的大地椭球体，N 为北极，S 为南极，$WDCE$ 为地球赤道面。P 是地球上的地面点，经 NPS 的平面称为子午面。P 是地面点 P 在参考椭球体面的投影位置，$PP'CS$ 是过 P' 点的子午线。图中设 NDS 为经过英国格林尼治天文台的本初子午线（起始子午线，1884 年国际经度会议决议确定），其子午面 NPS 的夹角 L_p 是 P 点的大地经度，P_p 线（法线）与赤道平面的夹角 B_p 是 P 点的大地经度。L_p、B_p 称为 P 点的大地坐标。

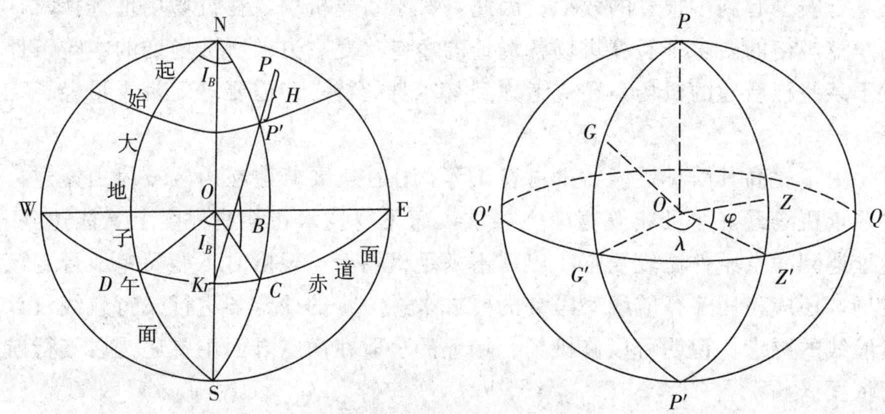

图 5-1　大地坐标系统图示

我国地理版图处于本初子午线移动的经度 74°～135°，处于赤道 $WDCE$ 以北的纬度是 3°～54°，因此在表示点位大地坐标时冠以“东经”“北纬”的名称。例如：P 点的大地坐标 $L_p=98°31'$，$B_p=35°27'$，称 P 点的大地坐标为东经 98°31′，北纬 35°27′。

根据所选取的坐标原点位置的不同，地球坐标系可分为地心坐标系和参心坐标系，地心坐标系原点与地球质心相重合；参心则偏离于地心，而重合于某个国家、地区所采用的参考椭球的中心。我国使用的 1954 北京坐标系，1980 西安坐标系都属于参心坐标系。GPS 中使用的世界大地坐标系 WGS-84 属于地心坐标系，我国最近开始启用的中国大地坐标系 2000（即 CGCS2000），也属于地心坐标系。

（一）地心坐标系

地心坐标系是以地球的质心为原点，同样有地心大地坐标系和地心空间直角坐标系两种表述方法。

地心空间直角坐标系的定义为：以地球质心为原点，X 轴指向格林尼治子午面与地球赤道的交点，Z 轴指向北极，Y 轴过原点垂直于平面 XOZ，构成右手空间直角坐标系，如图 5-2 所示。地心大地坐标系定义为：以地球的质心作为原点，以地球自转轴作为椭球的短轴，大地纬度 B 是过地面点的椭球法线与椭球赤道面之间的夹角，大地经度 L 为过

地面点的椭球子午面与格林尼治子午面之间的夹角，大地高度 H 为地面点沿椭球法线到椭球面的最短距离。

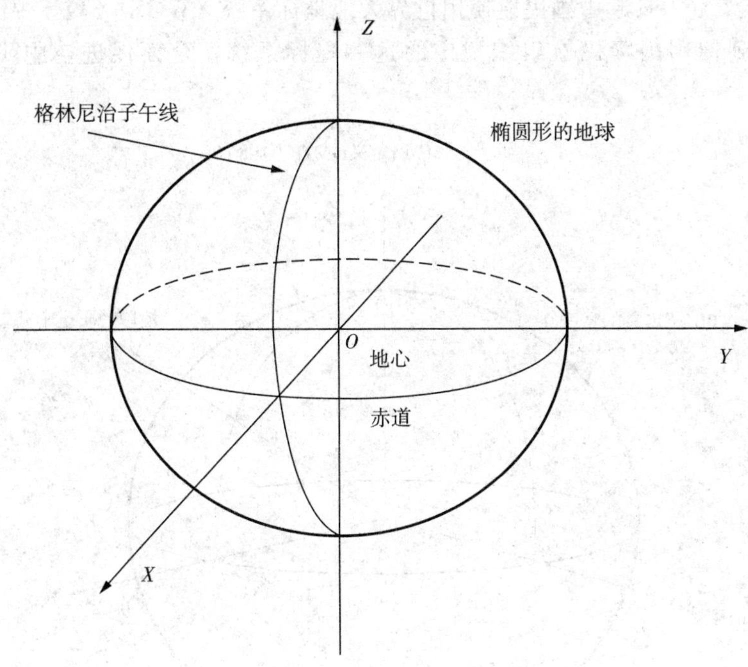

图 5-2 地心空间直角坐标系

1. G2000 国家大地坐标系

2000 国家大地坐标系，是我国当前最新的国家大地坐标系，英文名称为 China Geodetic Coordinate System 2000，英文缩写为 CGCS2000。

随着社会的进步，国民经济建设、国防建设和社会发展、科学研究等对国家大地坐标系提出了新的要求，迫切需要采用原点位于地球质量中心的坐标系统（以下简称地心坐标系）作为国家大地坐标系。采用地心坐标系，有利于采用现代空间技术对坐标系进行维护和快速更新，测定高精度大地控制点三维坐标，并提高测图工作效率。2008 年 3 月，由国土资源部正式上报国务院《关于中国采用 2000 国家大地坐标系的请示》，并于 2008 年 4 月获得国务院批准。自 2008 年 7 月 1 日起，中国将全面启用 2000 国家大地坐标系，国家测绘局授权组织实施。2008 年 7 月 1 日后新产生的各类测绘成果、新建的地理信息系统均应采用 2000 国家大地坐标系。

2. WGS-84 坐标系

WGS-84 坐标系统是目前广泛应用于 GPS 的坐标系统，GPS 所发布的星历参数就是基于这种坐标系统的。WGS-84 坐标系统的全称是世界大地坐标系（World Geodetic System-84），WGS-84 坐标系统是一种国际上普遍采用的地心坐标系。其几何意义为：原点为地球质心，其地心空间直角坐标系的 Z 轴指向 BIH（国际时间）1984.0 定义的协议地球极（CTP）方向，X 轴指向 BIH1984.0 的零子午面和 CTP 赤道的交点，Y 轴与 Z 轴、X 轴垂直构成右手坐标系，如图 5-3 所示。对应于 WGS-84 大地坐标系有一个 WGS-84 椭球，该椭球的有关参数为：长半轴 $a=6378137$m；扁率 $f=$

1/298.257223563。WGS-84 大地坐标系是以国际时间局 1984 年第一次公布的瞬间地极（BIH1984.0）作为基准而建立。

自 2007 年 7 月 1 日起中国民航使用世界大地坐标系统（WGS-84）。中国民航将在未来几年里过渡到使用国际民航组织规定的这一坐标系统，全面促进空中飞行的安全和顺畅。

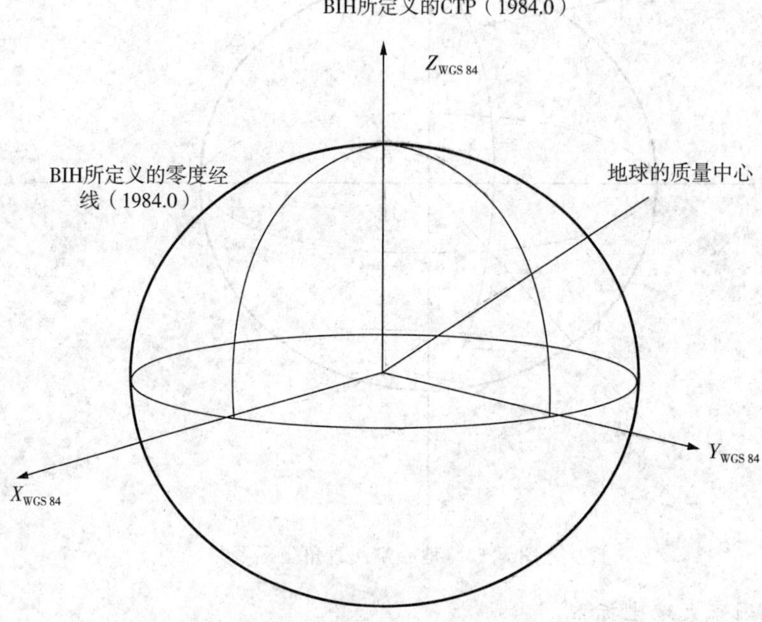

图 5-3　WGS-84 椭球

WGS-84 椭球采用国际大地测量与地球物理联合会第 17 届大会测量常数推荐值，地球椭球 4 个基本参数如下：

长半径 $a=6378137\text{m}$

地球引力常数（含大气层）$\text{GM}=3986005\times108\text{m}^3/\text{s}^2$

正常化二阶带谐系数 $C_{2.0}=-484.16685\times10^{-6}$

地球自转角速度 $\omega=7292115\times10^{-11}\text{rad/s}$

$C_{3.0}$主要几何和物理常数：短半径 $b=6356752.3142\text{m}$

扁率 $f=1/298.257223563$

第一偏心率平方 $e^2=0.00669437999013$

第二偏心率平方 $e'^2=0.006739496742227$

椭球正常重力位 $U_0=62636860.8497\text{m}^2/\text{s}^2$

赤道正常重力 $r_0=9.9703267714\text{m/s}^2$

（二）参心坐标系

参心坐标系是这样定义的：选取一个参考椭球面作为基本的参考面，选一参考点作为大地测量的起算点，并且通过大地的质点来进行测量，从而确定参考椭球在地球面的位置和方向。这时参考椭球的原点一般不会和地球质心重合，所以称为参心。参心坐标主要用

于大地测量中，如测量某一地区的控制网等，所以又称局部坐标。它同样具有参心大地坐标系和参心直角坐标系两种表述方法，它们的定义与地心坐标系的定义相似。

基准面是利用某一特定椭球体对特定地区地球表面的无限逼近，因此每个国家或地区都有各自不同的基准面，如我们通常称谓的北京54坐标系、西安80坐标系实际上指的是我国常用的两个大地基准面。我国参照苏联从1953年起采用克拉索夫斯基（Krassovsky）椭球体建立了我国的北京54坐标系，1978年采用国际大地测量协会推荐的1975地球椭球体建立了我国新的大地坐标系——西安80坐标系。目前大地测量基本上仍以北京54坐标系作为参照，西安80坐标和北京54坐标之间的转换可查阅国家测绘局公布的对照表。WGS1984基准面采用WGS－84椭球体，即以地球的质心作为椭球体原点，目前GPS的测量数据大多以WGS1984为基准。北京54坐标系由于政治原因，使用了苏联的克拉索夫斯基椭球参数，并与苏联1942年坐标系进行联测，通过计算建立了我国大地坐标系，定名为1954年北京坐标系。因此，1954年北京坐标系可以认为是苏联1942年坐标系的延伸。它的原点不在北京而是在苏联的普尔科沃。

1978年4月在西安召开全国天文大地网平差会议，确定重新定位，建立我国新的坐标系。为此有了1980年国家大地坐标系，采用地球椭球基本参数为1975年国际大地测量与地球物理联合会第十六届大会推荐的数据。该坐标系的大地原点设在我国中部的陕西省泾阳县永乐镇，位于西安市西北方向约60km，故称1980年西安坐标系，又简称西安大地原点。

二、平面坐标系统

（一）高斯平面直角坐标系

地球是一个球体，球面上的位置，是以经纬度来表示，在球面上计算角度距离十分麻烦，而且地图是印刷在平面纸张上，要将球面上的物体画到纸上，就必须展平，这种将球面转化为平面的过程，称为“投影”。

经由投影的过程，把球面坐标（大地坐标）换算为平面直角坐标，便于印刷与计算角度与距离。由于球面无法百分之百展为平面而不变形，椭球面和地球肯定不是完全贴合的，因而，投影的结果与实际是有一定误差的，不同坐标系的转换也因为使用的参数不同有误差。

以（32°，121°）的高斯投影结果为例，北京54坐标及WGS－84基准面，两者投影结果在南北方向差距约63m。采用6度分带投影，即经差为6度，从零度子午线开始，自西向东每个经差6度为一投影带，全球共分60个带，用1，2，3，4，5……表示。我国的经度范围约73°E至135°E，可分成六度带十一个（13～23号带），三度带二十二个（24～45号带）。如（4524248.592，19569482.756）其中19即为带号，已知该地点位于呼和机场附近，经度是东经111°左右，因为可以19×6°＝114°，所以该坐标系为6度带坐标系，而不可能为3度带：19×3°＝57°。我们统一用六度带投影坐标。

如果测区范围较大，就不能再将地球表面当作平面看待，但人们在规划、设计和施工中又习惯使用平面图来反映地面形态，而且在平面上进行计算和绘图要比在球面上方便得多。这样就产生了如何将球面上的物体转换到平面上的投影变换问题。在测量工作中，是采用高斯投影的方法来解决的，如图 5-4 所示。

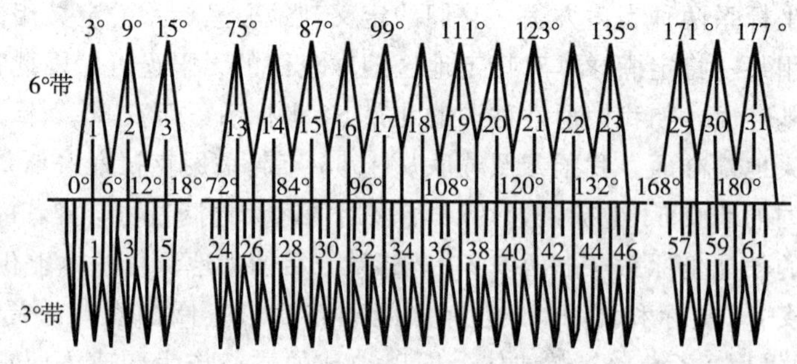

图 5-4　高斯投影带

高斯投影的概念：横圆柱描述法把地球看作一个圆球，设想把一个平面卷成一个横圆柱，把它套在圆球外面，使横圆柱的中心轴线通过圆球的中心，把圆球面上一根子午线与横圆柱相切，即这条子午线与横圆柱重合。以此子午线为中心将其左右一定带宽范围内的球面用正形投影（即高斯投影）的方法投影至圆柱面上。纵横轴线中央子午线和赤道面投影至横圆柱面上都是一条直线，且互相垂直，它们构成了平面直角坐标系统的纵横轴，即 x 轴和 y 轴，因此经过这种投影后，其坐标既是平面直角坐标，又与大地坐标的经纬度发生联系，对大范围的测量工作也就适用了，如图 5-5 所示。

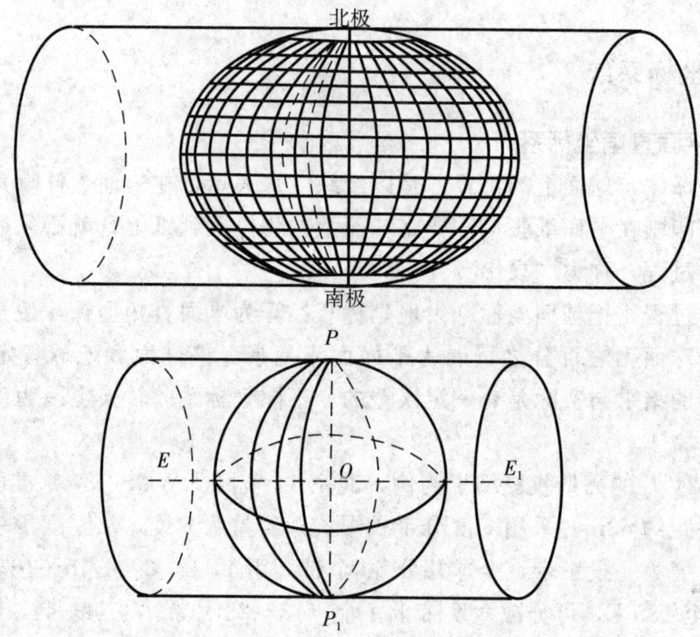

图 5-5　高斯-克吕格投影

高斯-克吕格投影特性：

（1）投影后角度大小保持不变。

（2）投影后长度变形只与点的住置有关，而与方向无关。

（3）中央子午线投影后为一直线，且长度不变。

(二) 地方独立坐标系

在我国许多城市测量与工程测量中，若直接采用国家坐标系下的高斯平面直角坐标，则可能会由于远离中央子午线，或由于测区平均高程较大，而导致长度投影变形较大，难以满足工程上或实用上的精度要求。另一方面，对于一些特殊的测量，如大桥施工测量、水利水坝测量、滑坡变形监测等，采用国家坐标系在实用中也会很不方便。因此，基于限制变形，以及方便、实用、科学的目的，在许多城市和工程测量中，常常会建立适合本地区的地方独立坐标系。建立地方独立坐标系，实际上就是通过一些元素的确定来决定地方参考椭球与投影面。地方参考椭球一般选择与当地平均高程相对应的参考椭球，该椭球的中心，轴向和扁率与国家参考椭球相同。其椭球半径 α_1 增大为：$\alpha_1=\alpha+\delta\alpha_1$，$\delta\alpha_1=hm+\zeta_0$。式中：$hm$ 为当地平均海拔高程，ζ_0 为该地区的平均高程异常。而地方投影面的确定中，选取过测区中心的经线或某个起算点的经线作为独立中央子午线，以某个特定方便使用的点和方位为地方独立坐标系的起算原点和方位，并选取当地平均高程面 hm 为投影面。

(三) 平面直角坐标系

当测绘区域较小时，可将测区的球面视为平面，用平面直角坐标系表示点的位置。(注：x、y 轴与数学常用直角坐标相反。x 轴表示垂直，y 轴表示水平)。在没有国家控制点或不便于与国家控制点联测的小地区测量中，允许暂时建立独立坐标系以保证测绘工作的顺利开展。

三、坐标转换

不同的坐标系存在坐标转换的问题，关于坐标转换，首先要理解转换的严密性问题，即在同一个椭球里的坐标转换都是严密的，而在不同的椭球之间的转换时是不严密的。例如，由 1954 年北京坐标系的大地坐标转换到 1954 年北京坐标系的高斯平面直角坐标是在同一参考椭球体范畴内的坐标转换，其转换过程是严密的。由 1954 年北京坐标系的大地坐标转换到 WGS-84 的大地坐标，就属于不同椭球体间的转换。

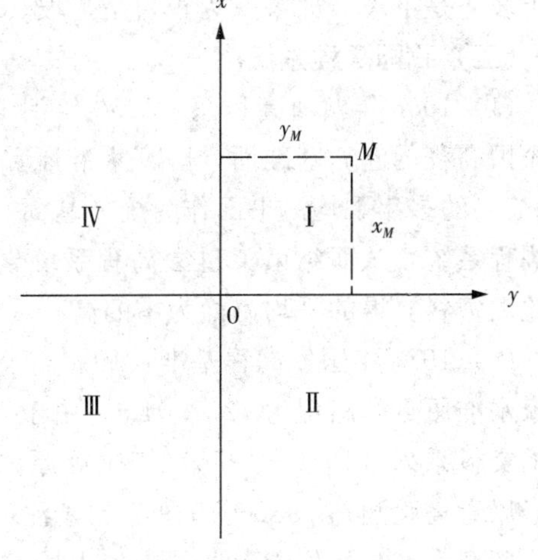

图 5-6 平面直角坐标系

不同椭球体间的坐标转换在局部地区的采用的常用办法是相似变换法，即利用部分分布相对合理高等级公共点求出相应的转换参数。一般而言，比较严密的是用七参数的相似变换法，即 x 平移，y 平移，z 平移，x 旋转，y 旋转，z 旋转，尺度变化 k。要求得七参数就需要在一个地区需要 3 个以上的已知点，如果区域范围不大，最远点间的距离不大于 30km（经验值），这可以用三参数，即 x 平移，y 平移，z 平移，而将 x 旋转，y 旋转，z 旋转，尺度变化 k 视为 0，所以三参数只是七参数的一种特例。

如果不考虑高程的影响，对于不同椭球体下的高斯平面直角坐标可采用四参数的相似变换法，即四参数（x 平移，y 平移，尺度变化 m，旋转角度 α）。如果用户要求的精度低

于 20m，在一定范围内，就直接可以用二参数法（δb，δl）或（δx，δy）修正。但在实际操作中，这也取决于选取的公共点是否合理，并保证其足够的精度。

四、高程系统

为了确定地面点的空间位置，除了要确定其在基准面上的投影位置外，还应确定其沿投影方向到基准面的距离，即确定地面的高程。

（一）地面点高程

地面点沿铅垂线到大地水准面的距离，称为该点的绝对高程或海拔、标高，简称高程，以 H 表示。如果基准面不是大地水准面，而是任意假定水准面时，则点到假定水准面的距离称为相对高程或假定高程，用 H' 表示。

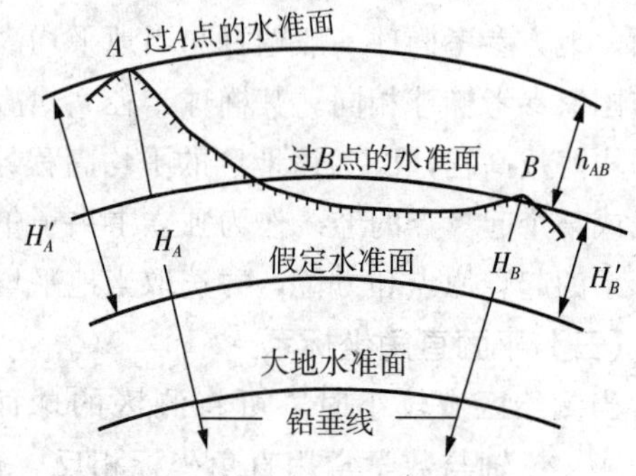

图 5-7　相对高程与绝对高程

高程值有正有负，在基准面以上的点，其高程值为正，反之为负。相邻两点的高程之差称为高差，用 h 表示。图 5-7 中 A 点到 B 点的高差为：$h_{AB}=H_B-H_A=H_{B'}-H_{A'}$。高差有正负之分，它反映相邻两点间的地面是上坡还是下坡，如果 h 为正，是上坡；h 为负，是下坡。

（二）我国高程系统

（1）1956 年黄海高程系：1950 年到 1956 年观测的验潮资料推算的黄海平均海水面作为全国高程的起算基准面，国家水准原点的高程为 72.289m。我国于 1956 年规定以黄海（青岛）的多年平均海平面作为统一基面，叫“1956 年黄海高程”系统，为中国第一个国家高程系统，从而结束了过去高程系统繁杂的局面。该高程系以青岛验潮站 1950—1956 年验潮资料算得的平均海面为零的高程系统。原点设在青岛市观象山。

（2）1985 年国家高程基准：1953 年到 1979 年的观测资料重新计算黄海平均海水面，国家水准原点的高程为 72.2604m。由于“1956 年黄海高程”计算基面所依据的青岛验潮站的资料系列（1950—1956）较短等原因，中国测绘主管部门决定重新计算黄海平均海面，以青岛验潮站 1952—1979 年的潮汐观测资料为计算依据，叫“1985 国家高程基准”，并用精密水准测量位于青岛的中华人民共和国水准原点。1985 年国家高程基准已于 1987 年 5 月开始启用，1956 年黄海高程系同时废止。习惯说法是“新的比旧的低 0.029m”，黄海平均海平面是“新的比旧的高”，换算关系：

“1956 年黄海高程”＝“1985 年国家高程基准”＋0.029

“1985 年国家高程基准”＝“1956 年黄海高程”－0.029

（三）换算关系

高程基准也存在地方高程系，例如以珠江基面为基准的高程系，在广东地区应用较为广泛。该高程系与其他高程系的换算关系为：

“珠江高程基准”＝“1956 年黄海高程”－0.586

“珠江高程基准”＝“1985 年国家高程基准”－0.557

第二节　机场净空面评价计算

一、各航段保护区

仪表进近程序是航空器根据飞行仪表并对障碍物保持规定的超障余度所进行的一系列预定的激动飞行。这种飞行程序是从规定的进场航路或起始进近定位点开始，到能够完成目视着陆的一点位置，并且包括失误进近的复飞程序。如第二章第三节的内容所讲，我们知道仪表进近程序，不论是精密进近还是非精密进近，通常都是由 5 个航段组成的。包括进场航段、起始进近航段、中间进近航段、最后进近航段和复飞航段。

（一）保护区的概念

进近飞行过程中，由于各种误差的影响，飞机的实际飞行路径与预定的进近航迹存在偏离，这个偏差范围就是保护区的范围。

超障余度（MOC）。主区内提供全超障余度；副区的超障余度为从内边界的全部超障余度向外侧逐渐减小至外边界为零，如图 5－8、图 5－9 所示。

（二）如何计算副区的超障余度

$$MOCsy = MOCp \times \left(1 - \frac{Y}{W_S}\right)$$

其中：

MOCsy＝副区的超障余度；

MOCp＝主区 MOC；

Y＝障碍物到主区边界距离，沿垂直于标称航迹方向量取；

W_S＝副区宽度。

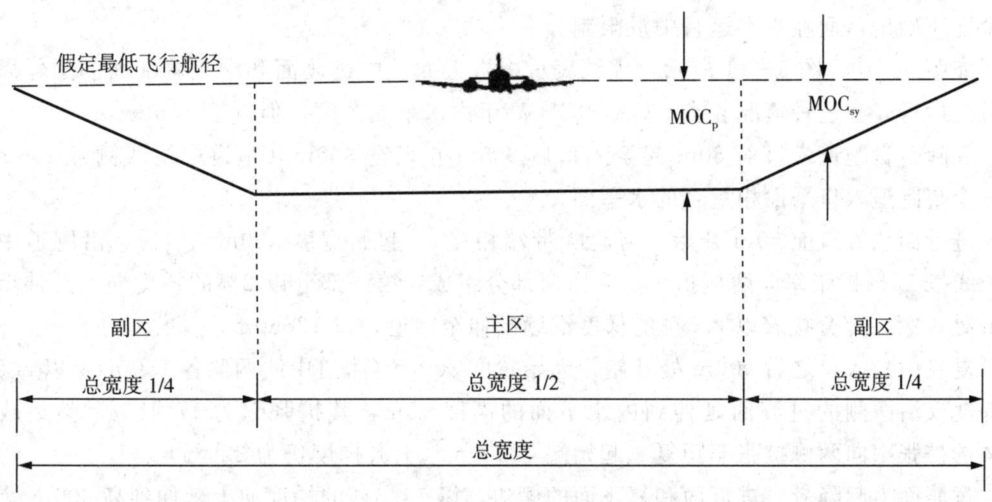

图 5－8　超障余度示意图

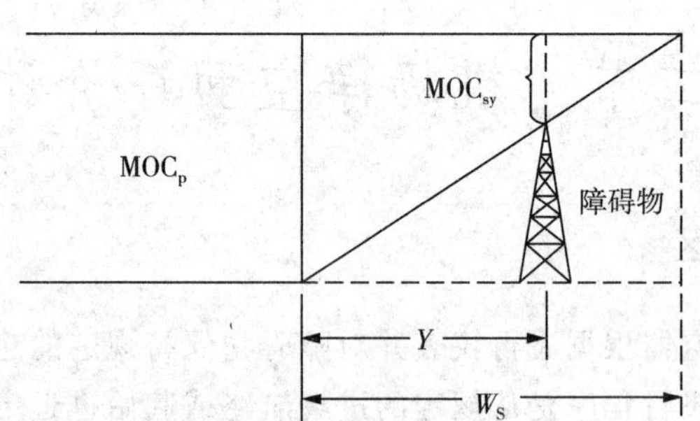

图 5-9 超障余度侧视图

二、精密进近障碍物限制面

进近程序的基本任务之一，就是确定进近的最低超障高度或最低超障高（OCA/OCH）。为了计算 OCH，必须对保护区内的障碍物进行评价，以判明哪些障碍物在计算 OCH 时必须予以考虑。

评价障碍物的方法有三种：使用障碍物限制面——基本 ILS 面评价障碍物；使用障碍物评价面——OAS 面评价障碍物；使用碰撞危险模式（CRM）评价障碍物。这些方法一次增加了对障碍物处理的精密程度。用 CRM 评价的结果，可以达到精密进近的航空器与障碍物碰撞的危险率为千万分之一的安全目标。

OIS、ILS、OAS 面以及离场、进场、进近、复飞、目视盘旋进近等各航段和航线的保护区。提供三种计算方法，ILS、OAS 和 OIS，依次逐渐增加对障碍物处理的精密程序。

(一) ILS 面

基本 ILS 障碍物评价面。基本 ILS 面是来源于《国际民用航空公约附件 14》的精密进近障碍物限制面和复飞面，穿透任何基本 ILS 面的物体就成为控制障碍物，需要进一步评估。如果没有障碍物穿透基本 ILS 面，则Ⅰ类和Ⅱ类运行的 OCA/OCH 是由航空器分类的余度所确定，而在Ⅲ类运行中没限制。

如图 5-10、图 5-11 所示，虚线表示内进近面、内过渡面和中止着陆面的延伸以适应Ⅲ类运行，在这种情况Ⅱ类 OCA/OCH 高于内水平面高度，但低于 60m。

起降带自跑道入口前 60m 起至入口后 900m 止，宽 300m（跑道中线两侧各 150m），是一个与跑道入口平面相重合的水平面。

进近面从入口前 60m 开始（与起降带端相接），起始宽度 300m。然后，沿跑道中线延长线按 15%扩张率向两侧扩大。它由两部分组成：第一部分以 2%的梯度向上延伸至高 60m 处；第二部分接着以 2.5%的梯度继续延伸至跑道入口 12660m。

复飞面从入口之后 900m 处开始，起始宽度 300m（跑道中线两侧各 150m），以 2.5%的梯度仅沿两侧的过渡面延伸到内水平面的高度 45m，其扩张率为 17.48%，然后改用 25%的扩张率向两侧扩张至距复飞起始端 12000m（上升梯度仍为 2.5%）。

过渡面沿起降带、进近面和复飞面的侧边，以 14.3%的梯度向上延伸到高 300m 处。

如图 5-12 所示，以跑道入口为坐标零点，入口之前 X 坐标为正，入口之后 X 坐标为负，沿飞行方向 Y 值左为负、右为正。但在计算时无论左右 Y 值都取正值。

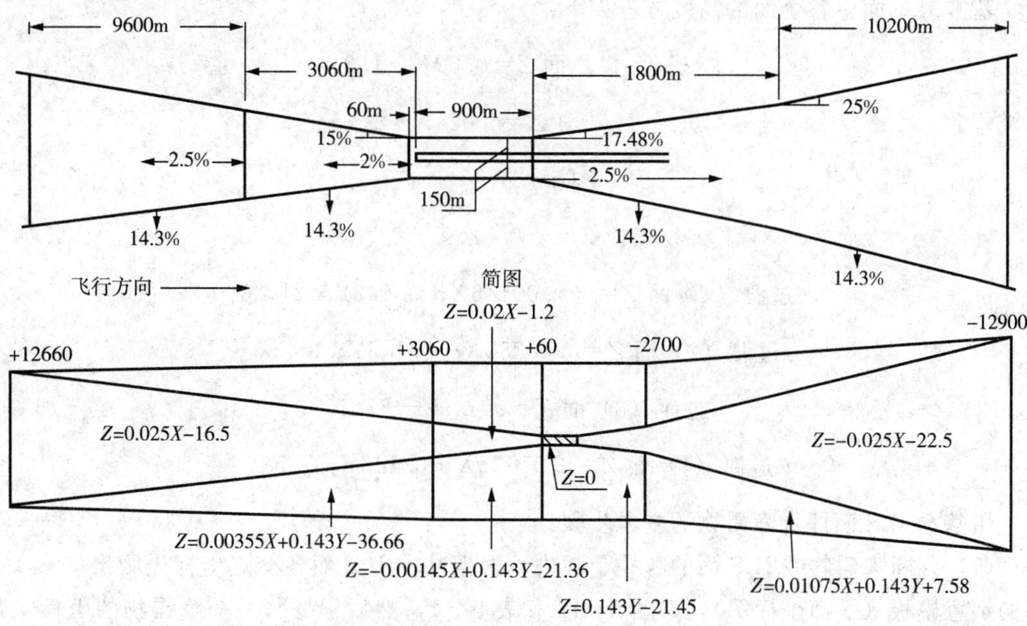

图 5－10　ILS 评价面平面图

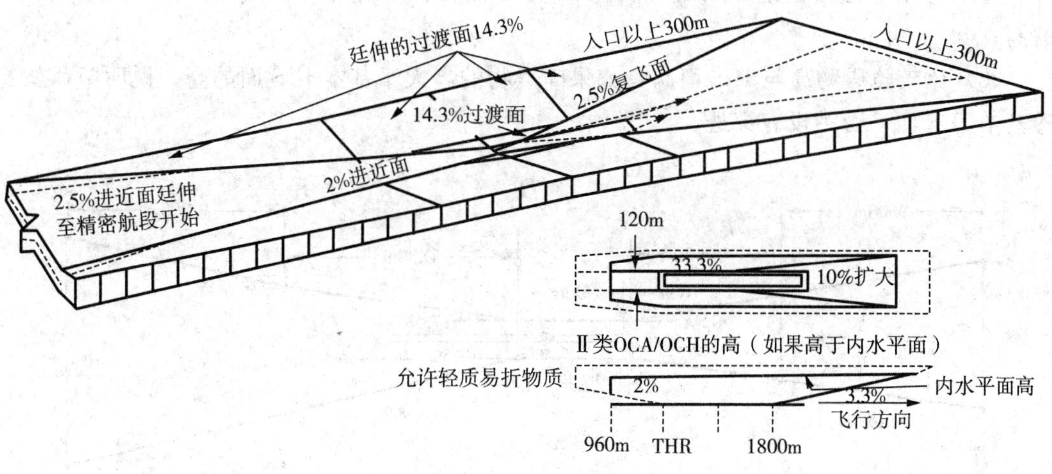

图 5－11　ILS 面评价面透视图

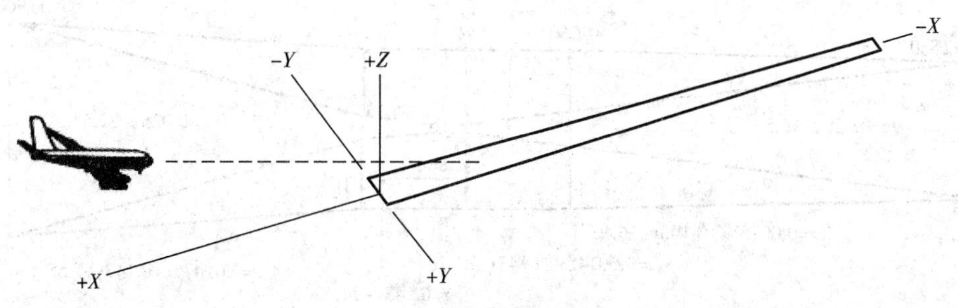

图 5－12　限高坐标系统示意图

基本 ILS 面中各个面的高度方程如下：

进近（1）面 $Z=0.02X-1.2$

进近（2）面 $Z=0.025X-16.5$

起降地带 $Z=0$

复飞面 $Z=-0.025X-22.5$

过渡（1）面 $Z=-0.00145X+0.143Y-21.36$

过渡（2）面 $Z=0.00355X+0.143Y-36.66$

过渡（3）面 $Z=0.143Y-21.45$

过渡（4）面 $Z=0.01075X+0.143Y+7.58$

用基本 ILS 面评价障碍物的基本步骤：

（1）判断障碍物在 ILS 面的哪一个面内，根据基本 ILS 面各交点坐标先画出基本 ILS 面的示意模板（平面坐标图），如图 5－13 和表 5－1，然后根据每一个障碍物的坐标，判断它所在的面；

（2）将障碍物的坐标带入所在面的高度方程式（y 代绝对值），计算出该处 ILS 面的高；

（3）比较障碍物高与 ILS 面高，如果障碍物的高大于基本 ILS 面的高，说明障碍物穿透基本 ILS 面，否则没有穿透。

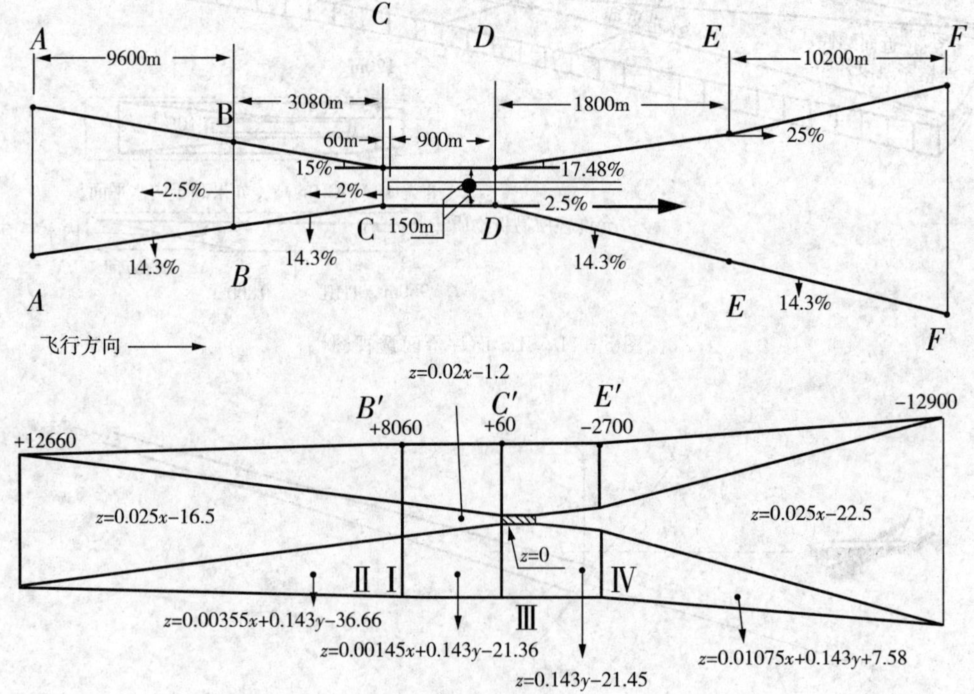

图 5－13　评价面重要临界点

表 5-1　相邻各面的交点坐标　　（单位：m）

交点坐标	A	B	B'	C	C'	D	E	E'	F
X	12660	3060	3060	60	60	−900	−2700	−2700	−12900
Y	±2040	±600	±2280	±150	±2250	±150	±465	±2250	±3015
Z	300	60	300	0	300	0	45	300	300

练习：

已知障碍物 O_1（3500m，550m），高 $h_{O_1}=68$m，O_2（−4200m，−1525m），高 $h_{O_2}=282$m，评价 O_1、O_2 是否穿透基本 ILS 面？

分析：

评价 O_1：

a. 根据 O_1 的 X、Y 坐标，利用 ILS 模板判断 O_1 在进近（2）面之下。

b. 将 $X=3500$m 代入进近（2）面的高度方程式计算出 ILS 面高 $Z=0.025\times3500-16.5=71$（m）。障碍物高 $h_{O_1}=68$m，小于 ILS 面高，没有穿透基本 ILS 面。

评价 O_2：

a. 根据 O_2 的 X、Y 坐标，利用 ILS 模板判断 O_2 在过渡面（4）之下。

b. 将 $X=4200$m，$Y=1525$m（取绝对值）代入过渡面（4）的高度方程式，计算出 ILS 面高为 $Z=0.01075\times4200+0.143\times1525+7.58=270.8$（m）。

c. 障碍物高 $h_{O_2}=282$m，大于基本 ILS 面高，穿透了基本 ILS 面。

标准条件下，没有穿透基本 ILS 面的障碍物不加限制，而穿透基本 ILS 面任何一个面的障碍物，就成为控制障碍物，必须使用 OAS 面对其进行进一步的评估。但属于表 5-2 所列的障碍物可以不予考虑。同时，对于那些为满足航行需要必须保持其功能的物体，只要有关当局规定，其穿透基本 ILS 面的部分质量轻，而且底部易折，对航空器运行安全没有不利影响，也可以不予考虑。

表 5-2　不用通过 OAS 面检查的情况　　（单位：m）

障碍物	入口以上最大高	至跑道中线的最小横向距离
GP 天线	17	120
滑行中的航空器	22	125
在等待坪或在入口至−250m 之间滑行等待位置的航空器	22	120
在等待或在入口至−250m 之间滑行等待位置的航空器（只限于Ⅰ类）	15	75

（二）OAS 面

这种方法使用基本 ILS 面之上一组障碍物评价面。OAS 面是以精密航段的航迹为对称轴的 6 个斜面（用字母 W、X、Y 和 Z 表示）和包含入口的水平面组成。这些斜面的几何图形是由四个简单的线性方程式：$z = Ax + By + C$ 精度确定。

障碍物评价（OAS）面

a. 如果有障碍物穿透基本 ILS 面，则按 OAS 面评价方法计算 OCA/OCH。b. 如果没有障碍物穿透 OAS 面，只要在 OAS 面下面障碍物的密度是运行上能接受的，则Ⅰ类和Ⅱ类运行的 OCA/OCH 仍由航空器分类的余度确定，Ⅲ类运行仍不受限制。c. 如果有障碍物穿透 OAS 面，则航空器有关余度要加上最高进近障碍物的高或最大复飞穿透的障碍物的修正高（取较高值），这个数值即 OCA/OCH。

（1）评价条件。

航空器尺寸：半翼展最大 30m，着陆轮与 GP 天线的飞行航径之间的垂直距离最大 6m。ILS 扇区在入口宽度为 210m，ILS 基准高 15m。

下滑角：最小 2.5°、最佳 3.0°、最大 3.5°。

（2）OAS 障碍物评价面平面图，如图 5－14 所示。

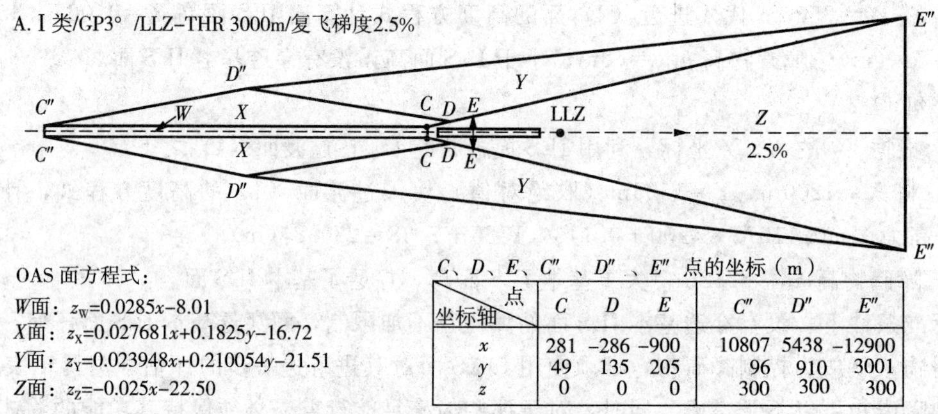

坐标轴＼点	C	D	E	C″	D″	E″
x	281	−286	−900	10807	5438	−12900
y	49	135	205	96	910	3001
z	0	0	0	300	300	300

图 5－14　OAS 面障碍物评价面平面图

（3）OAS 障碍物评价面透视图，如图 5－15 所示。

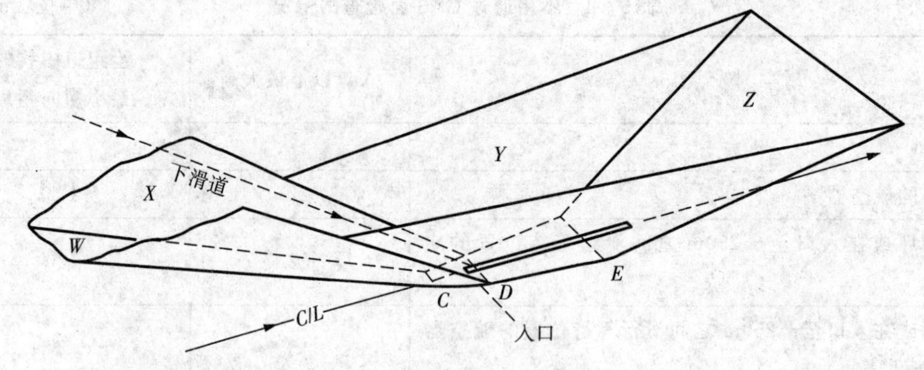

图 5－15　OAS 障碍物评价面透视图

（4）OAS障碍物评价举例。

练习：

某机场标高1745m，跑道长度2800m，LLZ距离跑道端300m，下滑角=3°，复飞梯度2.5%。有两个障碍物：障碍物1标高1940m：$X=-8978$m，$Y=-131$m；障碍物2标高1976m：$X=5425$m，$Y=600$m，评价两个障碍物是否穿透OAS面。

LLZ－THR＝300－（－2800）＝3100，取3000m。从上表中得：

$W=0.0285X-8.01$

$X=0.027681X+0.01825Y-16.72$

$Y=0.023948X+0.210054Y-21.51$

$Z=-0.025X-22.5$

障碍物1ILS面限制高：$Z=-0.025X-22.5=201.95>1940-1745=195$。

障碍物1没有穿透基本ILS面，不需要用OAS面评价。

障碍物2穿透基本ILS面，需要OAS面评价（障碍物2在X面内），

障碍物2位置处限制面高：$0.027681\times5425+0.01825\times600-16.72=150.17+10.95-16.72=144.4$。

障碍物2位置处限制面高度：$144.4+1745=1889.4<1962$，障碍物2穿透OAS面。

用基本ILS面和OAS面对同一障碍物2进行评价看出，障碍物2位置处在基本ILS面中应该高度为1864.125m，小于在OAS面中的高度1889.4m。这说明穿透基本ILS面的障碍物不一定穿透OAS面。

（三）碰撞危险模型——CRM

CRM是一个计算机程序，用于确定航空器运行至特定的OCA/OCH时的风险数值，并与安全目标值进行比较；CRM程序说明与使用指南，包括要求的输入/输出数据精确格式，见《碰撞风险模型（CRM）使用手册》。

碰撞风险模型（CRM）作为OAS评价标准的备选方法或用于OAS面下的障碍物密度过大的情况；RM要求输入以下数据：

机场资料：名称、跑道入口位置和跑道方向，入口标高及此前航段的详情；

ILS参数：类型、下滑角、航向台至入口的距离、航道宽度、入口以上ILS基准高（RDH）；

复飞参数：决断高（超障高）和复飞转弯点；

航空器参数：型别、轮高（天线至轮底的高）和半翼展、航空器类型（CRM不考虑E类航空器），复飞爬升梯度；

障碍物数据：障碍物边界（用相对于跑道入口的X和Y坐标或用地图网格坐标表示）和障碍物高（用入口以上的高或用平均海平面（MSL）以上的标高）；

为进行障碍物密度评价，还必须包括穿透规定的基本ILS面的所有障碍物。

输出和适用范围：

航空器运行至规定的OCA/OCH过程中与障碍物碰撞的总风险；

能够达到安全目标水平的最小OCA/OCH。

通过利用有关参数重新运行CRM，用户可以评估任何参数变化对运行安全的影响。

(四) 确定精密航段的最低超障高 (OCH_{PS})

精密航段的最低超障高 (OCHps)，是制定精密进近最低着陆标准的最主要依据。这高度必须能够确保航空器在精密航段及其后的复飞中的飞行安全。因此，应在评估障碍物的基础上，计算出 ILS 精密航段的最低超障高 (OCHps)。

(1) 进近障碍物/复飞障碍物鉴别方法。由于精密航段包括了进近下降和复飞爬升两种飞行状态，在这两种状态下，障碍物对飞行的影响是不同的。因此，在计算精密航段最低超障高 (OCHps) 之前，应将那些既穿透基本 ILS 面，又穿透 OAS 面的所有障碍物，区分为进近障碍物和复飞障碍物。然后将每一个复飞障碍物的高换算成当量进近障碍物的高 (即复飞障碍物当量高)，最后根据规定的高度表余度或高度损失，计算出精密航段的 OCH。进近与复飞障碍物对比如图 5－16 所示。

区分进近障碍物与复飞障碍物最简便的方法，就是以入口之后 900m ($X=-900$) 为界，在此之前 (即障碍物的纵坐标 $X>-900$) 为进近障碍物；在此之后 ($X<-900$) 为复飞障碍物。

由于 $X=-900$m 之前的某些障碍物，可能在复飞航径之下，飞机飞越这些障碍物时是在上升而不是下降，因此这些障碍物如果划分为进近障碍物，将会造成最低着陆标准不必要的增大，不利于发挥机场运行效益 (于航行不利)。

因此，比较有利的方法应当是：以通过入口之后 900m 且平行于标称下滑道 GP 面的斜面 GP′为分界面，凡高于 GP′面的障碍物，都属于复飞障碍物；低于 GP′面的障碍物则属于进近障碍物。

GP′面的高度方程式为：$Z_{GP'}=(X+900)\cdot\tan\theta$

将障碍物的 X 坐标代入上面的方程式，计算出该处的 GP′面高 ($Z_{GP'}$)，与障碍物高 (h_o) 比较即可鉴别该障碍物属于哪一类障碍物。

若 $h_o\leqslant Z_{GP'}$，属于进近障碍物；若 $h_o>Z_{GP'}$，则属于复飞障碍物。

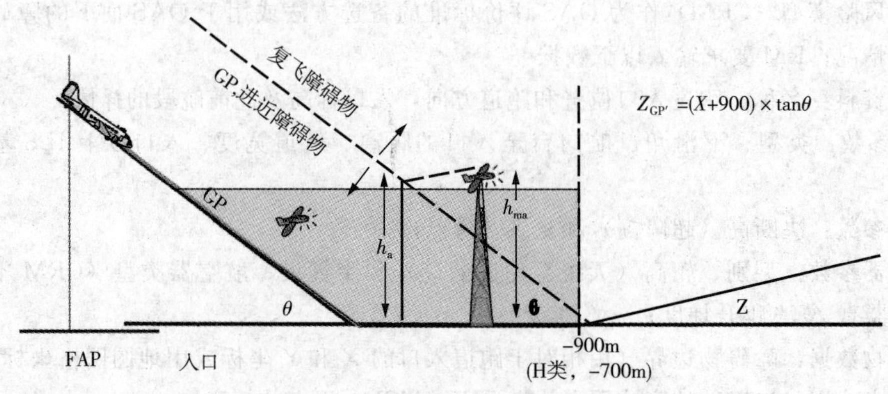

图 5－16　进近与复飞障碍物对比图示

(2) 复飞障碍物当量高的转化。区分出进近障碍物和复飞障碍物之后，应当按下式将复飞障碍物高 (h_{ma}) 换算为当量进近障碍物高 (h_a)。

$$h_a=\frac{h_{ma}\operatorname{ctg}Z+X+900}{\operatorname{ctg}Z+\operatorname{ctg}\theta}$$

其中：

X=障碍物至入口的距离（入口以后为负）；

θ=ILS下滑线的下滑角（标准3°）；

Z=OAS面Z面（ILS面复飞面）的倾斜角［标准复飞梯度为2.5%］。

(3) 控制障碍物高。在穿透基本ILS面和OAS面的进近障碍物高和复飞障碍物当量高中，其数值最大者，就是计算精密航段OCH的控制障碍物高。

(4) 精密航段最低超障高度计算方法为了保证安全飞越ILS面和OAS面的障碍物，OCH_{ps}应在控制障碍物高的基础上加上一个高度损失/高度表余度（HL），即$OCH_{ps}=h_o+HL$。遇下列情况时，表列的数值应予以修正：①机场标高大于900m（2953ft）时，每300m应增加无线电高度表余度的2%；②下滑角大于3.2°时，每大出0.1°，应增加无线电高度表余度的5%。表5-3为高度损失/高度表余度。

表5-3 高度损失/高度表余度（HL，适于Ⅰ/Ⅱ类进近）

航空器分类（V_{at}）	用于无线电高度表的余度		用于气压高度表的余度	
	m	ft	m	ft
A—169km/h（90kt）	13	42	40	130
B—223km/h（120kt）	18	59	43	142
C—260km/h（140kt）	22	71	46	150
D—306km/h（165kt）	26	85	49	161

三、离场程序障碍物鉴别面OIS

为了保证在飞行阶段中飞越障碍物的安全余度和识别障碍物，仪表离场程序可能用到以下形式中的任一种形式：规定要飞行的航线；规定要达到的最小净上升梯度；全向离场可规定要避开的扇区。程序设计时，根据机场地形、障碍物、助航设施以及空中交通流向等情况，规定标准离场航线或全向离场（不规定离场航线），按照国际民用航空公约8168文件关于离场程序的超障准则，检查离场航线保护区或全向离场保护区的超障余度。

离场程序以起飞跑道的离场末端（Departure End of the Runway，DER）为起点（跑道端或净空道端）。DER的标高为跑道末端或净空道末端的标高中的较高者。离场程序以3.3%的梯度或根据安全超障要求的梯度沿飞行航径到达下一飞行阶段（航线、等待或进近）的批准的最低高度为止。因此，障碍物鉴别面OIS（Obstacle Identification Surface，OIS）是有关离场程序的一组斜面，该斜面是建立在机场周围用于识别障碍物的面，梯度为2.5%。

如果有障碍物穿透OIS面，则在设计程序中必须予以考虑，或规定一航迹横向避开这个障碍物，或者规定一个最小净上升梯度，以保证飞越这些障碍物时有一个适当的余度。

OIS面必须定期检查（每年一次），以证实障碍物资料是否有效，有没有什么新的变化，能否保证满足最小超障余度和程序的完整性。如果有障碍物超出OIS面时，应立即通知主管部门。

对直线离场，OIS 面的起点为 DER 之上 16ft，梯度为 2.5%；对全向离场，考虑有几个 OIS 面。

如果没有障碍物穿透 OIS 面，则假定程序的设计梯度为 3.3%即（2.5%＋0.8%）；如图 5－17 所示：

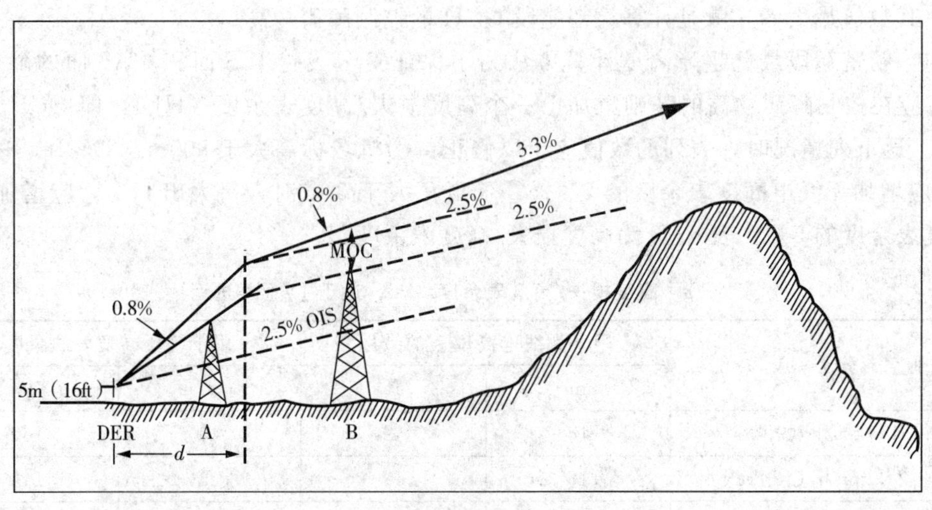

图 5－17　OIS 面爬升梯度示意图

OIS 面以 DER 为起点，起始高 5m，以 2.5%的梯度向飞行方向量取。某障碍物至 DER 的地面垂直距离为 d_0，则障碍物处 OIS 面的高 z 应为：$z=0.025d_0+5$。

如果障碍物的高 $h>z$，则 OIS 面被障碍物穿透。对于新增障碍物，主要检查飞越新增障碍物所需要最小净上升梯度是否超过了现程序中规定的梯度。

第三节　综合计算案例与新技术

一、障碍物限高综合计算案例

案例：障碍物相关数据如下：

最后进近航段磁方向：270°（磁差：0°）

跑道入口标高：0 ft

FAP 高度：2000 ft

ILS 进近类型：Ⅰ类

下滑角：3.0°

航向台天线至跑道入口距离：2600 m

ILS 基准高（RDH）：15 m

ILS 航道波束在入口的宽度：210 m

航空器类型：C 类

着陆轮和 GP 天线沿飞行路线的垂直距离：7.0 m

半翼展：32.5 m

复飞爬升梯度：2.5%。具体数据见表 5-4 所列。

表 5-4 障碍物数据

障碍物 \ 坐标	*X*	*Y*	*Z*
O_1	2000m	200m	70m
O_2	−4500m	−1200m	125m
O_3	−8500m	−2200m	235m
O_4	−500m	300m	30m

任务：

（1）判断障碍物分布在哪个面；

（2）计算障碍物所在位置相应面的高，并判断障碍物是否穿透该面；

（3）计算 OCH_{PS}。

分析：

（1）根据所给参数，查表得到所用 OAS 面的高度方程参数表（表 5-5）：

表 5-5 OAS 面高度方程参数表

面 \ 系数	*A*	*B*	*C*
W	0.0285	0	−0.91
X	0.026952	0.177696	−17.72
Y	0.023225	0.203715	−22.51
Z	−0.025	0	−22.50

（2）根据参数写出各个面的高度方程：

- *W* 面：$z_W = 0.0285x - 0.901$
- *X* 面：$z_X = 0.026952x + 0.177696y - 17.72$
- *Y* 面：$z_Y = 0.023225x + 0.203715y - 22.51$
- *Z* 面：$z_Z = -0.025x - 22.5$

（3）根据表中模板数据（表 5-6），画出 OAS 面平面图，如图 5-18 所示：

表 5-6 模板数据 （单位：m）

点 \ 坐标值	*X*	*Y*	*Z*
C	316	52	0
D	−286	143	0

（续表）

坐标值 / 点	X	Y	Z
E	−900	205	0
C″	10842	143	300
D″	5438	963	300
E″	−12900	3054	300

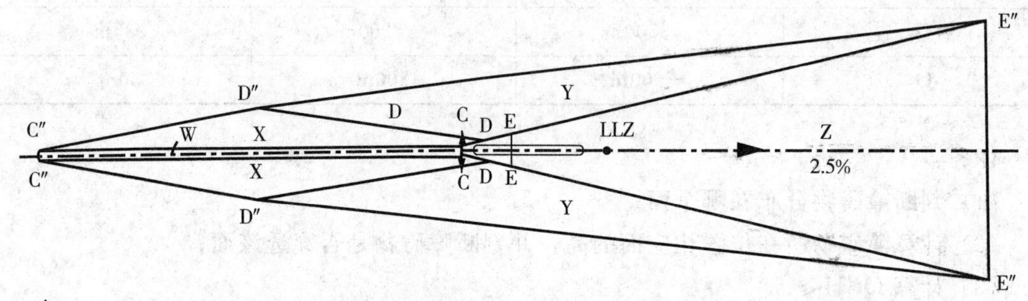

图 5-18　OAS平面图

（4）根据OAS面平面图及高度方程，判断障碍物的位置及影响。

① OB_1

DD″ 斜率＝（963−143）/［5438−（−286）］＝0.143

OB_1处，X面处的半宽＝143＋［2000−（−286）］×0.143＝470

因此可以判定OB_1处于X面内，将OB_1坐标带入X面的高度方程，可得OB_1处X面的高为：72m，可判定OB_1未穿透OAS面，对精密航段没有影响。

② OB_2

EE″斜率＝（3054−205）/（12900−900）＝0.2374

OB_2处，Z面处的半宽＝205＋（4500−900）×0.2374＝1060

因此可以判定OB_2处于Y面内，将OB_2坐标带入Y面的高度方程，可得OB_2处Y面的高为：117m，可判定OB_2穿透OAS面，对精密航段有影响。

③ OB_3

EE″ 斜率＝（3054−205）/（12900−900）＝0.2374

OB_3处，Z面处的半宽＝205＋（8500−900）×0.2374＝2009

因此可以判定OB_4处于Y面内，将OB_3坐标带入Y面的高度方程，可得OB_3处Y面的高为：228m，可判定OB_3穿透OAS面，对精密航段有影响。

④ OB_4

可以用E点坐标直接判断OB_4处于Y面上，将OB_4坐标带入Y面的高度方程，可得OB_4处Y面的高为：27m，可判定OB_4穿透OAS面，对精密航段有影响。

已判明障碍物OB_2，OB_3，OB_4对精密段飞行有影响。由于精密段包括进近和复飞两个飞行过程，同高度的障碍物对这两个阶段的影响有区别，所以要把这三个障碍物区别为

进近障碍物和复飞障碍物。

（5）区分进近障碍物和复飞障碍物：

用 GP′平面来区分，穿透 GP′平面的为复飞障碍物，否则为进近障碍物，GP′平面的高度方程为：$Z_{GP'}=(x+900)\tan\theta$

OB_2：$Z_{GP'}=(-4500+900)\tan\theta=-189$（也可以直接根据障碍物的位置来判断），$OB_2$为复飞障碍物；

OB_3：方法同 OB_2，为复飞障碍物；

OB_4：$Z_{GP'}=(-500+900)\tan\theta=21<H_{OB4}=30$，$OB_4$为复飞障碍物。

（6）计算复飞障碍物当量高使用公式：

$$h_a=\frac{h_{ma}\operatorname{ctg}Z+X+900}{\operatorname{ctg}Z+\operatorname{ctg}\theta}$$

OB_2：$h_{a_{OB_2}}=23.7$

OB_3：$h_{a_{OB_3}}=32.1$

OB_4：$h_{a_{OB_4}}=27.1$

可以判断，精密段的控制障碍物为 OB_3，$h_o=32.1$。

（7）计算 OCH_{ps}：

$$OCH_{ps}=h_o+HL$$

C 类航空器，无线电高度表 HL＝22m，气压式高度表 HL＝46m，

$OCH_{ps}=46+32.1=78.1\approx79$m（气压式高度表）

$OCH_{ps}=22+32.1=54.1\approx55$m（无线电高度表）

二、基于 Google Earth 的机场 OAS 面障碍物评价

我国的民用干线和支线机场基本都安装了仪表着陆系统（ILS），绘制基于 ILS 的障碍物评价面（OAS）（Obstacle Assessment Surface，OAS），并对山、建筑物、高压线塔等障碍物评估是飞行程序设计的基本任务之一。

Google Earth 是 Google 公司推出的提供了大量影像数据和高程数据的虚拟地球软件，它将卫星影像、航拍照片和地理信息数据融合在一起，构成一个三维模型。目前版本已经增加了星空、火星、月球、街景视图等。由于功能强大，Google Earth 在很多行业得到快速应用甚至进行二次开发。基于 Google Earth 的二次开发就是在某种开发环境中融入 Google Earth 程序接口（API），共同构建具体的应用系统。利用 Google Earth 平台的二次开发功能构建一个具有三维障碍物、三维 OAS 面绘制和障碍物评价的应用系统。

（一）系统架构

系统结构如图 5－19 所示，由四大功能模块组成，各个模块的功能如下。

（1）障碍物生成：将数据库中的机场信息和障碍物信息，按高斯投影转换成 Google Earth 可识别的格式 KML 文件，并生成三维图形。

（2）OAS 面生成：依据数据库中数据和用户输入的数据，按 OAS 面的计算规则生成

OAS 面，在 Google Earth 中生成三维图形。

（3）障碍物评价：利用生成的 OAS 面对障碍物进行评价，检查是否穿透 OAS 面，并输出评价结果。

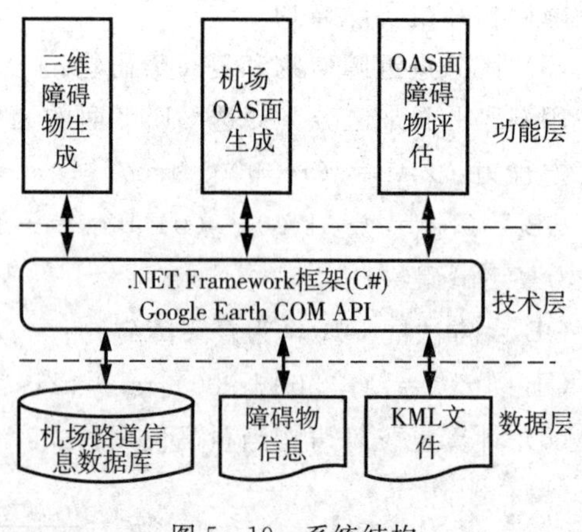

图 5-19　系统结构

（二）关键技术

（1）Google Earth COM API。

Google Earth 开放了两种开发接口：一种是组件（COM）形式，另一种是 KML（Key-hole Markup Language）文件形式。利用 COM 形式可实现第三方应用程序与 Google Earth 之间进行交互通信，第三方应用程序通过 API 中的 IApplicationGE 接口类对当前的 Google Earth 视图进行控制或调用 KML 文件，等等。KML 文件是基于 XML 语法格式的文本文件，可以按照 KML 语法编写，Google Earth 客户端可对 KML 文件中的数据解析和显示。两种形式各有优缺点，根据需要两种形式可同时使用。

（2）坐标系及坐标转换。

① WGS-84 坐标系。WGS-84 坐标系是目前广泛使用的 GPS（全球定位系统）坐标系。其坐标系的原点为地球质心，X 轴指向 BIH1984.0 的零度子午面和 CTP 赤道的交点，Y 轴、X 轴和 Z 轴构成右手坐标系。中国民用航空也在使用这一坐标系，并在 2013 年 9 月 10 日发布了《世界大地测量系统—1984（WGS-84）民用航空应用规范》。

② 障碍物评价坐标系。为方便建立评价面方程和计算角度和距离，则须要建立一个评价坐标系。评价时，将障碍物的地理坐标通过坐标转换转化为评价坐标系下坐标进行相关计算。

③ 坐标转换。障碍物数据格式包括两类，一类为 WGS-84 坐标格式（纬度、经度、高度），另一类为障碍物评价坐标系（方向、距离、高度）。由于在 Google Earth 地图窗口显示时使用 WGS-84 坐标系，所以格式 2 有显示时需要转换成格式 1，转换过程为先将格式 2 用极坐标方程转换为评价坐标系中的坐标，再转换成 WGS-84 坐标。在障碍物数据参与评价计算时，使用评价坐标系，数据格式统一转换为 WGS-84 坐标。

WGS-84 坐标到评价坐标系的转换使用高斯-克吕格投影。

（三）机场应用

开发语言采用的是 C#，开发环境为 Visual Studio 2010，通过窗口获取用户数据，进行建模，并将模型转换成 KML 语言，最后利用 Google Earth 二次开发接口实现 OAS 面的绘制。通过 Windows 开发中的 HOOK 技术，并利用 IApplicationGE. GetRenderHwnd 函数获取 Google Earth 地图显示句柄，进一步将 Google Earth 的地图显示窗口捕捉到系统的主界面窗口中，使 Google Earth 与系统融为一体，便于操作和控制。

以国内机场为例，首先对机场跑道的 Ⅰ 类精密进近 OAS 面进行绘制，再导入部分人工障碍物，最后进行障碍物评价，得到评价结果，如图 5-20 所示。

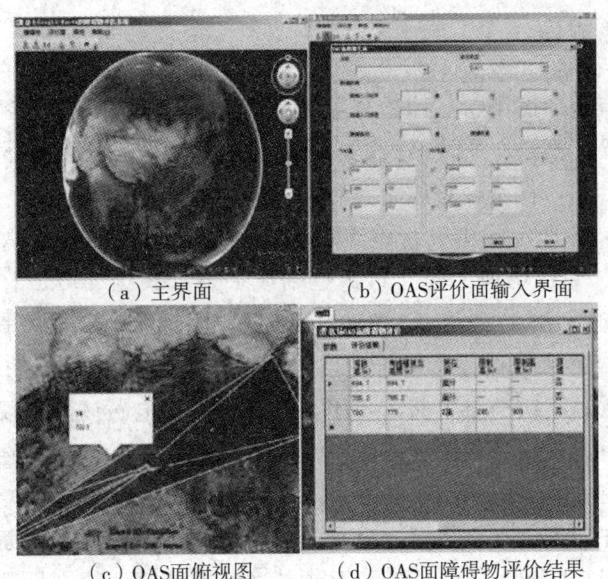

（a）主界面　（b）OAS评价面输入界面

（c）OAS面俯视图　（d）OAS面障碍物评价结果

图 5-20　应用结果图

图 5-20（a）展现的是系统主界面，系统融合了 Google Earth 三维显示窗口；图 5-20（b）是机场跑道 OAS 面用户输入界面，主要是机场跑道信息和 OAS 面参数；图 5-20（c）展示了三维 OAS 面与障碍物的关系，对于障碍物穿透 OAS 面的情况，清晰可见，具有良好的直观性和沉浸感；图 5-20（d）为 OAS 面对障碍物评价的结果列表，包含了障碍物来源、坐标、穿透限制面情况。

第四节　净空限高计算说明

机场基准点（Aerodrome identification sign）：机场必须设定一个基准点，基准点应位于主跑道的中点，首次设定后应保持不变。ICAO 定义：机场基准点必须位于接近机场初始的或规划的几何中心，在首次设定后一般必须保持不变。对于单条跑道的机场，如果跑道延长，跑道中线的中点也相应会改变，机场基准点位置仍应保持在原先的位置不变。新建第二跑道并作为主跑道使用的机场，或新建跑道并将原跑道改作平滑的机场，机场基准点仍应保持原先基准数据不变。

机场和跑道标高：机场标高和机场标高位置的大地水准面高差必须以二分之一米或英尺的精度进行测定并向航空情报服务机构通报。对为国际民用航空非精密进近使用的机场每个跑道入口标高和大地水准面高差、跑道端和沿跑道上显著的高、低中间点标高必须以二分之一米或英尺的精度进行测定并向航空情报服务机构通报。精密进近跑道的入口标高和大地水准面高差、跑道端的标高、接地带的最高标高必须以四分之一米或英尺的精度进行测定并向航空情报服务机构通报（注：大地水准面高差必须根据适当的坐标系统测量）。

一、净空区域测绘

机场测绘内容有地形图测绘、跑道测量和净空区测量。

(1) 地形图测绘。测绘 1∶10000 或 1∶5000 和 1∶2000 比例尺的场道（跑道、滑行道、停机坪等）地形图，供平面总体布置和技术设计时使用。

(2) 跑道测量。将选定的主飞行跑道在实地定线，按机场等级确定跑道长度，在两端埋设永久性标志。并在场地上建立与跑道轴线平行，长为 400m 的主方格网和纵、横断面。在技术设计时，测绘跑道 1∶2000 比例尺地形图，建立边长为 40m 的测图方格网。

(3) 净空区测量。测绘净空带状图，用前方交会法或电磁波测距仪定出净空带内所有障碍物的平面位置，用三角高程测量方法测算障碍物的高程，并标绘在 1∶5000 比例尺的地形图上，编绘净空纵断面图。按机场等级对净空的要求，从跑道两端起按规定的宽度和斜率向两侧散开。并以各段（包括端净空和内水平面、过渡面、锥形面等净空障碍物限制面）所规定的坡度和长度向上向外延伸，直到端净空的终端；绘制标准坡度线。测绘高于标准坡度障碍物的平面位置和高程，绘制净空纵断面图。

二、机场坐标建立

为了方便建立机场净空方程，准确表达机场障碍物限制面在几何空间中的位置，需要建立一个合理的坐标系统作为基准系统，即机场净空评价坐标系。机场净空评价时，将障碍物的地理坐标通过坐标转换转化为机场净空评价坐标系下坐标进行相关计算。

以进近端跑道入口中点为坐标原点，以跑道中心线所在直线为 X 轴，正方向为从原点指向跑道另外一端，以跑道入口端端线及延长线为 Y 轴，依据右手定则，Z 轴方向为垂直水平面向上，其示意图如图 5-21 所示。

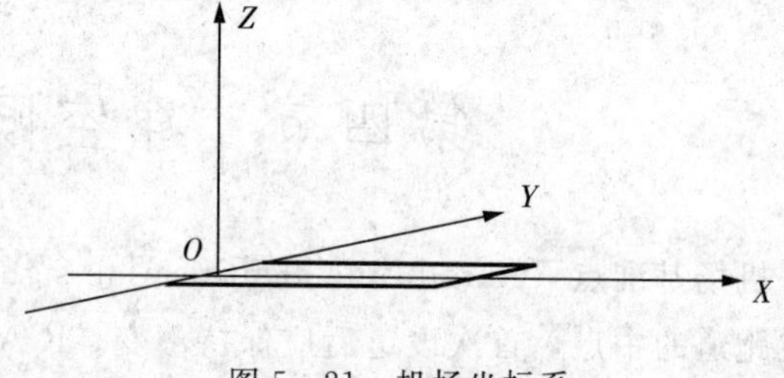

图 5-21　机场坐标系

为计算和推导方便，做出如下假设：

(1) 跑道为一个无起伏的平面，横向坡度为 0，纵向坡度也为 0；

(2) 跑道和升降带处于同一个平面上，且高程为 0；

(3) 进近面、起飞爬升面、过渡面与升降带的交线为直线；

(4) 坐标单位为米，精确到十分位。

三、净空计算

净空限高审核是净空管理工作的重要内容，可以通过多种方法来实现，包括传统的作图法、角度计算、建立坐标系方程等。因为涉及净空限制面多，计算量大，效率不高而且容易出错，随着计算机技术的发展，未来趋势越来越倾向于净空软件的开发和

应用。

（一）数据格式

人工计算净空限制面是软件应用的基础，因此需要学习一下基础的方法来分析限高问题。首先认识一下净空部门计算的基础数据格式，一般是建设方按要求给相关单位提供一组坐标和高程数据。

某机场净空计算审核表，新增一个建筑物，以建筑物的四个直角点为测量点，所得数据经计算如下：该机场标高为 190.1m，42°52′58″N，129°27′05″E。参见表 5－7 所列。

表 5－7　某机场新增障碍物位置点数据

点号	1954 年北京坐标平面坐标		WGS－84 坐标 / 1954 年北京大地坐标		建筑物距跑道两端点水平距离（以距离最近的跑道端为准）（米）	建筑物距跑道中心延长线垂直距离（米）	建筑物距跑道两端点的直线距离（以距离最近的跑道端为准）（米）	建筑物距跑道中心点的直线距离（米）	建筑物距跑道两端 60 米的直线距离（以距离最近的跑道端为准）（米）	建筑物距跑道两端 60 米的水平距离（以距离最近的跑道端为准）（米）
	X（米）	Y（米）	北纬（度分秒）	东经（度分秒）						
1	4753737.72	542956.03	42°55′3.03153″	129°31′37.50227″	5372.11	2928.43	6118.44	7286.49	6066.08	5312.39
			42°55′1.85603″	129°31′33.91564″						
2	4753714.47	543015.57	42°55′2.25873″	129°31′41.70803″	5463.13	2891.23	6181.02	7355.23	6128.32	5403.41
			42°55′1.08326″	129°31′38.12136″						
3	4753848.34	543076.88	42°55′6.58827″	129°31′42.86092″	5508.05	3019.75	6281.52	7447.73	6229.23	5448.33
			42°55′5.41279″	129°31′39.27420″						
4	4753856.49	542994.41	42°55′7.19641″	129°31′39.22395″	5429.21	3050.06	6227.29	7388.19	6175.31	5369.49
			42°55′6.02090″	129°31′35.64326″						

（二）手工计算

手工计算步骤一般包括障碍物定位、距离计算、限制面判断、限高计算。

1. 障碍物定位

可以使用 Googl Earth 卫星（图 5－22）、北斗卫星或者手工绘图定位（图 5－23）等方式。

2. 距离计算

障碍物距机场跑道需要从以下几个距离体现：最近端直线距离、最近端点的水平投影距离、中心延长线的垂直距离，用于判断障碍物在各限制面的位置。

图 5-22　Google 地图定位障碍物相对位置

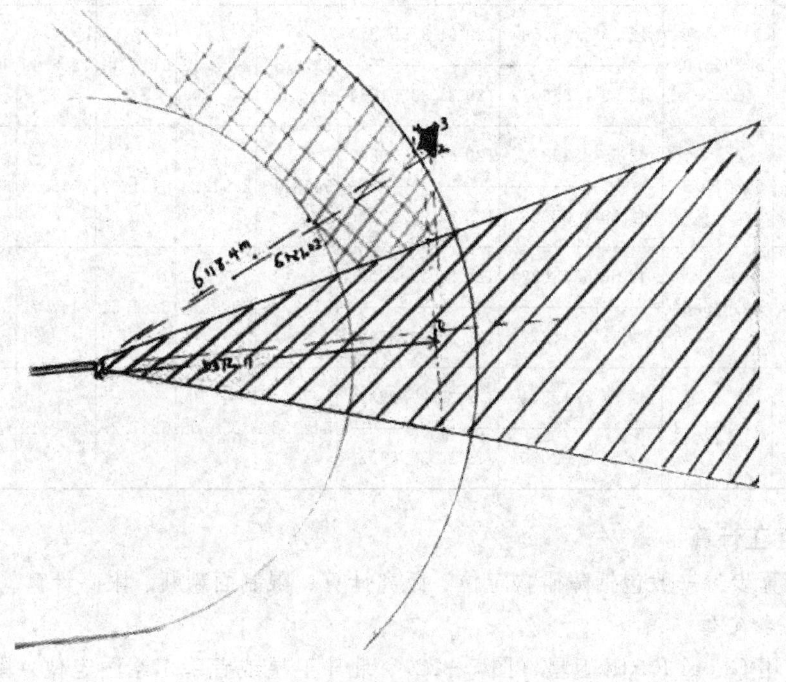

图 5-23　手工绘图定位障碍物

3. 限制面判断

以锥形面为例，从表格中找出限制数据，见表 5-8 所列。锥形面坡度判断如图 5-24 所示。

表 5-8　使用锥形面判断限制值

<table>
<tr><td rowspan="4" colspan="2">障碍物限制面及尺寸 ε</td><td colspan="6">跑道类别</td></tr>
<tr><td colspan="3">非精密进近跑道</td><td colspan="3">精密进近跑道</td></tr>
<tr><td colspan="3" rowspan="2">基准代码</td><td colspan="2">Ⅰ类</td><td>Ⅱ类或Ⅲ类</td></tr>
<tr><td colspan="2">基准代码</td><td>基准代码</td></tr>
<tr><td colspan="2"></td><td>1，2</td><td>3</td><td>4</td><td>1，2</td><td>3，4</td><td>3，4</td></tr>
<tr><td colspan="2">(1)</td><td>(6)</td><td>(7)</td><td>(8)</td><td>(9)</td><td>(10)</td><td>(11)</td></tr>
<tr><td rowspan="9">进近面</td><td>内边宽度</td><td>150m</td><td>300m</td><td>300m</td><td>150m</td><td>300m</td><td>300m</td></tr>
<tr><td>距跑道入口</td><td>60m</td><td>60m</td><td>60m</td><td>60m</td><td>60m</td><td>60m</td></tr>
<tr><td>侧边斜率</td><td>15%</td><td>15%</td><td>15%</td><td>15%</td><td>15%</td><td>15%</td></tr>
<tr><td>第一段　长度</td><td>2500m</td><td>3000m</td><td>3000m</td><td>3000m</td><td>3000m</td><td>3000m</td></tr>
<tr><td>坡度</td><td>3.33%</td><td>2%</td><td>2%</td><td>2.5%</td><td>2%</td><td>2%</td></tr>
<tr><td>第二段　长度</td><td>—</td><td>3600m</td><td>3600m</td><td>12000m</td><td>3600m</td><td>3600m</td></tr>
<tr><td>坡度</td><td>—</td><td>2.5%</td><td>2.5%</td><td>3%</td><td>2.5%</td><td>2.5</td></tr>
<tr><td>水平段　长度</td><td>—</td><td>8400m</td><td>8400m</td><td>—</td><td>8400m</td><td>8400m</td></tr>
<tr><td>总长度</td><td>—</td><td>15000m</td><td>15000m</td><td>15000m</td><td>15000m</td><td>15000m</td></tr>
<tr><td>过渡面</td><td>坡度</td><td>20%</td><td>14.3%</td><td>14.3%</td><td>14.3%</td><td>14.3%</td><td>14.3%</td></tr>
<tr><td rowspan="2">内水平面</td><td>高度</td><td>45m</td><td>45m</td><td>45m</td><td>45m</td><td>45m</td><td>45m</td></tr>
<tr><td>半径</td><td>3500m</td><td>4000m</td><td>4000m</td><td>3500m</td><td>4000m</td><td>4000m</td></tr>
<tr><td rowspan="2">锥形面</td><td>坡度</td><td>5%</td><td>5%</td><td>5%</td><td>5%</td><td>5%</td><td>5%</td></tr>
<tr><td>高度</td><td>60m</td><td>75m</td><td>100m</td><td>60m</td><td>100m</td><td>100m</td></tr>
</table>

4. 限高计算

对应不同面使用不同的公式，所有点中找最低的限制要求，重叠的面找最低的限制要求，形成成果表。

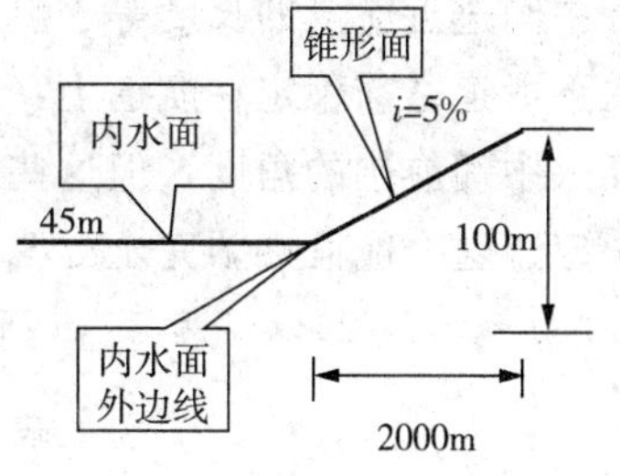

图 5-24　锥形面坡度判断

（三）信息化处理

传统的机场净空管理，在管理手段上大多采用人工管理的方式，即净空审核计算、文件管理、障碍物信息管理。由于机场周围障碍物较多，分布范围广，情况复杂，而且处于动态，人工信息管理时更新难度高、速度慢、工作量大，导致信息零乱、更新滞后、存档不全。

利用 GIS 作为机场净空评价与管理的技术平台，充分利用 GIS 强大的数据储存与管理、图像显示与输出和空间分析功能，实现机场净空管理的动态管理，改变目前机场净空管理的纸质手工管理模式。对于机场周边任意障碍物，根据上文导出的障碍物范围，判别障碍物落入哪个面内，代入对应的方程计算其限制高度，并对其高程是否超限进行评价。

在地理信息系统 GIS 中，根据障碍物的分类，分别在不同的图层建立机场障碍物数据集，在机场净空评价时，将障碍物图层和净空保护区图层进行叠加，可以直观了解哪些障碍物落入哪些面内。对于新建人工构筑物，输入障碍物位置信息，即可在 GIS 中快速显示障碍物的位置，实现机场净空管理的可视化。

第五节　精密进近其他航段净空要求

一、起始进近航段

ILS进近程序的起始进近航段从IAF开始，到IF止，IF必须位于ILS的航向信标的有效范围内。

为便于切入ILS航道，起始进近航迹与中间航迹的交通不应超过90°，最好不要超过30°，以便使用自动驾驶（自动耦合）进近时，使自动驾驶与航向台信号耦合。

当交角大于70°时，必须提供至少4km（2NM）前置量的一条VOR径向线、NDB方位线、雷达向量或DME测距信息，以便驾驶员操纵飞机提前转弯正确地切入中间航迹。

如果交角大于90°，则应考虑使用反向程序、推测航迹程序或直角航线程序。

使用直线、反向和直角航线程序的精密进近程序，其起始进近航段除上述规定外，其余均使用非精密进近的有关准则。

二、中间进近航段

（一）航迹设置

ILS进近程序的中间航段从切入ILS航向道的一点（中间进近点IP）开始，至切入下滑道的一点（最后进近点FAP）终止。其航迹必须与ILS航道一致。

中间进近航段的长度等于航空器切入航向道至切入下滑道之间的距离。它应能使飞机切入下滑道之前稳定在航道上，最佳长度为9km（5NM），最小长度决定于从起始进近航迹切入中间航迹的角度，但这些最小值只在可用空域受限制时才使用。中间航段的最大长度决定于这个航段必须完全处于航向台有效范围之内，一般IF至航向台天线的距离不超过46km（25NM），见表5-9所列。

表5-9　不同角度切入航向道要求

切入航向道的角度	A/B类航空器	C/D类航空器
0°～15°	2.8km（1.5NM）	2.8km（1.5NM）
16°～30°	3.7km（2.0NM）	3.7km（2.0NM）
31°～60°	3.7km（2.0NM）	4.6km（2.5NM）
61°～90°	3.7km（2.0NM）	5.6km（3.0NM）

（二）保护区设置

(1) 起始进近为直线进近的中间进近保护区。

使用直线进近程序的ILS进近程序，其中间航段保护区在IF处的宽度，由起始进近区的总宽度±9.3km确定，而后逐渐均匀缩小至OAS模板中D－D″线或D－D″线的延长线在FAP或FAF处的宽度。

中间进近保护区应分为主区和副区。

在FAP处，最好提供一个定位点，这样，精密航段的X面和Y面终止于FAF定位容差区的最早点，并且在这一点之后15%斜面之下的障碍物，在计算精密航段的OCH时，可以不考虑，如图5-25所示。

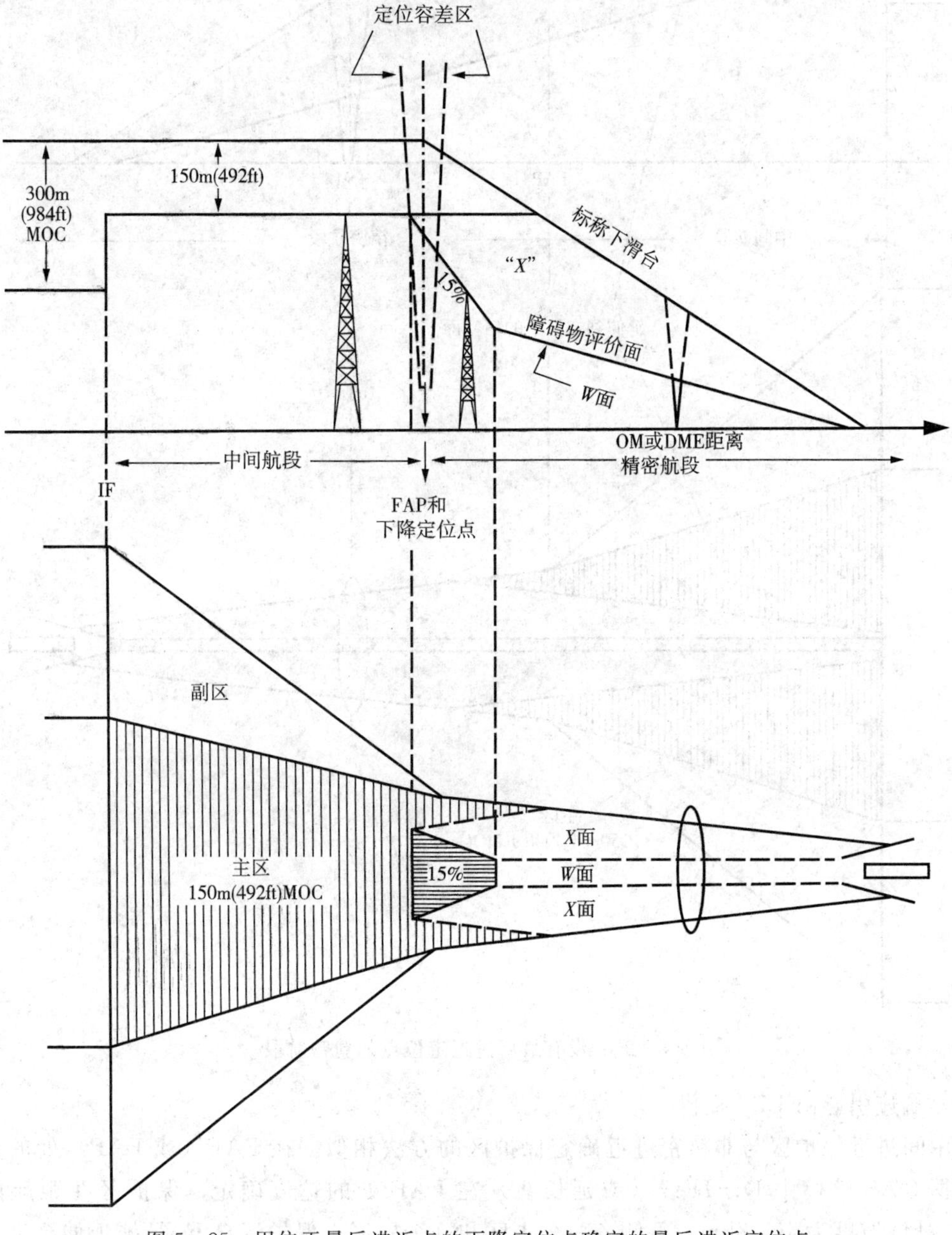

图5-25　用位于最后进近点的下降定位点确定的最后进近定位点

如果在FAP不能提供下降定位点，则精密航段延伸至中间进近区内（但不能延伸到该航段之外），如图5-26所示。

（2）起始进近为反向或直角航线程序。

飞机在完成反向或直角程序的机动飞行后先切入ILS航向道，再沿ILS航向道切入下

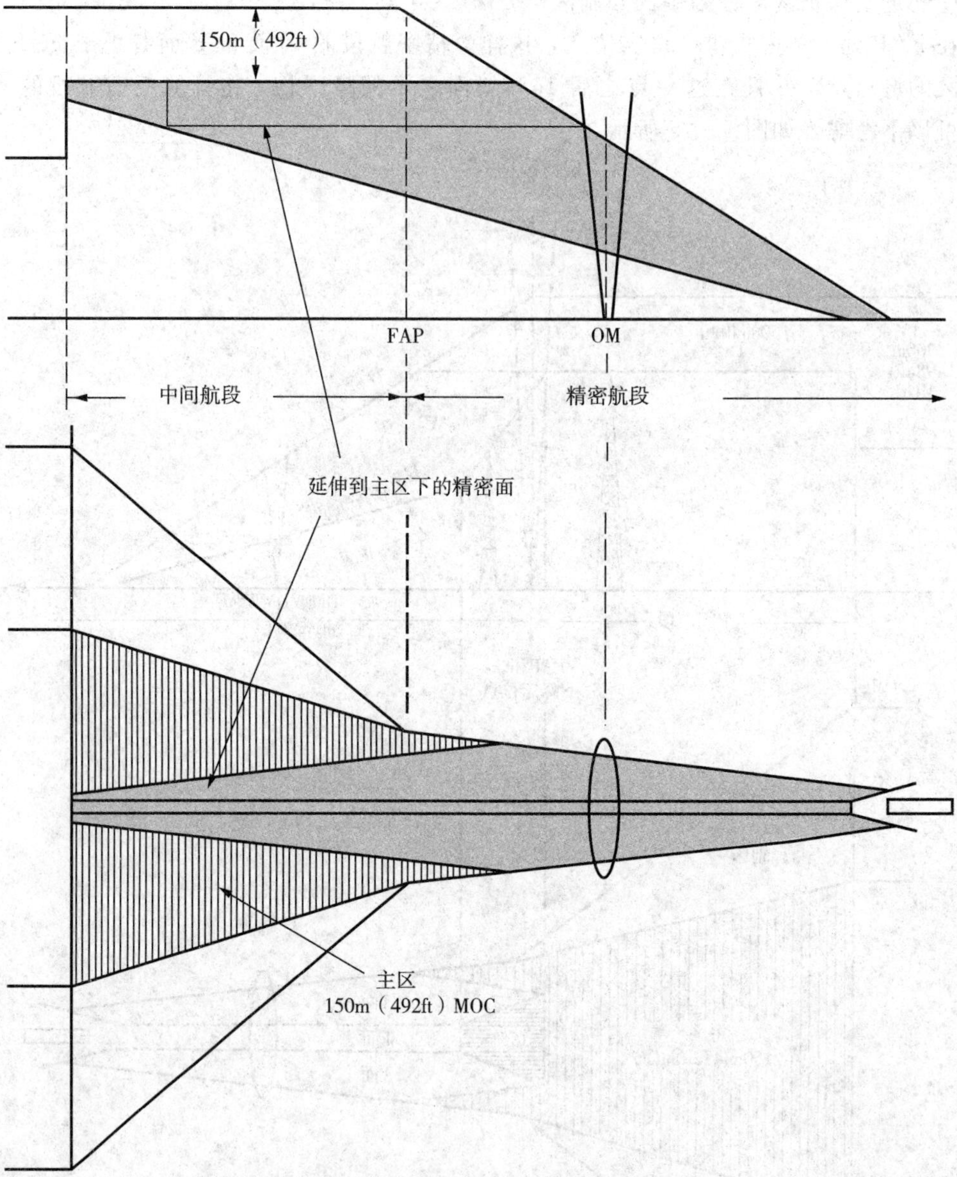

150m（492ft）
FAP
OM
中间航段
精密航段
延伸到主区下的精密面
主区
150m（492ft）MOC

图 5－26　没有最后进近定位点的精密航段

滑道，航迹引导由 LLZ 提供。

中间进近保护区与非精密进近确定保护区的方法相似。在 FAF（或 FAP）处的宽度仍根据 OAS 模板中 D－D″线（或延长线）在 FAF 处的宽度确定；保护区在距航向台 28km 处的宽度为±9.3km，每侧各一个主区和一个副区。保护区自 FAF 处延伸至反向或直角航线主区的最远边界。

如果反向或直角航线主区的最远边界至航向台的距离超过 28km，则在离航向台 28km 以外，直至反向或直角航线主区的最远边界之间的中间进近保护区保持总宽度±9.3km 不变，如图 5－27 所示。

ILS 进近程序中间进近航段的其他准则与非精密进近相同。

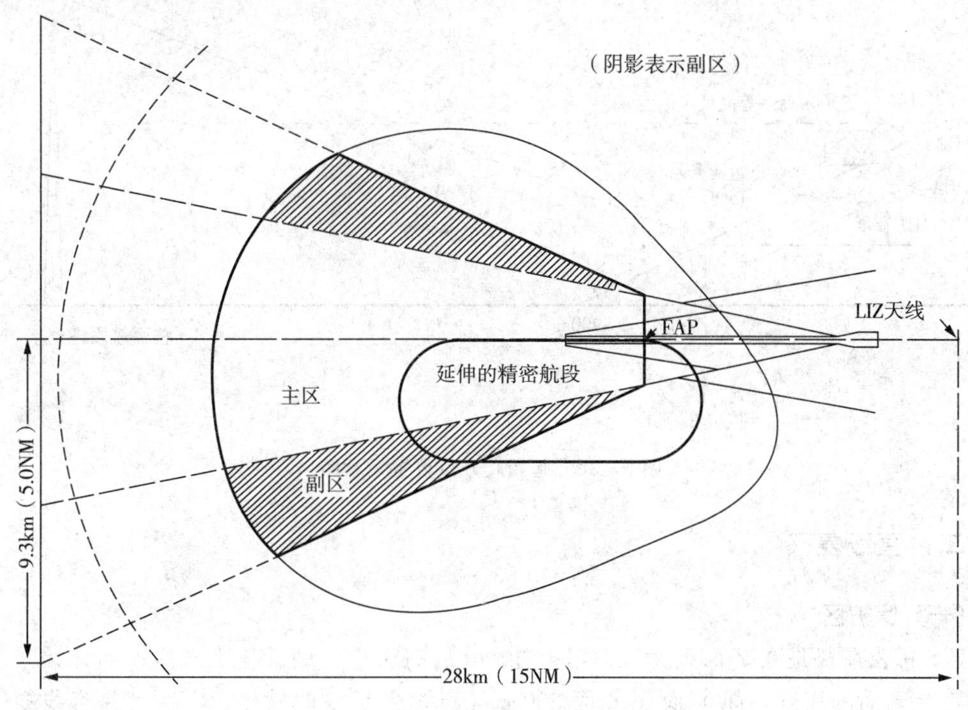

图 5-27　ILS 进近使用反向或直角航线程序的中间进近区

第六节　精密航段后复飞的限高规定

为了保证飞机在精密航段之后的复飞中，能够安全地飞越复飞区里的所有障碍物，在计算出精密航段的最低超障高（OCH_{PS}）之后，应检查精密航段后的复飞（即复飞最后阶段）的超障余度。

ILS 进近最后复飞的准则是在一般准则的基础上，考虑到 ILS 精密进近的特点而进行了某些修正。如起始爬升点（SOC）的位置、复飞区的大小、直线复飞的超障余度以及对 OCH 和复飞转弯高度的调整方法等，都与非精密进近有所不同。

一、确定起始爬升点的位置

ILS 进近的复飞是在标称下滑道（GP）到达决断高的一点开始，考虑到下降转入上升的过渡，ILS 进近复飞的起始爬升点（SOC）是在 GP′斜面与“OCH－HL”高度相交的一点，如图 5-28 所示。

SOC 点的纵坐标（X_{soc}）根据 GP′面的高度方程式求出。

$$Z_{GP'} = (X + 900) \cdot \tan\theta$$

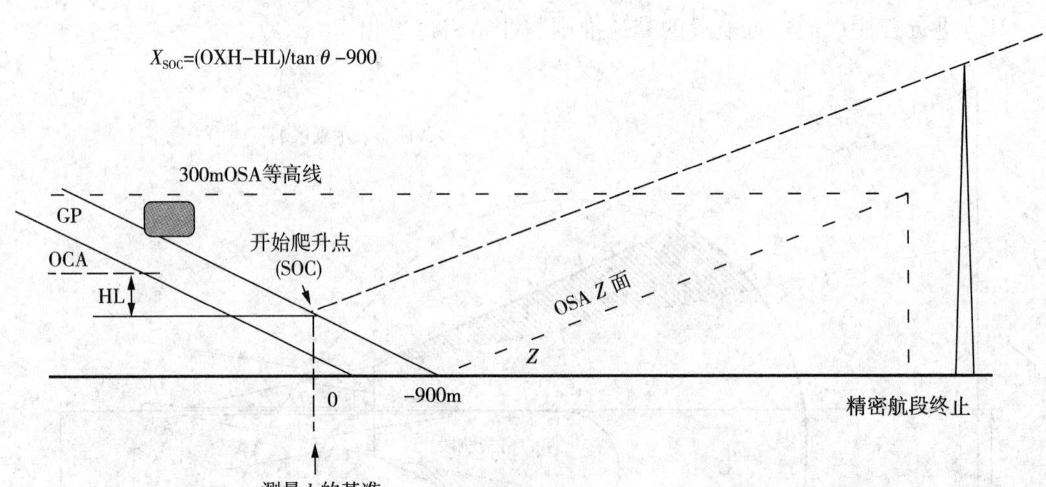

图 5-28　起始爬升点位置示意图

二、直线复飞

（一）保护区

ILS 精密航段是在 Z 面到达入口以上 300m 的高为止，最后复飞从这一点开始。在这个距离上 Z 面的高度，即 Y 面和 Z 面 300m 等高线交点 E″的横坐标 Y_{E*} 就是直线复飞区的起始宽度，此后以 15°的扩展角向两侧扩张，没有副区，如图 5-29 所示。精密航段后的直线复飞不得要求航空器改变航向。

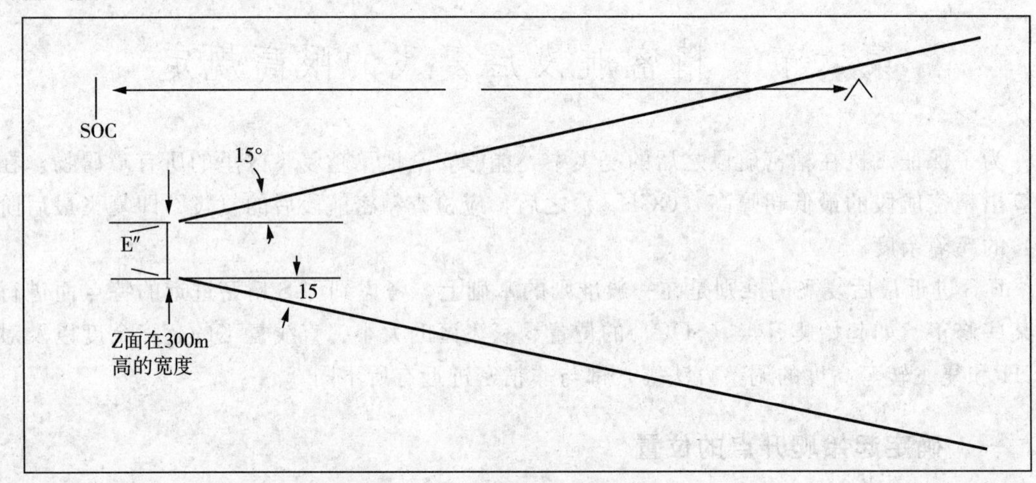

图 5-29　直线复飞保护区示意图

（二）超障计算

在直线复飞的最后复飞区内，各障碍物的高（h_o）应小于或等于起始爬升面（Z'）的高（$Z_{Z'}$），即：

$$h_o \leqslant (OCH_{ps} - HL) + d_o \cdot \tan Z = Z_{Z'}$$

式中：d_o 是由障碍物量至起始转弯区边界的最近距离。

（三）调整方法

如果直线复飞不能满足上述超障标准，可以采用提高复飞梯度的方法进行调整。但复飞梯度不得超过5.0%。

当调整复飞梯度仍不能满足要求时，则应规定一个转弯，以避免影响飞行安全的障碍物。

如果采用转弯复飞仍无法避开有危险的障碍物时，则必须增加 OCH_{ps}。

三、转弯复飞

转弯可规定在一个指定的 TP，在一个指定转弯高或规定立即执行转弯。使用的准则决定于转弯位置（相对于精密航段正常终止的位置）。

（1）精密航段以后转弯如果在精密航段正常终止距离以后转弯，使用非精密进近指定高度转弯复飞准则，但有以下例外：

用（OCH－HL）代替 OCH。

因为 SOC 与 OCH 有关，不可能用非精密进近采用的单独调整 OCH 或 MAPt 的办法取得超障余度。

（2）在一个与入口高差小于 300m 的指定高度/高转弯。

① 规定到达一个指定高度转弯是为了以下两种有害障碍物：一是在直线复飞方向必须避开的障碍物；二是在直线复飞航迹的正切方向，转弯后必须以适当的余度飞越的障碍物。在这种情况下，程序必须要求在开始转弯至规定航向线或转向电台之前上升至规定高度。

② 转弯高度/转弯高。选择一个最晚 TP 使航空器能避开前方障碍物。而后在最晚 TP 之前相当于最后复飞速度（或公布的最大复飞速度）加上 56km/h 顺风飞行 6 秒（驾驶员反应时间和压坡度时间）的距离确定 TP。精密航段至转弯点终止。这样就可计算：

$$OCA_{PS}/OCH_{PS}\text{和}（OCA_{PS}/OCH_{PS}-HL）。$$

最后确定开始爬升点（SOC）并用于下式计算转弯高度（TA）/转弯高（TH）：

$$TA/TH=OCA_{ps}/OCH_{ps}-HL+d_z\cdot\tan Z$$

式中：d_z 为 SOC 至 TP 的水平距离。

如果 TP 位置与 SOC 一致，则在进近图中必须注明“尽可能立即转去×××航向或电台”，并包括决定转弯要求的障碍物的位置和高的充分资料。

③ 保护区。起始转弯区是以Ⅰ类进近的 Y 面 300m 等高线为界，即由 OAS 模板中 D″和 E″所围的区域。除非 TP 在精密航段终止之前。后一种情况，起始转弯区为由 OAS 模板中 D″和 TP 所围的区域。

转弯区的绘制按一般准则规定，转弯区绘制示意图如图 5－30 所示。

④ 超障余度。起始转弯区的超障余度在起始转弯区的障碍物标高（h_o）必须满足：

$h_o\leqslant TA/TH-50$——转弯大于 15°；$h_o\leqslant TA/TH-30$——转弯等于或小于 15°。

但位于转弯外侧的 Y 面下面的障碍物，在计算转弯高时可不予考虑。

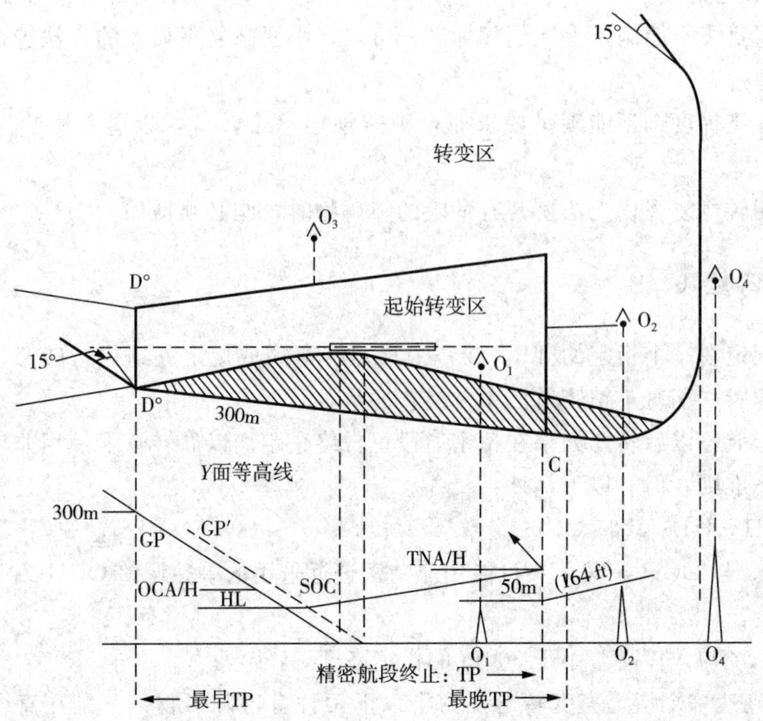

图 5－30　转弯区绘制示意图

在转弯区内的超障余度在转弯区内及以后区域内的障碍物标高/高（h_o）必须小于：

$$h_o \leqslant TA/TH + d_o \tan Z - MOC$$

式中：d_o 是由障碍物量至起始转弯区边界的最近距离；

MOC：50m，转弯大于 15°；30m，转弯等于或小于 15°。如有副区，可向外逐渐减少至副区外边界，MOC 为零。

⑤ 转弯高度/高的调整。如果不能满足上述规定的准则，必须调整转弯高度/高。调整方法有以下两种：

调整转弯高度/高而不改变 OCA/OCH：这就要移动 TP，从而要重新画保护区。

用增加 OCA/OCH 来升高转弯高度/高：其结果是飞越同一个 TP 转弯高度较高，转弯区保持不变。

（3）指定点转弯，最早转弯点在精密航段正常终止以前如果规定在指定 TP 转弯，而最早 TP 在精密航段正常终止距离之前，则精密航段在最早 TP 终止，这就能计算 OCH_{PS} 和（OCH_{PS}- HL），从而确定 SOC。

如果程序要求在指定 TP 实施转弯，则在程序中必须公布以下资料：

① 由一个定位点规定的 TP；

② 在没有航迹引导时，交叉的 VOR 径向、NDB 方位、DME 距离。

保护区除了在最早和最晚 TP 根据 OAS 的 Y 面在 300m 等高线确定其宽度外，转弯区的画法使用非精密进近的准则，使用非精密进近的转变区画法如图 5－31 所示。

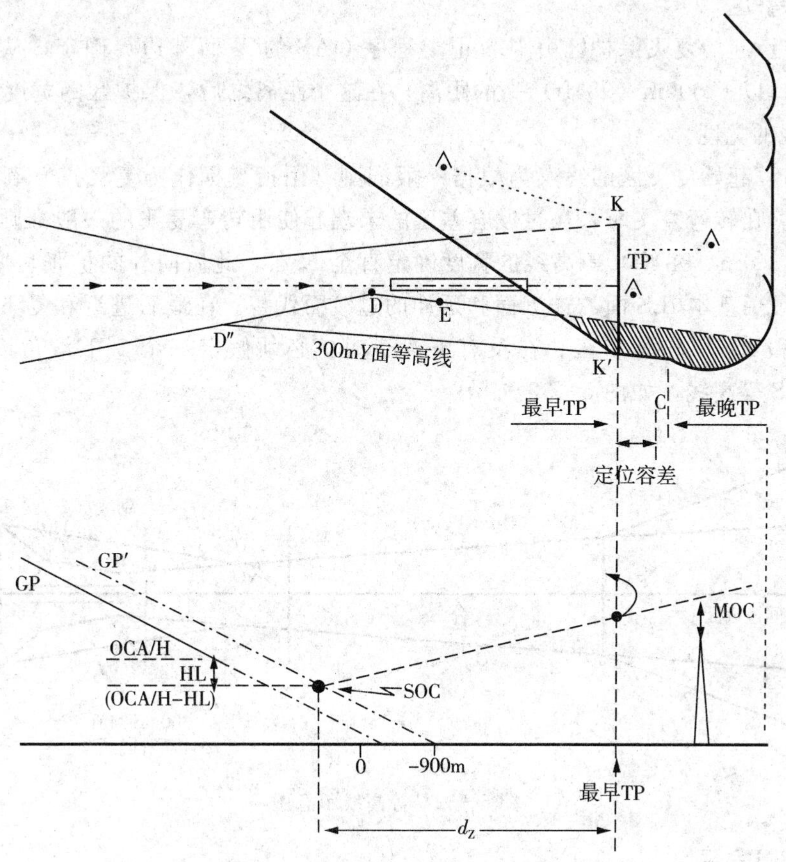

图 5－31　使用非精密进近的转弯区画法

障碍物高必须小于：$OCH_{PS}-HL+(d_o+d_z)\times \tan Z-MOC$

式中：d_z＝从 SOC 至最早 TP 的水平距离；

d_o＝从障碍物至 K－K′的最短距离；MOC：50m（转弯大于 15°）；30m（转弯等于或小于 15°）。

如果障碍物超过这个数值，必须增加 OCH，或移动 TP 使之取得所要求的余度。

第七节　特殊情况时的限高要求

一、GS OUT 或只有航向台

只有航向台或 ILS 下滑台不工作的程序是一种非精密进近程序，除下列准则外，其他采用非精密进近程序设计规定的准则。

（一）航迹

当 ILS 下滑道不工作时，其各个航段均应与下滑道工作时的航迹一致。但如果没有 FAF 和 MAPt，则必须增加。

（二）保护区

最后进近/起始复飞保护区由 ILS Ⅰ类程序 OAS 的 X 面外边界确定，从 FAF 开始，直至到达入口以上 300m（984ft）高的距离，在这个距离之后，保护区的宽度应等于 Y 面 300m 等高线的宽度。

最后进近/起始复飞区的终点为根据一般准则（用指点标作为复飞点）确定的过渡容差区的末端。在转弯复飞时，从过渡容差区的末端起使用转弯复飞的一般准则。直线复飞区由 Y 面的 300m（984ft）等高线的宽度确定直至 E″点，此后向外的扩张角增至 15°。上述 X、Y 面可用基本 ILS 面的进近面和延伸的过渡面代替。在最后进近和复飞区，由直线连接 D、D″和 E、E″作为副区。在没有下滑道时，必须假定一个 3°下滑角以求得 300m（984ft）OAS 等高线，如图 5－32 所示。

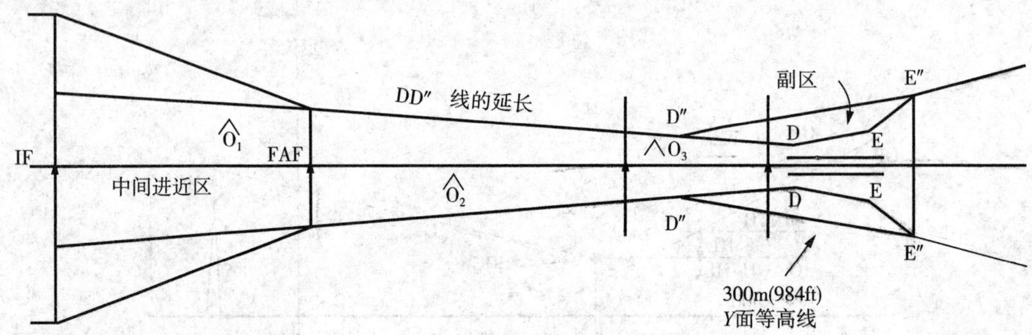

图 5－32　等高线示意图

（三）超障余度

MOC 在主区为 75m（246ft），在副区，由内边界向外均匀减少至外边界为零。除了只考虑副区内穿透 OAS Y 面的障碍物外，使用一般准则。在这种情况下，要按确定要求的超障余度；对最后进近航段过长，按规定增加 MOC；对山区按规定增加高度/高。

（四）ILS 下滑道不工作程序的下降梯度

在最后进近航段使用的下降梯度必须公布，它同样适用于下滑台故障时使用的程序。为此建议，ILS 下滑道不工作的程序与相应的 ILS 程序应尽可能规定相同的下降梯度。

（五）公布

只有航向台进近程序的仪表进近图须以“LLZ RWY XX”命名。如只有航向台的进近与 ILS 程序公布在同一张图上，则该图须以 ILS 或 LLZ RWY XX 命名。并按照规定公布 ILS 下滑道不工作程序的程序高度/高和下降梯度/角度。

二、航向台偏置

有些情况下，由于台址问题，航向道实际上不可能对正跑道中线，或因机场施工要求临时将航向台偏离跑道中线（不能用偏置航向台作为降低噪音的措施）。航向道的航向必须与跑道中线延长线相交，并满足：

——交角不大于 5°；

——标称下滑道在交点处的高（切入跑道中线的高）至少为入口以上 55m（180ft）。

这种程序应注明："航向道偏置角度"（1/10 度），如图 5－33 所示。

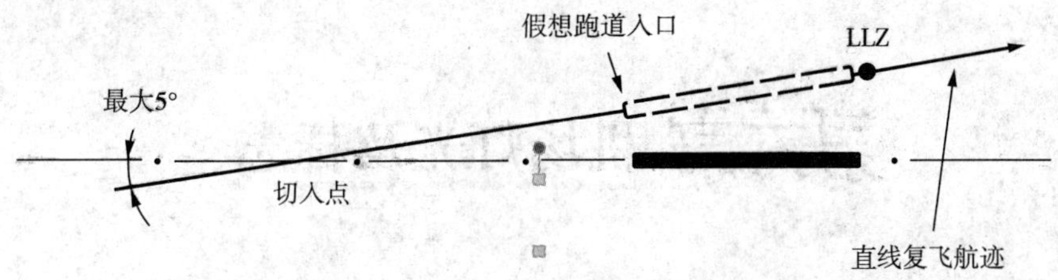

图 5－33　航向道偏置示意图

除下列情况外，超障余度使用精密进近规定的准则。所有超障面和计算是基于与航向台对正的假想跑道，其长度、入口标高和入口至切入点的距离与真跑道相同，而航向道的宽度和 ILS 基准高则为假想跑道入口的数据；这种程序的 OCA/OCH 不得小于：切入高度/高＋20（20m 为 66 ft）。

第六章 机场灯光及标志

第一节　助航设施概述

目视助航设备主要是在白天低能见度下和夜晚为进近着陆的飞机提供目视助航信息，帮助飞行人员顺利完成进近着陆。

飞机在飞行中，驾驶员可以用两种办法控制飞机：一种方法是用自动驾驶仪；另一种方法是驾驶员进行人工控制。人工控制又分为两种方法：一种方法是参照仪表板，由飞行指挥仪表系统为驾驶员做出判断；另一种方法是完全参照外部世界，利用目视参考物做出自己的全部判断。后一种方法是以有足够的能见度和明确的地平线为先决条件，我们称其为目视飞行。

在目视飞行中最困难的工作是向跑道进近时的判断和随后的着陆机动。这时，驾驶员必须仔细地控制速度，同时还要不断地进行三维的调整以跟踪正确的航道。为了平稳地接地，必须在“拉平”操作中保持较少速度和下降率，使飞机轮子正好在机翼失速或即将失速时接触跑道。接地后还须要估计剩下的跑道长度，这就须预先得到跑道出口位置提示。离开跑道还要通过滑行道把飞机正确地停靠到机坪里去。

研究表明，驾驶员由外界目视参考物变至仪表，再由仪表变至外界参考物所需的平均时间为 2.5s。由于高性能的飞机在这段时间里将行进 150m。所以，目视助航设施应在可能条件下提供最大可能的引导和信息，使驾驶员在前进时无须对其仪表进行校核。

为使驾驶员有序、安全地完成一系列的动作，机场设置一系列的目视助航设施，使驾驶员有所参考。这些目视助航设施的正常工作对飞机的安全起落是非常重要的。

不同类型机场，需要的目视助航设施也有所不同。当气象低于目视气象条件时，地面目视助航设施对飞行安全的作用就越发重要。它对目视助航灯光的要求也较小机场严格多了。

对于各类型机场的目视助航设施的设置是有国际标准的。机场的标准和建议措施是理事会根据《国际民用航空公约》（芝加哥，1944 年）第三十七条的规定，于 1951 年 5 月 29 日首次通过的，并定位公约的《国际民用航空公约附件 14》。这些标准和建议措施是以机场、航路和地面助航设施专业会议 1947 年 9 月第三次会议和 1949 年 11 月第四次会议中所提出的建议为依据的。

我国机场的目视助航设施全部都是按国际标准设置的。目视助航设施中，助航灯光尤其重要。通常称“助航灯光”是飞机的眼睛。

机场目视助航灯光是机场助航设施之一，目视助航设备主要是在白天低能见度下和夜晚为进近着陆的飞机提供目视助航信息，帮助飞行人员顺利完成进近着陆。

对助航灯光有构形（Configuration）、颜色（Color）、坎德拉（Condelas）、有效范围（Coverage）等四方面的要求，简称“四个 C”。构形和颜色能提供动态三维定位的重要信息。构形提供引导信息，而颜色告诉驾驶员他在此系统中的位置。坎德拉和有效范围是指助航灯光在影象构形和颜色方面发挥多大作用的光的系数。驾驶员应对系统的构形和颜色非常熟悉，并且应能感到增加或减少光的输出时的坎德拉变化。这四个因素适用于所有机场的灯光系统。

一、构形（Configuration）

构形是指系统的各部分的位置和灯的间距。

二、颜色（Color）

机场里各种灯光系统由规定的有色灯光组成，以便辨别。同时有色灯光有利于传递指示或信息。红色比别的颜色更容易看到，红色表示危险，禁止通过。绿色表示安全，允许通过。蓝色表示平静，提示“身处港湾”。白色表示明快，突出显眼。飞行员通过观察灯光构形及颜色的变化，可以判断飞机在系统中所处的位置，并采取措施控制飞行的姿态。

三、光强（坎德拉 Condelas）

发光强度是表征光源在一定方向范围内发出的可见光辐射强弱的物理量，简称光强。光强是光学的基本量，量度单位为坎德拉（cd）。

在不同的能见度时，应该设置什么灯光以及灯的光强都应该按国际民航组织的规范进行设置。跑道两侧灯光光强应该一致。如果跑道一边的灯亮而另一边暗，驾驶员就会离开亮的一边从而接近暗的一边而力图使光强平衡，这就容易使飞行员产生了错觉。

四、光的有效范围（Coverage）

早期的航空地面灯用裸灯泡或有透明玻璃罩的裸灯泡，发光强度在所有方向上基本是相同的。随着航空事业的发展，对光强的要求提高了，灯的结构也随之有所变化。现在灯的结构中使用了带反射镜、透镜或棱镜的灯。把向不需要光的方向发出的光更改到需要的方向，这样能增加需要光的方向上的光强而不增加功率的消耗。另外，光学系统产生的光束越窄，光束的强度就越高。

目视助航设施有如下几种类别：（1）指示标和信号设施；（2）标志；（3）灯光；（4）标记牌。

第二节　机场灯光系统

机场灯光系统主要由以下几类组成：机场灯标、进近灯光系统、目视进近坡度指示系统、跑道灯光和其他灯光。其详细的设置规定请见《民用机场飞行区技术标准》内目视助航设施部分。

一、机场灯标

准备夜间使用的机场必须设置机场灯标。除非在特殊的情况下，在考虑了使用机场的运输业务要求、机场的特征与周围环境对比明显以及装有其他有利与寻找机场位置的目视助航设施等因素后认为不需要时，可以不设置灯标。另外，供夜间使用且从空中用其他目视方法不易识别的机场，必须设置识别灯标。

机场灯标必须设在机场内或机场邻近周围背景亮度低的地方。机场灯标的各重要方向不能被物体遮蔽，并对进近着陆的飞行员不产生眩光。机场灯标必须显示有色与白色交替的闪光或仅显示白色闪光。总的闪光频率必须为 20～30 次/min，而以不少于 20 次/min 为好。陆地机场灯标的有色闪光必须为绿色；水上机场的有色闪光必须为黄色；水陆两用机场如用有色闪光，必须根据机场规定的主要用途来选择闪光的颜色。

二、进近灯光系统

进近灯光系统的作用是辅助飞机进近和着陆过程的目视导航系统。进近灯光系统分为简易进近光系统，Ⅰ类、Ⅱ类和Ⅲ类精密进近灯光系统。其中，简易进近灯光系统用于非仪表跑道和非精密进近跑道。如果该跑道进近能见度良好或有其他目视助航设备提供足够的引导时可以不设。其他三类精密进近灯光系统用于相对应的精密进近跑道，如果白天能见度不好，进近灯光系统也能提供目视引导。

（一）简易进近灯光系统

简易进近灯光系统由中线灯和横排灯组成。

中线灯必须由一行位于跑道中线延长线上，而且延伸到离跑道入口不小于 420m 处的灯具组成。

横排灯距离跑到入口 300m，且构成一个 18m 或 30m 的横排。构成横排灯的灯具必须设置在一条实际可行的接近水平的直线上，垂直于中线灯线被其平分。横排灯间距离在 1m 至 4m 之间。采用 30m 的横排灯时，可在中线两侧各留一个空隙。这个空隙必须保持在最小值以满足当地要求，并不能大于 6m。

构成中线灯具的纵向间距必须为 60m，只有在需要改善引导作用时可采用 30m 的距离。最靠近跑道的灯必须根据选用的中线灯的纵向间距设在距跑道入口 60m 或 30m 处。

简易进近灯光系统的灯具必须是恒定发光灯，灯光颜色必须易于与其他地面灯及可能存在的外界灯光区分开来。在因周围灯光使简易进近灯光系统难于在夜间识别的地方，可在该系统的靠外部分加装顺序灯光来解决。

（二）Ⅰ类精密进近灯光系统

Ⅰ类精密进近灯光系统是由中线灯和横排灯组成，这两种灯既可以是单个灯，也可以是多个灯。

中线灯必须由一行位于跑道中线延长线上，且尽可能延伸到离跑道入口 900m 处的灯

具组成。横排灯在距离跑到入口 300m 处构成一个长 30m 的横排。

构成中线灯的灯具的纵向间距必须为 30m，最靠里的灯位于离跑道入口 30m 处。中线灯可以是至少 4m 长的短排灯（也可以是单个灯）。当短排灯由近似点光源的灯组成时，短排灯内的距离为 1.5m。构成横排灯的灯具之间的距离要求同简易进近灯光系统。

Ⅰ类精密进近灯光系统的灯具必须是发可变白光的恒定发光灯。如果中线灯由短排灯构成，每个短排灯应附加一个电容放电灯（顺序闪光灯）。

（三）Ⅱ类、Ⅲ类精密进近灯光系统

Ⅱ类、Ⅲ类精密进近灯光系统由中线灯、横排灯和侧边灯组成，这三种灯均为排灯。

中线灯必须由位于跑道中线延长线上，而且尽可能延伸到距跑道入口 900m 处的灯具组成。中线灯具的纵向间距必须为 30m，最靠里的灯位于距跑道入口 30m 处。此外，本系统还必须有两行延伸到距跑道入口 270m 处的侧光灯以及两排横排灯，一排在距入口 150m 处，另一排在距入口 300m 处。

Ⅱ类和Ⅲ类精密进近灯光系统靠近跑道入口第一个 300m 部分的中线灯必须由发可变白光的短排灯组成。当跑道入口内移 300m 或更多时，这部分的中线灯才可由发可变白光的单灯组成。短排灯的长度至少 4m，当短排灯是由近似点光源组成时，灯具必须以不大于 1.5m 的间距均匀分布。

侧边灯的灯具必须位于中线的两侧，其纵向间距与中线灯的纵向间距相等。第一个短排灯设于距入口 30m 处。两行侧边灯最靠近中线的灯具之间的横向间距必须介于 15m 和 22.5m 之间，最好是 18m。但是在任何情况下它必须与接地地带灯的横向间距相同。

设在距跑道入口 150m 处的横排灯必须填满中线灯和侧边灯之间的空隙。设在距跑道入口 300m 处的横排灯必须由中线向两侧各伸出 15m 距离。

侧边灯必须由发红光的短排灯组成。每一侧边短排灯的长度和灯间距与接地地带灯的短排灯的长度和灯间距相同。构成横排灯的灯具必须是发可变白光的恒定发光灯。灯具必须以不大于 2.7m 的间距均匀布置。红色灯具的光强必须与白色灯具的光强相协调。

三、目视进近坡度指示系统（VASIS）

目视进近坡度指示系统是从最后进近到跑道入口的重要的目视设备，服务于任何进近跑道。只要存在下列一种或几种情况时，必须设置目视进近坡度指示系统，以引导飞机向跑道进近。

——涡轮喷气飞机或有类似进近引导要求的飞机使用的跑道。任何类型飞机的飞行员由于下述情况可能在进近中感到难于判断：一是目视引导不充分，如日间在水面上或缺乏特征的地面上，夜间在没有足够的外界灯光时；二是容易引起误解的信息，如迷惑人的周围地形及跑道坡度。

——在进近地区存在物体，如果飞机低于正常进近航道下降会引发严重的危险，特别是在没有非目视或其他目视助航设备能发出这些物体存在的警告时。

——跑道任何一端的具体条件在发生飞机过早接地或冲出跑道的情况下会导致严重的危险。

——气象条件经常使飞机在进近中可能受到异常的扰动。标准的目视进近坡度指示系

统有下列几种：

①目视进近坡度指示系统（VASIS）和简化目视进近坡度指示系统（AVASIS）；②三排目视进近坡度指示系统（3-BAR VASIS）和简化三排目视进近坡度指示系统（3-BAR AVASIS）；③T式目视进近坡度指示系统（T-VASIS）和简化目视进近坡度指示系统（AT-VASIS）；④精密进近航道指示器PAPI和简化精密进近航道指示器APAPI。

以上这些目视进近助航设备均能在最后进近期间向飞行员提供目视进近坡度指示信息。除PAPI和APAPI外，其于三种目视进近坡度指示系统都存在着航道不够稳定、高度低于60m不够精确、维护面积大、在强阳光下不易区分红色和红色无故障安全说明等缺点，已逐渐被20世纪80年代后期研制的精密进近航道指示系统（PAPI）所取代。在我国的民用机场里，很多机场装设了PAPI，但也有一部分机场仍然是VASIS。

（一）目视进近坡度指示系统（VASIS）

目视进近坡度指示系统（VASIS）由是两个灯具组成，分上风灯组和下风灯组，设置在跑道两侧，每个灯具上部发射白色光束，下部为红色光束（图6-1）。

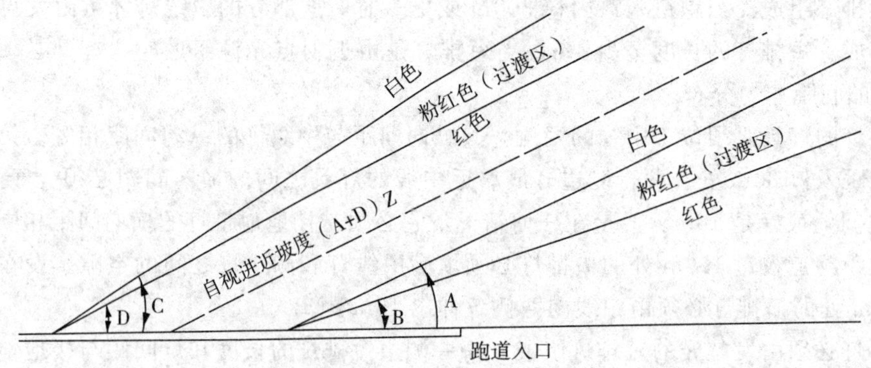

图6-1 目视进近坡度指示系统（VASIS）

飞机在正常进近坡度上，飞行员看到下方灯为白色，上方灯为红色；飞机高于进近坡度时，飞行员看到下方灯和上方灯均为白色；飞机低于进近坡度时，飞行员看到上方灯和下方灯均为红色。当飞机低于进近坡度很多时，位于跑道同一侧的两个上方灯将合并成为一个粗的红色信号。

（二）精密进近航道指示仪（PAPI、APAPI）

精密进近航道指示器（PAPI）系统必须以四个等距设置的急剧变色的灯具组成。除非实际不可行外，该系统必须设在跑道入口的左侧，如图6-2所示。

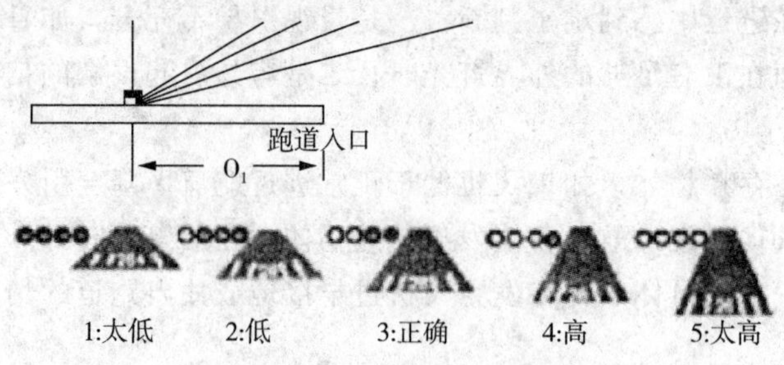

图6-2 PAPI灯工作情况

四、跑道助航灯光系统

供白天低能见度或夜间使用的跑道，须按要求设置跑道灯光。跑道灯光系统主要由以下灯光组成。

（一）跑道入口灯

设有跑道边灯的跑道必须设置跑道入口灯，除非跑道入口内移并设有跑道入口翼排灯的仪表跑道和非精密进近跑道才可以不设。

当跑道入口位于跑道端时，跑道入口灯必须设在垂直于跑道轴线的一条直线上并尽可能地靠近跑道端，在任何情况下不得设在跑道端以外距离大于 3m 处。当跑道入口自跑道端内移时，跑道入口灯必须设在跑道入口处的一条垂直于跑道轴线的直线上。

当需要使精密进近跑道的入口更加明显时，应设置入口翼排灯。跑道入口已内移的非仪表跑道或非精密进近跑道，须设跑道入口灯而未设时，必须设入口翼排灯，跑道入口灯和翼排灯如图 6－3 所示。

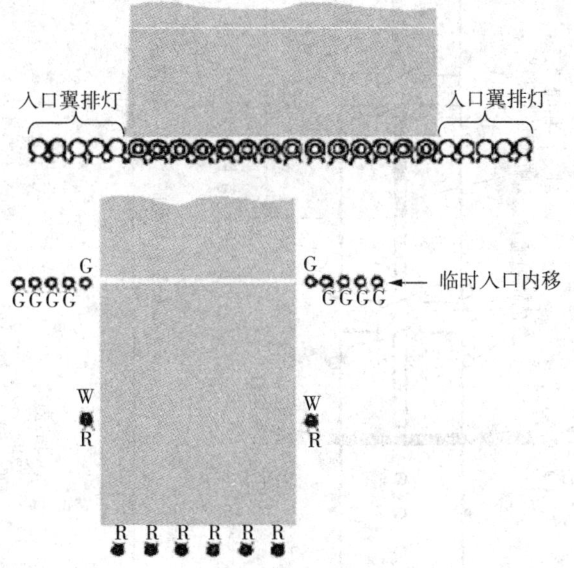

图 6－3　跑道入口灯和翼排灯

（二）跑道末端灯

设有跑道边灯的跑道必须设置跑道末端灯，当跑道入口位于跑道端时，跑道末端灯可以使用于跑道入口灯的灯具。跑道末端必须向跑道方向发红色的单向光。

（三）跑道中线灯

Ⅱ类或Ⅲ类精密进近跑道上必须设置跑道中线灯。跑道中线灯必须沿跑道中线设置，从跑道入口到距跑道末端 900m 处的跑道中线灯必须是发可变白光的恒定发光灯；从距跑道末端 900m 到 300m 之间的跑道中线灯必须交替地发可变白光和发恒定红色光的恒定发光灯；从距跑道末端 300m 到跑道末端必须是发红色光灯。

（四）跑道边灯

供夜间使用的跑道或昼夜使用的精密进近跑道，必须成行地沿跑道边缘或跑道边缘以外不大于 3m 处均匀地布置跑道边灯。仪表跑道灯间距离不得大于 60m，非仪表跑道灯间距离不得大于 100m。跑道边灯必须是发可变白光的恒定发光灯，特殊情况和特殊部位除外，跑道入口内移的进近灯光和跑道灯光示例如图 6－4 所示。

（五）跑道接地地带灯

Ⅱ类或Ⅲ类精密进近跑道的接地地带必须设置接地地带灯。接地地带灯必须从跑道入口开始纵向延伸 900m，但在跑道长度小于 1800m 时必须将该系统缩短使其不致越过跑道中点。该系统必须以对称于跑道中线的短排灯组成。每对短排灯的最里面两个灯的横向间

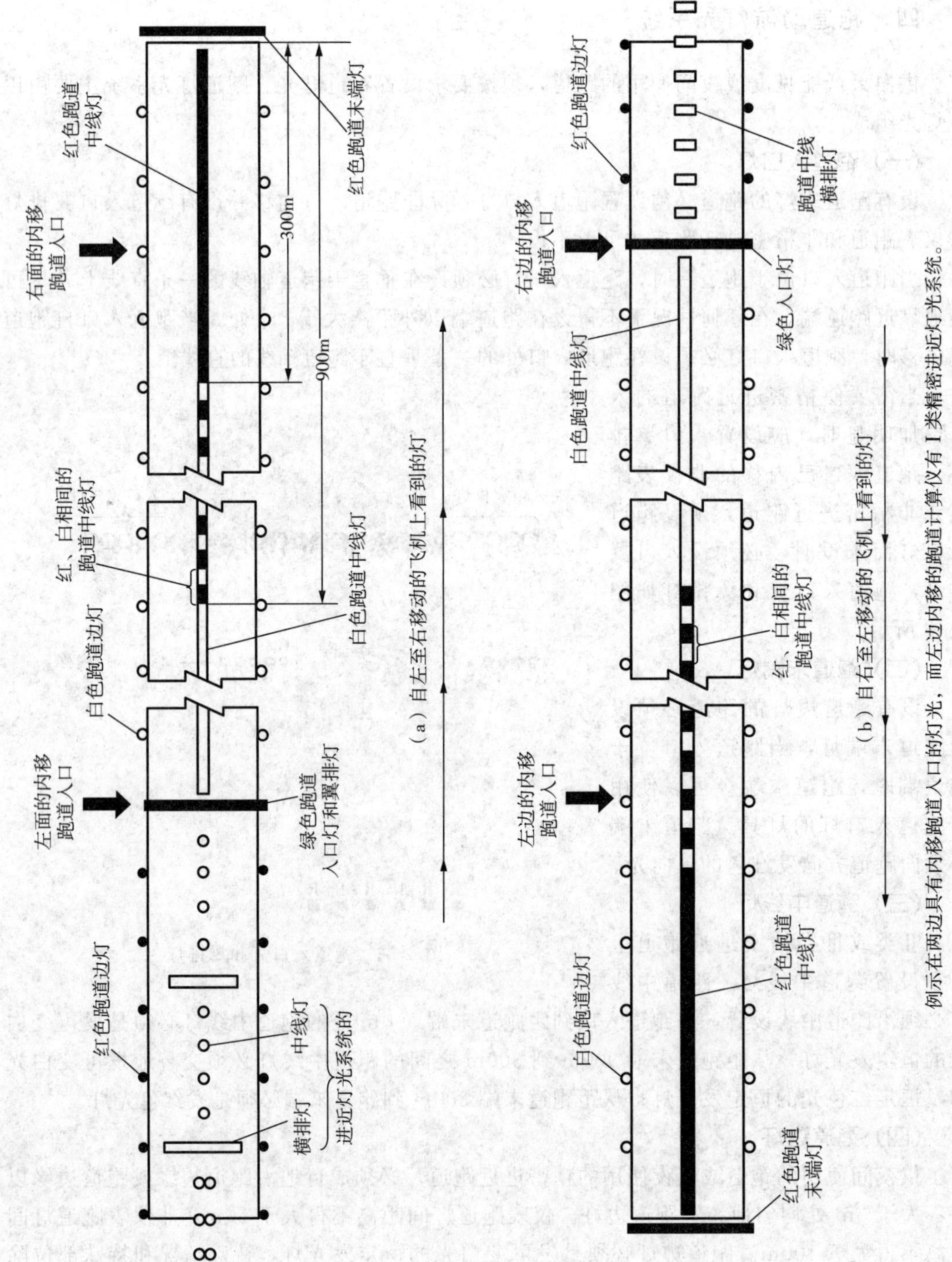

图 6-4　跑道入口内移的进近灯光和跑道灯光示例

距必须等于接地地带标志所选用的横向间距。两对短排灯之间的纵向距离必须为 30m 或 60m。接地地带灯应发单向白光。

(六) 停止道灯

供夜间使用的停止道必须设置停止道灯。停止道灯沿停止道长、宽设置。停止道灯必须为朝跑道方向单向发红光。

五、滑行道灯光系统

(一) 滑行道中线灯

准备在跑道视程小于 350m 情况下使用的出口滑行道、滑行道和停机坪必须设置中线灯，设置方式必须能从跑道中线开始至停机坪上飞机开始其停放操作的地点为止提供连续的引导。

如果是准备在跑道视程为 350m 左右或较大的夜间情况下使用的滑行道，特别是在复杂的滑行道相交处和出口滑行道最好设置滑行道中线灯。只有在交通量不大而且滑行道边灯和中线标志已能提供足够的引导的情况下可以不设。

1. 滑行道上的滑行道中线灯

滑行道上滑行道中线灯可分为直线段灯和转弯中线灯。

一般情况下，直线段灯的纵向间距应该不大于 30m。但是，有些情况除外：在由于经常的气象条件，采用较大的间距仍能提供足够的引导时，可用不超过 60m 的较大间距；在短的直线段上，应采用小于 30m 的间距；在拟供跑道视程小于 350m 的条件下使用的滑行道上，纵向间距不超过 15m。

转弯中线灯应与滑行道直线部分的滑行道中线灯衔接，并从衔接处起保持中线灯至弯道外侧边缘的距离不变，灯的间距仍能清晰地显示出弯道来。准备在跑道视程小于 350m 情况下使用的滑行道上，弯道的灯间距离不超过 15m，而在半径小于 400m 的弯道上，灯间距离不大于 7.5m。这个距离应该保持弯道前后各 60m。在准备用于跑道视程为 350m 或更大情况下的滑行道上，下列灯距是合适的：弯道半径 400m 以下，灯间距离是 7.5m；弯道半径为 401m 至 899m，灯间距离是 15m；弯道半径为 900m 或更大，灯间距离是 30m。

2. 快速出口滑行道上的滑行道中线灯

快速出口滑行道上的滑行道中线灯应从滑行道中曲线起始点以前至少 60m 处的一点开始，一直延续到曲线终点以后滑行道中线上预期飞机将降速至正常滑行速度的一点为止。平行与跑道中线的那一部分滑行道中线灯应始终离开跑道中线的任何一排灯（如果设有）至少 60m。快速出口滑行道上的滑行道中线灯的纵向间距应不大于 15m，在未设有跑道中线灯之处，应采用不大于 30m 的纵向间距。

3. 其他出口滑行道上的滑行道中线灯

快速出口滑行道以外的出口滑行道上的滑行道中线灯，应从滑行道中线标志从跑道开始弯出的那一点开始，沿着弯曲的滑行道中线标志，至少到该标志离开跑道的地点为止。第一个灯应该距离跑道中线灯的任何一排灯（如果设有）至少 60m，灯具的纵向间距应不大于 7.5m。

4. 跑道上的滑行道中线灯

跑道上作为标准滑行路线的部分以及在拟供跑道视程小于 350m 的情况下滑行时，其滑行道中线灯的纵向间距不应超过 15m。

除了出口滑行道外，滑行道中线灯必须为发绿色光的恒定发光灯，其光束大小必须只有从在滑行道上或附近的飞机上才能看到灯光。同时，须要限制在跑道上或其附近的发绿光灯具的光束分布，以免在跑道入口混淆不清。

出口滑行道上的滑行道中线必须是恒定发光灯，从靠近跑道中线开始到仪表着陆系统关心敏感地区边界或内过渡面的下面（取二者之中离跑道较远者）为止，滑行道中线灯必须是发绿色光和发黄色光的交替设置。此后所有的灯必须全部是发绿光的。最靠近上述边界的灯必须是发黄色光的。

（二）滑行道边灯

供夜间使用的等待坪、停机坪和供夜间使用的但未设置滑行道中线灯的滑行道必须设置滑行道边灯。如果在考虑了运行性质，认为地面照明或其他方法已经能提供足够的引导时，则无须设置。

滑行道直线部分的滑行道边灯应均匀设置，灯具位置应尽实际可行地靠近滑行道、等待坪、停机坪或跑道等的边缘，或在边缘以外距离不大于 3m 处。

滑行道边灯必须是发蓝色光的恒定发光灯。灯具必须为朝任一方向滑行的驾驶员提供引导所有必要的方位角上、自水平至水平以上至少 30°角的范围内可以看到灯光。在相交、出口或弯道处的灯具必须尽可能地加以遮拦，使得在可能与其他灯光混淆的那些方位上看不见它的灯光。

六、机坪泛光照明

为夜间（低能见度）使用的机坪和指定的隔离飞机的停放位置，设置机坪泛光照明。含有飞机机位的那部分机坪需要较高的照度。每个机位的大小在很大程度上由飞机的大小和安全地操纵飞机出入这个机位所需要的面积确定。

第三节　航空障碍灯与障碍物标志

航空障碍灯（Aviation Obstruction Light）是助航灯光设备中标识障碍物的特种灯具，隶属于助航灯光设备行业，航空障碍灯是其座下的灯种范围。为了与一般用途的照明灯有所区别，航空障碍灯不是常亮着而是闪亮，低光强航空障碍灯为常亮，中光强航空障碍灯与高光强航空障碍灯为闪光，闪光频率不低于每分钟 20 次，不高于每分钟 60 次。航空障碍灯的作用就是显示出构筑物的轮廓，使飞行器操作员能判断障碍物的高度与轮廓，起到警示作用。而根据《中华人民共和国特种设备安全法》和民航局最新的文件要求，航空障碍灯作为特种设备，其必须有中国民航局机场司指定的检测中心出具的合格检测报告方才有效。

一、障碍灯要求

《中华人民共和国民用航空法》及国家有关文件对障碍灯的设置有明确规定。

（1）机场净空保护区的限高或超高建筑物及构筑物应设置飞行障碍灯和标志。

（2）航路上及飞行区周围影响飞行安全的人工障碍物体应当设置飞行障碍灯及标志。

（3）有可能影响飞行安全的地面高耸、高大建筑物和设施，应当设置飞行障碍灯和标志，并保持正常状态（公安消防交通等部门在城市中建有停机坪，城市上空视为净空，城市中的高大建筑物和构筑物也应设置障碍灯及标志）。

下列物体均应作为障碍物加以标志（涂漆或加标志物）和照明：

① 距离起飞爬升面内边 3000m 以内，突出于该面之上的固定障碍物，应予以标志；如跑道供夜间使用，还应予以照明。

② 邻近起飞爬升面的物体，虽然尚未构成障碍物，在认为有必要保证飞机能够避开它时，应予以标志；如跑道供夜间使用，还应予以照明。

③ 跑道仅今年内边 3000m 以内，突出于该面或内过渡面之上的固定障碍物，应予以标志；如跑道供夜间使用，还应予以照明。

④ 突出于水面之上的固定障碍物，必须予以标志；如跑道供夜间使用，还应予以照明。

⑤ 突出于障碍物保护面之上的固定物体，应予以标志；如跑道供夜间使用，还必须予以照明。

⑥ 在飞机活动地区内，所有车辆和移动物体除飞机均为障碍物，必须以标志；如在夜间或低能见度条件下使用还必须加以照明。

⑦ 在飞机活动地区内的立式航空地面灯必须予以标志，使其在昼夜鲜明、醒目。

⑧ 在规定的至滑行道、机坪滑行道或飞机机位滑行道的中线的最小间距范围内的所有障碍物，必须予以标志，如果这些滑行道或滑行通道在夜间使用则还必须加以照明。

⑨ 在障碍物限制面范围以外的地区内超出周围地面高度大于 150m 障碍物，除非经专门的航行研究认为并不构成对飞机的危害，应予以标志和照明。

⑩ 横跨河流、山谷或公路的架空电线或电缆等，如经航行研究认为这些电线或电缆可能对飞机构成危害则应予以标志，对其支持杆塔予以标志和照明。

二、障碍灯设置

航空障碍灯必须为闪光，以便在空中俯视与地面恒定光源有明显区分和能达到规定远的可视距离。

（一）航空障碍灯的分类

（1）障碍灯一般分为低光强、中光强和高光强三种：45m 以上的建筑物及其设施主要使用闪光的中光强和高光强障碍灯。

（2）超过 45m 以上的建筑物及其设施使用中光强障碍灯并必须为红色闪光灯，闪光频率应在每分钟 20 至 60 次之间，闪光的有效光强不小于 1600 cd。

（3）超过 150m 以上的建筑物及其设施使用高光强障碍灯并必须为白色闪光灯，闪光频率应在每分钟 40 至 60 次之间，有效光强随背景亮度而定（一般要求有效光强为 2000 cd）。

（二）航空障碍灯的设置分布

障碍物就其障碍灯的设置为应标示出障碍物的最高点和最边缘（即视高和视宽）。一个或多个低、中光强或高光强障碍灯必须尽实际可行地靠近物体的顶端设置。顶端的障碍灯必须布置得至少能够显示出物体相对于障碍物限制面的最高点或最高边缘。但在实际使用时由于考虑到防雷击，一般依据高度不同约缩进 1～3m。对烟囱或其他类似性质的构筑物，应将顶部的灯设置在顶部以下足够低的位置使其受烟雾等的污染降至最小，一般低 3～5m。

如果物体的顶部高出其周围地面 45m 以上，必须在其中间层加设障碍灯，每层障碍灯的距离必须不大于 45m 并尽可能相等（城市中百米以上的超高建筑物尤其要考虑中间层加设障碍灯）。地处城市和居民区附近的建筑物设装中间层障碍灯时，应考虑免使居民产生眩光。一般要求从地面只能看到散逸的光线。由 B 型中光强障碍灯标示的障碍物的顶部比周围地面或附近建筑物（当障碍物被多个建筑物包围时）的顶部标高高出 45m 以上时，必须在中间增设障碍灯。增设的中间层障碍灯必须为交替的 B 型低光强障碍灯和 B 型中光强障碍灯并视情况在顶部障碍灯与地面或附近建筑物顶部标高之间尽可能地以不大于 52m 的等距离设置；由 C 型中光强障碍灯标示的障碍的顶部比周围地面或附近建筑物（当障碍物被多个建筑包围时）的顶部标高高出 45m 以上时，必须在中间增设障碍灯。增设的中间层障碍灯必须视情况在顶部障碍灯与地面或附近建筑物顶部标高之间尽可能地以不大于 52m 的等距离设置。

外形广大的建筑群所设置障碍灯应能从各个方面看出建筑物的轮廓，水平方向也可参考以 45m 左右的间距设置障碍灯。

对于 105m 的超高物体、设施或铁塔、楼顶塔等，应在其顶端设置中光强 A 型障碍灯，并为白色闪光，其下部分层设置红色中光强 B 型障碍灯。由 A 型中光强障碍灯标示的障碍物的顶部比周围地面或附近建筑物（当障碍物被多个建筑物包围时）的顶部标高高出 105m 以上时，必须在中间增设障碍灯。增设的中间层障碍灯必须视情况在顶部障碍灯与地面或附近的建筑物顶部标高之间尽可能地以不大于 105m 的等高设置。

高于 150m 的超高物体（如广播电视塔、大跨越斜立桥等）应在其顶端设置高光强 A 型障碍灯，并且应以中、高光强障碍灯配合使用。

超高压输电线铁塔应设置高光强 B 型障碍灯，并为三层同步闪光。位置为塔顶、电缆下垂最低点及二者中间位置，且须沿电缆走线方向设于铁塔外侧。

不论哪种障碍灯，其在不同高度的障碍灯数目及排列，应从各个方位都能看到该物体群的轮廓，并且考虑障碍灯的同步闪烁，以达到明显的警示作用。

一般可参照图 6－5、图 6－6 设置障碍灯，外形广大的建筑群设置的障碍灯应能从各个方位看出物体的轮廓，水平方向也可参考以 45m 左右的间距设置障碍灯，一般建筑应在其顶端安装障碍灯，高于 150m 超高物体，在其顶端设置高光强 A 型障碍灯，并与中光强障碍灯配合使用。高于 105m 而不足 150m 的高大物体，应在顶端设置中光强 A 型障碍灯，中间层还应加设障碍灯，且间距尽可能相等。超高压输电线铁塔应设置高光强 B 型障碍灯，并为三层同步闪光。位置为塔顶、电缆下垂线的最低点及二者中。

烟囱设置可参考《中华人民共和国国家标准 GB50051－2001》规定烟囱设置航空障碍灯及标志。

灯具在障碍物上的位置参见书后附录 6。

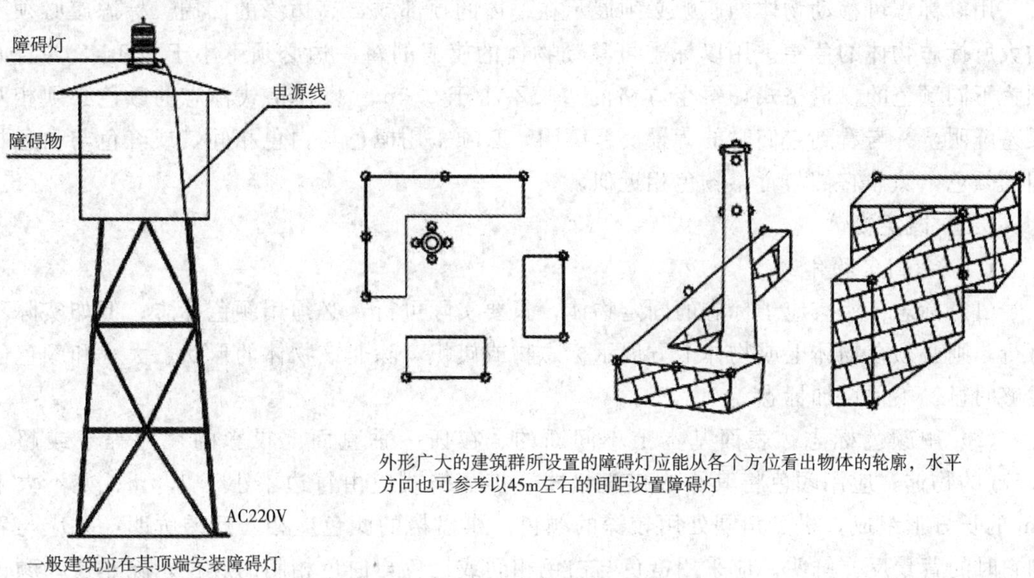

图 6－5　一般建筑物顶端设置障碍灯

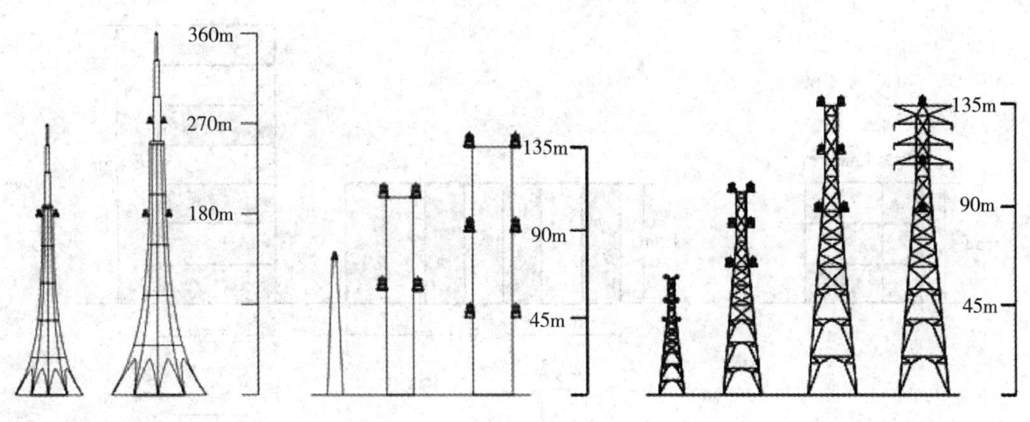

图 6－6　不同高度障碍物灯设置

三、障碍物标志

(一) 移动物体

所有应予标志的可移动的物体，必须予以涂色或展示旗帜。

1. 用颜色标志

当用颜色标志可移动的物体时，应采用明显的单色，应急车辆以红色或黄绿色为宜，勤务车辆以黄色为宜。

2. 用旗帜标志

用以标志可移动物体的旗帜必须展示在物体的顶部或最高边缘的四周。标志旗必须不增大所标志物体的危害。用以标志可移动物体的旗帜的每一边必须不小于 0.9m，并且必须为不同颜色的棋盘格式，每个方格的边长不小于 0.3m。棋盘格式标志的颜色必须相互反差鲜明，并与看到它们时的背景反差鲜明。必须采用橙色与白色相间，或红色与白色相间的颜色，除非它们与背景颜色相近似。

（二）固定物体

1. 一般固定物体

（1）标志。所有应予标志的固定物体，只要实际可行，必须用颜色标志；但如实际不可行，则必须在物体上或物体上方展示标志物或旗帜，除非该物体的形状、大小和颜色已足够明显，不须再加标志。

（2）用颜色标志。表面基本上不间断的、在任一垂直面上投影的尺寸等于或超过 4.5m 的物体，应用颜色将其涂成棋盘格式。棋盘格式应由每边不小于 1.5m、亦不大于 3m 的长方形组成，棋盘角隅处用较深的颜色。棋盘格的颜色应相互反差鲜明，并应与看到它时的背景反差鲜明。应采用橙色与白色相间或红色与白色相间的颜色；除非这些颜色与背景相近似（图 6 - 7）。

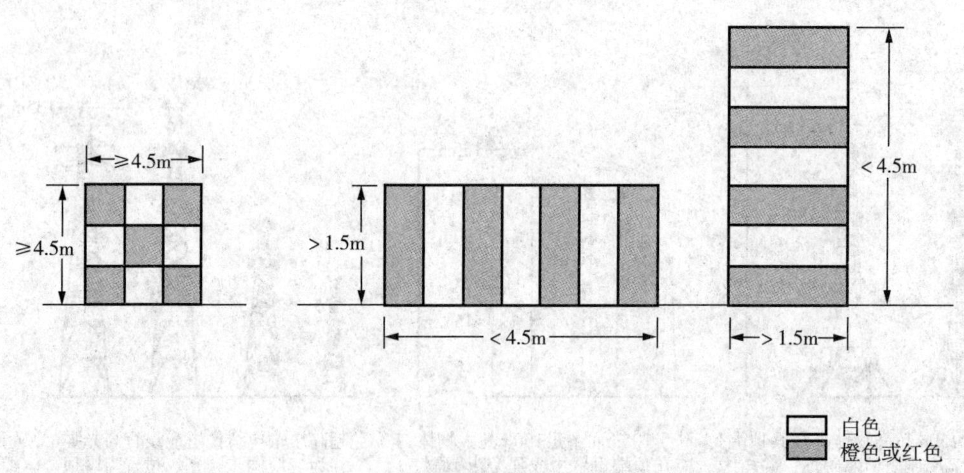

图 6 - 7　颜色标记固定障碍物

如为下列情况的物体应涂以反差鲜明的相间色带：表面基本上不间断，且其一边（水平或垂直）的尺寸大于 1.5m，而另一边（水平或垂直）的尺寸小于 4.5m 的物体；或其一水平边或一垂直边的尺寸大于 1.5m 的骨架式物体。

色带应垂直于长边，其宽度约为最长边的 1/7 或 30m，取其较小值。色带的颜色应与看到它时的背景形成反差，应采用橙色与白色，仅当与看到它们时的背景反差不明显时为例外。物体的端部色带应为较深的颜色。

表 6 - 1 显示了用奇数色带确定色带宽度，这样能使顶部和底部的色带为较深的颜色。

在任一垂直面上投影的长宽均小于 1.5m 的物体，应涂满明显的单色。应采用橙色或

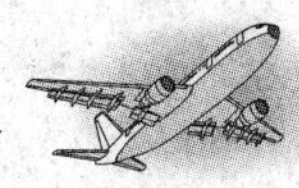

红色，除非这些颜色与背景色相似。需要注意的是，有些背景可能须采用橙色或红色以外的颜色，以获得充分的反差。

表6－1　用奇数色带确定色带宽度

最长边的尺寸（m）		色带宽度
大于	不超过	
1.5	210	最长边的1/7
210	270	最长边的1/9
270	330	最长边的1/11
330	390	最长边的1/13
390	450	最长边的1/15
450	510	最长边的1/17
510	570	最长边的1/19
570	630	最长边的1/21

（3）用旗帜标志。用以标志固定物体的旗帜必须展示在物体的顶部或最高边缘的四周。当用旗帜标志巨大物体或一组密集的物体时，至少每15m设置一面标志旗。标志旗必须不增大所标志物体的危害。

用以标志固定物体的旗帜的每一边不小于0.6m。用以标志固定物体的旗帜应为橙色，或为橙色与白色，或红色与白色的两个三角形的组合；如上述颜色与背景颜色相近似，则应采用其他更鲜明的颜色。

（4）用标志物标志。在物体上或邻近物体上展示的标志物必须位于醒目的位置，以保持物体的一般轮廓，并且在天气晴朗时，在航空器有可能接近它的所有方向上至少从空中1000m、从地面300m的距离上必须能够被识别出来。标志物的形状和醒目的程度必须保证其不致被误认为是用来传达其他信息的标志物，同时它们必须不增强其所标志的物体的危害性。

标志物应是一种颜色。安装时，应采用白色及红色或白色及橙色交替相间的标志物。所选的颜色应与看到它时的背景形成反差。

固定物体风力发电机、固定物体架空电线、电缆等和支撑塔架单独进行说明。

2. 风力发电机

风力发电机如被确定为障碍物，必须加以标志和/或照明。除航空研究另有指示之外，风力发电机的转子叶片、齿轮箱和支架上部2/3的部分应涂成白色。

3. 架空电线、电缆等和支撑塔架

（1）标志。应予以标志的电线、电缆等应配有标志物；支撑塔架应用颜色标志。用颜色标志架空电线、电缆等的支撑塔架如果要求予以标志，则应根据固定物体的要求予以标志，但当塔架在日间有高光强障碍灯照明时，可将标志略去。

（2）用标志物标志。在物体上或邻近物体上展示的标志物必须位于醒目的位置，以保持物体的一般轮廓，并且在天气晴朗时，在航空器有可能接近它的所有方向上至少从空中1000m、从地面300m的距离上必须能够被识别出来。标志物的形状和醒目的程度必须保证其不致被误认为是用来传达其他信息的标志物，同时它们必须不增强其所标志的物体的危害性。

展示于架空的电线、电缆等的标志物，应为球形，其直径不小于60cm。

两个连续的标志物或一个标志物与支承塔、架之间的间距，应与标志物的直径相适应；但在任何情况下，该间距不应超出：

① 当标志物的直径为60cm时，不超出30m，此值随标志物直径的增大而逐渐加大。

② 当标志物的直径为80cm时，不超出35m，此值随标志物直径的增大而逐渐加大。

③ 当标志物直径不小于130cm时，不超出40m。

当涉及多条电线、电缆等时，标志物应设在不低于该标志物所在的最高的架空线的高度上。

标志物应是一种颜色。安装时，应采用白色及红色或白色及橙色交替相间的标志物。所选的颜色应与看到它时的背景形成反差。在已经确定应予标志的架空电线或电缆等上设置标志物为不实际可行时，应在其支撑塔架上设置B型高光强障碍灯。

第四节　其他标志物及标记牌

一、机场标志

为保证飞机起降、滑行的安全和便利，应在飞行区设置地面标志。地面标志的一般规定如下：

(1) 地面标志颜色应明显，易于识别，没有反光。

(2) 跑道标志必须是白色的，滑行道标志和飞机停放位置标志必须用黄色。最好采用适当品种的油漆，以尽可能减少由标志引起的不均匀摩擦特性的危险。

(3) 跑道与滑行道相交处必须设置显示较重要的那条跑道的标志；而其他跑道的标志则必须中断。较重要的那条跑道的边线标志在相交处可以连续，也可以中断。跑道重要性的递减顺序是：精密进近跑道、非精密进近跑道、非仪表跑道。

(4) 只要实际可行，无铺砌道面的滑行道应设置为有铺砌道面的滑行道所规定的各种标志。

二、机场常见标志及标志物

(一) 跑道上的标志

机场跑道上的标志包括跑道识别标志、跑道中线标志、跑道入口标志、瞄准点标志、接地地带标志和跑道边线标志（图6-8）。

1. 跑道识别标志

有铺砌面的跑道必须在跑道入口处设跑道识别标志。跑道识别标志必须由两位数字组成，在平行跑道上必须再增加一个字母。

2. 跑道入口标志

在有铺砌面的仪表跑道上，和基准代码为3或4的有铺砌道面的并准备供国际商务运

输使用的非仪表跑道入口处，必须设置跑道入口标志。跑道入口标志的线段必须从距离入口 6m 处开始。跑道入口标志必须由一组尺寸相同、位置对称于跑道中线的纵向线段组成。线段的数目必须按照跑道宽度确定，ICAO 建议 45m 宽的跑道，其跑道入口标志为 12 个线条。60m 宽的跑道，其跑道入口标志为 16 条。

3. 跑道中线标志

有铺砌道面的跑道应设置跑道中线标志。跑道中线标志必须设在两端跑道识别标志之间的跑道中线上。跑道中线标志必须由均匀隔开的线段和间隙组成。每一线段加一个间隙的长度在 50m 和 75m 之间，每一线段的长度必须大于等于间隙的长度或 30m，取较大值。

4. 瞄准点标志

瞄准点标志是两块 45m 至 60m 长的长方形标志，在跑道入口以内 300m 处对称地排在跑道中线两侧。

5. 接地地带标志

精密进近跑道的接地地带必须设置接地地带标志，接地地带标志必须以若干组对称地设在跑道中线两侧的长方形标志块。

6. 跑道边线标志

有铺砌面的跑道，当跑道边缘与道肩或周围地域缺乏明显对比时，跑道的两端入口间的范围内必须设置跑道边线标志。精密进近跑道最好设置跑道边线标志。跑道边线标志最好由两个线条组成，沿跑道的两侧边缘各设一条，每条的外边大致在跑道边缘上。如图6-9 为跑道边线标记。

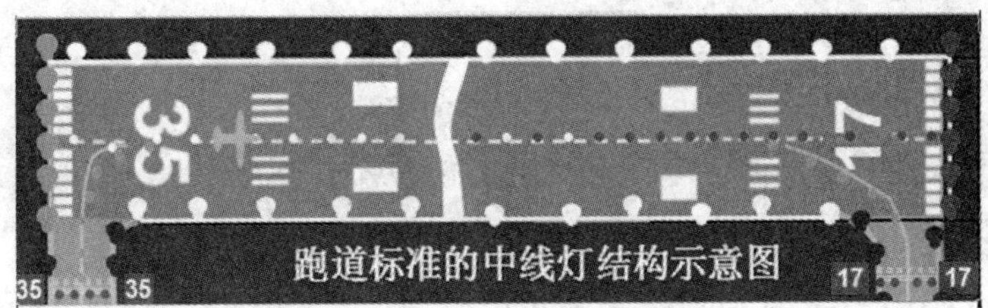

图 6-8　跑道标记及灯光系统

图 6-9　跑道边线标记

（二）滑行道标志

滑行道上的标志包括滑行道中线标志、滑行等待位置标志、滑行道交叉标志及其他滑行道辅助标志。

1. 滑行道中线标志

在基准代码为 3 或 4 的有铺砌面的滑行道上，必须设置滑行道中线标志，用以提供自跑道中线至停机坪上机位标志开始点的引导。

2. 滑行等待位置标志

滑行等待位置标志必须沿着滑行等待位置展示。

3. 滑行交叉标志

在两条有铺砌面的滑行道交叉处，最好设置滑行道交叉标志。滑行道交叉标志可以横跨滑行道设置，与相交滑行道的近边区有足够的距离，以保证滑行中的飞机之间的安全净距。滑行道交叉标志由单条虚线组成。

（三）机坪标志

机坪标志包括飞机机位标志、机坪安全线、道路等待位置标志和信息标志。

1. 飞机机位标志

有铺砌面的机坪内规定的停放位置上应设飞机机位标志。飞机机位标志应设置得当使飞机以前轮沿该标志滑行时能保持所规定的净距。应根据机位构型和辅助其他停机设施的需要设置机位识别标志、引入线、转弯开始线、转弯线、对准线、停止线和引出线（图6－10）。

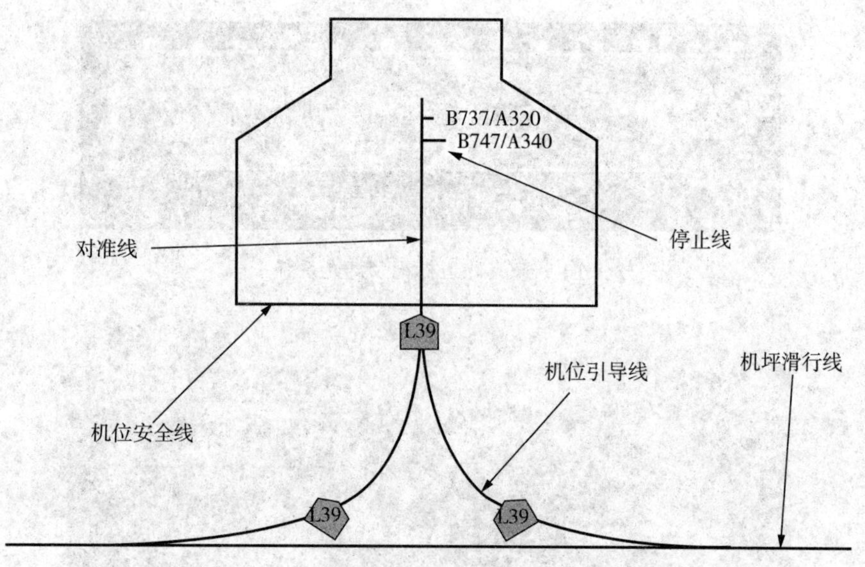

图 6－10　机位标志线

（1）机位识别标志。飞机机位识别标志（字母和/或数字）应设在引入线起端后一小段距离处。识别标志的高度应足以从使用机位的飞机驾驶舱内看得清楚。

（2）引入线。引入线提供从机坪滑行道滑行到飞机机位的引导。

（3）转弯线。如果需要飞机在停住以前或松开刹车以后在机位上转个弯，那可能就需

要转弯线供飞机跟踪。这个线的主要目的是把飞机的转弯限制在规定的范围里，使飞机避开障碍物并帮助准确地停放飞机。

(4) 引出线。引出线提供由机位至滑行道的引导，并保证与其他飞机或障碍物的净距。

2. 机坪安全线

在有铺砌面的机坪上，最好根据停机坪构型和地面设施的需要设置机坪安全线。机坪安全线必须能规定出供车辆和其他为飞机服务的设备等使用的地区范围，以保持其与飞机隔开的安全距离。机位安全线一般为红色的宽度至少为10cm的连续实线。

3. 道路等待位置标志

在所有道路进入跑道处必须设置道路等待位置标志。道路等待位置标志必须横过道路，设置在等待位置上。该标志必须与当地的道路交通规则相符。

4. 信息标志

当通常要求设置信息标记牌，而实际上不可能设置时，必须在道面的表面上设置信息标志。在运行商需要时，信息标记牌不妨用信息标志作为补充。信息标志替代或补充位置标记牌时，文字为黄色；信息标志替代或补充方向标记牌或目的地标记牌时，文字为黑色。

(四) 标志物

常见的标志物主要包括无铺砌面跑道的边线标志物、表面积雪的跑道边线标志物、滑行道边标志物、滑行道中线标志物、无铺砌面滑行道的边线标志物、边界标志物灯等。

三、标记牌

设置标记牌是为了向驾驶员提供信息。为了容易被飞机驾驶员看见，标志牌应在其结构容许的范围内尽可能地靠近道面边缘位置。

标记牌必须是易折的、长方形的，其长边为水平的；靠近跑道或滑行道安装的那些标记牌必须低得足以保持与飞机螺旋桨和喷气飞机发动机吊舱的净距。为了防止折断的标记牌被吹走，有时用地锚或链条将标记牌拴住。

按标记牌的作用不同标记牌可分为两大类：强制性的指示标记牌和通知性标记牌。

(一) 强制性标记牌

强制性标记牌用来传达一个必须照办的指令。当要表明不论飞机滑行或车辆非经机场控制塔台许可不得越过的地点，必须设置强制性指示标记牌。

强制性标记牌由红色底子和其上的白色文字组成。当要求用于夜间或能见度不良时，它应设内部或外部照明。

1. 跑道识别标记牌

跑道识别标记牌上的文字符号必须含有所交跑道的识别号码，并根据标记牌的观看位置正确地定向。设在跑道尽头附近的跑道识别标记牌可以只显示该端的跑道识别号码。

在滑行道/跑道相交处的跑道识别标记牌应用一块位于相应外侧（距滑行道最远处）的位置标记牌作为补充。

在滑行道/跑道相交处的跑道识别标记牌必须面对着朝向跑道进近方向，至少设置在滑行道的左侧。当实际可行时，跑道识别标记牌必须设置在滑行道的两侧（图 6-11）。

2. 禁止进入标记牌

当禁止进入一个地区时必须设置一块禁止进入标记牌（图 6-12），例如在单向滑行道的出口。

禁止进入标记牌设置在禁止入口地区的起始处，从驾驶员看来是在滑行道的左侧。当实际可行时禁止进入标记牌设置在滑行道两侧。

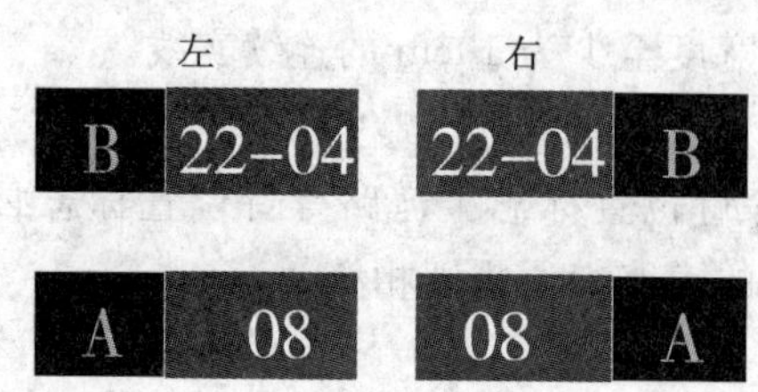

图 6-11　跑道识别标志牌

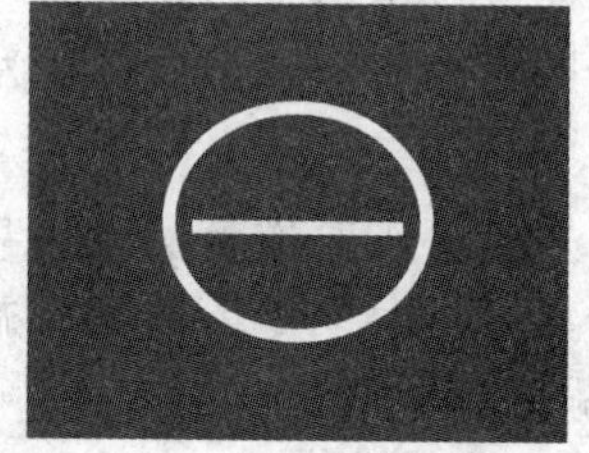

图 6-12　禁止进入标记牌

3. Ⅰ、Ⅱ、Ⅲ类等待位置标记牌

Ⅰ、Ⅱ或Ⅲ类等待位置标记牌设在等待位置标志的两侧，面向进近至关键地区的方向。标记牌上的文字应用“CATⅠ”表示Ⅰ类等待位置，“CAT Ⅱ”表示Ⅱ类等待位置，“CAT Ⅲ”表示Ⅲ类等待位置。

在等待位置标记牌上的文字符号必须含有相应跑道识别号码（图 6-13）。

4. 滑行等待位置标记牌

如果一个滑行道的位置或向使得滑行的飞机或车辆会侵犯障碍物限制面或无线电助航设备有所干扰时，在该滑行道上必须设立滑行等待位置。

滑行等待位置标记牌上的文字符号必须含有滑行道识别号码和一个数字，如图 6-14 所示。他表明不是在滑行道/跑道、跑道/跑道或滑行道/滑行道相交处的一个滑行等待位置。

滑行等待位置标记牌必须位于面对着朝向障碍物限制面或仪表着陆系统/微波着陆系统的关键/敏感地区的方向，至少设置在滑行等待位置的左侧。当实际可行时，等待位置标记牌设置在滑行等待位置的两侧。

图 6-13　Ⅱ类等待位置标记牌

图 6-14　滑行等待位置标记牌

5. 道路等待位置标记牌

在所有道路进入跑道的入口处必须设置道路等待位置标记牌。道路等待位置标记牌必须设置在等待位置处距道路一侧 1.5m。道路等待位置标记牌是在红色背景上的白色铭文。

道路等待位置标记牌上的文字符号必须用本国文字，必须符合当地的交通规则，并包

括如下内容：

（1）要求停住；

（2）在适应的场合：①取得空中交通管制部门放行的要求；②位置的识别名称。

（二）信息标记牌

通知性标记牌一般为黄色底子上附黑色文字，只有位置标记牌为黑底黄字。如要求用于夜间，标记牌应设有内部或外部照明。标记牌也可以涂覆以反光材料。

当运行要求识别一个标记、一个特定位置或路线（方向或目的地）的信息时必须设置信息标记牌。

信息标记牌包括方向标记牌、位置标记牌、目的地标记牌、跑道出口标记牌以及跑道脱离标记牌。

1. 方向标记牌和位置标记牌

当打算标明在到达滑行道相交处之前的路由信息时，必须设置一个位置和方向组合标记牌。当运行要求标明在相交处的滑行道的识别号码和方向时必须设置方向标记牌。除了在跑道/跑道相交处外，必须与跑道识别标记牌一起设置一个位置标记牌，必须与方向标记牌一起设置一个位置标记牌，除非航向研究表明对此并不需要。

位置标记牌用于指示飞行区里的一个具体地点。在必要的场合应设置位置标记牌来标明从机坪上或相交处以外的滑行道上滑出的滑行道出口。

在相交处诸如“T”形的滑行道端部，有必要标明一个路障，应采用方向标记牌或其他适当目视设施。它们设在滑行道相交处的对面。

方向标记牌上的文字符号必须包括一个字母或字母数字的说明以识别滑行道，加上一个或几个适当的箭头（图 6－15）。

位置标记牌上的文字符号必须包括所指位置的滑行道、跑道或飞机在其上或进入的其他道面的识别号码，但不能包括箭头。滑行道字母代号如图 6－16 所示。

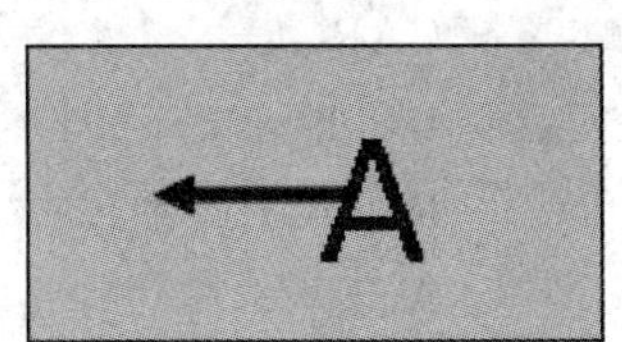

图 6－15　方向标志牌

图 6－16　滑行道位置标记牌

在有必要辨别的同一滑行道上每一组滑行等待位置的场合，位置标记牌必须包含滑行道的识别标记和一个数字（图 6－17）。

当位置标记牌和方向标记牌组合使用时，所有有关左转的方向标记牌设在位置标记牌的左侧，所有有关右转的方向标记牌设在位置标记牌的右侧。在交接处包含一个相交滑行道的场合可以例外。

方向标记牌设置得使箭头的方向随着相应滑行道的增大偏离，而增大从垂直方向的偏离。位置滑行道的方向在相交处以外有显著变向的场合，靠近位置标记牌处设置相应的方向标记牌。

邻近的方向标记牌用垂直的黑线加以勾划。

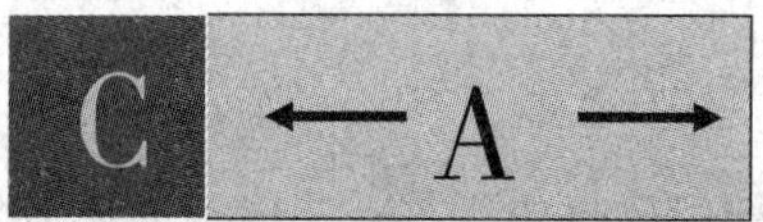

图 6-17　位置与方向标记牌组合

2. 目的地标记牌

目的地标记牌用来表明前往机场上的一个特定的目的地，诸如货运区、通用航空等。目的地标记牌上的文字符号必须包括一个字母、字母数字或数字，加上一个指明前进至目的地的方向箭头。

机场上的一些地点用下述文字或缩写：

一般停机、检修及上下客货区	PAMP 或 APRON
只供停放飞机区	PARK 或 PARKING
合用机场的民用区	CIVIL
合用机场的军用区	MIL
货物处理区	CARGO
国际区	INTL
试车区	RUNUP
高度表校准点	ACP
甚高频全向信标校准点	VOR
燃油或服务区	FUEL
机库或机库区	HGR

上列以外的其他地区须予识别时，应选用简单英文或其缩写。少于五个字母的字，不要缩写。不要把英文标识牌改为当地文字的标记牌（图 6-18）。

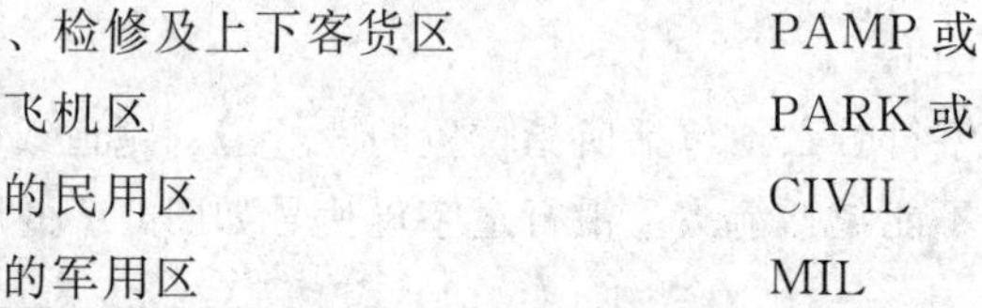

图 6-18　目的地标记牌

3. 跑道出口标记牌与跑道脱离标记牌

当运行要求识别已给跑道出口的地方必须设置跑道出口标记牌。

当出口滑行道没有设置滑行道中线灯，而又需要对离开跑道的驾驶员表明 ILS/MLS 的关键敏感地区的周边或内过渡面的低边的场合必须设置跑道脱离标记牌。

跑道出口标记牌必须设置在跑道所设置出口的同一侧并符合规定的位置。跑道出口标记牌必须设置在跑道出口点之前。跑道出口标记牌上的文字符号包含出口滑行道的识别标记并有箭头表明其前进方向，如图 6 - 19 所示。

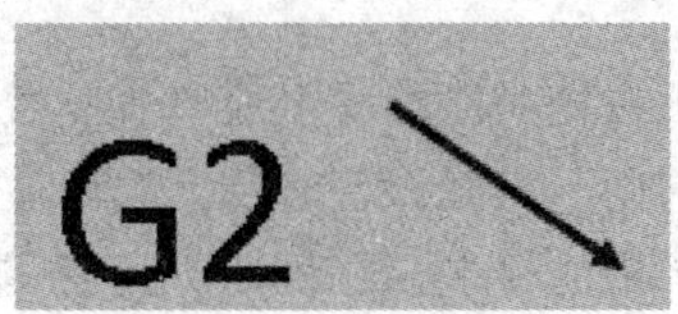

图 6 - 19　跑道出口标记牌

跑道脱离标记牌必须至少设置在滑行道的一侧，其上的文字符号要描述如图 6 - 20 所示的 A 型，滑行等待位置标志。

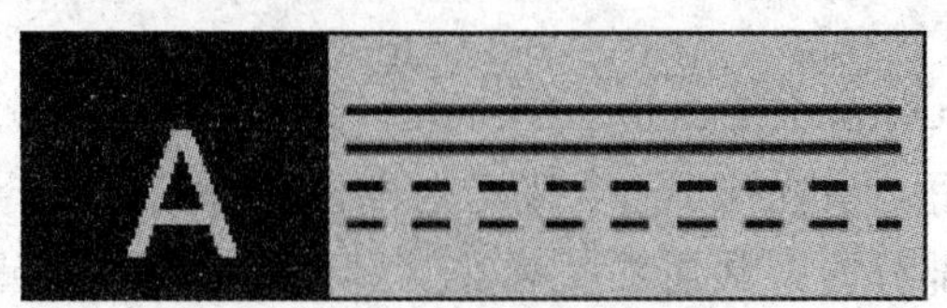

图 6 - 20　跑道脱离标记牌

第七章 导航与电磁净空

为保证复杂气象条件下飞机在机场能够安全地起飞、着陆和滑行，机场配置了各种通信导航和空中交通管制设备。它们与机载设备通过无线电波（即电磁波）进行着各种信息的传递与交互，对场地环境有严格的要求。在机场广泛使用的仪表着陆系统，其航向台和下滑天线信号可能受到附近的固定、移动物体的严重干扰而影响导航精度，甚至造成飞行事故。因此，保护机场的电磁环境是保证机场安全运行的重要工作。

第一节 仪表着陆系统

仪表着陆系统（Instrument Landing System，ILS）由地面设备和机载设备组成。地面设备可以分为三个部分：航向信标台、下滑信标台、指点信标台或测距仪台。当测距仪成为仪表着陆系统的一部分时，其通常安装在下滑信标台。机载设备则包括相应的天线、接收机、控制器及指示器等。

一、地面设备的组成

航向信标：航向信标的主要作用是给进近和着陆的飞机提供对准跑道中心延长线航向道（方位）信息。

工作在 VHF 频段，频率范围为 108.1M～111.975MHz，每个频道之间的间隔为 0.05MHz；并优先使用以 MHz 为单位的小数点后一位为奇数的那些频率点，例如 109.7、110.3 等；小数点后一位为偶数的那些频率点则分配给了全向信标。因此，航向信标只有 40 个频道可使用。

下滑信标：下滑信标的主要作用是给进近和着陆的飞机提供与地面成一定角度的下滑道（仰角）信息。

工作在 UHF 频段，频率范围为 328.6M～335.4MHz，每个频道之间的间隔为 0.15MHz，其工作频道与航向信标的工作频道配对使用，因此也只有 40 个频道可供使用。

指点信标：用于给进近和着陆的飞机提供距跑道入口固定点的距离信息。工作在 VHF 频段，固定频率为 75MHz。

测距仪：用测距仪代替指点信标时，能给进近和着陆的飞机提供至测距仪台或着陆点或跑道入口的连续距离。工作在 L 波段，频率范围为 962M～1215MHz。与 ILS 合用时，其工作频率与航向信标配对使用。

ILS 典型位置示意图如图 7－1 所示。

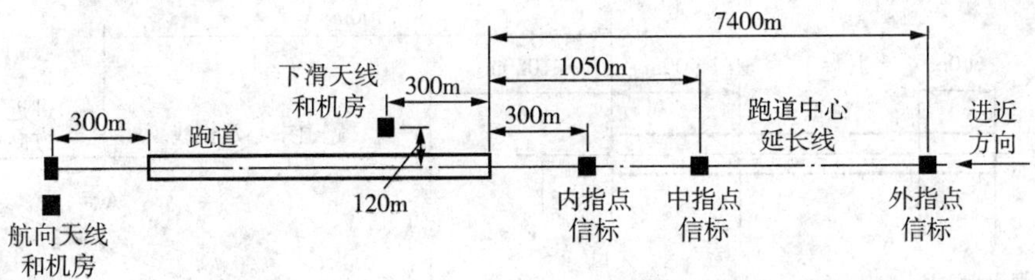

图 7-1　ILS 典型位置示意图

二、ILS 的基本定义和性能类别

(一) 基本定义

调制度差（ddm）：较大音频信号对射频的调制度百分数减去较小音频信号对射频的调制度百分数的值。

航道线：在任何水平面内最靠近跑道中心线的，ddm 为零的各点的轨迹。

航道扇区（航道宽度）：从航道线向两边扩展，到 ddm 为 0.155（150μA）的各点轨迹所限制的区域。通常在跑道入口两边以 105m（350ft）为 0.155ddm。最大航道扇区（航道宽度）不能超过 6 度。

位移灵敏度：测得的 ddm 与偏离适当基准线的相应横向位移的比率。

下滑道：跑道中心线的铅垂面上 ddm 为零的各点所组成的轨迹中最靠近地平面的那条轨迹。

下滑角：平均下滑道的直线与地平面之间的夹角。

下滑道扇区：从下滑道的铅垂面向上下两边扩展，到 ddm 为 0.175（150μA）的各点轨迹所限定的区域。

角位移灵敏度：测得的 ddm 与从适当的基准线相对应的角位移的比率。

A 点：在进近方向沿着跑道中心延长线、距跑道入口 7400m（4NM）处测得的下滑道上的一点。

B 点：在进近方向沿着跑道中心延长线、距跑道入口 1050m（3500ft）处测得的下滑道上的一点。

C 点：下滑道直线部分在包含跑道入口的水平面上方 30m（100ft）高度处所通过的一点。

T 点（基准数据点）：位于跑道中心线与跑道入口交叉处垂直上方规定高度上的一点，下滑道直线向下延伸的部分通过此点。其高度通常为 15m（50ft），容差＋3m。

D 点：从跑道入口向航向信标方向前进 900m（3000ft），在跑道中心线上方 4m（12ft）的那一点。

E 点：从跑道终端向入口方向前进 600m（2000ft），在跑道中心线上方 4m（12ft）的那一点。

以上各数据点位置如图 7-2 所示。

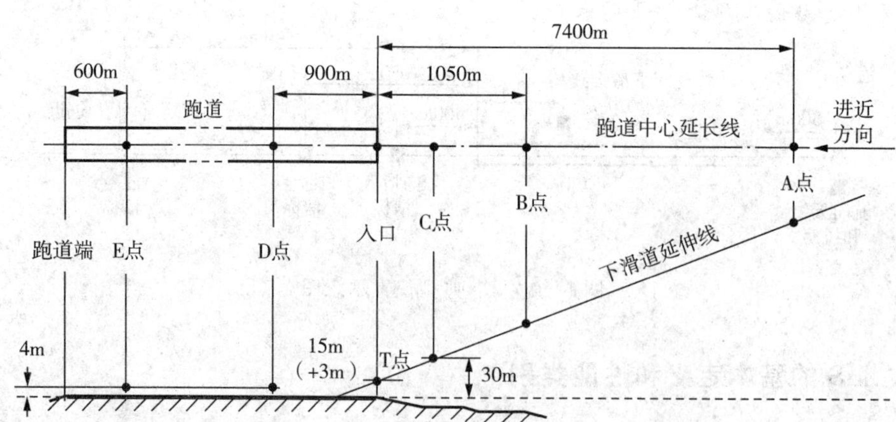

图 7-2 仪表着陆系统各数据点示意图

(二) 性能类别

ILS 的性能通常分为三种类别：Ⅰ类、Ⅱ类和Ⅲ类。

在国际民用航空公约附件 10《航空电信》中规定了详细的设备运用性能，其分为：

Ⅰ类：在跑道能见距离不小于 800m 的条件下，以高的进近成功概率运用至 60m 的决断高度。如果在这点（60m 高度）上仍看不到跑道，应决定复飞。

Ⅱ类：在跑道能见距离不小于 400m 的条件下，以高的进近成功概率运用至 30m 的决断高度。如果在这点上仍看不到跑道，应决定复飞。

ⅢA 类：没有决断高度限制，当跑道能见距离不小于 200m，在着陆的最后阶段凭外界目视参考，运用至跑道表面。

ⅢB 类：没有决断高度限制，及不依靠外界目视参考，一直运用至跑道表面。随后在跑道能见度相当于跑道能见距离不小于 50m 的条件下，凭外界目视参考滑行。

ⅢC 类：没有决断高度限制，一直运用至跑道面表，且不凭外界目视参考滑行。

三、地面设备的基本工作原理

(一) 航向信标和下滑信标的主要组成部分

航向信标和下滑信标主要由设备机柜、电源、天线信号分配箱、天线阵等组成，如图 7-3～图 7-5 所示。

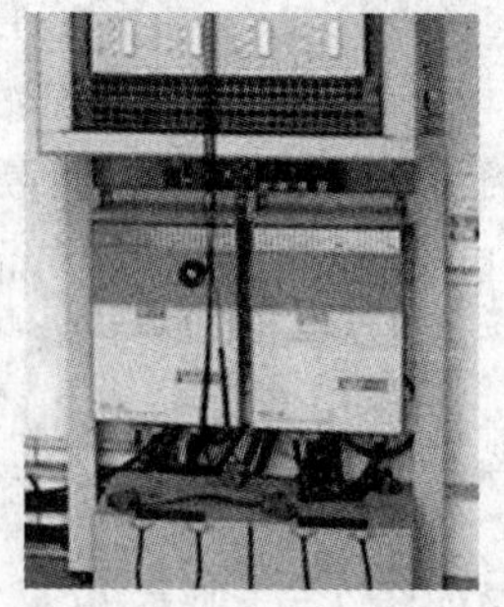

图 7-3 挪威 NM7000 型机柜及电源示意图

图 7-4　航向信标 12 单元天线阵示意图

图 7-5　M 型下滑信标天线阵

（二）航向信标的基本要求

航向信标是仪表着陆系统的组成部分，作用在 108M～112MHz 频段，与机载导航接收机配合工作，为进场着陆的飞机提供相对于航向道的方位引导信息。航向信标台场地附近的地形地物，对其发射的电波信号的反射和再辐射所产生的多路径干扰，可使其辐射场型发生畸变，导致航向道弯曲、扇摆和抖动，直接影响飞机着陆的安全。

1. 基本辐射信号

射频：在 108.1M～111.975MHz 频段内某一固定的频率上工作。

用单一射频载波时，频率容差为±0.005%。

用双射频载波时，频率容差为±0.002%，并且所占用的额定频段应对称于指配的工作频率；两个载波频率间隔应大于 5kHz，小于 14kHz。

2. 辐射水平极化波

射频载波由 90Hz 和 150Hz 单音调制，90Hz＋150Hz 调制的信号称为载波和边带波 CSB；90Hz－150Hz 调制的信号称为纯边带波 SBO。

在航道线上的调制度各为 20%。在航道线左边（面对天线），90Hz 调制信号占优势，即一个信号的调制度大于另一个信号的调制度，称为调制度差，用 ddm 表示；在航道线右边 150Hz 调制信号占优势，如图 7-6 所示。

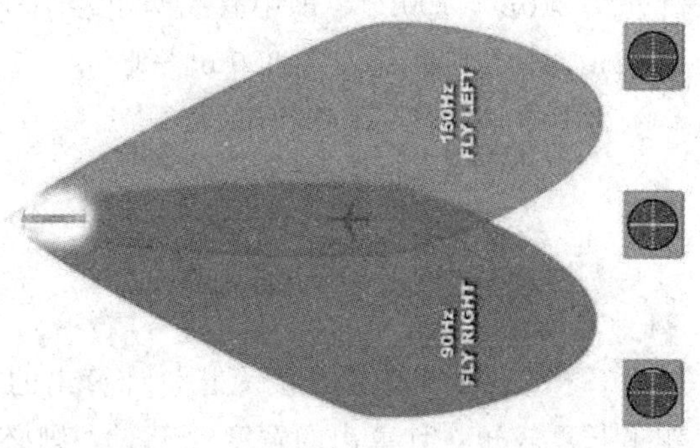

图 7-6　航向信标的基本辐射信号

3. 航道结构

如图 7－7 所示，航道结构的弯曲不能大于下列 ddm 值。

区　域	Ⅰ类设备	Ⅱ类设备	Ⅲ类设备
覆盖区边缘—A 点	0.031	0.031	0.031
A 点—B 点	从 0.031 线性降到 0.015	从 0.031 线性降到 0.005	
B 点—C 点	0.015		
B 点—基准数据点		0.005	
B 点—D 点			0.005
D 点—E 点			线性增至 0.01

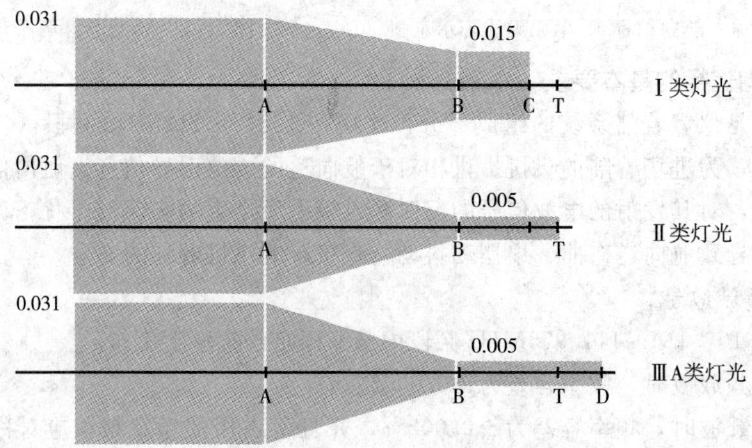

图 7－7　航道结构示意图

4. 航道宽度

航向信标接收机通常校准到 0.155ddm 等于 150μA，航道宽度的边缘也就限定为 150μA。因此，0.155ddm 就等于航道宽度边缘，边缘内的区域称为航道扇区，即航道宽度。

由于各机场跑道长度、航向天线离跑道端的距离是不相等的，所以航道宽度也是不同的。其限定为在跑道入口处宽 210m（700ft），即中心线两边各 105m，如图 7－8 所示。

例如：某一跑道长 2800m，天线阵距跑道端 300m。则：

$$\tan^{-1}\theta=\frac{105}{2800+300}=0.0339$$

$$\theta=1.94^{\circ}$$

即，航道宽度为 $1.94^{\circ}\times2=3.88^{\circ}$。

航道宽度的容限一般为 3°～6°。如果跑道长度太长，计算出的宽度小于 3°时，应把宽度调到 3°。同样，如果跑道长度较短，计算出的宽度大于 6°，则必须把宽度改善到 6°。

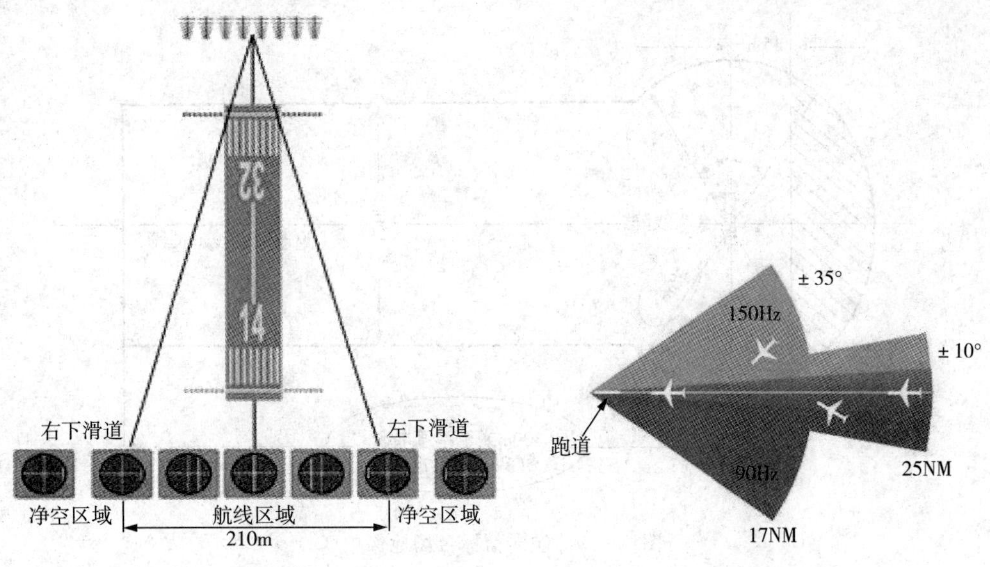

图 7－8　航道宽度示意图　　　　图 7－9　航向信标覆盖示意图

5. 覆盖

在前航道线±10°范围内为 25NM（约 45km）、±10°至±35°为 17NM，如图7－9 所示。如提供 35°以外的覆盖，则为 10NM。地平面 7°以上，信号应尽量降低。

6. 识别信号

必须用 1020Hz±50Hz 单音的 A2A 类调制的射频载波产生，调制度为 5%～15%。识别信号必须采用国际摩尔斯电码，并由三个或四个字母组成。ILS 识别信号的第一个字母通常为 I，后面两个字母为进近方向远距（或超远距）归航台的识别信号。

7. 场地与环境要求

航向信标台的场地保护区是一个由圆和长方形合成的区域。圆的中心即天线阵中心，其半径为 75m。长方形和长度为从天线阵开始沿跑道中心线延长线向跑道方向延伸至 300m 或跑道末端（以大者为准），宽度为 120m，如图 7－10 所示，如果使用单方向辐射的天线阵，无线的辐射场型前后场强比 20dB 以上，则保护区不包括图中的斜线区。

航向信标台机房应设置在天线阵排列方向的±30°范围内，根据当地的地形、道路和电源情况，设置在天线的任意一侧，距天线阵中心 60～90m，图 7－10 所示，航向信标台机房及天线高度不应超过机场端净空。

在场地保护区内不应有树木、高杆作物，不应修建建筑物、道路、金属栅栏和架空金属线缆。进入航向信标台的通信和电源线缆穿越保护区时，应埋入地下。

保护区内地表应平坦。跑道端和天线阵之间的纵向坡度为 0.5%～1%；横向坡度为±1%，并应平缓地过渡。

在保护区内，不应停放车辆或飞机，不应有任何的地面交通活动。

在航向信标天线前方±10°，距天线阵 3000m 的区域内，不应有高于 15m 的建筑物和大型金属反射物、高压输电线等。

保护区内的杂草高度不能超过 0.5m。

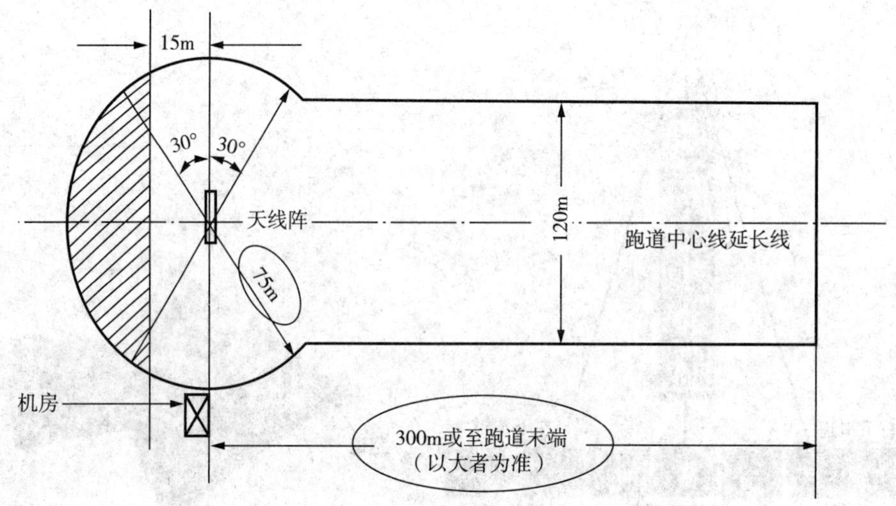

图 7－10　航向信标台场地保护区

（三）下滑信标的基本要求

下滑信标工作在 328.6M～335.4MHz 频段，与机载下滑信标接收机配合工作，为进场着陆的飞机提供相对于下滑道的垂直引导信息。下滑信标台受场地及其附近的地形地物的影响，可使其辐射场型发生畸变，引起下滑角变化，造成下滑道弯曲、扇摆和抖动，直接影响飞机着陆的安全。

1. 基本辐射信号

射频：必须在 328.6M～335.4MHz 频段内某一固定的频率上工作，并与航向信标配对使用，频率配对关系见表 7－1 所列。

表 7－1　航向/下滑信标频率配对表　（单位：MHz）

航向	下滑	航向	下滑	航向	下滑	航向	下滑
108.10	334.70	109.10	331.40	110.10	334.40	111.10	331.70
108.15	334.55	109.15	331.25	110.15	334.25	111.15	331.55
108.30	334.10	109.30	332.00	110.30	335.00	111.30	332.30
108.35	333.95	109.35	331.85	110.35	334.85	111.35	332.15
108.50	329.90	109.50	332.60	110.50	329.60	111.50	332.90
108.55	329.75	109.55	332.45	110.55	329.45	111.55	332.75
108.70	330.50	109.70	333.20	110.70	330.20	111.70	333.50
108.75	330.35	109.75	333.05	110.75	330.05	111.75	333.35
108.90	329.30	109.90	333.80	110.90	330.80	111.90	331.10
108.95	329.15	109.95	333.65	110.95	330.65	111.95	330.95

用单一射频载波时，其容差为±0.005％。

用双射频载波时，频率容差为±0.002％，并且所占用的额定频段应对称于指配的工作频率；两个载波频率间隔应大于 4kHz，小于 32kHz。

2. 辐射水平极化波

射频载波与航向信标一样，也是由 90Hz 和 150Hz 单音调制，产生 CSB 和 SBO。

在下滑道上的调制度各为 40%；在下滑道上面 90Hz 调制信号占优势，在下滑道下面 150Hz 调制信号占优势，如图 7－11 所示。

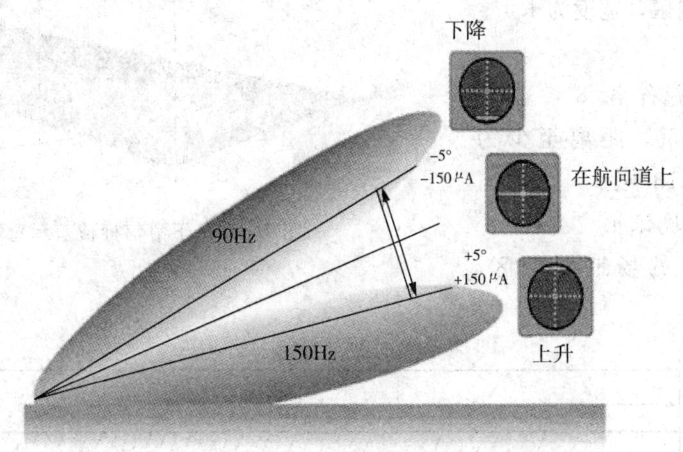

图 7－11　下滑信标的基本辐射信号

3. 下滑角

下滑信标应能产生一条与地平面成 2°～4°的辐射下滑道，但国际民航组织建议的下滑角为 3°。超过 3°的下滑角一般不使用，除非不能满足障碍物净空的要求。

4. 下滑道结构

如图 7－12 所示，下滑道结构的弯曲不能大于下列 ddm 值。

区　域	Ⅰ类设备	Ⅱ类设备	Ⅲ类设备
覆盖区边缘—C 点	0.035		
覆盖区边缘—A 点		0.035	0.035
A 点—B 点		均从 0.035 线性降到 0.023	
B 点—基准数据点		0.023	0.023

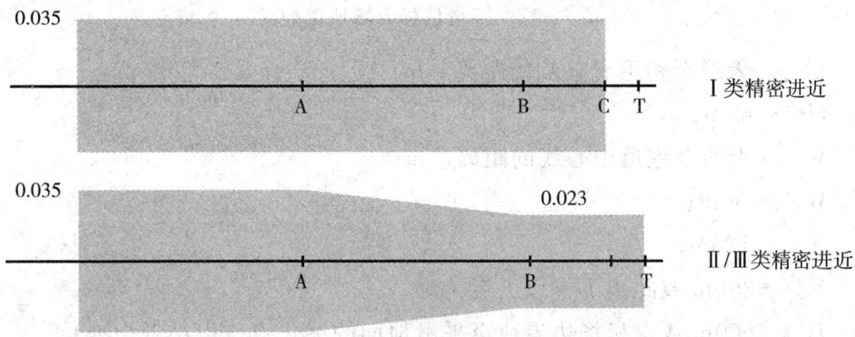

图 7－12　下滑道结构示意图

5. 下滑道宽度

下滑信标的接收机同样也校准到下滑道宽度边缘为 150μA，其等于 0.175ddm；在宽度边缘内的区域，称为下滑道扇区，宽度为 1.4°。

6. 覆盖范围

天线前方左右各 8°，上至 1.75θ、下至 0.45θ，距离至少为 10NM，如图 7－13 所示。

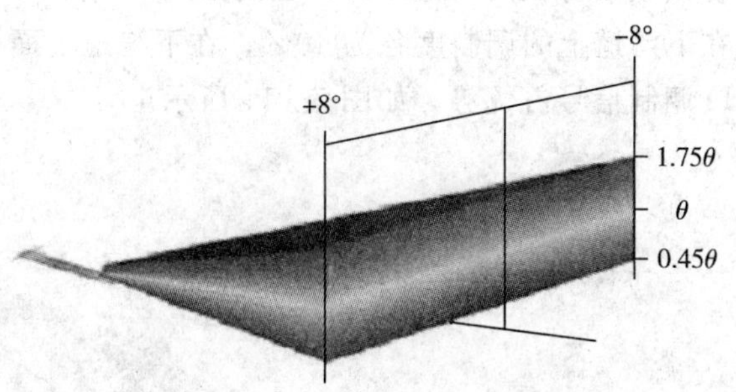

图 7－13　下滑信标覆盖示意图

7. 场地与环境保护

下滑信标台的场地保护区，如图 7－14 所示。

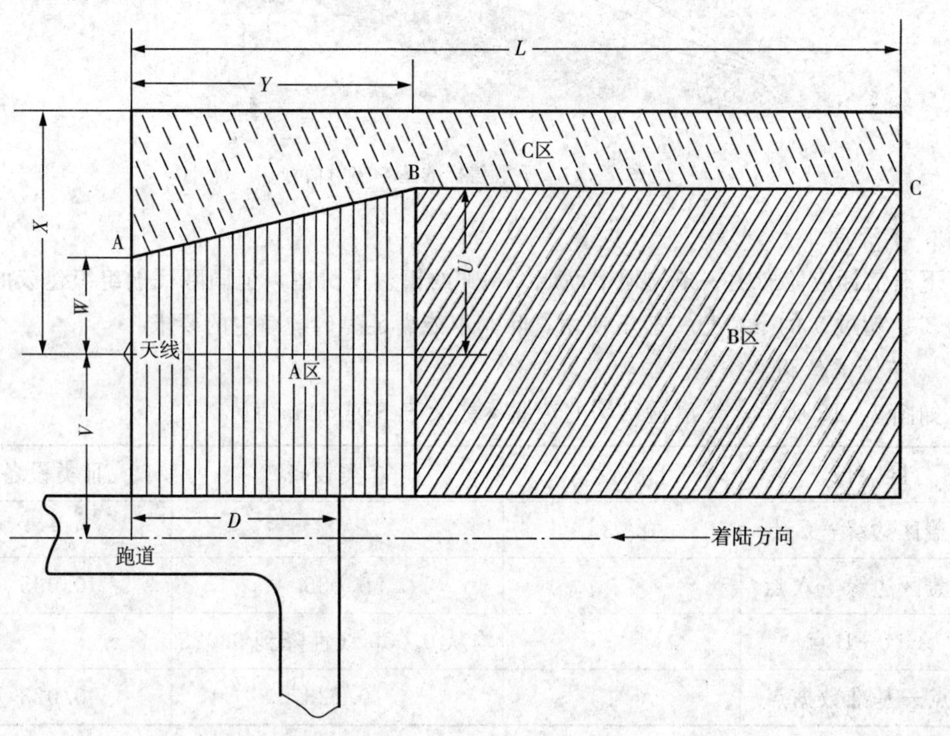

图 7－14　下滑信标台场地保护区

图中：D——天线至跑道着陆端的距离，m；

U——60m；

V——天线至跑道中心线的距离，m；

W——30m；

X——120m；

Y——360m 或距离 D（以大者为准）；

L——900m 或至机场边界或至平滑地面的终止点（以小者为准）。

场地保护区的“A 区”，不应种植农作物，杂草的高度不超过 0.3m，纵向坡度与跑道

坡度相同，横向坡度不大于±1%，并平整到设计坡度的±4cm 范围内。在该区内，不应停放车辆和飞机，不应有任何的地面交通活动。

场地保护区的“B 区”，地面应尽可能平坦，地形凹凸高度的允许值与天线到地形凹凸处的距离、天线的高度等因素有关，其关系式为：$Z<0.0117D/N$

式中：Z——地形凹凸高度台许值，m；

D——下滑天线至地形凹凸处的距离，m；

N——边带天线高度的波长数。

“C 区”内不应有高于 10m 的金属建筑物、高压输电线、堤坝、树林、山丘等存在。该区域的坡度应不超过±15%。

“A 区”“B 区”和距天线中心线延长线（与跑道平行）60m 以内，不应有金属栅栏、架空线缆、单棵树木和建筑物存在。

为保证保护区内有良好的排水性能，可沿下滑信标台一侧的跑道旁和“C 区”与“A 区”交界的“C 区”一侧，构筑适当宽度的排水沟。

下滑信标台的机房应设置在紧靠下滑信标天线的后方，距天线杆 2～3m 处。进入下滑信标台的电线、电缆穿越保护区时，应埋入地下。

根据图 7－14 所示的场地保护区“L”值的大小以及保护区前方的地形条件，选择与之相适应的下滑信标天线类型。当场地保护区前方地形基本平坦时，可选用零基准天线；图 7－15（a）所示的地形条件下，优先选用捕获效应天线，其次选用边带基准天线；图 7 -15（b）所示的地形条件下，选用捕获效应或边带基准天线；图 7－15（c）所示的地形条件下，选用边带基准天线；图 7－15（d）所示的地形条件下，优先选用捕获效应天线，其次选用边带基准天线。

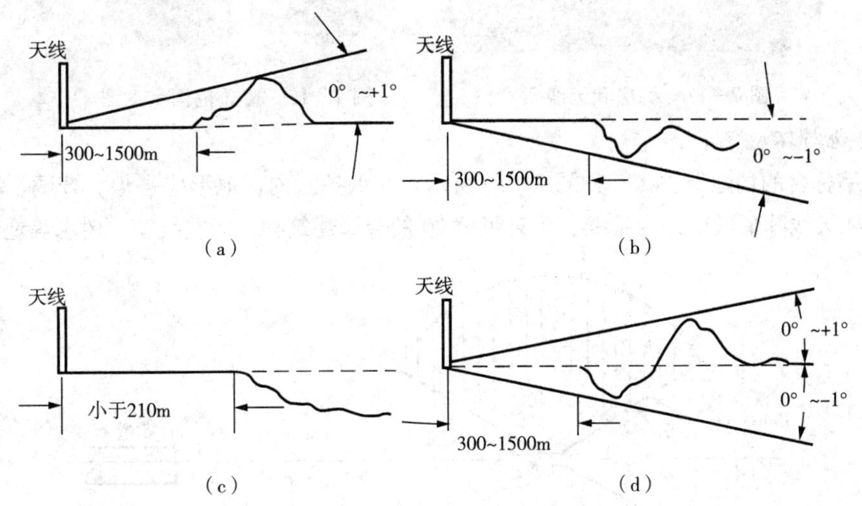

图 7－15　下滑信标台保护区前方不同地形示例

（四）指点信标的基本要求

1．概述

指点信标主要由室内的设备机柜和室外的天线阵组成，如图 7－16 和图 7－17 所示。其作用就是给进近和着陆的飞机提供距跑道入口的距离信息。

工作在 VHF 频段，固定频率为 75MHz。根据其距跑道端不同的距离，分为外、中、内指点信标，如图 7－1 所示。

指点信标台作为仪表着陆系统的组成部分时，按外、中、内指点信标台的要求，设置在跑道中线延长线上，距跑道着陆端的距离为：

（1）外指点信标台 6500m～11100m；

（2）中指点信标台 1050m±150m；外、中指点标偏离跑道中线延长线应不超过 75m；

（3）内指点信标台 75～450m；偏离跑道中心线延长线应不超过 30m。

射频载波由 400Hz（外）或 1300Hz（中）或 3000Hz（内）单音调制后，由天线向上辐射一定宽度的信号，覆盖范围如图 7－18 所示。

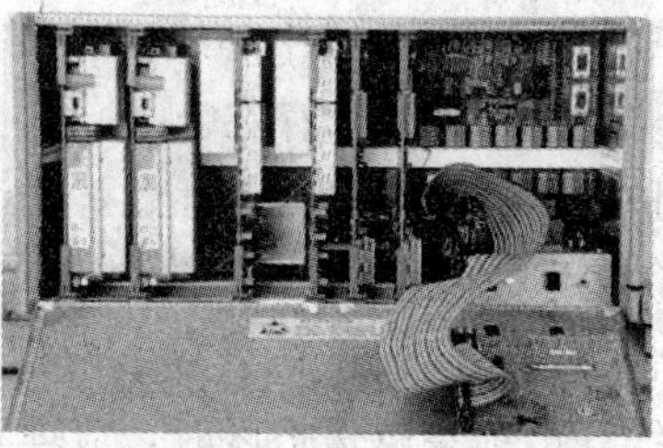

图 7－16　指点信标设备机柜示意图

图 7－17　机房和天线示意图

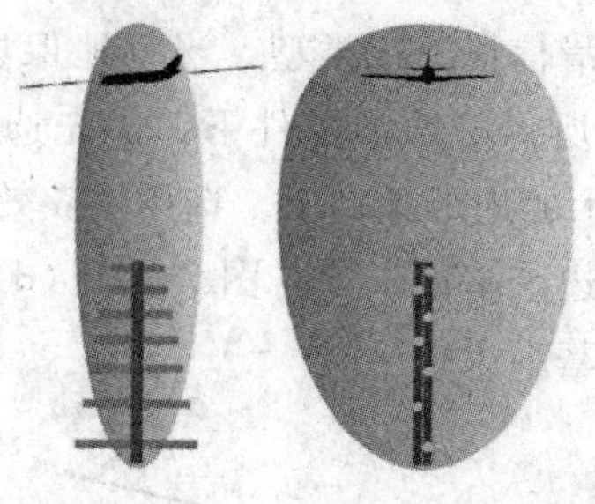

图 7－18　覆盖范围示意图

2. 场地与环境保护

指点信标台的场地保护区，如图 7－19 所示，在保护区内，地形应平坦、开阔，不应有超出以地网或天线阵最低单元为基准、垂直张角 20°的金属建筑物、架空线缆、树木等地物存在。

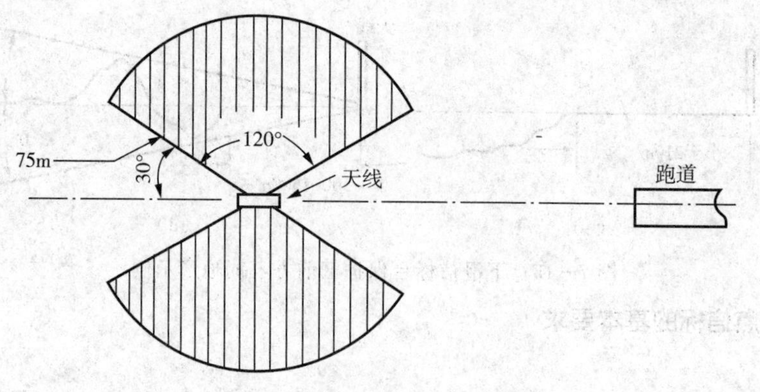

图 7－19　指点信标台场地保护区

四、机载设备及基本工作原理

机载设备包括接收天线、接收机、控制器及指示器等，如图 7－20 所示。

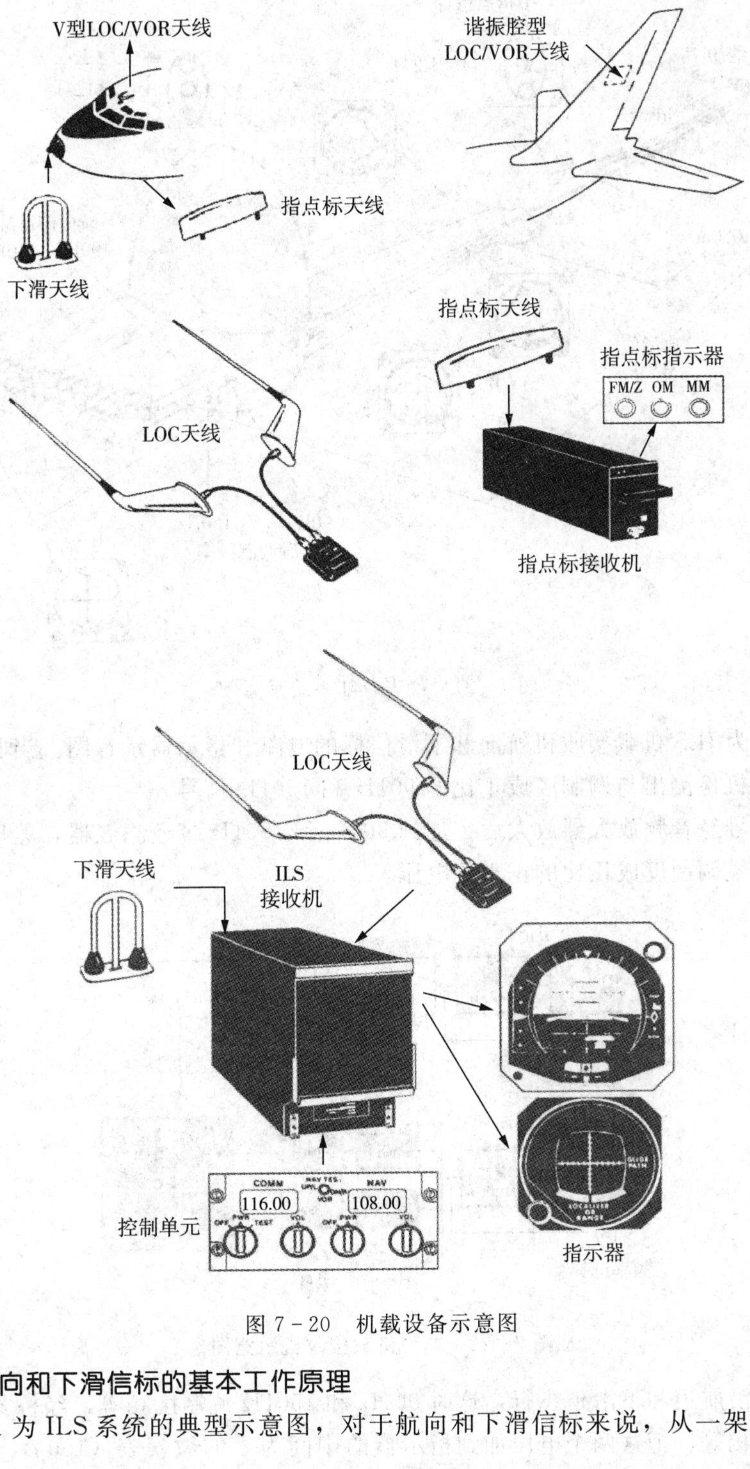

图 7－20　机载设备示意图

(一) 航向和下滑信标的基本工作原理

图 7－21 为 ILS 系统的典型示意图，对于航向和下滑信标来说，从一架正在着陆的飞

机上看，在航道线左边和下滑道上面，90Hz 调制占优势；在航道线右边和下滑道下面，150Hz 调制占优势；在航道线和下滑道上，两个调制信号的幅度相等。把这些信号作用到机载指示器上，就能给飞行员提供正确的引导信息。

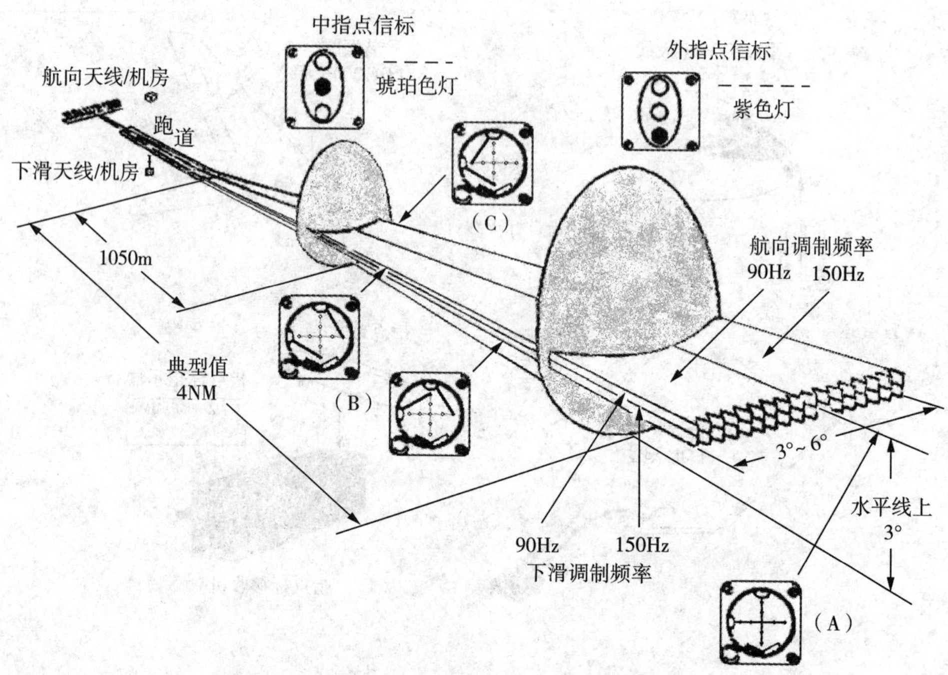

图 7-21　仪表着陆系统示意图

图 7-22 为 ILS 机载接收机航向和下滑信标的电路和指示器示意图。当收到的信号足够强时，接收机检测出与调制度成正比的 90Hz 和 150Hz 信号。

这两个信号经音频放大器放大后，加到 90Hz 和 150Hz 带通滤波器，然后经整流器整流成与输入信号调制度成正比的正直流电压。

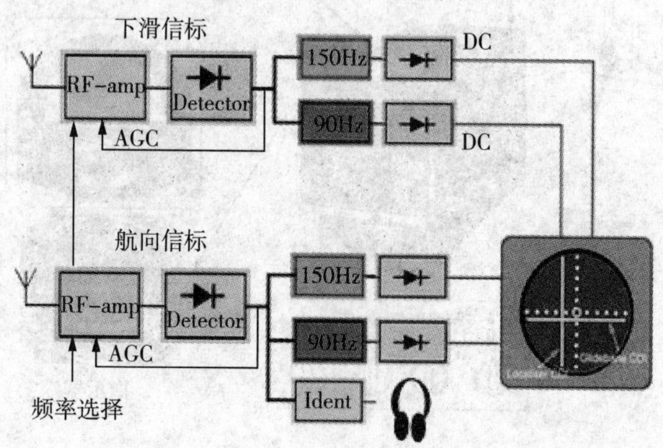

图 7-22　典型机载接收机示意图

假定飞机沿航道和下滑道飞行，这时 90Hz 和 150Hz 调制度相等，经桥式整流器输出的两个电压也相等，把这两个电压加到指示器的中间为零的微安表（150μA 满刻度偏转）

上，由于电压的极性和幅度完全相等，电表两端就没有电位差，没有电流流过电表，指针保持在中间位置上，如图7-21（A）所示。

如果飞机偏离航道或下滑道，这时90Hz和150Hz调制度就不相等，经桥式整流器输出的电压也不相等，电表两端就会有电位差，有电流流过电表，使指针偏向一边，如图7-21（B）和图7-21（C）所示。

指示器上给出的是直观指示，即指针向哪个方向偏转，就需要把飞机往哪个方向改正。如图7-21（C），飞机在航道线右边、下滑道上面飞行，指示器上的航道线指针就向左、下滑道指针就向下偏转。这就告诉飞行员，须把飞机向左下方修正。

（二）指点信标的基本工作原理

指点信标的机载设备原理较简单，当飞机飞过指点信标上空时，给飞行员提供亮灯和响铃的指示，表示飞机已在该台上空。

通常当飞机以地速96NM（178km）进近时：

过外指点信标覆盖区的时间为12s±4s（600m±200m），飞行员通过耳机，能听到哒、哒、哒（———）长划音的识别信号，同时仪表盘上的紫色指示灯闪亮。

过中指点信标的时间为6s±2s（300m±100m），识别信号为嘀哒、嘀哒（·—·—）交替声，同时琥珀色指示灯闪亮。

过内指点信标为3s±1s（150m±50m），识别信号为嘀、嘀、嘀（···）短促声，同时白色指示灯闪亮。

（三）飞机进入航道及着陆时的仪表指示

飞机进入航道及着陆时的仪表指示示意图，如图7-23所示。

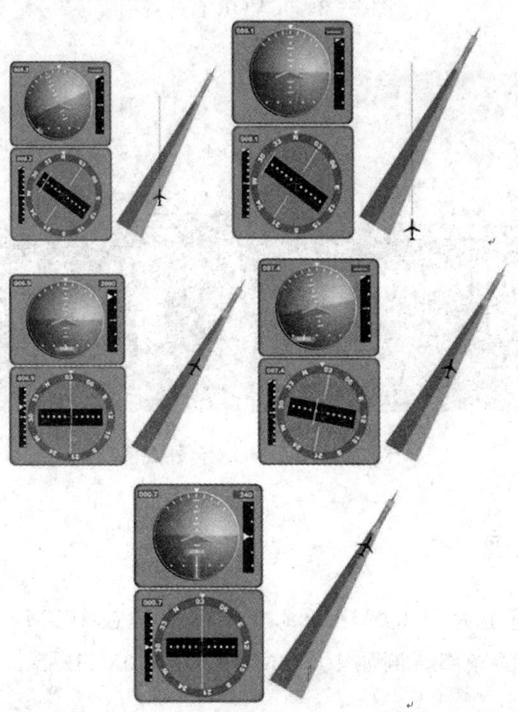

图7-23　飞机进入航道及着陆时的仪表指示示意图

第二节　甚高频全向信标

甚高频全向信标（VHF Omni－directional radio Range，VOR）是目前民用航空最常用的近程无线电导航设备，能全方向地为飞机提供方位引导信息，使飞行员操纵飞机沿预选的航路飞行或进场着陆。

根据设备的用途，可分为航路 VOR 和终端 VOR。同样，根据地面设备的结构，可分为常规 VOR（Conventional VOR－CVOR）和多普勒 VOR（Doppler VOR－DVOR）；其台站外观如图 7－24 和图 7－25 所示。

图 7－24　CVOR 台外观图

图 7－25　DVOR 台外观图

一、VOR 基本原理

VOR 的工作频率范围为 108.0M～117.95MHz；但在 108M～112MHz 频段内，全向信标用小数点后为偶数的频率，例如 109.6MHz、111.0MHz 等，小数点后为奇数的频率由航向信标使用。

VOR 的主要信号成分，为两个 30Hz 的音频信号：一个称为基准 30Hz 信号，一个称

为可变 30Hz 信号。它们一个通过 9960Hz 副载波调频产生，一个直接由载波调幅产生。

VOR 的工作原理就是比较基准 30Hz 和可变 30Hz 这两个音频信号的相位。当机载接收机收到合成信号后，解调出基准 30Hz 信号和可变 30Hz 信号，通过比较这两个信号的相位差，就可得到该点相对于 VOR 台的磁方位。

VOR 的基本要求是：基准 30Hz 信号和可变 30Hz 信号，在磁北方位上同相；基准 30Hz 信号，在 360 度范围内的任意一点，其相位处处相等；可变 30Hz 信号的相位，随方位角的改变而变化；VOR 信号以天线中心为圆心，以 1°为一条径向线。在一个圆周内，分为 360 条径向线（等于 360 条航道线），如图 7 - 26 所示。

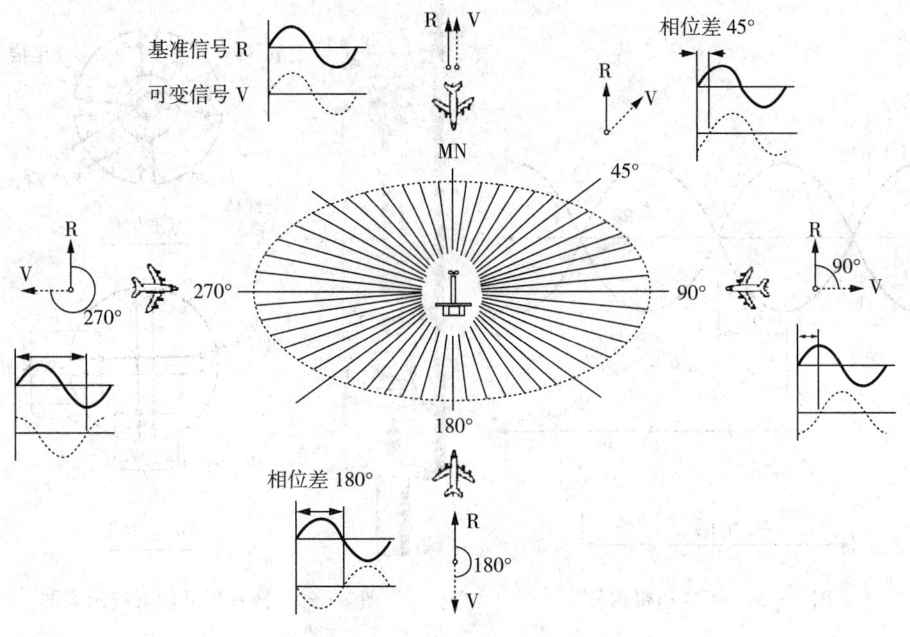

图 7 - 26　VOR 基本原理示意图

二、CVOR 信号产生原理

（一）基准 30Hz 信号是如何产生的

为了在 CVOR 合成的全信号中，能准确地解调出两个 30Hz 信号，基准信号采用了 30Hz 先对 9960Hz 副载波调频（频偏 480Hz），副载波再调幅于射频载波的方式，基准信号的各种波形如图7 - 27 所示。调幅后的载波信号由基准天线辐射，得到一个全向场型。

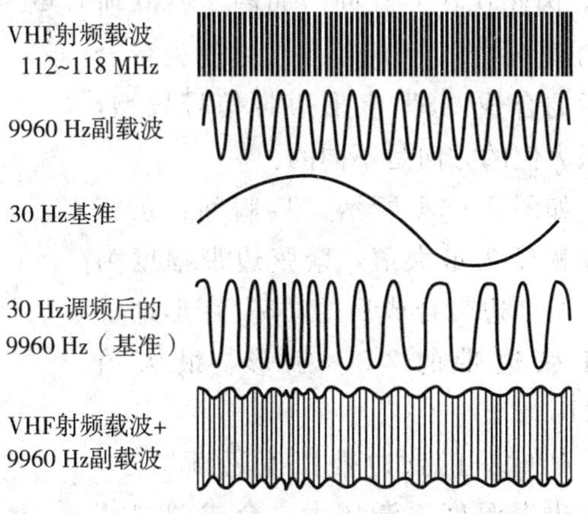

图 7 - 27　基准信号的各种波形

（二）可变 30Hz 信号是如何产生的

在 CVOR 中，可变 30Hz 信号的产生较复杂。首先由设备中的边带信号产生器（或称转角器）输出两个如图 7 - 28 所示的由

30Hz 调制的可变边带信号（称为正弦边带和余弦边带），分别输送到如图 7－29 所示的圆柱形开槽天线的东北/西南（NE/SW）和西北/东南（NE/SW）两对天线上，在对应的方向上，各自产生一个“8”字形的信号。

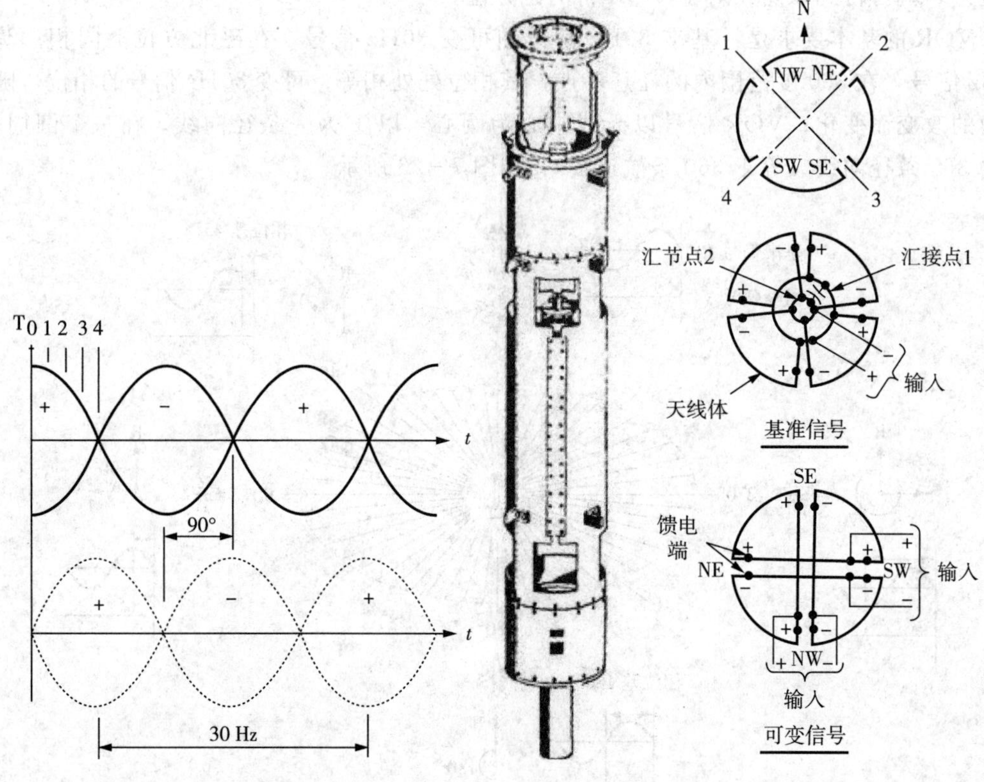

图 7－28　可变边带信号　　　　图 7－29　圆柱形开槽天线示意图

由于两个边带信号的音频相位差 90°，因此在任一瞬间，如图 7－30 所示的两个“8”字形信号在空间矢量合成后的合成“8”字形边带信号场型，其最大值的方向是不同的。

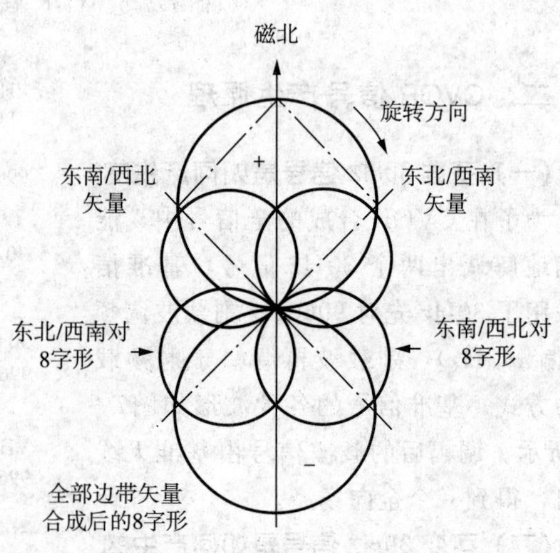

图 7－30　合成的“8”字形边带信号

如图 7－31 所示，T_0 瞬间：正弦边带幅度为最大值，余弦边带幅度为零，两个边带合成后的“8”字形即等于正弦边带的“8”字形，最大值在 315°。

T_1 时：正弦边带幅度逐渐减小，余弦边带幅度逐渐增大，合成的“8”字形最大值在 337.5°。

T_2 时：正弦边带幅度和余弦边带

幅度均为各自信号的半幅度点，合成的“8”字形最大值为 0°。

T_3时：正弦边带幅度继续减小，余弦边带幅度进一步增大，合成后的“8”字形最大值为 22.5°。

T_4时：正弦边带幅度减小为零，余弦边带幅度增至最大值，合成后的“8”字形即等于余弦边带的“8”字形，最大值为 45°。

以此类推，正弦边带和余弦边带信号的幅度随着时间的改变在逐渐变化，合成“8”字形的方向也随之变化，这就形成了一个顺时针旋转的“8”字形边带信号。

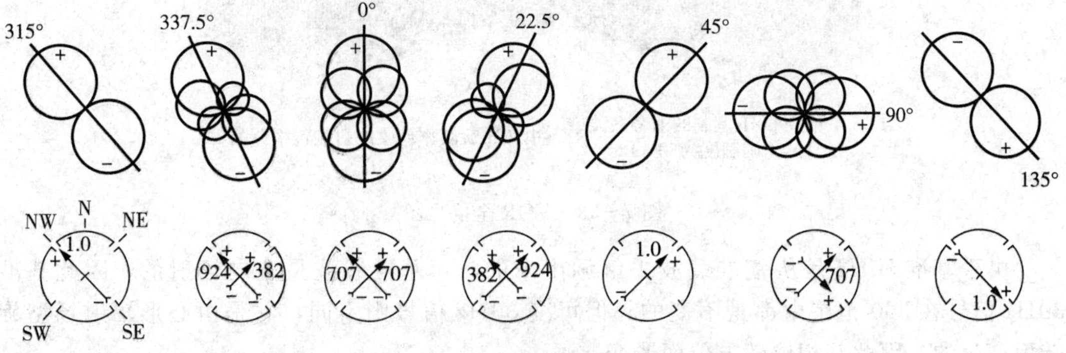

图 7-31 “8”字形边带信号合成示意图

（三）基准信号与可变信号的相位关系

“8”字形边带信号以 30Hz 的速率旋转，其与全向辐射的基准载波信号在空间合成，即成为旋转的心形辐射场型，如图 7-32 所示。

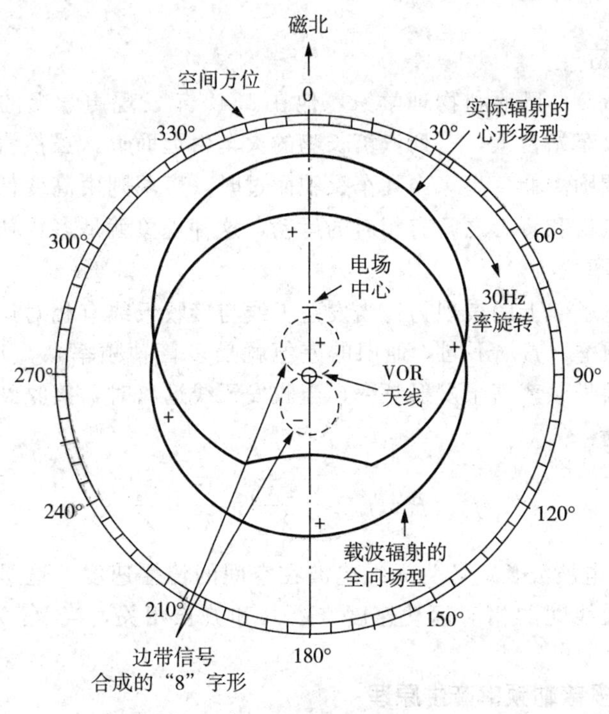

图 7-32 心形辐射场型示意图

这时，在任意接收端接收到的 VOR 全信号（图中不含识别信号），如图 7－33 所示。把这个全信号送到接收机进行处理，经过高放、中放、检波，使基准信号和可变信号送到各自的滤波器，就可得到两个不同的 30Hz 信号。

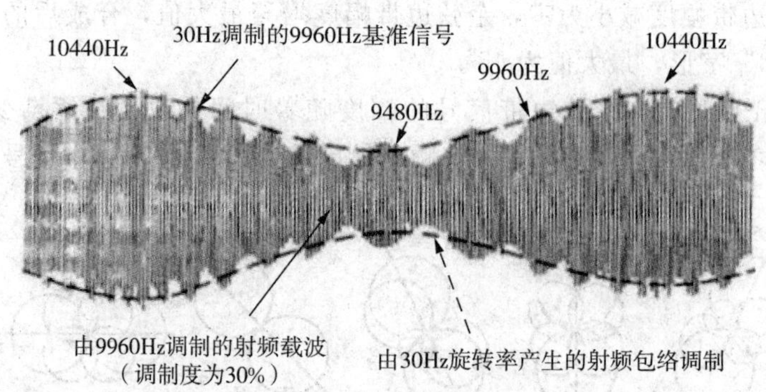

图 7－33　VOR 全信号图

由于基准 30Hz 是从基准载波中解调出来的，而基准载波是全向辐射的，因此基准 30Hz 信号在 360°范围内都是不变的。但可变 30Hz 信号则不同，它是由心形辐射场型旋转而产生的，因此其相位随方位而改变。

在《国际民用航空公约附件 10》中，规定基准 30Hz 和可变 30Hz 在磁北（0°）方位上同相。这样，在其他任意方位上，可变 30Hz 信号就会滞后于基准 30Hz 信号；方位不同，滞后的相位也不同。

三、DVOR 基本原理

（一）多普勒效应

多普勒（Doppler），奥地利物理学家，他在 1842 年发现声学上的多普勒效应。其实例是：若有人站在火车站台上，一列汽笛长鸣的火车由远而近，虽然汽笛的声调不变，但听者听到的汽笛声调则由低变高；当列车疾驶而过时，声调则由高变低。这个听到的声音频率的变化是由于汽笛和听者之间有相对的运动，这种现象就是多普勒效应。

（二）多普勒频率

多普勒效应在电子学上的表现为：当发射天线与接收天线有相对运动时，接收到的频率（f_r）与发射的频率（f_t）不同，他们的差值就是多普勒频率（f_d）。当收发天线互相靠近时，接收到的信号频率高于发射频率；当收发天线远离时，接收到的信号频率低于发射频率。其表达式为：

$$f_r = f_t \pm f_d = \frac{V \pm V_d}{\lambda} = \frac{V}{\lambda} \pm \frac{V_d}{\lambda}$$

式中：λ 为无线电波波长，V 为无线电波在空间的传播速度。这里可以看到，多普勒频率（f_d）与收发天线间的相对运动速度（V_d）和波长相关，当 V_d 为每秒一个波长时，f_d 为 1Hz。

（三）DVOR 的多普勒频率产生原理

由于 VOR 天线是一个固定的物体，虽然飞机飞行时与天线之间有相对运动，会产生

多普勒频率，但这个频率并不是 VOR 信号中所需要的。DVOR 是利用多普勒原理，使边带信号在边带天线阵中旋转发射，与接收端形成相对运动，把纯 9960Hz 信号变成 9960Hz±480Hz 的调频信号，然后与射频载波调制，形成 VOR 所需的全信号。

如图 7－34 所示，假定接收点（R_x）到发射天线圆周中心的距离（d）远大于发射天线的半径（r），即 $d \gg r$。发射天线以每秒 ρ（周）的速率逆时针旋转，当天线位于 A 点时，只有水平方向的运动，发射天线与接收天线之间无相对运动，V_d 为 0，f_d 也为 0，接收到的频率与发射的频率相同。

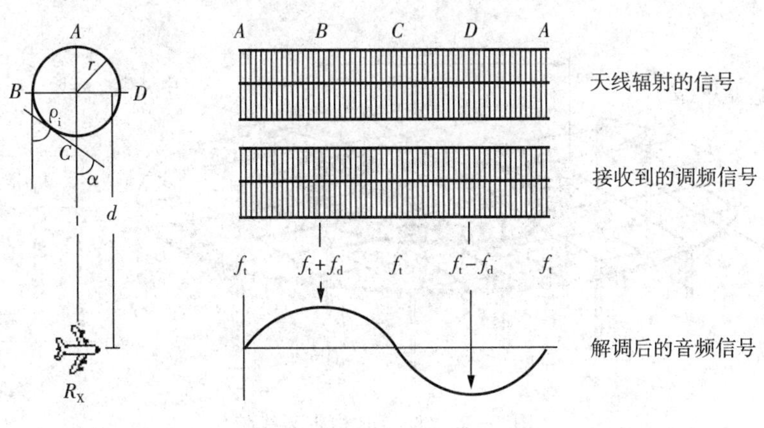

图 7－34　多普勒频率产生原理

当天线运动到 B 点时，发射天线与接收天线相互靠近，且运动速度最大，为天线运动的线速度（V_r），既 $2\pi r\rho$，这时 f_d 为最大值。当天线运动到 C 点时，情况与 A 点相同，f_d 为 0。当天线过 C 点后发射天线逐渐远离接收天线，当到达 D 点时运动速度也达最大，由于这时为相背运动，f_d 为最大负值。

当天线在以上各点之间运动，在任意点（ρ_i）上的多普勒频率可以根据下式得到：

$$f_d = \frac{V_d}{\lambda} - \frac{V_r \cos\alpha}{\lambda} = \frac{2\pi\rho \times \cos\alpha}{\lambda}$$

式中：r 为天线旋转的圆周半径，ρ 为旋转的速率（周/秒），α 为任意点的圆周切线和收发连线之间的夹角。

由于在实际应用中，难以使天线按一定的直径和速率做高速圆周运转。因此，DVOR 边带信号的辐射，就采用了一定数量（48 或 50 个）的边带天线按需分布在固定直径的位置上，使信号轮流在天线中辐射，达到类似于天线旋转而产生所需的多普勒频率的目的。

（四）边带天线阵直径

由于 CVOR 先于 DVOR 投入使用，为使众多接收机仍能兼容接收 CVOR 和 DVOR 信号，DVOR 必须使收到的全信号与 CVOR 全信号完全一致。

DVOR 天线阵也分为载波天线和边带天线；载波天线安装在天线阵中央，辐射由 30Hz 直接调幅的射频载波信号；边带天线（48 或 50 个）等距或等角度分布在固定直径的位置上，辐射 9960Hz 副载波。由于 CVOR 全信号中的 9960Hz 副载波是调频信号，最大频偏为±480Hz，因此 DVOR 必须满足这个要求，即边带信号在边带天线中逆时针旋转，旋转辐射而产生的最大多普勒频率也要为±480Hz。要达到这个目的，就要选取合适的边带天线阵直径。

根据上述的多普勒频率计算公式，取 VOR 的中心工作频率为 113MHz，波长（λ）≈2.65m，则半径（r）为：

$$r=\frac{f_{\mathrm{dmax}}\times\lambda}{2\pi\rho\times\cos\alpha}=\frac{480\times2.65}{2\pi\times30\times\cos0^{\circ}}=6.75\ (\mathrm{m})$$

即 DVOR 边带天线阵的直径为 6.75m×2=13.5m，如图 7-35 所示。

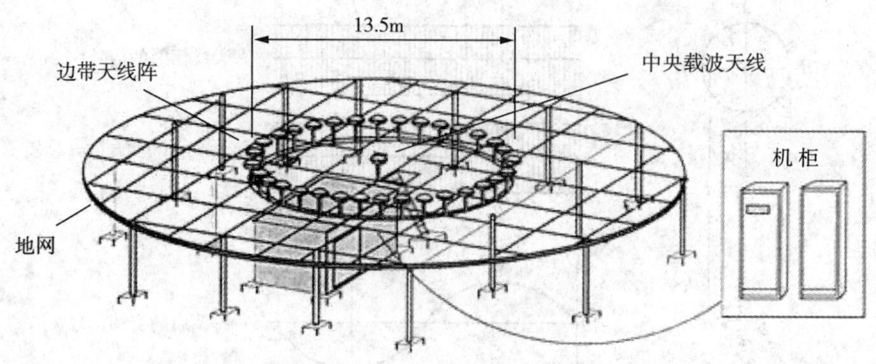

图 7-35　DVOR 边带天线阵

四、机载设备基本原理

（一）系统组成

机载设备主要由天线、接收机、控制器、指示器等组成，如图 7-36 所示。

机载接收机由于其工作频率范围为 108.0M～117.95MHz，一般都兼用于 ILS 中的航向信标。根据其组成结构，主要分为接收机部分和仪表驱动部分。

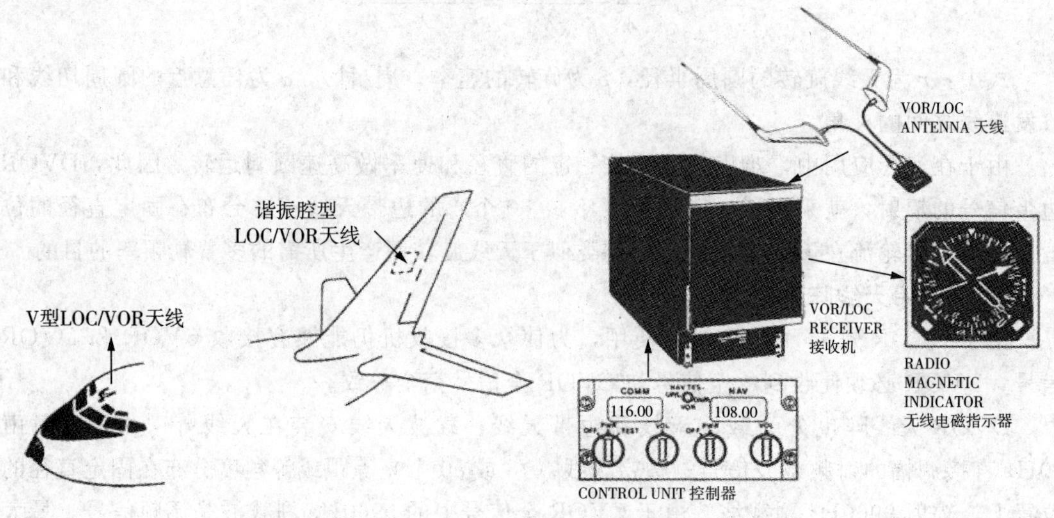

图 7-36　机载系统示意图

如图 7 - 37 所示，是一种机载设备的信号流程示意图。其接收部分通过对信号的放大、检波、滤波、鉴频后，把两个 30Hz 的信号进行相位比较，得到的相位差放大后，电压送到驱动部分驱动仪表指示，或利用马达带动相应的无线电磁指示器。

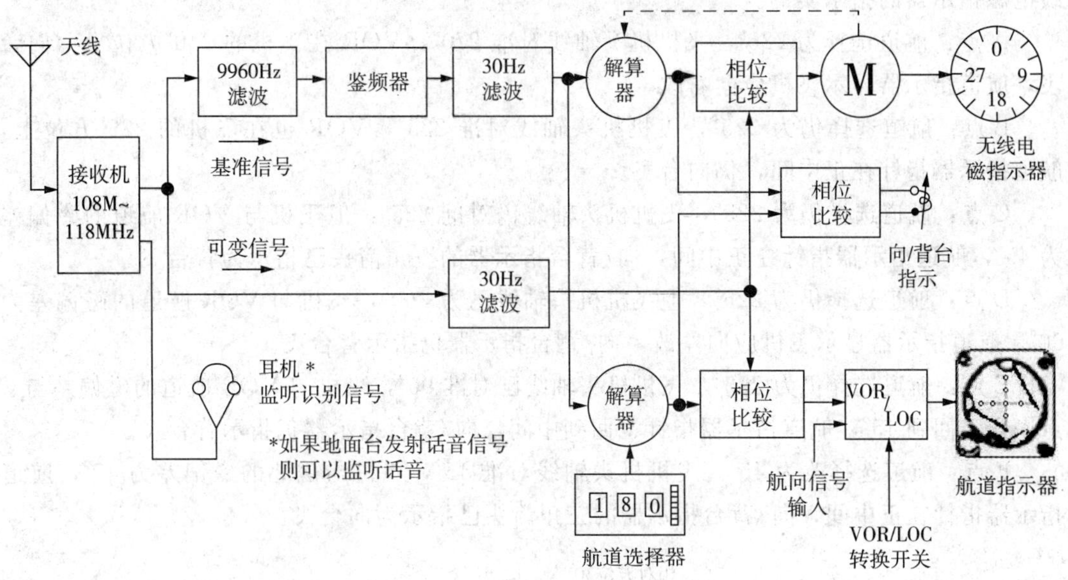

图 7 - 37　机载设备信号流程示意图

（二）机载系统工作实例

下面以图 7 - 38 所示的航道指示器为例来说明。当飞机由甲地飞往乙地，途经某 VOR 台，飞行员首先要在航向选择器上选择所需的飞行航向。若航向为 300°，这时应把航向选择器上的刻度调整到 300。飞行途中，如果飞机保持在航道上，航道指示器上的航道偏差为零，偏离指针在中间位置，向/背台指示器的三角箭头朝上，表示飞机向台飞，如 7 - 38 图中的（A）点。当飞机向右偏离航道时，这时偏离指针向左偏，告诉飞行员应向左改，直到指针中间位置。刻度盘上每点代表 5°，图 7 - 38 中的（B）点表示飞机已偏约 8°。

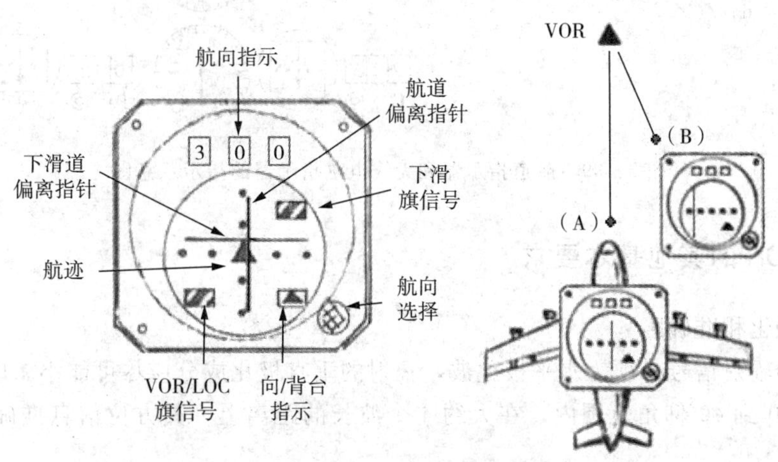

图 7 - 38　航道指示器示意图

根据指针偏离程度，并结合无线电磁指示器的指示，飞行员就可知道是否在按所选的航线飞行。如果把偏离信号送到自动驾驶仪，则飞机会自动沿所选的航向飞行。

如图 7－39 所示，飞机以 VOR 台为中心，飞机在各个方位上飞行，航道指示器和无线电磁指示器的指示实例。

A 点：航道选择为 225°，飞机机头轴线对准 270°，VOR 在飞机的 240°方位上，向台飞，航道指示器显示飞机应向右改。

B 点：航道选择仍为 225°，飞机机头轴线对准 225°，VOR 也在飞机的 225°方位上，航道指示器指针在正中间，仍向台飞。

C 点：航道选择仍为 225°，飞机机头轴线仍对准 225°，但飞机与 VOR 航道的磁偏差为 45°，航道指示器指针在正中间，向/背台指示器的三角箭头已指示为背台飞。

D 点：航道选择仍为 225°，但飞机机头轴线已为 260°，飞机与 VOR 航道的磁偏差为 60°，航道指示器显示飞机应向左改，向/背台指示器仍指示背台飞。

E 点：航道选择仍为 225°，飞机机头轴线已对准 90°，飞机与 VOR 航道的磁偏差与 C 点一样，回到 45°，航道指示器指针也回到中间，向/背台指示器仍指示背台飞。

F 点：航道选择改为 45°，飞机机头轴线对准 45°，飞机与磁北的磁偏差为 45°，航道指示器指针在正中间，向/背台指示器的三角箭头已指示为向台飞。

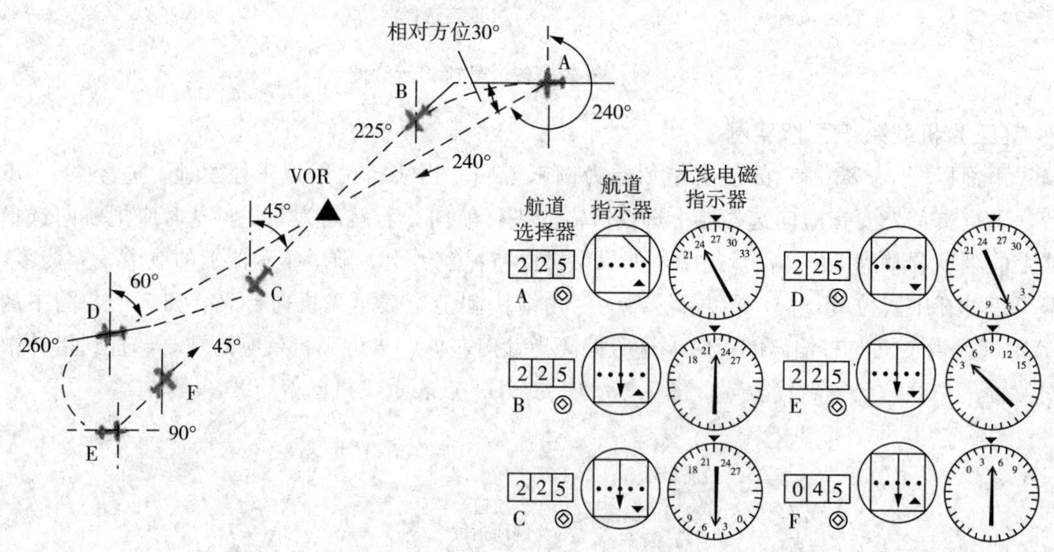

图 7－39　航道指示器和无线电磁指示器的指示示意图

五、VOR 的其他基本要求

（一）极化和准确度

VOR 的辐射信号必须为水平极化波，辐射的垂直极化成分应尽可能小。以 VOR 天线为中心，在 0°到 40°仰角范围内，在大约 4 个波长的距离上，其方位信息准确度应在±2°以内。

（二）覆盖

VOR 提供的信号必须在 40°仰角以下，使一部标准的机载设备能在飞行服务区域所要求的高度和距离上，以最低的电平满意地工作，要求 VOR 信号的空间场强应大于 90μV/m 或－107dBW/m^2。辐射信号功率与高度、作用距离之间的关系，如图 7－40 所示。

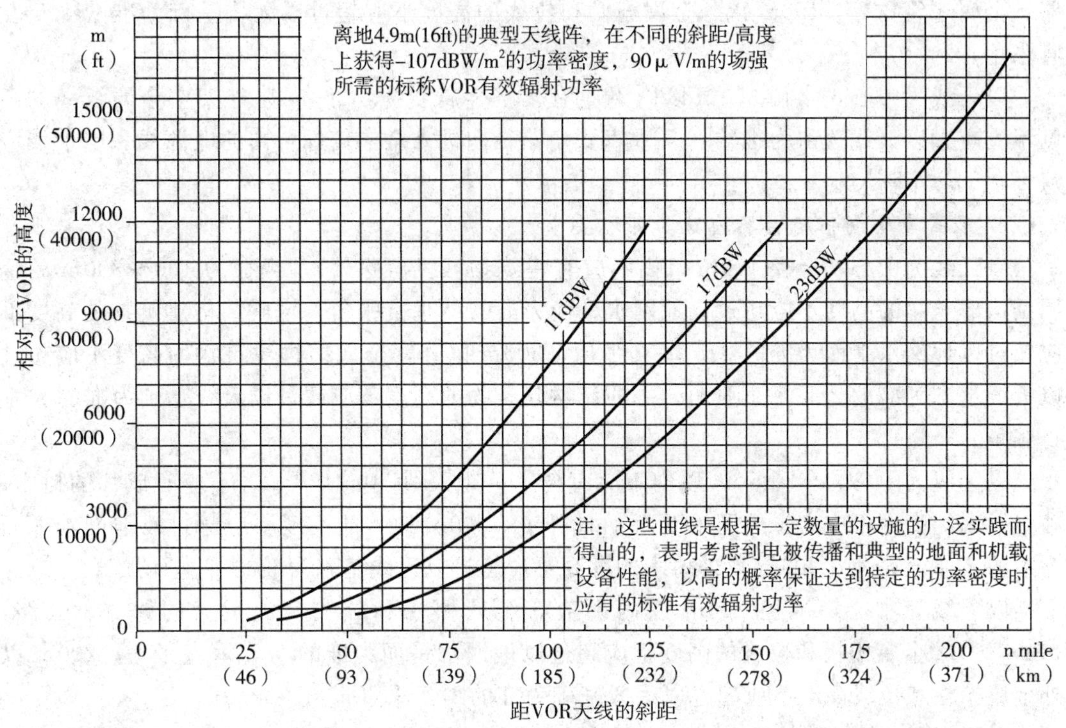

图 7－40　辐射信号功率与高度、作用距离示意图

一般来说，当发射机输出功率为 100W（20dBW），以天线增益与射频馈电电缆损耗相抵，飞机飞行高度为 9000m 以上时，其作用距离≥300km（平原地区）。

（三）识别与话音

在《国际民用航空公约附件 10》中，规定为识别信号采用国际摩尔斯电码，由 2 或 3 个英文字母组成识别码；发送速率为每分钟约 7 次识别码；每 30 秒最少发送一次识别信号（建议每 30 秒至少重复三次）。

与 DME 合装时，通常每 30 秒等间隔发送四次，三次给 VOR，一次给 DME。识别信号的调制单音为 1020Hz。

如果需要 VOR 提供地空通信波道，VOR 也能在射频载波上直接调制音频信号并辐射。但话音波道的音频特性有一定的限制，要求在 300Hz 至 3000Hz 范围内相对于 1000Hz 的电平必须在 3dB 以内，且最大调制度不能大于 30％。

（四）场地与环境要求

1. 常规全向信标场地及其环境要求

以天线为中心，半径 200m 以内不应有建筑物（机房除外）；半径 200m 以外，金属结构建筑物的高度不应超过以天线基础为准的 1.2°垂直张角，木质结构建筑物的高度不应超过以天线基础为准的 2.5°垂直张角。

以天线为中心，半径 150m 以内不应有树木，距天线 150～300m 不应有高于 9m 的独立树木，300m 以外树木的高度不应超过以天线顶部为准的 2°垂直张角。

以天线为中心，半径 150m 以内不应有金属栅栏和拉线以及交通流量大的铁路、公路、金属建筑物等，150m 以外金属栅栏和拉线的高度不应超过以天线基础为准的 1.5°垂直张角。

以天线为中心，半径 360m 以内不应有架空金属线缆，360m 以外架空金属线缆的高度不应超过以天线顶部为准的 0.5°垂直张角：径向进入全向信标台内的电源线和电话线应从 200m 以外埋入地下。

2. 多普勒全向信标台场地及其环境要求

以天线为中心，半径 100m 以内不应有建筑物（机房除外）；半径为 100～300m 的金属结构建筑物的高度不应超过以地网水平面为准的 1°垂直张角，木质结构建筑物的高度不应超过以地网水平面为准的 2.5°垂直张角；300m 以外，金属结构建筑物的高度不应超过以天线基础为准的 2.5°垂直张角，木质结构建筑物的高度不应超过以天线基础为准的 5°垂直张角。

以天线为中心，半径 50m 以内不应有树木；距天线 50～100m 时不应有成片的树木，独立树木的高度不应高于地网水平面 4m；150～300m 树木的高度不应超过以地网水平面为准的 2°垂直张角；300m 以外树木的度高不应超过以天线基础为准的 4°垂直张角。

以天线为中心，半径 100m 以内不应有金属栅栏和拉线及流量大的铁路、公路；100～200m 金属栅栏和拉线的高度不应超过以地网水平面为准的 0.5°垂直张角；200m 以外金属栅栏和拉线高度不应超过以天线基础为准的 1.5°垂直张角。

以天线为中心，半径 100m 以内不应有架空金属线缆，100～300m 架空金属线的高度不应超过以地网水平面为准的 1°垂直张角；300m 以外的架空金属线缆的高度不应超过以天线基础为准的 3°垂直张角。

径向进入全向信标台内的电源线和电话线应从 100m 以外埋入地下。

地网下相对于全向信标台天线呈阴影的区域内，允许无源建筑物存在。

第三节　测 距 仪

测距仪（Distance Measuring Equipment，DME）的作用是通过仪表显示，为飞行员提供距离信息。当 DME 与 VOR 合装时，VOR 提供的方位引导信息与 DME 提供的距离信息组合后，就能给飞机定位。当 DME 与 ILS 合装时，能给进近和着陆的飞机提供至测距仪台或着陆点或跑道入口的连续距离。

一、DME 的基本原理

（一）DME 的系统组成

DME 由机载设备和地面设备组成。机载设备主要由询问器、接收机、天线、距离显示器等组成；地面设备主要由安装在室内机柜中的应答机、监控器、控制器、电源等部分

和室外天线组成。地面设备与 VOR 合装时的外观，如图 7 - 41 所示。

图 7 - 41　DME 与 VOR 合装时的外观图

（二）DME 的测距原理

DME 的测距原理简单一句话，就是测量无线电脉冲信号在空间的传播时间。对无线电波而言，其在空间的传播速度是不变的，即约 300000km/s，因此通过测量出从飞机发出询问信号，到接收到地面台的应答信号这段时间，就可计算出飞机到 DME 台的斜距。

其测距基本过程是，首先由机载询问器向地面台发出询问脉冲对信号；地面台收到有效询问信号后，由应答机发出一对应答脉冲；机载接收机接收到对自己询问的应答后，计算从发出询问信号到接收到应答信号的这段时间；然后把时间转换为距离数，在显示器上以海里显示出来。

（三）DME 的波道和工作频率

波道：DME 共有 252 个波道，X 波道（民用航空用）和 Y 波道各 126 个。相邻波道询问频率相差 1MHz；每个波道的询问和应答频率相差 63MHz。

工作频率：频率范围为 962M～1213MHz，但询问和应答频率是分开使用的。以 X 波道为例，从 $1^{\#}$～$126^{\#}$ 波道，询问频率为 1025M～1150MHz，波道号每增加 1 号，频率增加 1MHz。应答频率则分低端和高端，低端 $1^{\#}$～$63^{\#}$ 的频率为 962M～1024MHz、高端 $64^{\#}$～$126^{\#}$ 的频率为 1151M～1213MHz。

波道号与 ILS 和 VOR 的关系：DME 的工作频率在机载设备上是没有单独选择器的，它是和 ILS 或 VOR 配合使用，即只要选择了 ILS 中的航向信标或 VOR 的频率，DME 的频率也就自动选择好了。

在 DME 的 X 波道的 126 个波道中，由于 ILS 和 VOR 一共只有 100 个频率点可用，因此 X 波道实际只能用 100 个，即 $17^{\#}$～$59^{\#}$ 波道、$70^{\#}$～$126^{\#}$ 波道。DME 的波道和工作频率示意图，如图 7 - 42 所示。

在 DME 的频率范围内，1030MHz 和 1090MHz 是二次雷达的专用频率。

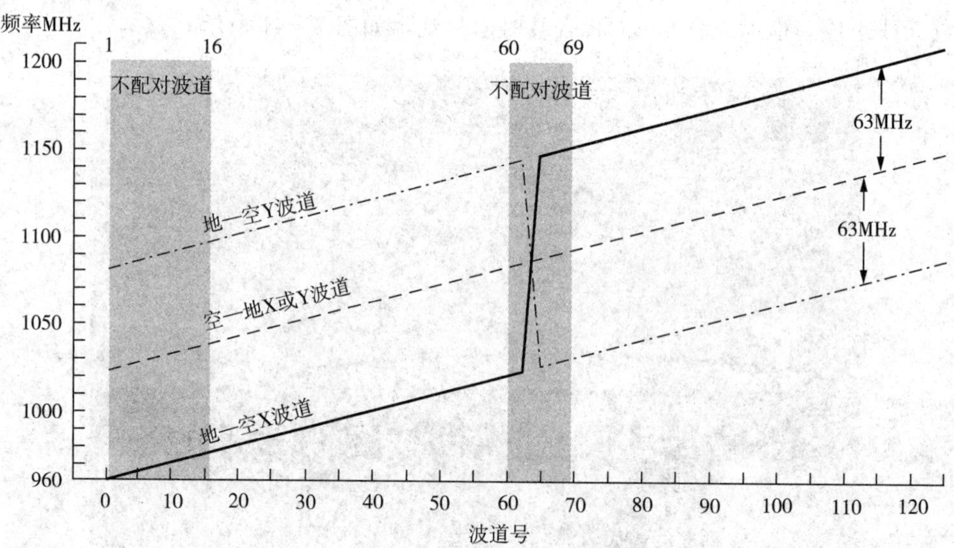

图 7-42　DME 的波道和工作频率示意图

（四）DME 的脉冲对波形

在 DME 中，不管是机载设备还是地面设备，发射的信号都是一个脉冲对，波形为伪高斯波形或称为钟形脉冲。

使用钟形脉冲有两个明显的优点：一是其频谱窄，对邻近波道干扰小。由于 DME 波道间隔只有 1MHz，如果使用方波，虽然会有利于测量脉冲的前后沿，但方波频谱很宽，对邻近波道干扰严重。二是其能量集中。

脉冲对波形（X 波道）如图 7-43 所示，其中主要指标如下：

询问对与应答对的间隔：12μs±0.25μs

询问与应答的系统延时：50μs±0.25μs

每个脉冲的脉冲前沿（0.1～0.9A）：2.5μs（μs）、不得超过 3μs

脉冲后沿（0.1～0.9A）：2.5μs、不得超过 3.5μs

脉冲宽度（半幅度点 0.5A 处）：3.5μs±0.5μs

应答脉冲对：两个脉冲幅度应一致。

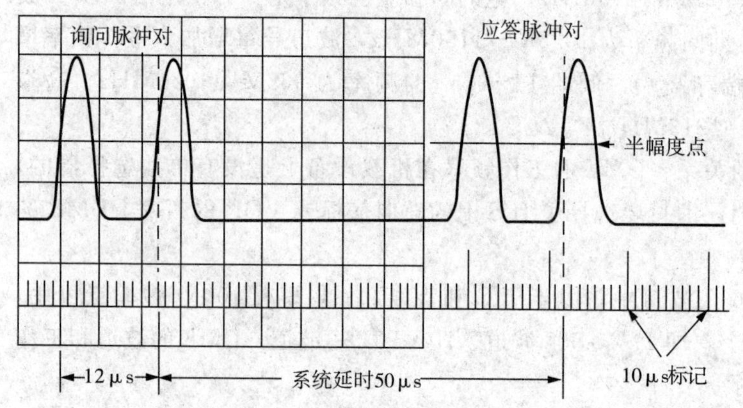

图 7-43　DME 的脉冲对波形

二、机载设备工作原理

(一) 工作方式

机载询问器向地面台发询问脉冲对的工作方式有 2 种：搜索和跟踪。

搜索：搜索状态是在飞机刚开始向地面台发出询问脉冲对时所用的方式。在这种状态时，为了减少搜索时间，询问速率非常高，最大可达 150 对脉冲/秒左右，当得到地面大于 65%的应答后，自动进入跟踪状态。

跟踪：进入跟踪状态后，为使地面台能服务更多的飞机，每架飞机要尽量少发询问信号，这时其询问速率较低，通常为 24～30 对脉冲/秒。有些设备的询问率只有 15 对脉冲/秒，也能很好地跟踪。

(二) 跟踪状态下的询问率

一是一架飞机进入跟踪状态后，每秒只要能收到十来次地面应答，就能连续显示距离信息了。二是地面台发射的应答脉冲最大为 2700 对/秒，如果每架飞机最多只须询问 30 次，地面应答率为 70%，则每个地面台服务的飞机就可以超过 100 架。

例如：搜索的飞机为 5 架，每架飞机询问 150 对脉冲/秒（ICAO 规定的最大值），则地面应答的脉冲对需要：

$$150\text{对}\times 5\text{架}\times 70\%\text{应答率}=525\text{对}$$

同时，跟踪的飞机为 95 架，每架飞机询问 30 对脉冲/秒，则地面应答的脉冲对需要：

$$30\text{对}\times 95\text{架}\times 70\%\text{应答率}=1995\text{对}$$

525 对＋1995 对＝2520 对，小于地面台每秒最大能发射 2700 对应答脉冲对。这样，在 DME 的有效作用距离内，一个地面台就能为 100 架以上的飞机服务了。

从搜索状态的第一个询问脉冲对发出，到接收机稳定跟踪自己的应答信号，总时间通常不会超过 1 秒钟，其中每个询问和应答的时间周期，是以微秒计的。

(三) 机载接收机如何辨认出自己的应答信号

当 100 余架飞机在都在同一频率上询问时，机载接收机如何知道哪个应答脉冲是对自己的回答，也就是如何从众多的应答脉冲中辨认出自己的应答脉冲，是能否正确测量距离的基础。

无论在搜索状态还是跟踪状态，询问器每秒都要发出一定数量的询问脉冲对，但这些数都是一个大约的平均数。为了要辨认出自己的应答脉冲，一是相邻的询问脉冲对之间的间隔是随机的，二是每架飞机的随机规律是不同的。当询问脉冲发出后，机载接收机内一个称为距离门的电路就会开始搜索自己的应答脉冲，搜索到一定数量自己的应答脉冲后，距离门就稳定下来，产生输出信号。其过程是：

(1) 当第一个询问脉冲对发出，并经过一定的延时后，距离门会接收到一个应答脉冲对，这个应答脉冲对是否就是对自己的应答，此时还不能确认。

(2) 第二个询问脉冲继续发出后，距离门经过与前一个差不多量的延时接收应答信号；如果此时没有应答信号，距离门逐渐加大延时时间接收第三个应答信号；如果仍没有应答信号，则再增加延时时间，第四个、第五个……直到收到应答信号；这等于又回到了第

（1）步。

（3）再重复第（2）步，直到在差不多同一个位置连续收到自己的应答信号后，距离门就会在此延时时间附近跟踪自己的应答信号了。

由于每架飞机的询问是随机的，因此各架飞机询问重合的概率是非常低的。这样，通过以上这些过程，就可以排除掉其他随机接收到的应答脉冲，而辨认出自己的应答信号。

（四）DME 的距离计算

先由机载询问器发射询问信号，在收到地面应答机的应答后，通过测量信号来回的时间，计算出飞机至地面台的斜距（R）。

R（以 km 计）的计算方法：

$$R=\frac{C\times(T-T_0)}{2}$$

式中：C=无线电波传播速度或光速（299792.5km/s≈300000km/s），T（秒）=询问信号发出后到接收到应答信号的时间，T_0（秒）=地面设备的信号处理的固定延时时间（50μs）。

例如：飞机发出询问到接收到地面应答，共用了 1285μs，则飞机距地面台的斜距为：

$$R=\frac{C\times(T-T_0)}{2}=\frac{300000\times(1285-50)\times10^{-6}}{2}=185.2\text{（km）}$$

由于机载 DME 指示器是以海里（NM，1NM=1.852km）为单位显示的，在实际计算中通常也以海里来计算。无线电波传播速度或光速换算成海里为：

$$300000\div1.852=161987\text{（NM/s）}$$

电波传播 1NM 所需的时间：1/161987=6.173333μs

1NM 来回所需的时间为：6.173333×2=12.347（μs）

用海里计算斜距时，公式为：

$$R=\frac{(T-T_0)}{12.347}=\frac{1285-50}{12.347}=100.0\text{（NM）}$$

DME 距离在机载指示器上的显示（小数点后只显示一位数），如图 7-44 所示。

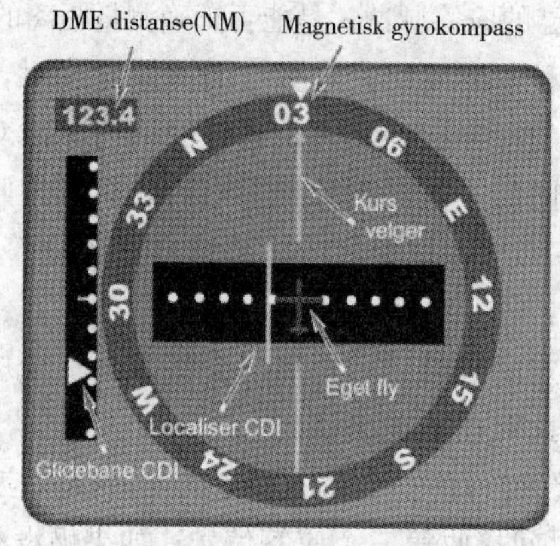

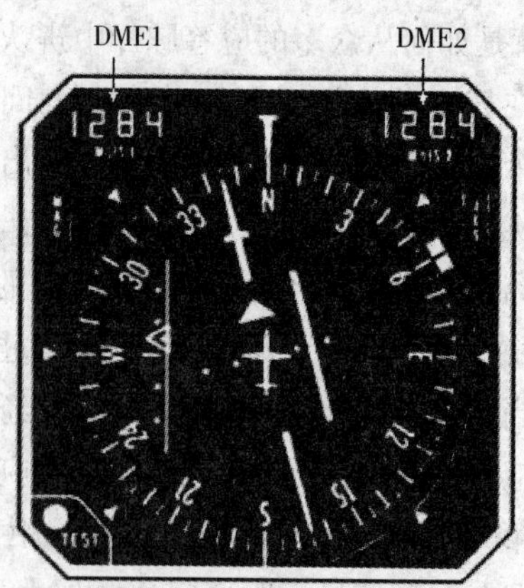

图 7-44　距离在机载指示器上的显示

三、DME 的定位作用

VOR 的作用是定向，VOR/DME 的作用是定位。同样，当机载设备配置了飞行管理计算机后，DME/DME 不仅能完成定位，而且还是首选的方式。

无论是 VOR/DME 定位，还是 DME/DME 定位，都能实现区域导航。

(一) $\theta-\rho$ 定位

现代民用飞机已普通使用 VOR/DME 定位；它是一种利用 VOR 的方位角、DME 的斜距作为基本信号，来计算飞机到某个航路点的航向和距离的导航系统。这种定位称为 $\theta-\rho$定位，也称为极坐标定位。

如图 7－45 所示，在由飞机位置（A）、航路点（B）和 VOR/DME 台（C）构成的三角形中，当已知 θ_1、AC 边（飞机测得的 VOR 方位角和 DME 距离）、θ_2和 BC 边（机载数据库得到）时，可计算出 θ_3和 X 边的长度，这样就得到了飞机的航向和到航路点的距离。

(二) $\rho-\rho$ 定位

$\rho-\rho$ 定位，是利用 2 个以上 DME 进行的。采用$\rho-\rho$ 定位，比$\theta-\rho$ 定位的导航精度更高。因此，在装有飞行管理计算机的飞机上，无线电导航数据选择的优先程序为：

(1) DME/DME（$\rho-\rho$ 定位)，两个不同位置的 DME；

(2) DME/VOR（$\theta-\rho$ 定位)，当只能收到一个有效 DME 的信号时，使用同一个位置的 VOR 和 DME。

即当飞机在多个 VOR/DME 信号覆盖区内飞行时，虽然机载接收机可以收到 VOR 信号，并把 VOR 信号送到飞行管理计算机，但计算机的软件系统已优先选择了 $\rho-\rho$ 定位，因此一般不采用 VOR 信号。只有在不能同时收到两个 DME 信号时，计算机才选择 $\rho-\theta$ 定位。

$\rho-\rho$ 定位原理是：当飞行管理计算机开始工作后，首先检索导航设备清单，对两个地理位置好的 DME 进行自动调谐。选择最佳对的原则是，两个台与飞机连线（R_1、R_2）之间的夹角（α）要满足：$30°<\alpha<150°$，如图 7－46 所示。

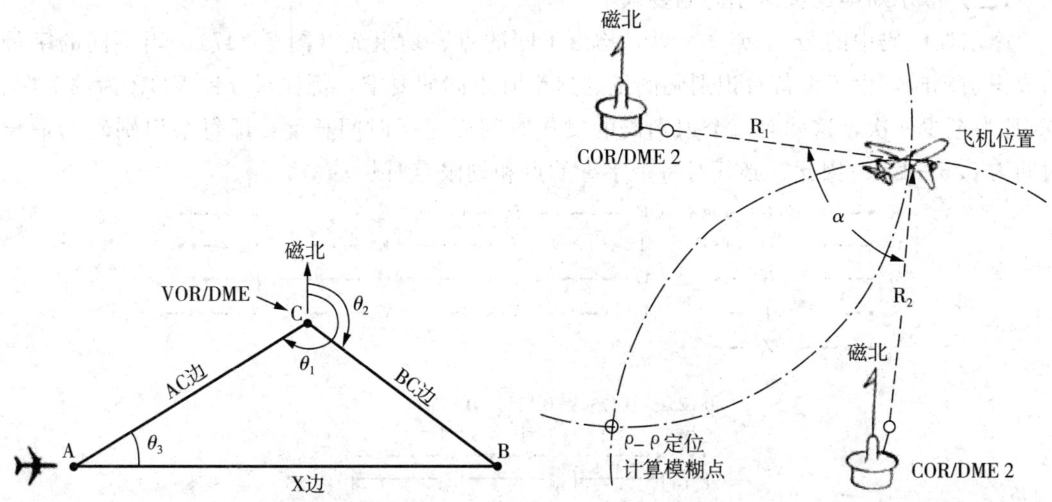

图 7－45 $\theta-\rho$ 定位示意图　　图 7－46 $\rho-\rho$ 定位示意图

当机载计算机计算出飞机距这两个台的距离后，由于导航数据库内存有各台的经纬度，那么飞机的位置也就确定了。

在计算位置时，还有两个圆弧相交的另一个点，即 $\rho-\rho$ 定位模糊点，其通过与惯导输入的位置数据相比较，就可排除掉。

四、地面设备工作原理

（一）设备组成及基本工作原理

地面设备主要由应答机、监控器、控制器、交换器、电源、天线等组成。其基本工作原理是：应答机中的接收机部分可以连续接收来自服务区内的所有飞机的询问，设备一旦开启，收到来自飞机的询问，并鉴别有效脉冲对后就向应答机发出指令，由应答机发出应答脉冲，经天线向空间辐射。

监控器的作用是连续监控应答机的一些主要参数，如发射功率、应答效率、脉冲间隔、系统延时、识别信号等，当有参数超出门限时，就给控制器发出告警信号。如果服务区内空中没有飞机发出询问信号，则会自动产生填充脉冲对模拟飞机的询问，使地面接收机保持正常的灵敏度，最小填充脉冲对约为 1000 对/秒。

控制和交换部分主要功能是：提供人工和自动控制；可选择主备用机，主用机联接天线、备用机联接假负载；收到告警信号后，控制换机或关机；提供遥控；等等。

（二）识别信号

与其他导航设备一样，DME 同样采用国际摩尔斯电码发送识别信号。

DME 识别信号可采用“独立”或“联合”工作模式。独立工作时：DME 的识别码由自己的信号产生器产生，发送速率为每分钟至少 6 次识别码，每 40 秒钟内至少发射一次；与 VOR 或 ILS 的航向信标联合工作时：一般由 VOR 或航向信标识别码为主信号源，每 30 秒钟内 VOR 或航向信标等间隔发送三次、控制 DME 发送一次。

DME 识别信号的调制单音为 1350Hz。

（三）摩尔斯电码及识别码的要求

摩尔斯电码中的 26 个英文字母，均由不同的点、划组成（图 7－47）。当不同的字母组成识别码时，由于设备对识别码的发送速率有不同的要求，例如每分钟 VOR 为约 7 次、DME 为至少 6 次，这就对每个识别码的发送时间限定了时间长度，即每个识别码的最长时间为 8.5～10s。因此，必须对每个字母的点和划限定时长。

A •—	B —•••	C —•—•	D —••	E •	F ••—•
G ——•	H ••••	I ••	J •———	K —•—	L •—••
M ——	N —•	O ———	P •——•	Q ——•—	R •—•
S •••	T —	U ••—	V •••—	W •——	X —••—
Y —•——	Z ——••				

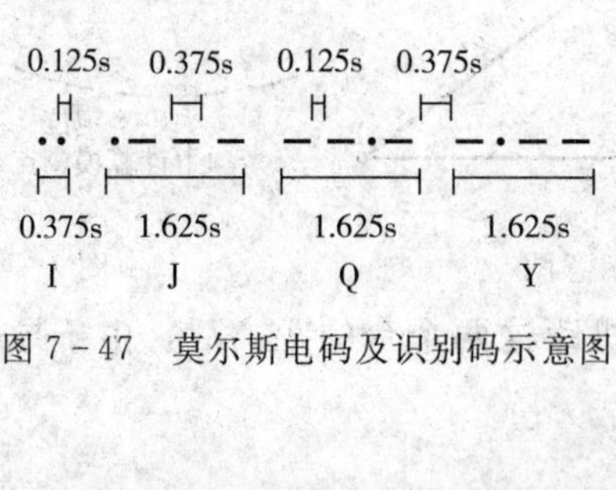

0.125s 0.375s 0.125s 0.375s

•• •——— ——•— —•——

0.375s 1.625s 1.625s 1.625s

I J Q Y

图 7－47　莫尔斯电码及识别码示意图

例如：某识别码为 IJQY，这是一个时长最长的 ILS 识别码，只要它符合要求了，由其他任意 2～3 个字母组成的识别码也就没有问题了。《国际民用航空公约附件 10》中规定点的时长为 0.1～0.16s，划的时长为点的时长的 3 倍。当点的时长取 0.125s 时，划等于 0.375s；点（或划）和点（或划）之间的间隔为一个点的时长，字母的间隔为一个划的时长。如图 7-46 所示，I 等于 0.375s，J、Q、Y 各为 1.625s，字母间隔为 0.375s×3 个，这样，IJQY 的总时长为 6.375s。

（四）天线、极化、台址的场地要求

地面设备的全向天线，一般由 9～12 个双锥形辐射体组合而成，辐射体的数目决定垂直面的方向图和天线增益。当天线由 9 个双锥形辐射体组合时，增益≥9 分贝（dB）。

DME 辐射和接收的信号均为垂直极化波。

DME 的场地要求，与 VOR 相同。通常来说，与 VOR 合装时，适合 VOR 的场地，一般也适合 DME；与 ILS 的下滑台合装时，除下滑天线和机房属于障碍物外，场地环境一般是没有问题的。

（五）覆盖范围

DME 工作在特高频频段（微波波段），其作用距离为视距传播。DME 输出的是脉冲功率，目前常用的地面设备的脉冲输出功率，有≥1000W（30dBW）和≥100W（20dBW）两种规格。一般来说，无论哪种输出功率的设备与 VOR 联合工作时，其覆盖区至少应与 VOR 相等。

以理论值而言，要使 DME 天线处的信号强度达到所需值－105dBW 或－83dBW/m^2，与 VOR 的接收信号强度相比，DME 必须辐射较大的功率。有效辐射功率与高度、作用距离之间的关系，如图 7-48 所示。图中可见，如果飞机在 9000m 巡航高度飞行时，要达到 125NM 以上的覆盖，DME 的有效辐射功率必须在 36dBW 以上，而发射机的输出功率 1000W 只等于 30dBW，若再减去馈线等的损耗，实际的辐射功率还要低些。因此，为弥补发射机输出功率的不足，DME 通常采用高增益天线。

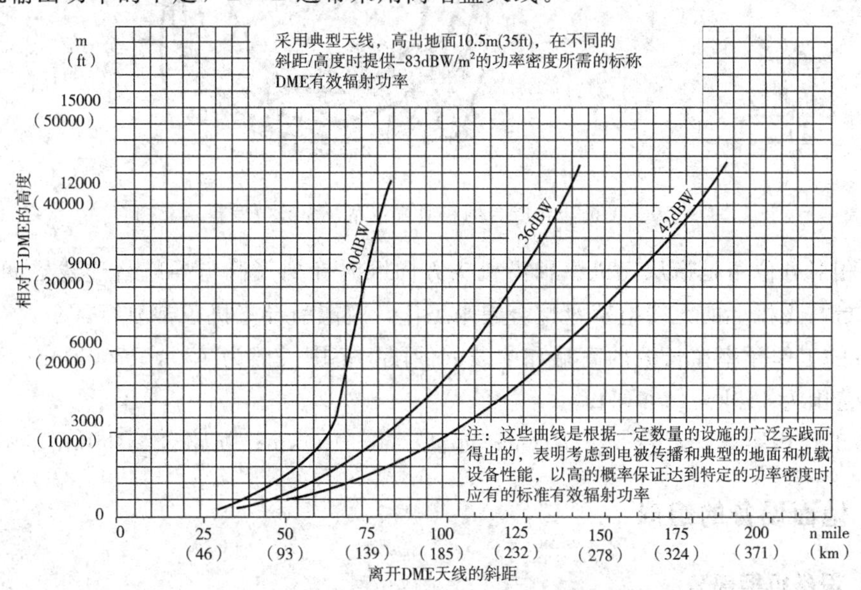

图 7-48 辐射功率与高度、作用距离示意图

（六）场地及其环境要求

和 ILS 相配按仪表着陆场地及其环境要求。和常规全向信标台相配按常规全向信标台的要求。和多普勒全向信标台相配按多普勒全向信标台的要求。单独设台按多普勒全向信标台的要求。

第四节　无方向信标

无方向信标（Non Directional Beacon，NDB）是一种供机载无线电罗盘测向用的近程导航设备。无方向信标工作在 190～1750kHz 频段，与机载无线电罗盘配合工作，用以测定航空器与导航台之间的相对方位角，引导航空器沿预定航线飞行、归航和进场着陆。无方向信标台场地及其附近的反射、再反射和吸收电磁波的地形地物，会干扰或影响机载无线电罗盘正常接收和测向，从而引起定向误差、指针摆动和导航覆盖缩小。

一、NDB 的基本原理

NDB 的工作原理就是，以它发出的无方向性的无线电波给飞机判断方位。当飞机进入地面 NDB 信号的有效范围上空，飞机上的无线电罗盘就开始工作，给飞机指示出一个相对方位角，如图 7－49 所示。

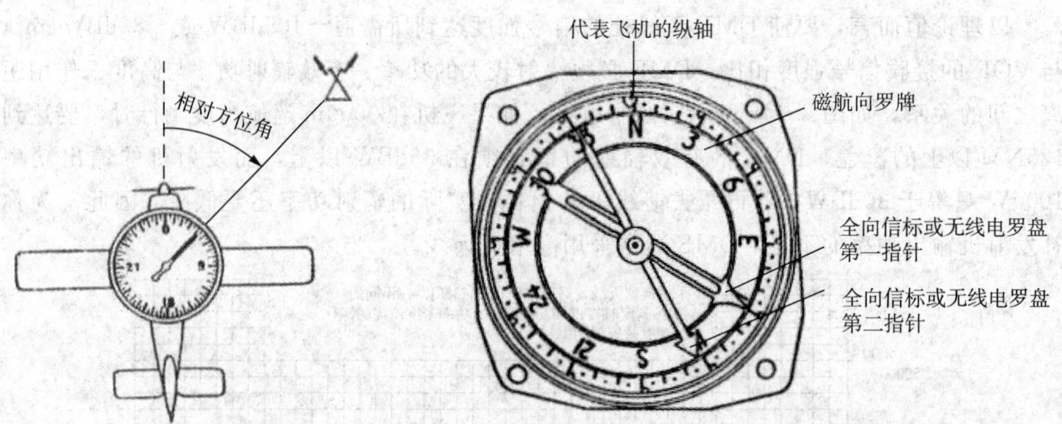

图 7－49　飞机与导航台的相对方位角及无线电罗盘示意图

这个相对方位角是指从飞机纵轴沿机头方向顺时针到飞机与导航台连线之间的夹角。地面导航台与飞机上的无线电罗盘配合起来工作，就能引导飞机正常航行。

NDB 的工作频率在长波的高端和中波的低段，范围一般为 150k～700kHz；机载罗盘工作频率范围为 150k～1300kHz。

NDB 的作用距离：近台 50～70km；远台：70～100km；航路台≥150km。

二、地面设备的组成

（一）设备机柜部分

地面设备主要包括设备机柜、天线、地网等三大部分，如图 7－50 所示。

设备机柜主要由发射机、监控器、电源部分等组成。就发射机而言，目前常用的全固态设备，输出功率有 100W、200W、500W 等几种，以满足不同的作用距离之需求。

根据不同的要求，NDB 输出可用调幅报（远、近台）或等幅报（航路台）信号，即地面设备用 400Hz 或 1020Hz 的音频，以调幅或等幅的方式调制载波发识别信号。通常近台发送一个英文字母的国际摩尔斯电码，远台和航路台发送两个英文字母组成的国际摩尔斯电码。

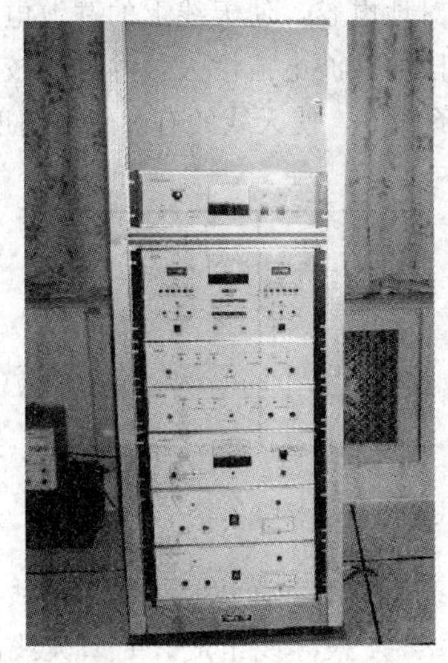

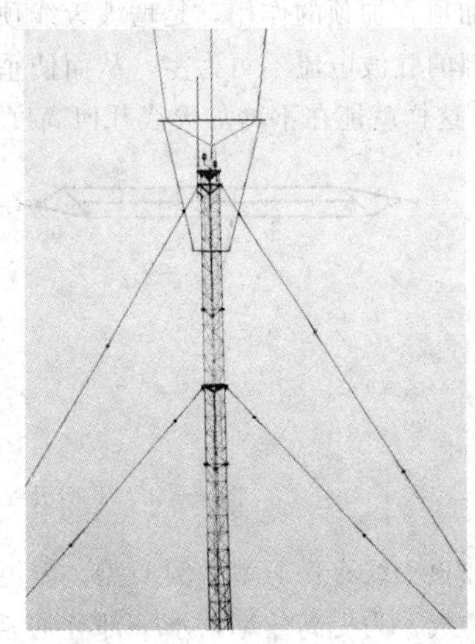

图 7－50　设备及天线示意图

（二）天线和地网

由于 NDB 的工作频率在长波的高端和中波的低段，而长波和中波主要依靠地表面波传播，需采用垂直极化波；所以 NDB 的天线都是垂直架设的，天线的有效辐射部分是其垂直线段。为了增强地表面波的辐射强度，虽然采用高度为 $\lambda/2$ 的天线最为理想，即垂直线段的臂长为 $\lambda/4$，这时天线上的驻波电流最大，辐射信号最强，如图 7－51 所示。

但在实际运用中是难以实现的。例如：工作频率为 500kHz 时，其 $\lambda/4$ 是 150m；要架设 150m 高的天线是非常困难的。而且频率越低，λ 越大；频率为 200kHz 时，其 $\lambda/4$ 是 350m。因此，实际使用天线的高度（一般为 10～36m）与波长相比，其比值 h/λ 是很小的。由于比值小，天线的辐射电阻也小，效率就很低，通常为 0.5%～5%。也就是说，即使发射机输出功率达 100W，如果效率很低（例如 1%），那这个 NDB 的实际有效辐射功率也就只有 1W。

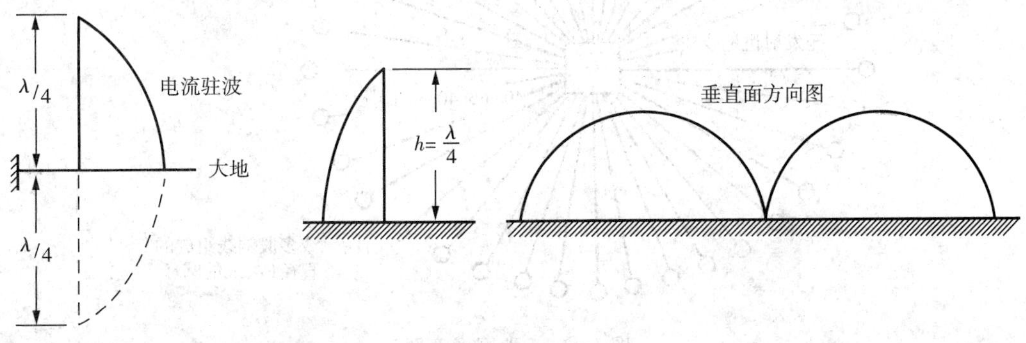

图 7－51　天线高度为 $\lambda/4$ 时的驻波电流和垂直面辐射信号示意图

为了提高直立式接地天线的效率，必须增大天线的有效高度和减小地损耗。

（三）增加天线的有效高度

天线高度为 $\lambda/4$ 的直立式接地天线与地底下的倒影（或称镜像）合为半波垂直天线，这时天线顶部电流最小、下部电流最大。由于难以架设百多米高的天线，而又要增大直立式天线的有效辐射高度，通常采用在天线顶端加接水平或倾斜导线的方法来加以解决，这种方法称为加顶。加顶的作用，是增大天线顶部对地电容，使天线上的驻波电流上移，天线垂直段顶部的驻波电流不再为零，从而使垂直段的驻波电流增大，并且比较均匀，如图 7－52 所示。这样就能在不增加天线几何高度的条件下，使天线的有效辐射高度增加。

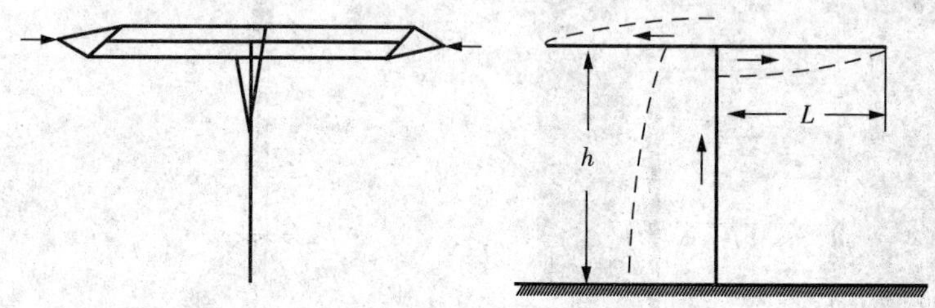

图 7－52　T 型天线的驻波电流示意图

常用的加顶天线有：T 型、倒 L 型、伞型天线等。T 型天线是将水平导线接在垂直导线的中点而构成；为提高效率，水平部分通常用 3～4 根导线组成。T 型天线的方向性图与直立式接地天线相同，水平面是一个圆，垂直面是半个横放的“8”字形。

（四）减小地损耗

为提高天线的效率，另一个措施就是减小地损耗，使地损耗电阻减到最小；而埋设地网就是减小地损耗电阻最常用的方法。

地网是用多根裸铜线，从天线底部向四周呈辐射状埋入地下而成，如图 7－53 所示。裸铜线一般为粗 4mm 的紫铜线，远台或航路台的地网用 30～60 根，每根长 30m，埋地 0.8m 深；近台用 12～24 根，每根长 15～20m。

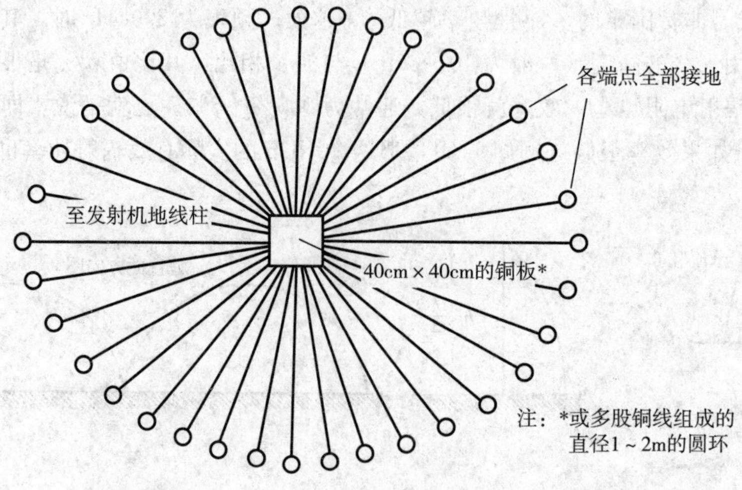

图 7－53　地网示意图

三、机载自动定向仪（无线电罗盘）工作原理

机载自动定向仪（无线电罗盘）由环状天线、垂直天线、罗盘接收机、双向电动马达、指示器、控制器等组成，如图 7-54 所示。

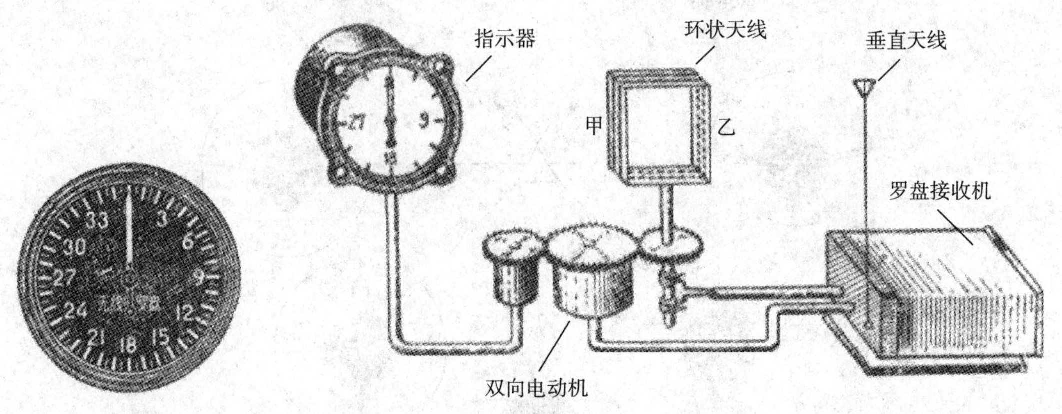

图 7-54　无线电罗盘基本原理结构示意图

其原理是：环状天线环面正对地面 NDB 天线时，电波同时通过甲边和乙边，在两边产生的感应电流强度大小相等、方向相反，环状天线的合成电流为零。环状天线环面不正对地面天线时，电波不是同时通过甲边和乙边，环状天线的合成电流不为零，即环状天线具有方向性，其方向图为一个“8”字形；而垂直天线的方向图为一个圆；两个天线合成的方向图为一个心形，如图 7-55 所示。

当环状天线环面不正对地面天线时，环状天线输出的电流经放大后，由双向电动机带动环状天线转动，直至其正对地面天线时，合成电流为零。利用环状天线的这种方向性，与垂直天线的全向相结合，就可以用最小信号点的方法确定地面台的位置。

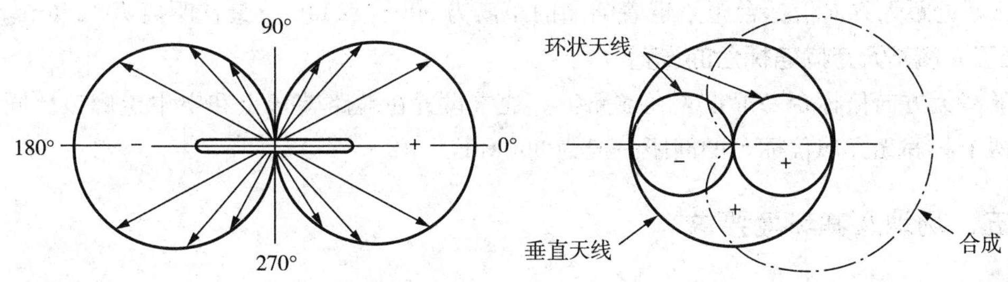

图 7-55　环状天线及天线合成的方向图

在电动机带动环状天线转动的同时，还通过信号电流带动指示器（无线电罗盘）的指针转动，无线电罗盘就能指示出飞机与地面台的相对方位角，如图 7-56 所示。

当 VOR 工作时，无线电罗盘也可用于 VOR 的指示。

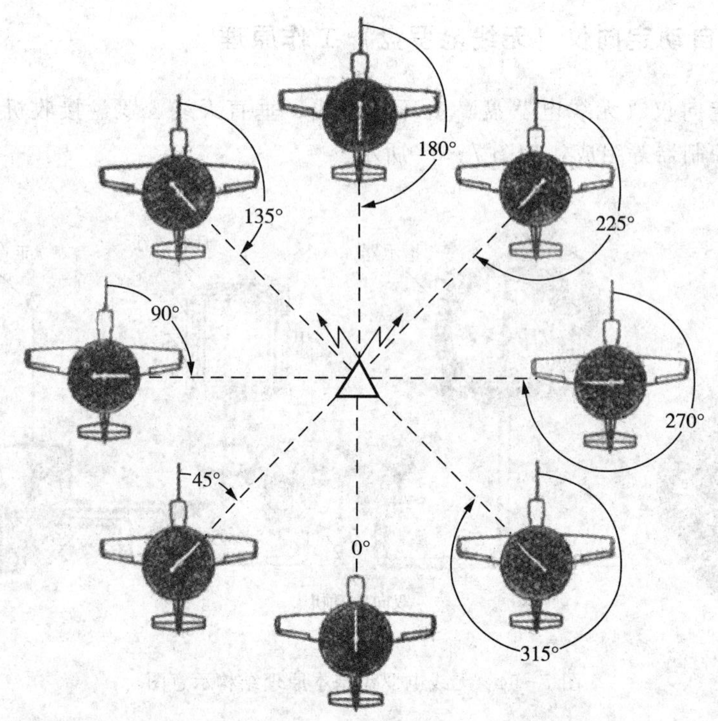

图 7－56　飞机与地面台的相对方位角示意图

四、无方向信标台的设置

（一）机场无方向信标台的设置

用于保障简单气象飞行的无方向信标台，可设置在机场内或跑道中心线延长线上，并符合机场净空规定的适当地点。

用于保障复杂气象飞行的远、近距无方向信标台，应设置在跑道着陆方向的跑道中心线延长线上。远距无方向信标台距跑道着陆端的距离为 6500～11100m，最佳距离为 7200m，近距无方向信标台距跑道着陆端的距离为 900～1200m，最佳距离为 1050m。

（二）航路无方向信标台的设置

航路无方向信标台一般设置在航路上。通常设置在航路转弯点和空中走廊口。同一航路的两个相邻无方向信标台的间距一般为 300km。

五、场地及其环境要求

以无方向信标台天线为中心，半径 100m 的范围内，应平坦、开阔、地势较高。无方向信标台场地及其周围宜为导电率高的腐植土或黏土，尽可能不选用砂石或岩石场地。无方向信标台天线中心点与各种地形地物之间所允许最小间隔距离见表 7－2。进入无方向信标台的通信和电源线缆应从距无方向信标台天线中心点 150m 以外埋入地下。山麓、山谷地带不宜设置无方向信标台，但山顶场地可以设置无方向信标台。

表 7-2　无方向信标台天线中心点与各种地形地物之间所允许最小间隔距离

地形地物名称	允许间距（m）
高于 3m 的树木	50
3～8m 的建筑物（机房除外）	50
高于 8m 的建筑物	120
交通流量大的公路	50
铁路、电气化铁路	150
金属栅栏、金属堆积物、电力排灌站	150
架空低压电力线、电话线、广播线	150
110kV 以下架空高压输电线	150
110kV 及以上架空高压输电线	500
悬崖、海岸斜坡、江河堤坝	300

第五节　其他导航设备净空要求

一、塔康导航台（TACAN）

塔康导航台与机载设备配合工作，能不间断地为飞机提供方位和距离信息，用以引导飞机沿预定航线飞行、归航和辅助飞机进场着陆。塔康导航台通常设置在机场内或跑道中心延长线上。塔康导航台工作在 962M～1213MHz 频段。飞行高度为 400m 时，塔康导航台覆盖区半径为 65km。塔康导航台覆盖区内最低信号场强为 1000μV/m（60dB），最低峰值脉冲功率密度为−86dBW/m^2。在塔康导航台覆盖区内，对各种有源干扰的防护率为 8dB。

塔康导航台场地保护要求：以天线为中心，半径 300m 以内场地应平坦开阔，一切障碍物的高度不应超出图 7-57 所示的阴影区。以天线为中心，半径 300m 以外的植物区和其他障碍物，其高度应满足如下要求（图 7-57）：

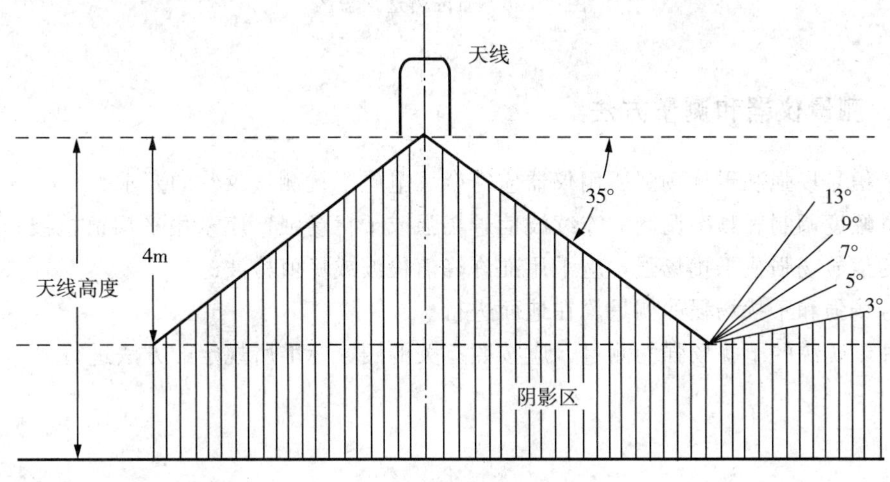

图 7-57　塔康导航台场地要求

a. 最大水平张角为 9°的植物区，允许最大垂直张角为 13°。b. 最大水平张角为 30°的植物区，允许最大垂直张角为 7°。c. 最大水平张角为 3°的障碍物，允许最大垂直张角为 8°。d. 最大水平张角为 10°的障碍物，允许最大垂直张角为 5°。

以天线为中心，半径300m以内不得有铁路和架空金属线缆。引入塔康导航台的电源线和电话线应从300m以外埋入地下。

二、着陆雷达站（PAR）

着陆雷达站向着陆方向交替发射水平和垂直扫描波束，接收飞机的反射回波，测定其位置，用以引导飞机进场着陆。

着陆雷达站通常设置在跑道中部的一侧，距跑道边缘不少于100m。

着陆雷达站的工作频率为9370MHz±30MHz。

着陆雷达站的覆盖区为，以天线为基准，方位±10°，仰角－1°～＋8°，距离35km（图7－58）。

着陆雷达站周围应平坦开阔。在覆盖区，距天线500m以内不得有高于以天线为基准0.5°垂直张角的障碍物。

配有超短波定向台的着陆雷达站，还应满足超短波定向台的各项保护要求。

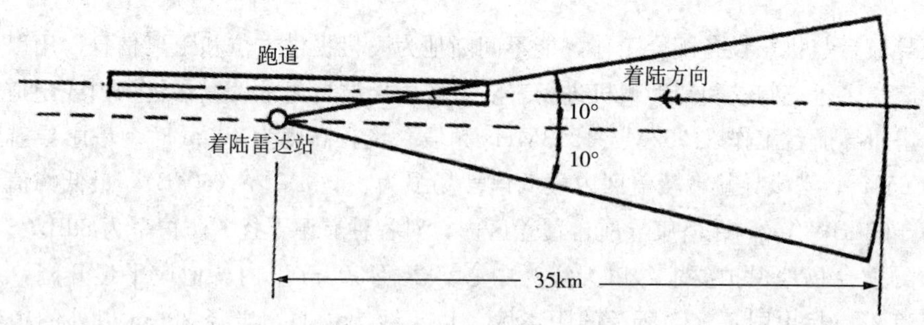

图7－58　着陆雷达覆盖区

三、测量仪器和测量方法

测量信号场强和干扰场强所用仪器应符合《电磁干扰测量仪》的要求。

测量幅度调制和频率调制的连续波信号场强或干扰场强，应采用平均值检波；测量脉冲调制的信号场强或干扰场强，应采用准许峰值检波或峰值检波。

信号场强和干扰场强的测量均在地面进行。

各种干扰源的干扰场强的测量，应按照有关的国家标准所规定的方法进行。

附录A　工业、科学和医疗（ISM）设备干扰允许值及对航空导航业务防护距离的计算（参考件）

A.1　工业、科学和医疗（ISM）设备干扰允许值及其衰减特性，见表7-3。

表7-3　衰减特性表

防护业务	频率范围（MHz）	防护率（dB）	ISM设备干扰衰减率	离开ISM设备用户边界30m处的干扰允许值dB（μV/m）
中波导航台	0.150～0.535	9	$d-2.8$	85
超短波定向台	108～400	14	$d-1$	40
航向信标台				
全向信标台				
下滑信标台				

A.2　对工业、科学和医疗（ISM）设备干扰防护距离的计算公式：

$$d=30\times10\,\frac{(E_{30}-E_{s}+R)}{20A} \qquad (A-1)$$

式（A-1）中：

d——防护距离，即ISM设备距离地面或机载接收设备的距离，m；

E_{30}——ISM设备干扰允许值，dB（μV/m）；

E_{s}——防护业务的信号场强，dB（μV/m）；

R——防护率，dB；

A——ISM设备干扰衰减率中的衰减指数，如表7-3中在0.150～0.535MHz频段为2.8。

A.3　当工业、科学和医疗设备的干扰允许值和衰减率不能达到表中的标准时，应根据实际测量的干扰场强值和衰减率进行防护距离的计算。

附录B　飞机在航空无线电导航台站覆盖区和进场着陆时的飞行高度（参考件）

B.1　运输机按远、近距导航台进场着陆时的下滑线（图7－59）。

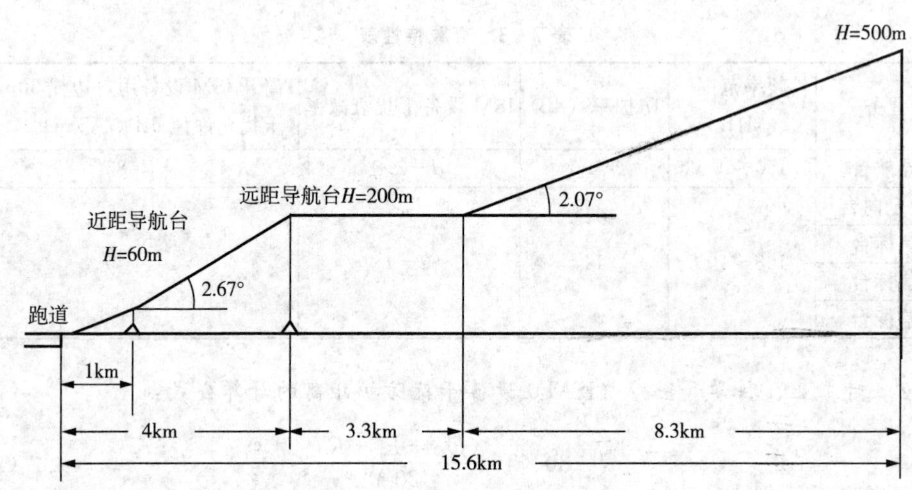

图7－59　飞机着陆时下滑线

B.2　利用航向信标台、下滑信标台、全向信标台、测距台和塔康导航台引导飞机进场着陆时的最低飞行高度按最低下滑角为2.5°计算。

B.3　除进场着陆阶段外，飞机在中波导航台、全向信标台、测距台和塔康导航台覆盖区内的最低飞行高度为400m；在仪表着陆系统航向信标台和下滑信标台覆盖区内的最低飞行高度为600m。

第八章　无人机与其他升空物体净空管理

第一节　无人机的净空管理

一、无人机发展现状

（一）无人机概念

无人驾驶飞机（Unmanned Aerial Vehicle，UAV），简称“无人机”，是利用无线电遥控设备和自备的程序控制装置操纵的不载人飞机。机上无驾驶舱，但安装有自动驾驶仪、程序控制装置等设备。地面、舰艇上或母机遥控站人员通过雷达等设备，对其进行跟踪、定位、遥控、遥测和数字传输。无人机可在无线电遥控下像普通飞机一样起飞或用助推火箭发射升空，也可由母机带到空中投放飞行。回收时，可用与普通飞机着陆过程一样的方式自动着陆，也可通过遥控用降落伞或拦网回收。可反复使用多次。广泛用于空中侦察、监视、通信、反潜、电子干扰等。

无人机具备的飞行时间长、灵活性高等特点是许多有人机无法比拟的优势。随着自动化和传感器技术的不断进步，无人机在成本方面的巨大优势使其在军事和民用领域的应用日益增多。如何在空域环境中对无人机进行有效的空中交通管理成为当前首要考虑的问题。

（二）无人机安全性

无人机在商业环境的应用正日益增长，据美国联邦航空管理局（FAA）预测，2020年以前将部署约15000架无人机，从而面临无人机要与有人机共享飞行空域的需求。无人机执行任务和进行训练都需要使用空域，如果无人机不能按照预定需求进入所需空域飞行，其作用势必会大打折扣，并会限制无人机系统产业的健康发展。目前尽管无人机还不能与有人机共享同一空域进行例行飞行，但在特许条件下可进入非隔离空域中飞行。如何对数量如此庞大的无人机进行监督和控制，以保证安全飞行是需要我们认真思考的问题。

1. 自身安全性

无人机自身的安全性是保障飞行安全的前提条件，它受设计、制造、机载设备性能以及飞行器对恶劣环境的适应能力等因素的制约。根据美国的一项调查表明，37％的无人机飞行事故源于发动机及其控制模块故障，而无人机的导航、飞行控制系统以及软件的可靠性则成为影响安全飞行的第二大因素。美国2007—2032年的无人机路线图中对灾难性事故率进行了分析，发现无人机的灾难性事故率比有人军用飞机高出1～2个数量级。

按预定航线飞行的准确性取决于无人机的导航精度、飞行控制精度以及飞机和设备的抗干扰能力，同时还受到气候条件和电磁环境等影响，无人机能够“准确飞行”是实现安全飞行的必要前提。提高无人机自身安全性的举措包括：改进发动机，提高动力系统、传感器系统及相关软件等的可靠性，进行有别于有人驾驶飞机的独立设计。

2. 全空域飞行

无人机进入非隔离空域将产生与其他无人机和有人机之间的空中交通管理问题。为此，美国已经建立了防止无人机与有人机发生碰撞的机制，但还没有达到所需的安全程度，还应该提出更可靠的方案；欧洲空管局则建议在欧洲非隔离空域内飞行的军用无人机，主要运行模式应在“飞行员”的管理下进行，而在数据链损失的情况下，保留以全自主飞行作为安全模式，因此无人机“飞行员”将对非管制空域内规定的安全间隔和空中防撞负责；而国内无人机的每次飞行基本上是“特事特办”，严格限制在隔离空域中飞行，这无疑阻碍了无人机的研制和发展。

（三）无人机的空域管理现状

近年来，我国无人机呈现爆发性增长，2016 年销量达到 39 万架，年均增长 60%以上，无人机进入千家万户，越来越多的企业也正在探索使用无人机完成各种工作任务，一些调研机构预计未来 5 年中全球无人机市场将增长到上千亿美元的规模。预计到 2020 年，无人机保有量将达到 300 万架以上，95%属于民用轻小无人机。

然而，无人机带来的安全问题也在迅速发酵，比如坠落伤人、损坏财物、侵犯隐私、窃取情报、干扰民航飞行，甚至有被恐怖分子利用等事件的发生，无人机引发的安全隐患引起了包括空管部门等在内的社会各界的关注。

无人机飞行需要满足三个条件：①操作人员具有无人机驾驶执照；②获得审批的合法空域；③申报飞行计划。然而，现阶段无人机“黑飞”导致的一系列净空问题屡见不鲜。

2017 年 2 月 5 日，昆明长水机场发生 2 起无人机闯入机场净空保护区事件，无人机直接飞入了长水机场的跑道区域。而在当月的 2 日、3 日两天内，长水机场已发生 4 起无人机非法飞行事件。

近年来，无人机“闯入”机场影响航班起降，在国内已多次发生。2017 年 2 月 3 日，深圳机场有三个航班机组同时报告，在飞机起飞或落地过程中发现疑似无人机的不明升空物，威胁飞行安全。空管部门在接报后采取紧急措施，调整进出港航班间隔的同时指挥空中飞机避让，导致多个出港航班出现不同程度的延误。

2017 年 2 月 2 日，国航 CA1918 航班机组在四川绵阳机场 32 号跑道方向上空发现一架发光飞行器。经机场方面 2 个多小时排查，确定该区域净空无障碍物后才恢复正常起降。

而 2016 年 5 月 28 日，一架疑似无人机的飞行物体出现在距成都双流机场龙泉百合寺导航站 17km 处，导致双流机场东跑道停航关闭 1 小时 20 分钟。

目前，多地机场都在机场跑道向两端延伸 20km，向两侧延伸 10km 的一个长方形范围内划定了净空保护区。然而，随着城市建设不断拓展，民众活动范围已越发接近原本位于市郊的机场。无人机使用者越来越多，“净空”难净的现象也越发明显。

民航客机在起降过程中速度极快，与任何物体发生碰撞都会造成严重后果。而民众使用的无人机多为消费级产品，飞行高度低、体积小、飞行速度慢，民航客机上的雷达较难

发现，避让难度大。同时，飞机的航电设备也会受无人机信号的干扰，而危害飞行安全。

设置机场净空区，就是为了保证客货运飞机在起降过程中的安全，任何飞行物在进入机场前，必须经过机场当局的批准。如果无人机进入机场净空保护区，那么客货运飞机就要避让无人机，因为无人机根本无法避让飞机。

二、无人机的净空法律规范

（一）通航的空域管理

自2003年开始，国家有关部门就开始重视对通用航空的监管，出台了《通用航空飞行管制条例》，旨在合法、合理和有效地引导通航航空事业的健康发展。根据该规定：

（1）从事通用航空飞行活动的单位、个人使用机场飞行空域、航路、航线，应当按照国家有关规定向飞行管制部门提出申请，经批准后方可实施。

（2）从事通用航空飞行活动的单位、个人，根据飞行活动要求，需要划设临时飞行空域的，应当向有关飞行管制部门提出划设临时飞行空域的申请。划设临时飞行空域的申请，应当在拟使用临时飞行空域7个工作日前向有关飞行管制部门提出。负责批准该临时飞行空域的飞行管制部门应当在拟使用临时飞行空域3个工作日前做出批准或者不予批准的决定，并通知申请人。

2009年出台的《民用无人机空中交通管理办法》指出，组织实施民用无人机活动的单位和个人应当按照《通用航空飞行管制条例》等规定申请划设和使用空域，接受飞行活动管理和空中交通服务，保证飞行安全。为了避免对运输航空飞行安全的影响，未经地区管理局批准，禁止在民用运输机场飞行空域内从事无人机飞行活动。申请划设民航无人机临时飞行空域时，应当避免与其他载人民用航空器在同一空域内飞行。

（二）无人机的空域管理

早在2013年，中国民用航空局（以下简称民航局）就出台了《民用无人机驾驶航空器系统驾驶员管理暂行规定》，要求飞出视距（距离超过500m或高度超过120m）或驾驶空机重量大于7kg的无人机操控人员需持有“执照”。

2013年12月1日施行的《通用航空飞行任务审批与管理规定》，明确了包括无人机在内的通用航空飞行任务的审批与管理工作。

2015年12月，民航局飞行标准司发布了《轻小无人机运行规定（试行）》，其中对无人机首次进行了细化分类。规定要求，无人机驾驶员必须取得适航许可，按相关规定在取得执照、合格证、等级、训练等方面符合要求才允许飞行，否则就是违规操作，属于“黑飞”将被罚。2016年，民航局空管行业管理办公室发布《民用无人驾驶航空器系统空中交通管理办法》，其第十条规定，民用无人驾驶航空器飞行应当为其单独划设隔离空域，明确水平范围、垂直范围和使用时段。可在民航使用空域内临时为民用无人驾驶航空器划设隔离空域。但飞行密集区、人口稠密区、重点地区、繁忙机场周边区域，原则上不划设民用无人驾驶航空器飞行区域。

另外，《中华人民共和国民用航空法》规定，民用航空器在管制空域内进行飞行活动，应取得空中交通管制单位的许可。否则，民用航空主管部门将责令停止飞行，对该民用航空器所有人或者承租人处以罚款；对民用航空器的机长也有相应处罚。

第二节　其他升空物体的净空管理

升空物体通常包括：(1) 通用航空飞行涉及的热气球、飞艇、滑翔机等航空器及动力伞、滑翔伞、航模等；(2) 无人驾驶的自由气球、系留空飘气球、风筝、孔明灯等其他漂浮物；(3) 燃放升空高度超标的礼炮、烟花、焰火、信号弹或者对空炮射；(4) 人工影响天气的高炮、火箭作业；(5) 超过净空保护高度要求的爆破或作业等。

一、风筝、气球等漂浮物

《通用航空飞行管制条例》和《施放气球管理办法》所称气球，包括无人驾驶自由气球和系留气球。无人驾驶自由气球是指无动力驱动、无人操纵、轻于空气、总质量大于4kg自由漂移的充气物体。系留气球是指系留在地面物体上、直径大于1.8m或者体积容量大于3.2m^3、轻于空气的充气物体。无人驾驶自由气球和系留气球的识别标志和升放条件要符合国家有关规定。施放无人驾驶自由气球或系留气球的单位要具有气象部门的资质许可。

随意放飞孔明灯可能造成的危害：一是因孔明灯属于明火，外焰温度高达300℃，燃放升空的孔明灯升空高度可达1000m左右，此高度升空的孔明灯与航道上正起降的飞机极可能发生冲突。倘若高速飞行的飞机因云雾遮挡等原因无法发现而与其相撞或被飞机发动机吸进去，轻则危及飞行安全，重则机毁人亡。二是正常飞行于航道上的飞机一旦因躲避而偏离航路，很可能会与其他飞机造成飞行冲突，甚至发生撞机事件。风力不大的情况下，孔明灯底部的燃料烧完后会自动下降；如果掉落到机坪上可能被机坪上运行飞机吸进发动机，如果掉落到机场内干枯草地上可能引发飞行区明火。

放风筝这一传统活动和利用气球从事庆典、宣传的活动日趋增多。但这些气球、风筝如果施放不当，失控出现在飞行航路上时，就好比一枚“定时炸弹”，当飞行员航行时无法用雷达探测到气球、风筝的具体位置，一旦碰上气球、风筝，将危害飞行安全。

（一）随意放飞风筝和气球等升空物体可能造成的危害

一是航空器起飞或降落时的飞行高度并不高，气球、风筝可能造成航空器复飞，或者因避让漂浮物而改变航向；二是风筝（气球）可能被吸入航空器发动机或堵塞空速管，造成发动机故障或仪表指示故障；三是风筝（气球）可能损坏或缠挂在航空器螺旋桨或各种操作舵面上，致使航空器操作困难无法正常飞行；四是风筝（气球）可能与高速飞行的航空器相撞，损坏其机体结构；五是气球里装入的如果是氢气，被飞机卷入发动机后可能摩擦出火花；六是飞行员因忙于避让风筝（气球）而影响正常飞行操作。以上六种状况，若严重的话，后果都将不堪设想。

（二）因失控气球、风筝而险些引起空中灾难事例

据不完全统计，2002—2010年，失控气球、风筝影响我国民航飞行的事件高达100余起，其中严重影响飞行安全的有20多起。

2010年11月17日，由长沙飞往重庆的HU7357航班正准备降落重庆机场，机场跑道上空却突然出现了一个“喜羊羊”氢气球。为了保证安全，该航班被迫复飞，空中盘旋等待了近10分钟才有惊无险地降落。

2010年5月15日中午前后，一只风筝飘到沈阳桃仙国际机场的上空，在近4个小时的时间里，致使15架飞机备降大连、长春等地机场，有3架飞机延飞，共计有18架飞机进出港受到影响。这是该机场20多年来首次发生类似事件。

2004年3月21日10：25，重庆江北机场上空1200～1300m处一带飘带的红色商业气球造成8个航班备降、1个航班返航，直接经济损失达数十万元。

2004年3月10日，武汉管制区航路上出现一只巨型白色气球，高度为9000m，致使4架航班改变航线绕飞。

2003年9月9日，东航一架波音737飞机在虹桥机场由北向南准备降落时，与一不明飞行物相撞，高度在200～300m，飞机严重受损，所幸没有造成人员伤亡。

（三）施放气球、风筝的注意事项

为了加强机场净空管理，确保航空器起降安全，《中华人民共和国航空法》《民用机场管理条例》中对正确施放气球、风筝都作了明文规定。国务院办公厅也在2004年4月25日发布了第37号文件《国务院办公厅关于加强民航飞行安全管理有关问题的通知》，要求“各地人民政府和有关部门要严格执行有关规定，严禁放飞影响民航安全的气球、风筝和其他升空物体”。

如何不影响民航安全，正确施放气球、风筝？在施放气球、风筝时需注意以下事项：

（1）民用机场跑道延长线两端各3km、两侧各2km范围内是禁止施放任何升空物体的。在范围以外因重大活动需要施放气球、风筝的，应该先向机场管理机构提出申请，获得审批。

（2）施放气球时应严格按照气象主管部门制定的操作流程施放，注意施放高度。气球必须有可靠的系留设施和快速放气装置，并加装明显的识别标志，每天24小时专人负责监控。

（3）风筝施放要注意其施放的高度，确保绳索的紧实，避免脱离失控。

（4）系留升空物体飞失的，应当立即向民航空管部门报告，以便及时采取措施。

二、烟花烟火

在机场周边净空保护区随意燃放高空烟花、焰火等升空物体，对飞行安全的影响主要表现在以下三方面：一是燃放烟花、焰火发出的强烈光线和浓雾可能干扰飞行员正确判断跑道位置而影响飞机进近着陆；二是烟花、焰火爆炸后产生的粉尘和碎屑可能被吸入发动机，如果飞机在高速飞行也可能损坏机身；三是近年来有些烟花、焰火的填药量不断加大，爆炸威力、升空高度和威胁空间范围不断提高，对过往的航空器直接构成严重威胁，可能击中飞机。

三、升空烟雾

升空烟雾包括：露天焚烧农作物秸秆、稻草等多烟植物以及工业废料、垃圾、落叶等产生大量烟雾、粉尘、废气等。大面积燃烧形成的烟雾会影响飞机正常起降，导致能见度低下，危及飞行安全，尤其是在无风湿润的天气，更加不容易消散，长时间影响机场空域。另外，机场净空保护区内燃放烟花、爆竹、焰火也会产生升空烟雾。

第九章 机场净空区域超高树木的限制

为了飞行器运行的安全，除前面所述的净空障物外，还必须限制机场及周边地区净空区域的人工栽培超高植物、鸟类等障碍物的高度及存在。本章和下一章将对超高树木、鸟类等一些过去被忽略的净空障碍物进行简述与分析，从而减控净空区障碍危险，确保飞行安全。

近年来，为了绿化、美化机场及周边地区的环境，国内机场及周边地区的群众（包括机场的绿化部门），在机场净空区内，大量栽植各种超高大树木品种，由于没有规范、统一的要求，人工栽培超高大树木品种越来越多，特别是一些地区的机场周边超高大树木成片栽植，这些树木成林后成为飞行安全新的障碍物。在林木茂密的机场，飞行员空中目视跑道困难，特别是能见度不好时，这种现象更严重。

《民用机场管理条例》明确规定，禁止在民用机场净空保护区域内种植影响飞行安全或者影响民用机场助航设施使用的植物，禁止在民用机场围界外5m范围内种植树木，禁止在民用航空无线电台（站）电磁环境保护区域内种植高大树木。

超高树木：这里指的超高大树木，通常是树木品种成材株高10～80m的树木。因此，必须依据净空规定和障碍物限制面《国际民用航空公约附件14》的要求，对机场围界外及周边地区成片栽培的超高树木，进行严格的限制。切实做到净空区内无超高大树木，没有新的栽培障碍物，确保飞行安全。

根据《国际民用航空公约附件14》障碍物面的限制、航空器的运行轨迹和国内常见树木的高度范围，我们对树木高度限制的范围应为机场净空保护区（第四章图4-14）。目前，该范围的超高大树木就单株单行而言，对净空影响较小，如果成片栽培，对净空安全潜在的危害则成倍增加。超大高树木品种在机场的不同区域应受不同的限制。为了方便净空保护区内树木的限制和管理，我们将净空保护区分为四级树木限制区，一级为过渡面和端近净空的进近面第一段覆盖区域；二级为内水平面和进近面第二段覆盖区域；三级为锥形面覆盖区域；四级为锥形面外侧机场净空保护区。

第一节 一级限制区树木

一级限制区围绕在跑道周围，是飞机进近的最后阶段和复飞的保护面。飞行区代码4的跑道该限制区范围约为跑道中心线两侧500m，跑道两端3000m。此阶段飞行员注意力高度集中，须要做一系列的动作来将航空器安全降落在跑道上或安全复飞，因此，该限制区对树木高度的要求是最严格的。除了要满足上述围界外5m范围内禁止种植树木的规定

外，同时要满足该区域树木高度的限制。

该限制区外围应少量栽植一些灌木，切勿栽培乔木，为了在这一区域内控制鸟类的活动，其栽培的灌木尽量选择无花或者隐花型植物，以免招引昆虫，引来鸟类集群捕食。在围界内草坪区栽培的草坪也应选择乔本科等无艳丽花的植物。为了确保净空区内的飞行安全，在跑道地面两侧，应铺装人工驱鸟草坪，以控制昆虫和鸟类对飞行安全的危害。

按照障碍物面的高度要求，在这一限制区内限栽培成体10m以上的高大乔木。在现实生活中，各地区机场周边栽培的树木种类不尽相同，故这些地区在这一限制区内限制成片栽培下述树木品种。

一、北方地区机场一级限制区成片限栽的树木品种

北方地区限栽的树木品种：刺榆（*Hemiptelea davidii*）（图9-1）、苦木（*Picrasmaquassioides*）、斑叶稠李（*Padus maackii*）、沙棘（*Hippophae rhamnoides*）、雪松（*Cedrus deodara*）、沙冷杉（*Abies holophylla*）、臭冷杉（*Abies nephrolepis*）、兴安落叶松（*Larix gmelinii*）、长白落叶松（*Larix olgensis*）、红松（*Pinus koraiensis*）、鱼鳞云杉（*Picea jezoensis var. microsperma*）、日本花柏（*Chamaecypairs pisifera*）、红皮云杉（*Picea koraiensis*）、赤松（*Pinus densiflora*）、兴凯湖松（*Pinus takahasii*）、东北红豆杉（*Taxus cuspidata*）、胡桃楸（*Juglans mandshurica*）、钻天柳（*Chosenia arbutifolia*）、山杨（*Populus davidiana*）、香杨（*Populus koreana*）、大青杨（*Populus ussuriensis*）、粉枝柳（*Salix rorida*）、毛赤杨（*Alnus sibirica*）、枫桦（*Betula costata*）、白桦（*Betula platyphylla*）、槲树（*Ouercus denata*）、蒙古栎（*Quercus mongolica*）、榆树（*Ulmus pumila*）。

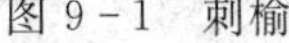

图9-1　刺榆

图9-2　红松

二、东部地区机场一级限制区成片限栽的树木品种

东部地区限栽的树木品种：红果树（*Stranuaesia dauidiana*）、水曲柳（*Fraxinus mandshnuica*）、刺榆（*H. dauidii*）、苦木（*P. quassionides*）、李（*Prunus salicina*）、枇杷（*Eriobotrya japonica*）、沙棘（*H. rhamnoides*）、野鸭椿（*Euscaphis japonica*）、核桃（*Juglans regia*）（图9-3）、香椿（*Toona sinensis*）、臭椿（*Ailanthus altissima*）（图9-

4)、刺槐（*Robinia pseudoacacia*）、棕榈（*Trachycarpus fortunei*）、日本扁柏（*Chamaecyparis obtusa*）、藏川杨（*Populus szechuania*）、印度榕（*Ficus elastica*）、香籽含笑（*Michelia hedyosperma*）、椰树（*Cocos nucifera*）等品种。

图 9-3 核桃

图 9-4 臭椿

三、西部地区机场一级限制区成片限栽的树木品种

西部地区限栽的树木品种：沙棘（*H. rhamnoides*）（图 9-5）、臭椿（*A. altissima*）、刺槐（*R. pseudoacacia*）、杨、柳、榆（*U. pumila*）。

图 9-5 沙棘

四、中部地区机场一级限制区成片限栽的树木品种

中部地区限栽的树木品种：苦楝（*Melia azedarach*）（图 9-6）、香椿（*T. sinensis*）、臭椿（*A. altissima*）、雪松（*C. deodara*）、核桃（*J. regia*）、重阳木（*Bischofia polycarpa*）（图 9-7）等品种。

图 9-6 苦楝

图 9-7 重阳木

五、南方地区机场一级限制区成片限栽的树木品种

南方地区限栽的树木品种：海桐（*Pittosporum tobira*）（图 9-8）、红果树

（*S. davidiana*）、红花羊蹄甲（*Bauhinia blakeana*）、厚皮香（*Ternstroemia gymnanthera*）、刺桐（*Erythrina variegata*）、李（*P. salicina*）、枇杷（*E. japonica*）、野鸭椿（*E. japonica*）、油棕（*Elaeis guineensis*）、棕榈（*T. fortunei*）（图 9－9）等品种。

图 9－8　海桐

图 9－9　棕榈

在一级限制区内栽培上述树木对净空的危害：一是影响飞行员起降视野；二是招引群鸟的栖息，特别是鹭类和猛禽；三是招引昆虫繁衍；四是一旦遇到险情影响救助。本区域内以栽培 5m 以下的小乔木和灌木为宜，这样不仅美化环境，便于防虫，减少鸟类的招引，也可以减少中、大型鸟类的营巢与过境栖息。

另外需要注意的是因为飞机在该限制区飞行高度较低，所以一些茎秆硬不易折断的乔木或棕榈科高大植物，如山茉莉（*Huodengron tibeticum*）、山桐子（*I. polycarpa*）、水翁（*Cleistocalyx operculatus*）、土沉香（*Aquilaria sinensis*）、依兰香（*Cananga odorata*）、箬棕（*Sabal palmetto*）、鱼尾葵（*Caryota ochlandra*）（图 9－10）、贝叶棕（*Corypha umbraculifea*）、喜树（*Camptotheca acuminata*）、枳椇（*Hovenia acerba*）、女贞（*Ligustrum lucidum*）（图 9－11）等也不适合种植。

图 9－10　鱼尾葵

图 9－11　女贞

第二节　二级限制区树木

二级限制区是从一级限制区向外延伸，包含跑道内水平面和进近面第二段的覆盖范

围。飞行区代码 4 的跑道该限制区外边界约为跑道中心线两侧 4000m，跑道两端 6000m 范围。该区域是保护飞机进近和目视盘旋进近的限制面，栽培的树木应选择高度 10～20m 之间的树木品种。

一、北方地区机场二级限制区成片限栽的树木品种

地方地区限栽的树木品种主要有：北美香柏（*Thuja occidentalis*）（图 9－12）、侧柏（*Platycladus orientalis*）、刺柏（*Juniperus formosana*）、圆柏（*Sabina chinensis*）、刺榆（*H. davidii*）、构树（*Broussonetia papyrifera*）、核桃（*J. regia*）、香檀（*Symplocos paniculata*）、楸树（*Catalpa bungei*）、柿（*Diospyros kaki*）、乌桕（*Sapium sebiferum*）、香椿（*T. sinensis*）、臭椿（*A. altissima*）、柞木（*Xylosma racemosum*）（图 9－13）等。特别要限制树木高度超过 60m 的品种，如日本扁柏（*C. obtusa*）、台湾杉（*Taiwania cryptomerioides*）等。

图 9－12　北美香柏

图 9－13　柞木

二、东中地区机场二级限制区成片限栽的树木品种

东中地区机场成片限栽的树木品种主要有：侧柏（*P. orientalis*）、刺柏（*J. formosana*）（图 9－14）、罗汉松（*Podocarpus macrophyllus*）、圆柏（*Sabina chinensis*）、刺槐（*R. pseudoacacia*）、藏川杨（*P. szechuania*）、重阳木（*B. polycarpa*）、杜仲（*Eucommia ulmoides*）、构树（*B. papyrifera*）、核桃（*J. regia*）、青檀（*Pteroceltis tatarinowii*）、楸树（*C. bungei*）、山拐枣（*Idesia sinensis*）、山桐子（*Idesia polycarpa*）、柿（*D. kaki*）、铜钱树（*Paliurus hemsleyanus*）、乌桕（*S. sebiferum*）（图 9－15）、香椿（*T. sinensis*）、樱花（*Cerasus* ssp.）等品种。

图 9－14　刺柏

图 9－15　乌桕

三、西部地区机场二级限制区成片限栽的树木品种

西部地区限栽的树木品种主要有：侧柏（*P. orientalis*）（图 9-16）、刺柏（*J. formosana*）、核桃（*J. regia*）、刺槐（*R. pseudoacacia*）（图 9-17）、杨树（*Pterocarya stenoptera*）等。

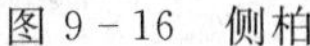

图 9-16　侧柏

图 9-17　刺槐

四、南部地区机场耳机限制区成片限栽的树木品种

南部地区机场围界外成片限栽的树木品种主要有：侧柏（*P. orientails*）、刺柏（*J. formosana*）、福建柏（*Fokienia hodginsii*）、罗汉（*Thujopsis dolabrata*）、罗汉松（*P. macrophyllus*）、三尖杉（*Cephalotaxus fortunei*）、水杉（*Metasequoia glyptostroboides*）、赤杨木（*Alnus japonica*）、重阳木（*B. polycarpa*）、杜仲（*E. ulmides*）、凤凰木（*Delonix regia*）、橄榄（*Canarium album*）、构树（*B. papyrifera*）、核桃（*J. regia*）、火烧花（*Mayodendron igneum*）、火焰树（*Spathodea cam panulata*）、榄仁树（*Terminalia catappa*）、青檀（*P. tatarinowii*）、山拐枣（*I. sinensis*）、柿（*D. kaki*）、梭罗树（*Reevesia pubescens*）、铜钱树（*P. hemsleyanus*）、乌柏（*Spiraea thumbergii*）、伊桐（*Itoa orientalis*）、银钟花（*Halesia macgregorii*）、珍珠花（*Spiraea thumbergii*）、大花紫薇（*Lagerstroemia speciosa*）、桄榔（*Arenga pinnata*）、荷威棕（*Howea belmoreana*）、金山葵（*Syagrus romanzoffiana*）、蒲葵（*Livistona chinensis*）、王棕（*Roystonea regia*）、红豆杉（*Taxus chinensis*）、油松（*Pinus tabuliformis*）、臭椿（*A. altissima*）、红豆树（*Ormosia hosiei*）、黄花槐（*Sophora xanthantha*）、榉树（*Zelkova serrata*）、苦楝（m. *azdarach*）、连香树（*Cercidiodora japonicum*）、楠木（*Phoebe zhennan*）、柠檬桉（*Eucalyptus citriodora*）、槟榔（*Areca catechu*）、假槟榔（*Archontophoenix alexxandrae*）　（图 9-18）、椰子（*Cocos nucifera*）（图 9-19）等品种。

图 9-18　假槟榔

图 9-19　椰子

该区域的高大树木对飞行危害极大，特别是一些乔木、竹林等人工栽培植物危害尤甚，因此，应严格限制这一面成片乔木的栽培，如圆柏（*S. chinensis*）（图 9-20）、侧柏（*P. salicina*）、龙柏（*Sabina chinensis*）、柿（*D. kaki*）、梨、苹果（*Malus domestica*）、李（*P. salicina*）、杏（*Armeniaca vulgaris*）及毛竹（*Phyllostachys heterocycla*）（图 9-21）等和风景树木的连片栽植。

图 9-20　圆柏

图 9-21　毛竹

在我国有些机场，由于这一区域两侧多为农区和林区，许多农民在此处栽植杨树（*P. stenoptera*）、水杉（M. *glyptostroboides*）（图 9-22）、刺杉（*Cunninghamia lanceolata*）、柳杉（*Cryptomeria fortunei*）、桉树（*Eucalyptus robusta*）（图 9-23）等超高大乔木。某机场栽培大量的水杉，由于生长环境好，其高度平均超高 27.5cm，对飞行

安全构成较大的危害。

图 9-22 水杉

图 9-23 桉树

在国内机场，特别是中、大型民用机场，不同的生态区机场都应限制栽培 20cm 以内的树木品种。

第三节 三级限制区树木

三级限制区在本书指锥形面覆盖区域，锥形面是用来保护飞机盘旋进近时的安全。该区域的人工栽培树木品种，应限栽 30m 以上的成片树木。如北美黄杉（*Pseudotsuga menziesii*）（图 9-24）、黄花落叶松（*Larix olgensis*）、柏木（*Cupressus funebris*）、贝壳杉（*Agathis dammara*）、金钱松（*Pseudolarix amabilis*）（东部）、日本花柏（*C. pisifera*）、日本冷杉（*Abies firma*）、落羽杉（*Taxodium distichum*）、南洋杉（*Araucaria cunninghamii*）（图 9-25）、香翠柏（*Calocedrus macrolepis*）、马褂树（*Liriodendron chinense*）、银桦（*Grevillea robusta*）、杉木（*Cunninghamia lanceolata*）、柚木（*Tectona grandis*）、银杏（*G. biloba*）等。

南方地区机场，特别不能成片栽培蒲葵（*L. chinensis*）（图 9-26），因为该植物高达 79m，虽然四季常绿、十分美丽，但在这段面内，须严格限栽该树木及相似品种。

这一段面的地面上各地机场限栽的成片树木，其生长高度须低于 30m，限栽的主要品种有：白皮松（*Pinus bungeana*）、白扦云杉（*Picea meyeri*）、榧树（*Torreya grandis*）、雪松（*C. deodara*）、油松（*P. tabuliformis*）、珙桐（*Davidia involucrata*）、银杏（*Ginkgo biloba*）、银白杨（*Populus alba*）、钻天柳（*Chosenia arbutifolia*）（图 9-27）、

连香树（*C. japonicum*）、楠木（*P. zhennan*）、柠檬桉（*E. citriodora*）等。

图 9-24　北美黄杉

图 9-25　南洋杉

图 9-26　蒲葵

图 9-27　钻天柳

第四节　四级限制区树木

在三级限制区以外的区域，树木高度一般很少能超过障碍物限制面，因此高度方面不需要对树种进行限制。所栽培的植物，大多是城市绿化树种或观赏花卉等，所栽培的植物应按所在位置的障碍物面高度进行限制。在这一范围应重点限制大面积栽培花卉和浆果植物，以免招引蛾、蝶（图 9-28）类昆虫和以浆果为食的各种鸟类。

成片栽培浆果类植物，如枸杞（*Lycium chinense*）（图 9-29）、酸浆（*Physalis alkekengi*）、草莓（*Fragaria ananassa*）、小西红柿（*Lycopersivon esculentum*）（图9-30）等易招引喜食浆果的鸟类，如白头鹎（*Pycnonotus sinensis*）（图 9-31）、灰椋鸟（*Sturnus cineraceus*）、丝光椋鸟（*Sturnus sericeus*）、灰喜鹊（*Cyanopica cyana*）、喜鹊（*Picapica*）等。

图 9-28　蝶

图 9-29　枸杞

图 9-30　小西红柿

图 9-31　以浆果为食的白头鹎

第十章 鸟类活动对机场净空的影响

过去人们在净空管理方面很少把鸟类列入净空管理的范围，因此，在净空区内人们对鸟类管理方面的概念比较模糊，而且对于围界内的鸟类驱赶范围也比较窄，即在机场内低空 60m 内的鸟类由机场负责驱赶，围界外的鸟类，除鸟情及生态调查有 8km 的明确规定外（2016 年前，鸟情及生态调查范围为 5km），其驱赶和净空的管理范围不太明确。因而在鸟类净空管理上，就出现一些职责不明的现象。为弄清这一问题，我们经过几年的调查与观察，根据机场及周边地区的鸟类的危害情况也将一些飞行高度及分布等，对净空区飞行安全产生不同影响的鸟类，将其列入净空管理范围，并且有一个明确的界线，这样便于机场的管理和鸟击后的责任划分。为方便净空管理，我们将净空管理方面的鸟类划分为三类，即一类净空管理鸟类、二类净空管理鸟类和三类净空管理鸟类，并明确其分布区域及高度。

第一节　一类净空管理鸟类（30 种）

通常情况下，一类净空管理的鸟类，在机场及周边地区 2km 范围内，日常飞行高度 15～180m（集群用高空驱鸟弹、无人机驱赶），须进行驱赶、猎杀、毒杀。严格控制其种群在机场周边 2km 范围内的集群活动，保持一类净空鸟类不过机场上空，不在本区域内集群分布，不在机场及周边地区 1～2km 范围繁殖。对于春秋两季迁徙过境的一类净空管理鸟类，实施综合治理的方法，迫使其改变过境路线。将其危害控制在阈值内，把鸟击征候风险降至最低。

1. 普通鸬鹚（*Phalacrocorax carbo*）（图 10－1）

形态特征：该鸟体长 786～930mm，体羽黑色具有紫色光泽，嘴基内侧黄色，头后羽毛延长成羽冠，头和颈以白纹，眼周、上喉白色，形成白环，下体黑色，肋羽白色且呈块斑状。

生态习性：常年栖息于湖泊、江河、沼泽及滩涂湿地。喜欢集群活动，以鱼类为食。平时飞行高度为 85～120m，迁徙飞行高度为 550～1200m。

图 10－1　普通鸬鹚

分布：在我国新疆、青海（青海湖集群繁殖，春秋两季对湖区周边地区的机场危害大）、西藏、内蒙古、黑龙江、河北、山东、江苏、广东、海南岛等地繁殖；在

长江以南广大地区越冬；随着温度的提高，食源的充足，在长江以北的江苏沿海滩湿地河流，冬季有时也能见到该鸟的集群活动。台湾省为旅鸟，迁徙期间，多见于机场及周边的水域及湿地，特别一些海岛或靠近河流的机场最为常见。2016 年 3 月我们在崇明岛某个机场见一个小群 17 只；同年 4 月 3 日在内蒙古乌海机场外侧的龙湖湾见一个集群 63 只。

危害等级：＋＋＋＋＋，该鸟在迁徙期间，严重影响飞行安全。

净空范围：对于在机场周边地区 2km 范围内的普通鸬鹚不管其飞行高度多少，都应及时驱赶或猎杀，对栖息在深水区的可进行水下网捕，效果比较理想。全国大约有 73 个民用机场及 36 个军用机场，要做好这一鸟类的防范及治理，以确保净空安全。

2. 苍鹭（*Ardea cinerea*）（图 10－2）

形态特征：该鸟体长 980～1100mm，头顶白色，头的两侧黑色羽毛延长成羽冠，上体灰色，下体白色，前颈有数条黑色纵纹。

生态习性：常年栖息于水田、河边、沼泽、海滩。以水生动物和昆虫为食，有时还食田鼠等小型兽类。迁徙飞行高度一般在 350～600m；平时飞行高度 80～170m。

分布：该鸟分布于新疆、西藏、青海、甘肃、四川及以东各省，海南岛为留岛，台湾省为冬候鸟。在我国东部沿海地区机场夏季为常见鸟，有时喜欢以家族群在机场周边湿地活动，多见 1～2 只过境机场上空。

危害等级：＋＋＋＋，由于体型较大，多以小群或单独活动，春秋季迁徙危害大。

净空范围：在机场周边地区 3km 范围内，应及时驱赶或猎杀，也可用毒饵，如蛙类（牛蛙亚成体）等诱杀。在全国机场中该鸟危害较严重的机场涉及 97 个民用机场，32 个军用机场。

图 10－2　苍鹭

3. 池鹭（*Ardeola bacchus*）（图 10－3）

形态特征：全长 450～510mm。头、羽冠、后颈、前胸红栗色；肩满布蓝黑色的蓑羽，背鼠灰色。身体余部白色。

生态习性：栖于稻田、滩涂、沼泽。繁殖季节或冬季喜群栖。以水生动物、昆虫为食，兼食蚯蚓、陆生贝类等。平时飞行高度 60～150m，迁徙飞行高度在 520～600m。

分布：该鸟分布于吉林、河北、陕西、甘肃、青海、四川、西藏以南各省，海南岛（夏候鸟、留鸟）；台湾（旅鸟）。值得一提的是，在首都国际机场的苇沟、温榆一带夏季繁殖的池鹭有 2960 多只。

危害等级：＋＋＋＋＋，该鸟在华北地区和华东地区，夏季集群繁殖，对飞行安全影响大。

净空范围：该鸟在机场及周边地区 1.5km 范围内，严禁营巢，最有效的方法是猎杀；在繁殖区的巢区挂网捕捉效果也比较好。该鸟在我国 33 个民用机场、16 个军用机场是净空重点防范的鸟类。

图 10－3　池鹭

4. 牛背鹭（*Bubulcus ibis*）（图 10－4）

形态特征：全长 500～520mm。繁殖季节，该鸟的头、颈、喉及背部中央的蓑羽橙黄色，身体余部白色。冬羽全身白色，背无蓑羽。

生态习性：栖于稻田、滩涂、沼泽。平时有随牛、羊群活动的习性，成对或小群活动。以水生动物、昆虫为食，兼吃鱼类、蛙类及蚯蚓等。平时飞行高度 80～120m，迁徙飞行高度在 560～1200m，飞行速度 55～70km/h。

分布：该鸟夏季遍布于江苏、河北、浙江、江西、安徽、山东、陕西、四川、西藏以南各省，海南岛（夏候鸟、留鸟）；福建、台湾（夏候鸟）；长江以南广大地区多为冬候鸟。

危害等级：＋＋＋＋

净空范围：该鸟净空要求与池鹭相同。该鸟在我国 72 个民用机场、23 个军用机场是净空重点防范的鸟类。

图 10-4 牛背鹭

5. 白鹭（*Egretta garzetta*）（图 10-5）

形态特征：全长 450～670mm。全身白色。眼先粉红色头后有 2 根冠羽，前颈下部有毛装饰羽，背具蓑羽。冬羽眼先红色，无蓑羽。

生态习性：栖于池塘、湖泊、稻田、滩涂湿地。一年中多以集群活动。以鱼类、小型动物、昆虫为食。

分布：该鸟分布于内蒙古、东北三省以及四川、陕西南部、河北、山东、山西、安徽、河南、江苏南部以南各省（夏候鸟、留鸟）；海南岛、台湾（留鸟）。

危害等级：＋＋＋＋＋

净空范围：该鸟在机场及周边地区 1.5km 范围内，控制过境机场上空，严禁营巢繁殖。治理方法：驱赶、猎杀、诱杀和网捕。该鸟在我国 176 个民用机场、43 个军用机场是净空重点防范的鸟类。

图 10-5 白鹭

6. 夜鹭（*Nycticorax nycticorax*）（图 10-6）

形态特征：全长 510～588mm。额、眼先、眉纹、冠羽白色，头顶、枕、后颈及背墨绿色，具光泽。其体余部和颈侧灰色。下体白色。

图 10-6 夜鹭

生态习性：栖于稻田、溪流、湖泊边、沼泽及沿海滩涂湿地。以鱼类、水生昆虫、蚯蚓等动物性食物为主。

分布：该鸟分布于新疆南部、黑龙江、吉林、辽宁、河北、陕西、四川、云南以东各省（夏候鸟、留鸟）；海南岛（留鸟、冬候鸟）；台湾（留鸟、旅鸟）。

危害等级：+++++，该鸟有多次击中飞机的记录。

净空范围：在机场及周边地区的 3km 范围内，严禁该鸟营巢。治理方法：驱赶、猎杀、网捕效果都比较好。该鸟在我国 113 个民用机场、31 个军用机场是净空重点防范的鸟类。

7. 斑头雁（*Anser indicus*）（图 10-7）

形态特征：全长 670～850mm。头和颈侧白色，后颈有两条黑色横纹。背灰褐而略沾红棕色，羽缘淡色；腰侧及最长的尾长覆羽白色。尾羽灰褐色，先端白色，羽缘棕黄。颏、喉污白色，前颈暗黑，羽缘泥黄色，胸灰色，至腹转为白色。

生态习性：栖于高原、湖泊、河流及滩涂湿地。以植物和小型动物为食。平时飞行高度 85～230m，迁徙飞行高度在 350～2100m。有边飞边鸣的习性。

分布：该鸟分布于新疆、青海、西藏、甘肃、内蒙古（繁殖鸟）；迁徙时河北、陕西、四川、云南可见；贵州、湖南越冬。（2010—2015 年统计资料，基数量都比较相近）。值得一提的是，在我国西藏贡嘎机场和日喀则机场周边地区，每年越冬的斑头雁有 5.35 万只，其中，贡嘎机场 3.4 万只左右。它们有时与黑颈鹤、赤麻鸭混群越冬或在青稞地里觅食。

危害等级：+++++，局部地区机场危害极大。

净空范围：在机场及周边地区 3km 范围内，应及时驱赶其集群。治理方法：下水网、

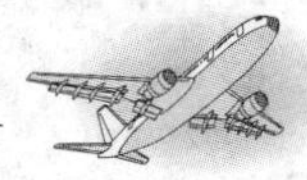

驱赶、猎杀效果均比较好。该鸟在我全国 7 个民用机场、2 个军用机场是净空重点防范的鸟类。

图 10－7　斑头雁

8. *灰雁*（*Anser anser*）（图 10－8）

形态特征：全长 700～880mm。前额和嘴基围以狭的白纹（繁殖期锈黄）；头顶和后颈褐色；背面灰褐色，具棕白羽缘；腰灰色，两侧白色；尾上覆羽白色，覆羽灰色；次级飞羽黑褐色。头侧、颏、前颈灰色；胸、腹污白色，具不规则的暗褐斑块。

生态习性：栖于植物丛生的水边、沼泽、沙洲及沿海滩涂湿地。以植物种子、根茎、水生动物及昆虫为食。

分布：该鸟分布于新疆、青海、甘肃、内蒙古、黑龙江（夏候鸟）；大多在长江以南越冬。近年来，部分种群在长江以外的沿海滩涂湿地越冬。

危害等级：＋＋＋＋

净空范围：严格控制该种群在机场周边地区 2km 内集群活动，特别是冬季。该鸟在我国 19 个民用机场、13 个军用机场是净空重点防范的鸟类。

图 10－8　灰雁

9. 赤麻鸭（*Tadorna terruginea*）（图 10－9）

形态特征：全长 510～680mm。通体黄褐色，头部色泽较淡呈棕黄白色，颈的下部有一黑色领环（冬无）。小翼羽及初级飞羽黑褐色，次级飞羽外翈辉绿。尾和尾上覆羽黑色。

生态习性：栖于湖泊、江边、水塘，近绿洲的戈壁滩。成对或集群活动。以植物种子、茎叶为食，兼食少量的昆虫等。

分布：该鸟分布于新疆、西藏、青海、甘肃、内蒙古、黑龙江、陕西、四川、云南（留鸟、夏候鸟），大部分在长江以南越冬；台湾（旅鸟）。我国西藏雅鲁藏布江沿线，特别是贡嘎机场和日喀则机场周边地区，每年越冬种群在 5.5 万～6 万只之间。大多与斑头雁（*Anser indicus*）、黑颈鹤（*Grus nigricollis*）组成混合群，在青稞地里觅食，在江心洲的少部分种群也常与渔鸥（*Larus ichthyaetus*）混群活动。

危害等级：＋＋＋＋＋

净空范围：该鸟的净空要求，在机场 2km 内，切勿有很大的越冬集群。重点防治方法有猎杀、驱赶、毒饵诱杀及网捕等，效果都比较好。

图 10－9　赤麻鸭

10. 绿头鸭（*Anas platyrhynchos*）（图 10－10）

形态特征：全长 515～615mm。头和颈辉绿色，颈基有白色的领环；下颈、背、胸暗栗色；腰和尾上覆羽黑色，中央一对向上卷；尾羽白色。翼镜紫蓝色，上下各有宽白带。下体灰白色，具有波浪形横纹；尾下覆羽黑色。雌鸟背面黑褐色，具有浅棕色羽缘；下体浅棕色，杂以褐色斑点。

生态习性：栖于水草茂盛的湖泊、池塘、湖面、沼泽湿地。迁徙时集大群活动。以植物及水生物为食。

分布：该鸟分布于我国北部（繁殖鸟）；近年来，该鸟的繁殖区域分布变化较大，繁殖种群在东部地区和中部地区常能见到，是年龄大的种群，而且体弱。迁徙的种群还有待

图 10－10　绿头鸭

进一步研究。大多在我国的中、南部和东部沿海地区越冬。

危害等级：＋＋＋＋＋

净空范围：该鸟体型较大，净空区 3km 范围内的种群都要进行综合治理。其他方法主要有下水网、猎杀、毒杀等。该鸟在我国 43 个民用机场、23 个军用机场是净空重点防范的鸟类。

11. 黑鸢（*Milvus korschun*）（图 10－11）

形态特征：全长 550～667mm。上体几乎纯暗绿褐色；头顶至肩间部各羽均具黑褐色羽干纹；尾土褐色，呈叉状，具黑褐色横斑，先端棕白色；耳羽黑褐色；颏、喉和颊部污白色，均具暗褐色羽干纹；下体余部土褐色，具暗褐色轴纹。

图 10－11　黑鸢

生态习性：几乎各种生活环境都能见到。特别在我国新疆天山地区常集成大群在村庄、田野和垃圾场上空觅食，2007 年春季，在该地的一个小型屠宰场的上空及周边地区有 1317 只在活动，以小型动物及动物尸体为食。

分布：该鸟分布于全国各地（留鸟），虽然全国都有分布，但主要集在西部和西北部广大干旱荒漠地区。

危害等级：＋＋＋＋＋

净空范围：在机场 2km 范围内严限其集群。该鸟在我国 17 个民用机场、9 个军用机场是重点防范的鸟类。

12. 普通鵟（*Buteo buteo*）（图 10－12）

图 10－12 普通鵟

形态特征：全长 480～530mm。羽色变化较大。上体暗褐色，头顶、颈及颈侧具红棕色羽缘；下体暗褐色或淡褐色，具深棕色横斑。

生态习性：栖于稀疏林中，亦见于丘林地的农田上空。以昆虫（多为蝗虫的成虫）、小型动物为食。

分布：该鸟分布于黑龙江、吉林（繁殖鸟）；新疆西部（冬候鸟）；在长江以南越冬。

危害等级：＋＋＋＋

净空范围：在机场周边 1km 上空，控制其活动。综合治理办法：高空驱赶、猎杀、毒饵诱杀。该鸟在我国 7 个民用机场、9 个军用机场是净空重点防范的鸟类。

13. 燕隼（*Falco subbuteo*）（图 10－13）

形态特征：全长 295～310mm。上体暗灰色，杂以黑褐色羽干纹；颊、耳羽和髭纹黑色；下体淡黄白色，具黑褐纵纹；尾下覆羽和覆腿羽锈红色。

图 10－13 燕隼

生活习性：栖息于开阔地附近的稀疏森林，防护林带及机场周围界内草坪区内。以昆虫及各种小型鸟类等为食。

分布：该鸟几乎遍布全国（多为留鸟），有区域性迁徙；台湾地区（迷鸟）。该鸟分布通常是北方多于南方，西部多于东部。迁徙期间，河北正定机场，最多可见到 163 只，有些种群在内场区且居留期较长，多在 13～21 天。

危害等级：＋＋＋＋

净空范围：机场内场区控制其活动，治理方法主要是网捕、驱赶、诱杀及猎杀等。该鸟在我国7个民用机场、11个军用机场是重点防范的鸟类。

14. 红隼（*Falco tinnunculus*）（图10－14）

形态特征：全长310～370mm。头顶至后颈暗灰色。背及翅上覆羽砖红色，具黑褐色斑点，飞羽黑色。腰至尾羽灰色，尾羽具宽的黑色次端斑，先端白色。下体皮黄色，胸、肋具黑褐色纵纹。雌鸟上体淡红棕色，杂以黑褐色纵斑；飞羽黑褐色，羽缘白色。下体皮黄，斑纹较多。

图10－14　红隼

生态习性：栖于林缘开阔地及机场围界内，草坪上空。以鼠类、蝗虫为食。多单独活动，性警觉，怕人。

分布：该鸟分布于我国大部分地区；在南方越冬；台湾（冬候鸟）。

危害等级：＋＋＋＋＋，有多次撞击飞机的记载，它是猛禽家族成员中撞击飞机最多的鸟类之一。

净空范围：在机场1km范围内的上空和地面，控制其活动。该鸟在我国42个民用机场、17个军用机场是重点防范的鸟类。

15. 雉鸡（*Phasianus colchicus*）（图10－15）

形态特征：全长500～860mm。雄鸟，上体以褐色为主，带金属光泽。头顶铜绿色，颈黑色具紫、绿光泽；颈下有完整的或不完整的白色颈环；下背羽色染蓝灰；尾长，中央尾羽黄灰色，外侧羽毛羽棕色，均具多数黑色横带；翅羽褐色具杂斑。下体胸部赤铜色具黑鳞纹；腹黑褐色，尾下覆羽栗色；胁淡黄具黑斑。雌鸟，羽色以褐色为主，杂以黑斑。

图10－15　雉鸡

生态习性：栖于海拔 1000～3000m 的疏林、草地地带。杂食性，但以植物性食物为主。

分布：该鸟分布于全国各地，大部分地区为留鸟。我国华北地区该鸟资源丰富。2014 年 9 月 16 日河北正定机场，机场围界内草坪区，一次见到 43 只，有的集成家族群在草坪区觅食活动。

危害等级：＋＋＋＋，华北地区秋季是该鸟净空管理的重要时段。

净空范围：机场围界内草坪区，限制其活动，治理方法主要有网捕（短网）、猎杀或毒杀 3 种。该鸟在我国 19 个民用机场、7 个军用机场是净空重点防范的鸟类。

16. 凤头麦鸡（*Vanellus cinereus*）（图 10－16）

形态特征：全长 338～350mm。头、颈与胸灰色，胸部沾褐，胸下部具一黑色环带与腹部白色截然分开：眼周具一狭窄裸出黄环和黄色肉垂；背、肩和翼上覆羽灰褐色，腰与尾上覆羽白色；尾羽白色，端部黑色；初级飞羽黑色，次级和三级飞羽白色，胁、腹及尾下覆羽均为白色。

生态习性：栖于沼泽、湿地、农田。以昆虫、蠕虫及蚯蚓、陆生贝类为食。

分布：该鸟分布于内蒙古、东北、江苏沿海滩涂等地（繁殖鸟）；在长江以南广大地区越冬。

危害等级：＋＋＋＋

净空范围：机场围界内，在迁徙期间控制其集群活动。危害较重的地区为华东及华北地区，特别迁徙期间对华东地区的机场净空危害很大。

图 10－16　凤头麦鸡

17. 剑鸻（*Charadrius hiaticula*）（图 10－17）

形态特征：全长 190～210mm。头顶及上体为褐色，额白色，眼后具短的白色眉纹，额后两眼间由黑色横带相连，过眼纹与嘴基、额后眼间横带黑色连成一体，后延至耳羽；颏、喉、颊及枕后形成一白色环带，其下具一黑色环带。下体白色；飞羽暗褐色，基部白色。冬羽头和胸部黑色带斑转为褐色。

图 10 - 17　剑鸻

生态习性：栖于河湖岸边及海滨沙滩、砾石滩等地。常成小群活动。以昆虫、甲壳类、螺类、蠕虫等为食。

分布：该鸟分布于我国北方（夏候鸟）；西藏南部、云南、安徽、江苏及长江以南各省（冬候鸟）。

危害等级：＋＋＋＋＋

净空范围：在机场围界内，控制其在草坪区及跑到附近活动。治理方法：网捕和猎杀。该鸟在我国 27 个民用机场、9 个军用机场在迁徙季节为净空重点防范的鸟类。

18. 金眶鸻（*Charadrius dubius*）（图 10 - 18）

形态特征：全长 150～170mm。头顶和上体沙褐色，额白色，眼前及眼后耳羽连成一黑白贯眼带斑；两眼间黑色横带后及耳羽上为白色“U”形斑；颏、喉、颊及颈后白色形成环带，其下为深褐色带斑；飞羽纯褐色，尾沙褐色，两侧尾羽白色；下体白色。冬羽色较淡，黑色部分转为褐色。

图 10 - 18　金眶鸻

生态习性：栖于湖河岸边、沿海滩涂。机场围界内排水沟等处。以昆虫、蠕虫、甲壳类及蜘蛛为食。

分布：该鸟分布于东北全境、河北、河南、山东、江苏、山西、陕西、宁夏、甘肃、青海、新疆、四川、云南南部（夏候鸟）；江苏、浙江、福建、广东、海南岛和台湾（冬候鸟）。

危害等级：＋＋＋＋

净空范围：在机场围界内排水沟及周边地区 1km 范围内的湿地、河流，控制该鸟迁徙期的集群。治理方法：网捕（短网）、猎杀及驱赶。该鸟在我国 11 个民用机场、23 个军用机场是净空重点防范的鸟类。

19. 环颈鸻（*Charadrius alexandrinus*）（图 10－19）

形态特征：全长 170～180mm。雄鸟，头顶棕黄色；额白色与白色眉纹相连，贯眼纹黑色；额上两眼间具黑色横斑，但不与贯眼纹相连；颏、喉、颊及颈后白色连成颈环；下颈侧具褐色横带，在中央两侧斑不闭合；背部灰褐色；飞羽褐色，基部白色。下体白色。雌鸟头顶沙褐色，贯眼纹褐色。

生态习性：栖于河湖岸边及滩涂湿地。平时喜欢集小群活动，迁徙集群量比较大。以昆虫、甲壳类、蠕虫、蚯蚓及软体动物为食。

分布：该鸟分布于东北全境、内蒙古、甘肃、青海、新疆、长江下游；广东、福建、海南岛（夏候鸟）；四川、云南、广西、台湾（冬候鸟）。

危害等级：＋＋＋＋＋，该鸟喜欢在机场跑道上活动，特别在雨后。

净空范围：在机场围界内，控制其集群活动。特别在飞机起降点，控制其进入跑道。治理方法：猎杀，短网捕捉，效果较好。该鸟在我国 23 个民用机场、9 个军用机场是净空重点防范的鸟类。

图 10－19　环颈鸻

20. 白腰草鹬（*Tringa ochropus*）（图 10－20）

形态特征：全长 224～240mm。头、背、肩及翼上覆羽灰褐色；头顶具黑色与白色细

的纵纹；眉纹白色，与白色眼周相接；背、肩及翼上覆羽具细小白色斑点；飞羽黑褐色；腋羽，翼下覆羽灰黑褐色，具细小白色斑点；下背及腰黑褐色；尾上覆羽和尾羽白色；下体白色。

生态习性：栖于河湖岸边、水田和沼泽湿地及滩涂一带。其食性十分杂，主要以昆虫、蜘蛛、蠕虫、软体动物、甲壳类、植物为食。

分布：该鸟主要分布于新疆西部（繁殖鸟），夏季也见于内蒙古乌海黄河湾，春季迁徙时，遍布我国东部各省。2016 年 4 月 13 日，在浙江衢州机场与扇尾沙锥混群活动，机场围界内共有 576 只。在西藏南部、四川、山西西南部、河北以南地区、海南岛、台湾越冬。

危害等级：＋＋＋＋＋，在阴雨天或下雨的天气条件下，易撞击飞机。

净空范围：在机场围界草坪区，控制该鸟活动。治理方法：猎杀、网捕。该鸟在我国 9 个民用机场、7 个军用机场是净空重点防范的鸟类。

图 10－20　白腰草鹬

21. 扇尾沙锥（*Capella gallinago*）（图 10－21）

形态特征：全长 225～270mm。头部中央冠纹、眉纹与颊黄白色；背、肩及翼上覆羽黄褐色，具黑和黄白斑纹，背与肩羽具 4 条淡色斑形成纵走带斑；胸侧、胁、腹侧具褐色横斑；尾羽和尾上覆羽淡黄褐，具细黑色横纹；尾羽具宽阔红棕色次端斑；次级与三级飞羽具较宽的白色端缘。腹部及尾下覆羽白色。

生态习性：栖于河湖岸边浅水和沼泽湿地、水田、草地。常集小群活动。该鸟食性很杂，主要以蠕虫、昆虫、蜘蛛、甲壳类、软体动物、小鱼、植物种子等为食。

分布：该鸟分布于新疆、黑龙江、吉林、山东、江苏、浙江（繁殖鸟），在西藏南部，长江以南、海南岛、台湾东区越冬。

危害等级：＋＋＋＋＋，该鸟在机场围界内活动，危害十分严重，在迁徙期间撞击飞机案例较多。

净空范围：在机场围界内控制其栖息及觅食。治理方法：网捕、猎杀和软体动物诱杀，效果十分理想。

图 10-21　扇尾沙锥

22. 普通燕鸻（*Glareola maldivarum*）（图 10-22）

形态特征：全长 222～240mm。嘴宽阔而平扁，鼻孔卵圆形。夏羽颏、喉黄白色，自眼向下围成绕喉成一黑圈，与喉黄白色间有一条白线，贯眼纹黑色；头、颈及上体均为灰黄褐色；腰及尾上覆羽白色；尾羽黑褐色；胸、胁黄褐色；腹及尾下覆羽白色；飞羽黑褐色。冬羽喉部淡褐色，其周围黑线与喉间无白色间隔线。

生态习性：栖于开阔草原中的沼泽湿地、河湖边及农田等近水处。多集群活动。主要以昆虫、甲壳类等为食。

图 10-22　普通燕鸻

分布：该鸟分布于东北全境，河北、云南、广东、福建、台湾和海南岛（夏候鸟）。

危害等级：＋＋＋＋，迁徙季节危害严重，特别在我国东部机场及岛屿机场鸟击概率很高。

净空范围：在机场区的草坪地带控制其活动。治理方法：网捕、猎杀，效果十分明显。

23. 东方鸻（*Charadrius ueredus*）（图 10－23）

形态特征：体长约 240mm。体羽褐色及白色，嘴短。冬羽：胸带宽，棕色；嘴狭脸部羽毛偏白；上体褐色，无翼上横纹。夏羽：胸橙黄色，具黑色下边，脸无黑色纹。腿黄色或近粉色，飞行时翼包括腋羽为浅褐色。

生态习性：栖息于草地、河流岸滩及沼泽湿地。特别是迁徙季节，常集群觅食。

分布：繁殖在内蒙古东部呼伦湖周围和辽宁的荒瘠无树草原及沙漠中的泥石滩，迁徙时东部地区的机场常见。2016 年空军上海某机场一群 27 只；空军江苏某机场 19 只（均被猎杀，因 3 月 22 日撞击飞机，造成一定的损失）。

危害等级：＋＋＋＋＋，该鸟虽然数量不多，但性比较迟钝，有多次撞击飞机的案例，在机场围界内，赶了都不肯离开，最有效的方法是白天和夜晚持续猎杀。

净空范围：在机场围界内，不能有其活动。治理方法：猎杀、网捕。该鸟在我国 7 个民用机场、5 个军用机场是净空重点防范的鸟类。

图 10－23　东方鸻

24. 海鸥（*Larus canus*）（图 10－24）

形态特征：全长 430～435mm。头、颈部纯白色，体背淡青灰色。眼周朱红色；头、颈部纯白色；肩羽、背、腰上部淡青灰色。第一、二枚初级飞羽黑色，先端处有白色带；第三枚以下大部分灰色，先端黑色。尾和下体纯白色。冬羽，头和后颈有灰褐色小纵斑。

生态习性：栖于港湾、河口和湖泊上空。多集群活动。以昆虫、鱼、虾、甲壳类和软体动物为食。

分布：该鸟分布于辽宁、河北、山东、河南、江西、浙江、福建、江苏、长江流域等地区、四川、云南、广东、海南岛、台湾（冬候鸟）。

危害等级：＋＋＋＋＋，2012 年春季，该鸟在江西空军某部撞击歼－7，造成发动机

严重损毁。

净空范围：在机场及周边地区的2.5km外，严格控制其集群活动，特别是春、秋迁徙季节更要做好防范工作。特别是海岛、沿海和江河沿线的机场，危害尤为严重。治理方法：毒饵诱杀、猎杀、驱赶（迁徙种群）。该鸟在我国21个民用机场、36个军用机场是净空重点防范的鸟类。

图10－24　海鸥

25. 红嘴鸥（*Larus ridibundus*）（图10－25）

形态特征：全长315～410mm。嘴、脚红色。头、颈暗褐色，后部转为黑褐色；上背、外侧大覆羽和初级覆羽白色；下背、肩、腰为珠灰色，飞羽先端白色；尾羽白色；下体全为白色；胸、腹部略沾淡灰色。冬羽羽色变淡，头顶和后头淡灰色。

图10－25　红嘴鸥

生态习俗：栖于河流、湖泊和沿海。常成小群活动于水面。以昆虫（蝗虫类，常见其在大豆地或草坪区捕食蝗虫）、甲壳类、蚯蚓、沙蚕及鱼类为食。

分布：该鸟分布于新疆、内蒙古、黑龙江、吉林（繁殖鸟）。在黄河流域、西藏及长江以南各省、海南岛、台湾越冬。

危害等级：＋＋＋＋，该鸟冬季在我国有几处较大的聚集地，无锡太湖大约有3万只，昆明湖约有0.6万只（2015年观察）及江苏沿海滩涂和崇明岛东沙滩数量也比较多。

净空范围：机场围界内及周边水域，限制其集群活动。治理方法主要有驱赶、猎杀、诱捕，其效果都比较好。该鸟在我国16个民用机场、5个军用机场是净空重点防范的鸟类。

26. 岩鸽（*Columba rupestris*）（图10-26）

形态特征：全长300～350mm。头顶、颏、喉为蓝灰色，颈部有紫绿金属光泽；背和肩羽及翼上羽灰色，腰和尾近端斑带白色，尾羽余部黑色；下体除颈、上胸具灰紫色反光外，余部浅灰色。

生态习性：栖于山区岩石的悬崖峭壁上或旧仓库、房屋上（西藏贡嘎机场56只岩鸽都在房屋上营巢活动）。多集群活动。以杂草种子、农作物种子为食。该鸟在人类活动区域栖息的种群其习性与家鸽十分相似。

分布：分布于云南西北部、四川、西藏、陕西、山西、江苏中部的以北地区（留鸟）。

危害等级：＋＋＋＋＋，该鸟危害等级极高，特别是在我国西藏贡嘎机场、日喀则机场等。

净空范围：在机场周边2.5km范围内，限制其营巢、集群活动。治理方法：冬季毒饵灭杀、猎杀。

图10-26 岩鸽

27. 山斑鸠（*Streptopelia orientalis*）（图10-27）

形态特征：全长310～350mm。头和颈灰褐而略带红色，在后颈基处两侧各有一块蓝

灰色黑斑；上背褐色，羽缘红褐色；下背及腰为蓝灰色；尾羽褐色，羽端具宽的灰色带；肩羽和三级飞羽黑褐色，羽缘红褐色；初级飞羽和次级飞羽黑褐色；下体红褐色；腹部中央淡灰色；两胁和尾下覆羽为蓝灰色。

生态习性：栖于多树木地区或平原。常成群活动。食物有农作物种子以及杂草种子。

分布：该鸟分布于全国各地（留鸟）。

危害等级：+++++，该鸟为鸟击灾害的高危种类。

净空范围：在机场及周边地区 2.5km 范围内，限制其营巢、觅食和过境。治理方法有猎杀、毒饵诱杀、网捕。全国各地机场都受其危害，重点区域为西藏藏南地区、华东地区、华北地区及西北广大地区的机场。

图 10－27　山斑鸠

28. 长耳鸮（*Asio otus*）（图 10－28）

形态特征：全长 360～400mm。上体棕黄色，杂以黑褐色纵纹及虫蠹状细斑。面盘黄褐色，眉纹白色。耳羽黑褐色，长达 46～53mm，极显著。下体淡黄褐色；胸杂以黑褐色粗纹；下腹中央棕白。

生态习性：栖于山地林间。以昆虫（蝗虫类）、爬行类、鼠类为食。

分布：该鸟分布于东北的西北部（繁殖鸟），冬季南迁可达海南岛，西至新疆西部。

危害等级：++++

净空范围：在机场围界内，限制其夜间活动。治理方法：机场围界内灭鼠，切断该鸟的食源。

图 10－28　长耳鸮

29. 短耳鸮（*Asio flammeus*）（图 10－29）

形态特征：全长 334～374mm。面盘棕黄色，杂以黑

褐色羽干纹；眼周黑色，眼先白色缀以黑羽；头顶两侧具黑褐色，两簇耳羽不甚显露；腹羽具纵纹。

图 10－29　短耳鸮

生态习性：栖于林园、沼泽地、草甸草地、丘壑山地。以昆虫（蝗虫类）、爬行类、鼠类为食。

分布：该鸟分布于东北的西北部（繁殖鸟），冬季南迁可达海南岛，西至新疆西部。

危害等级：＋＋＋＋

净空范围：该鸟净空范围与短耳鸮相同。

30. 家燕（*Hirundo rustica*）（图 10－30）

形态特征：全长 160～180mm。上体黑色，具蓝色金属光泽；尾羽及飞羽黑褐，有蓝绿光泽；尾呈深叉状，外侧尾羽特长。额、颏、喉及前胸深栗色，胸具不完整的黑褐色羽带，腹以下白色。

图 10－30　家燕

生态习性：栖于自平原至低山的村落及城区内。在空中飞捕各种昆虫为食，在国内部分地区常见两次繁殖。

分布：该鸟分布遍及全国（夏候鸟），海南岛及台湾（留鸟）。

危害等级：＋＋＋＋＋，该鸟造成鸟击征候十分频繁，特别是每年的6～7月，为高峰期。

净空范围：在机场围界内，控制其活动。严防气压低时集群活动。治理办法：灭杀机场围界内的昆虫、蚊虫，切断其食源；在繁殖季节用粘胶放在巢中粘捕，效果比较好。

第二节　二类净空管理鸟类（27种）

二类净空管理的鸟类，即在机场及周边地区1km的范围内，平时飞行高度60～200m（此高度用高空驱鸟弹、无人机驱赶、猎杀），严格控制其集群，特别在春秋迁徙季和亚成鸟集群期，确保在1km范围内没有营巢的种群。

1. 大麻鳽（*Botaurus stellaris*）（图10－31）

形态特征：全长620～760mm。额、头、枕黑褐色；上背黑色，各羽羽缘棕色，先端黑色；腰棕黄色，具褐色横斑，尾上覆羽沾棕的灰色；尾羽淡棕。下体棕黄色，具褐色纵纹。

生态习性：栖于河滩、沼泽及水边苇丛。单个活动。以动物为食。

分布：该鸟分布于新疆、黑龙江、辽宁、河北、浙江、江苏、江西（夏候鸟）；在长江流域及以南地区越冬；台湾（旅鸟）。

危害等级：＋＋＋＋，该鸟对海岛及沿海、沿江地区的机场危害明显。

净空范围：在机场周边地区1km范围内控制其营巢。治理方法：猎杀。

图10－31　大麻鳽

2. 绿翅鸭（*Anas crecca*）（图10－32）

形态特征：全长306～398mm。头至颈栗褐色；眼周暗绿色并延伸至后头侧，外缘以淡色边缘。背灰色，有暗色细纹。翼镜翠绿色。胁灰色，下体余部白色。雌鸟全身暗褐色，羽缘淡色，具黑色贯眼纹。

生态习性：栖于湖泊、河流、沿海。集大群活动。以农作物、水草为食。

分布：该鸟分布于新疆、内蒙古、黑龙江、吉林、辽宁（繁殖鸟）；在西藏、黄河以南、海南岛、台湾越冬。

危害等级：＋＋＋＋＋，集群迁徙或越冬时危害大。

净空范围：在机场周围地区 1.5km 内，限制其集群。治理方法：猎杀、水网及场区内毒杀。该鸟在我国 19 个民用机场、6 个军用机场是净空重点防范的鸟类。

图 10－32 绿翅鸭

3. 普通秋沙鸭（*Mergus merganser*）（图 10－33）

形态特征：全长 540～680mm。头至颈黑色，有绿的金属闪光，冠羽不明显；颈的下部白色；背黑色，两侧白色。翼镜白色。下体白色。雌鸟头至上颈粟褐色，羽冠明显；颈的中段白色；上体鼠灰色。喉白色，胸以后白色。

图 10－33 普通秋沙鸭

生态习性：栖于湖泊、林间溪流。以鱼类为食。

分布：该鸟分布于新疆、青海、内蒙古、西藏、黑龙江、吉林（繁殖鸟）；在黄河以南各省越冬；台湾（迷鸟）。值得一提的是，在我国西藏自治区拉萨等地有该鸟越冬种群，而且数量较多，仅贡嘎机场周边的雅鲁藏布江大约长 30km 的地段，就有该鸟越冬种群 274 只（2010—2015）。

危害等级：＋＋＋＋，因其体型较大。

净空范围：在机场周边地区 1km 范围内，限制其栖息、活动。该鸟在我国 21 个民用机场、11 个军用机场是净空重点防范的鸟类。

4. **大鵟**（*Buteo hemilasius*）（图 10-34）

形态特征：全长 600～800mm。上体暗褐色；下体暗色或淡色，具有纵行或横行斑纹，尾色稍淡，有 6 条深褐色及白色横斑。

生态习性：栖于山地及干草原。以昆虫、鼠类为食。

分布：该鸟分布于东北地区、内蒙古、甘肃、青海、四川、西藏（留鸟）；在南方越冬。

危害等级：＋＋＋＋，体型较大，危害大，不易驱赶。

净空范围：机场周边地区 1km 范围内，严格限制其活动。治理方法：诱集捕捉效果较好，对机场围界内活动的个体进行猎捕；灭鼠、灭兔是治本之策。

图 10-34　大鵟

5. **鹌鹑**（*Coturnix coturnix*）（图 10-35）

形态特征：全长 150～200mm。上体以黑褐色为主，杂以浅黄色羽干纹。额部栗黄色；头顶、枕至后颈黑褐色，羽端深黄色，各羽具白色羽干纹；眉羽白色，耳羽栗褐色；翼羽近橄榄色，具淡黄色横斑；尾羽黑褐色，具淡黄色羽干纹和羽缘，并具赤褐色横斑；颏、喉及颈前部赤褐，喉部中央具黑色细纵纹；胸栗黄色，杂以近白色羽干纹；下体两端转栗色，散布有黑斑，各羽翼具较宽的羽干纹；腹以后则渐呈白色。

生态习性：栖于近山平原、山脚至丘陵、低山地带。以植物芽、叶、果实及种子为食。

分布：该鸟分布于新疆、东北地区及河北北部（夏候鸟）；迁徙时几乎遍布全国。

危害等级：＋＋＋＋

净空范围：在机场围界内控制其活动，猎杀、毒饵诱杀。

图 10－35　鹌鹑

6. 白骨顶（*Fulica atra*）（图 10－36）

形态特征：全长 400～430mm。头和颈纯黑色，略带辉光。背暗青灰色，肩羽青灰色；翼上覆羽及内侧飞羽青灰色，初级飞羽黑褐色。下体灰褐色；胸、腹中央羽色较浅，呈苍白色；尾下覆羽黑色。

生态习性：栖于河流、湖沼附近地带。多结群活动。食性较杂，以植物嫩芽、叶及昆虫、小鱼、软体动物为食。

分布：该鸟分布于新疆、甘肃、宁夏、内蒙古、黑龙江、吉林、辽宁、山西（繁殖鸟）；在长江下游以南、海南岛、台湾越冬。

危害等级：＋＋＋＋

净空范围：在机场围界外的 0.5km 范围内，控制其栖息。

图 10－36　白骨顶

7. 矶鹬（*Tringa hypoleucos*）（图 10－37）

形态特征：全长 184～200mm。头顶至颈后灰褐色，具黑色细的纵纹；眉纹白色，贯眼纹黑褐色；颏白；脸部、前颈与颈侧、上胸白色，具细小褐色纵纹；上体沾绿，微有金属光泽；尾羽灰褐色，具暗色横斑；飞羽褐色，基部白色。下体纯白，在胸侧至肩角，形成白斑。

生态习性：栖于沼泽草地、稻田、池塘与水域边。一般小群活动。以甲壳类、蠕虫、昆虫等为食。

分布：该鸟分布于内蒙古、东北全境、河北、河南、江苏、浙江，西至青海、宁夏、甘肃、新疆（繁殖鸟）。在云南、长江以南及海南岛、台湾越冬。

危害等级：＋＋＋＋

净空范围：在机场围界内，控制其活动。迁徙季节组织统一猎杀。

图 10－37　矶鹬

8. 孤沙锥（*Capella solitaria*）（图 10－38）

形态特征：全长 300～310mm，头显明显的纵向斑带，中央冠纹、眉纹、颊为黄白色；贯眼纹、颊纹黑褐色；颈和上胸淡黄褐色，具红褐色纵斑；背、肩与翼上覆羽褐色沾棕；背、肩上有 4 条黄白色纵向斑带；尾羽淡黄褐色，具黑色横纹，羽端黄白色；腹部和尾下腹羽灰白色，横斑较浓重。

生态习性：栖于山溪岸边、湿地及林间沼泽地。常单个活动。以蠕虫、昆虫、甲壳类、植物为食。

分布：该鸟分布于新疆、甘肃、青海和黑龙江、吉林、辽宁（繁殖鸟）。在新疆南部、西藏南部、云南、四川、广东等地越冬。

危害等级：＋＋＋＋

净空范围：在机场围界内，控制其栖息，并组织统一猎杀。

图 10－38　孤沙锥

9. 银鸥（*Larus argentatus*）（图 10－39）

形态特征：全长 598～690mm。背部和两翅深灰色，翼端黑色。夏羽，头，颈深灰色，眼周黄色，肩羽有宽阔白色羽端；初级飞羽黑褐色，端部白色；第一枚初级飞羽内翈灰白色，内侧初级飞羽转为深灰色，最内侧数枚呈深灰色。下体纯白色。冬羽，头、颈部上面密布以灰褐色细纵纹。嘴黄色。

图 10－39　银鸥

生态习性：栖于港湾、岛屿、岩礁和近海沿岸以及湖泊、江河附近。喜集群低飞于水面上空。杂食，以动物性食性为主。

分布：该鸟分布于新疆、内蒙古（繁殖鸟）。在河北沿海、长江流域以南各省、台湾越冬。

危害等级：＋＋＋＋，体系较大，迁徙期间和寒流或夏季台风时，鸟集群对飞行安全危害极大。

净空范围：在机场内场区控制其活动。治理方法：诱杀、猎杀。

10. 普通燕鸥（*Sterna hirundo*）（图 10－40）

形态特征：全长 345～350mm。头、颈上部黑色。背、肩灰色；腰和尾上覆羽白色，中央尾羽白色，向外侧变暗灰色；初级飞羽暗灰色，羽干白色；上嘴基部、头侧和喉纯白；胸白色，腹部和尾下覆羽沾褐色。

生态习性：栖于海岸和内陆河流。常结群活动。以鱼、虾、软体动物和昆虫为食。

分布：该鸟分布于新疆、青海、甘肃、东北全境，四川、西藏、河北、山东、江苏（繁殖鸟）；南方各地（旅鸟）。

危害等级：＋＋＋

净空范围：控制其过境机场上空。限制机场围界外大面积人工养殖鱼类，治理方法：诱杀效果明显。

图 10－40　普通燕鸥

11. 灰斑鸠（*Streptopelia decaocto*）（图 10－41）

形态特征：全长 280～300mm。前头灰色，向后转为粉色；后颈有半月状黑色领环；背、腰、肩及小覆羽均为红褐色；尾羽灰色，尾基黑色，外侧转为灰白色；翼上覆羽大都蓝灰色；飞羽黑褐色。颏、喉为白色，下体余部污灰色，胸部粉红色，两胁和尾下覆羽蓝灰色。

生态习性：栖于平原或山麓丛中。常结小群活动。食物为农作物和野草种子。

分布：该鸟分布于东北南部、河北、山东、山西、陕西、青海、新疆和安徽、江苏、福建（留鸟）。

危害等级：＋＋＋＋，在繁殖区，对飞行安全危害较大。

净空范围：在机场周边地区 1.5km 范围内，控制其营巢。

图 10－41 灰斑鸠

12. 珠颈斑鸠（*Streptopelia chinensis*）（图 10－42）

形态特征：全长 270～315mm。后颈有黑色而具白点斑领圈。前额和眼先淡灰色；头颈余部灰葡萄色；后颈及两侧黑色，密布白色斑点；上体余部淡褐色，具淡红棕色羽缘；飞羽和大覆羽黑褐色；中央飞羽淡褐色，外侧一对黑褐色；下体葡萄灰色，颏、喉和腹部浅淡近白色。

图 10－42 珠颈斑鸠

生态习性：栖于杂木林、竹林和耕作区的树上。吃杂草，也吃稻草和其他农作物种子。

分布：该鸟分布于云南、四川、陕西、山西、河北以南地区、海南岛、台湾（留鸟）。

危害等级：＋＋＋＋，该鸟分布广，数量多，危害极大。

净空范围：在机场1km范围内，控制其营巢。治理方法：猎杀、网捕、毒饵等。

13. 火斑鸠（*Oenopopelia tranquebarica*）（图10-43）

形态特征：全长216～240mm。雄鸟：头、颈和背间有一宽阔黑色斑项环，上背、肩、大覆羽以及喉下腹均为葡萄红色；尾上覆羽暗灰黑色；中央尾羽灰褐色，外侧尾羽黑色，有宽阔灰或白色羽端；尾下覆羽白色。雌鸟：羽色暗褐色，尾的余部及下体暗灰沾红。

生态习性：栖于丘陵和平原。以稻谷、草籽为食，也吃小浆果。

分布：该鸟分布于西藏南部、青海、甘肃、陕西南部、山西、河北以南地区、海南岛、台湾（夏候鸟、留鸟）。

危害等级：＋＋＋

净空范围：在机场周边地区1km范围内，控制繁殖。治理方法：猎杀、毒饵、诱杀。

图10-43　火斑鸠

14. 大杜鹃（*Cusulus canorus*）（图10-44）

形态特征：全长300～335mm。上体暗灰色，腰及尾下覆羽沾蓝色；外侧覆羽和飞羽暗褐色；尾羽黑色，中央尾羽具有左右成对白点；下胸、腹及肋为白色，具黑褐色细横斑，横斑较细，宽1～2mm。

生态习性：栖于开阔林地，尤喜栖于进水树林间。单只活动。以昆虫为食。

分布：该鸟几乎遍布全国（繁殖鸟）。

危害等级：＋＋＋

净空范围：在机场围界外350m范围内，控制其营巢。

图 10-44　大杜鹃

15. 雕鸮（*Bubo bubo*）（图 10-45）

形态特征：全长 600～680mm，上体呈棕褐相杂的砂黄色，具黑褐色虫蠹状横斑。眼先及前缘被白色毛羽状，先端黑色，眼上方有一大的黑斑；面盘棕栗色杂以褐色细斑，下体沾棕，具宽粗的褐色纵纹。

生态习性：栖于山地林间。单独活动。以昆虫、鸟类、鼠类为食。

分布：该鸟分布于我国各地（留鸟）。

危害等级：＋＋＋＋，在国内有多次鸟击征候的记录。

净空范围：控制其在内场区活动。治理方法：机场灭鼠、灭兔效果好。

图 10-45　雕鸮

16. 纵纹腹小鸮（*Athene noctua*）（图 10－46）

形态特征：全长 480～560mm。头顶纯褐色，面盘黄褐色，羽端较浅淡；上体褐棕色，头顶至后颈最暗，腰和尾上覆羽较浅，并具淡色横斑；腹部淡棕色，密布褐色横斑，以胸最暗。第 4～6 枚飞羽最长。

生态习性：栖于山区密林。以昆虫、鼠类为食。

分布：该鸟分布于云南、广西、广东、江西、福建、浙江、江苏、海南岛以及台湾（留鸟）。

危害等级：＋＋＋＋

净空范围：控制其在机场内场区活动，并专门治理机场周边 1km 范围内该鸟的巢穴。

图 10－46　纵纹腹小鸮

17. 戴胜（*Upupa epops*）（图 10－47）

形态特征：全长约 240mm。头具显著羽冠，呈棕栗色，各羽先端黑色。头、颈、胸羽色和羽冠同，但较淡。上背、翼小覆羽棕褐色，下背、肩黑褐色。腰白，尾上覆羽基白而端黑。尾羽黑色，中部横贯一宽阔白斑。两翼自小覆羽后为黑色，向内转为黑褐色，与下背相似。中、大覆羽具近端棕白横斑；次级飞羽贯以 4 列白色横斑；初级飞羽仅在羽端具有白斑。上腹棕色较胸浅，下腹较白。

图 10－47　戴胜

生态习性：栖于开阔的园地和郊野间的树木上。以昆虫为主食，兼食蚯蚓、蜘蛛、螺类等。

分布：该鸟几乎遍布全国（北方为繁殖鸟，南方为留鸟）。

危害等级：+++

净空范围：控制在机场内觅食及在周边地区营巢。治理方法：网捕、猎杀。

18. 云雀（*Alauda aruensis*）（图 10－48）

形态特征：全长 175～185mm。上体棕褐色，具黑褐色纵纹及淡色羽缘。后头部有一簇羽稍长、构成不甚显著的羽冠；具淡棕色眉纹，耳羽棕褐。外侧尾羽具有淡缘及白端，最外一对几乎纯白。胸部有密集的黑褐色纹斑，其余下体白色。

图 10－48　云雀

生态习性：栖于草原及开阔农田地带，再聚沙质土壤地区数量较多。杂食性但以植物种子为食。

分布：该鸟在河北以北的东北及西北地区繁殖，迁徙时遍及东部，越冬于华南。

危害等级：++++

净空范围：控制其在机场草坪区觅食、集群活动。治理方法：网捕、毒饵诱杀，组织昼夜猎杀等，效果都十分明显。

19. 金腰燕（*Hirundo daurica*）（图 10－49）

形态特征：全长 170～185mm。上体黑蓝色，具金属光泽；腰部具宽阔的栗黄色横带；尾黑褐，外侧尾羽特长，呈深叉状尾。翼上覆羽色似尾羽，飞羽褐色。下体白色染棕，具黑褐色纵纹。

生态习性：栖于从平原至海拔 1500m 左右的山区部落及城市建筑物附近。在空中飞捕昆虫为食。

分布：该鸟分布于除新疆以及西藏北部以外的广大地区（夏候鸟），台湾（留鸟）。迁徙时各地可见。

危害等级：++++，在机场该鸟类数量较家燕少。

净空范围：在机场围界内，控制其活动。严防气压低时集群活动。治理方法：灭杀

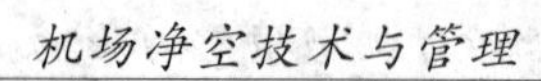

机场围界内的昆虫、蚊虫，切断其食源；在繁殖季节用粘胶放在巢中，粘捕，效果比较好。

图 10－49　金腰燕

20. 田鹨（*Anthus nouaeseelandiae*）（图 10－50）

形态特征：全长 165～186mm。上体棕黄色，具明显的黑褐色纵纹；尾羽暗褐，外侧尾羽具白斑，最外一对全白。具淡棕色眉纹，耳区棕褐具有黑缘及黑纹。翼上覆羽与背羽同色，飞羽褐色。喉、颏白，下体淡棕，胸具褐色纵纹。

生态习性：栖于近河川附近的开阔地。以昆虫为主食。

分布：该鸟除西藏外遍布全国（夏候鸟），云南地区（留鸟），于华南、台湾和海南岛越冬。

危害等级：＋＋＋＋，在浙江空军某机场、上海空军某机场及江苏空军某机场，该鸟冬季危害十分严重。

净空范围：在机场草坪区，控制其集群活动，该鸟在我国 73 个民用机场、21 个军用机场是重点净空管理的鸟类。治理方法：网捕、昼夜猎杀、毒杀等。

图 10－50　田鹨

21. 红尾伯劳（*Lanius cristatus*）（图 10－51）

形态特征：全长 185～200mm。雄鸟上体栗褐色，外侧尾羽较短，呈凸尾形。额至前头在不同亚种为灰白、褐灰及栗褐色。自嘴基有黑色宽纹过眼达于耳区；眉纹白色或淡棕。翼上覆羽似背羽，飞羽褐色。颏、喉白色，下体棕白。雌鸟背、腹均有暗色不规则鳞纹，过眼纹褐黑色。

生态习性：栖于平原至低山、丘陵的次生阔叶林内。以昆虫为主食。

分布：该鸟分布于我国东部及中部地区（夏候鸟），迁徙时遍及东部及南部，少数在海南越冬。

危害等级：＋＋＋

净空范围：在内场区控制其觅食及活动。

图 10－51　红尾伯劳

22. 黑卷尾（*Dicrurus macrocercus*）（图 10－52）

形态特征：全长 270～290mm。通体黑色，有蓝色金属光泽。尾长，呈叉状，外侧尾羽端部稍向上卷曲。

图 10－52　黑卷尾

生态习性：栖于平原至低山的阔叶林或针扩混交林内，尤以村落附近为多。以昆虫为主食。

分布：该鸟分布于东部至南部（夏候鸟）。

危害等级：＋＋＋＋，夏季危害分布区的机场飞行安全，在河南新郑机场危害等级尤高。

净空范围：控制在机场草坪区内捕捉昆虫，在机场外 1.5km 范围内防范其营巢。

23. 灰椋鸟（*Sturnus cineraceus*）（图 10－53）

形状特征：全长 230～240mm。头部灰黑色杂有白色条纹，在颊至耳羽处白纹更多；上体褐灰；尾上覆羽白色，形成鲜明横带；尾羽灰褐，外侧尾羽具白端。翼羽黑褐，内侧飞羽具白缘。喉至胸黑色，杂以白纹；腹以下自黑褐转白。雌鸟羽色染褐，缺少辉亮色泽。

生态习性：栖于海拔 800m 以下的次生阔叶林内。食性杂。

分布：该鸟分布于长江以北的东部地区（夏候鸟），迁徙时遍布东部，常集成几百只、几千只，甚至几万只的大群，于华东、华南广大地区越冬。江苏省盐城市新阳县新阳港丹顶鹤自然保护区有一群灰椋鸟，冬季集群 3.7 万多只。冬季多分布于竹林和常绿树林中过夜。

危害等级：＋＋＋＋，该鸟冬天易集大群，常在机场围界内草坪区集群活动，危害等级较高。在该鸟家族成员中，丝光椋鸟与其习性也很相似，冬季在华东地区数量也很大。

净空范围：在机场围界内控制其觅食；围界外 1.5km 范围内，限制其集群。治理方法：毒饵诱杀、网捕、猎杀，效果比较好。

图 10－53　灰椋鸟

24. 喜鹊（*Pica pica*）（图 10－54）

形态特征：全长 440～520mm。上体为黑白两色，尾长呈楔形。头、颈、背至尾均

黑。头、颈具紫色金属光泽，背带辉绿蓝色，尾带辉绿、端部有紫色及蓝绿色辉带。肩部黑色具大型白斑。翼羽黑色具绿色金属光泽，初级飞羽内缘白色。下体自胸以上黑色，腹白，尾下覆羽黑。

生态习性：栖于平原至海拔 1200m 的村落附近的疏林地带。但在西藏海拔 4000m 的灌丛林地带亦见。杂食性。

分布：该鸟几乎遍及全国（留鸟）。分布集中的区域其亚成鸟对飞行可能有潜在的危害。

危害等级：+++，喜鹊十分聪明，在机场及周边地区有飞行时它能主动避让，只有亚成鸟有一定的危害，近几年来，未有该鸟击伤飞机的报告。

净空范围：在围界外 1km 范围内，控制其营巢活动。

图 10-54　喜鹊

25. 树麻雀（*Passer montanus*）（图 10-55）

形态特征：全长约 140mm。额、头顶、后头和后颈等重暗肝褐色，上体暗沙褐色，上背和两肩密布黑色粗纹。尾暗褐色。两翼的小覆羽纯栗色，中覆羽黑色，大覆羽黑褐色。中和大覆羽的白色羽端在翼上形成二道显著的横纹。初级覆羽以及全部飞羽均黑褐色。眼的下缘、眼先、颏和喉的中部均黑色。颊、耳羽和颈侧白色，耳羽后部具黑色块斑。胸和腹淡灰近白，两胁转为淡黄褐色。

生态习性：平时栖于近人家，大多在固定的地点，如牲口栏、草堆等。以各种农作物为食，全年约占一半，其余一半为杂草种子、野生植物和昆虫。

分布：该鸟全国各地均有分布。

危害等级：+++，该鸟每年 5～7 月亚成鸟对飞行安全有一定的潜在危害。

净空范围：在机场围界内，控制集群觅食。治理方法：冬季毒饵诱杀，控制种数量；网捕，清理繁殖期的鸟巢、亚成鸟。

图 10－55　树麻雀

26. 金翅雀（*Carduelis sinica*）（图 10－56）

形态特征：全长约 140mm。雄鸟：额、眉、颊及颏黄绿色。眼先黑褐。耳羽、头顶、后颈灰色。背、肩及内侧覆羽橄榄褐色。腰亮黄色。尾上覆羽灰色，尾羽基段亮黄色，末端黑色。小、中覆羽由金黄至橄榄褐色。外侧大覆羽黑色，内侧大覆羽橄榄褐色。初级覆羽黑色。内侧次级飞羽外翈橄榄褐色，内翈黑褐色。其余飞羽基部亮黄棕。上腹及尾下覆羽亮黄色，下腹近白。雌鸟：头顶、颊、后颈浓橄榄褐色。颏、喉灰褐。胸及胁浅橄榄褐色。腹部中央近白。其余同雄鸟。

图 10－56　金翅雀

生态习性：栖于平原和高山，海拔高达2400余米的高山也有，但平原较普遍，在山上多见于矮的灌木丛，在平原则多见于较高树丛中。食物以植物性为主，大部分是杂草种子，也吃昆虫。

分布：该鸟分布于东经100度以东地区。每年春秋迁徙时，易在机场草及围界两侧集群。

危害等级：＋＋＋＋

净空范围：春、秋两季迁徙季节，在机场1km范围内控制其集群，对进入机场围界内的集群可采取毒饵诱杀和网捕的方法灭杀。

27. 黄雀（*Carduelis spinus*）（图10－57）

形态特征：全长约115mm。雄鸟：额和头顶黑色。自嘴基至颈侧有一道亮黄色眉纹。眼前后贯有一短黑纹。耳羽暗绿色。颈侧和喉侧亮黄色。后颈、背及肩暗绿色。腰部亮黄色。尾上覆羽和中央一对尾羽褐色。除最外侧一对尾羽外，其余尾羽基段亮黄色，末端褐色至黑褐色。小覆羽、中覆羽褐色，大覆羽黑褐色。飞羽基段亮黄，末端黑褐。颏和喉中央黑色。胸亮黄色。胁及尾下覆羽呈白色和黄色混杂。雄鸟：头顶、后颈、背、肩、等均褐色而沾黄绿。腰部绿黄色。尾上覆羽暗绿色。颏、喉灰黄，胸、胁及尾下覆羽呈黄色和白色混杂状。

生态习性：栖于山地、平原，冬天多在平原和山隅树林间避寒。主要以裸子植物的种子为食，也吃昆虫。

分布：该鸟分布于东部沿海各地。该鸟在冬、秋季迁徙时易集群，集群数量比金翅雀群量小。

危害等级：＋＋＋＋

净空范围：在机场围界内，控制其活动。治理方法：冬季毒饵诱杀效果明显。

图10－57　黄雀

第三节 三类净空管理鸟类（28种）

三类净空管理鸟类，即在机场及周边地区0.5km范围内，除控制其集群外，还须减控过境机场的机率。同时，不得让其在机场围界外0.5km的任何区域营巢繁殖。常见种如下。

1. 苍鹰（*Accipiter gentilis*）（图10－58）

形态特征：全长522～595mm。头顶、枕和头侧黑褐色；眉纹白色，具黑色与羽干纹；背棕黑色，具宽的黑褐色横斑，羽端污白色；下体污白色，胸、腹具褐色横斑。翅长超过270mm，第5枚初级飞羽外翈具缺刻。

生态习性：栖于丘陵山麓的针叶林、阔叶林和混交林中，也见于机场围界内的草坪区。以小型动物为食，兼食蝗虫等。

分布：该鸟分布于新疆、黑龙江、甘肃、四川、云南（繁殖鸟）；台湾（迷鸟）；在长江以南越冬。

危害等级：＋＋＋＋，迁徙季节危害较大。

净空范围：在机场0.5km范围内，控制其活动。治理方法：灭杀机场围界内的鼠类、野兔及蝗虫，对减控其危害，效果十分明显。

图10－58 苍鹰

2. 鹊鹞（*Circus melanoleucos*）（图10－59）

形态特征：全长400mm。上体以及喉、胸黑色，腹及尾下覆羽全为白色。雌鸟上体暗褐色，下体白色而杂以黑褐色纵纹。

生态习性：栖于开阔旷野、河谷、沼泽、林缘草地及开垦耕地，也见于机场围界内的草坪区，迁徙季节较多。以昆虫和小型动物为食。

分布：该鸟分布于河北北部、内蒙古、黑龙江、吉林（繁殖鸟）；在长江以南越冬。

危害等级：＋＋＋＋

净空范围：在机场围界外0.5km范围内，控制其活动。治理方法：灭杀机场围界内的所有小型动物及昆虫。

图10－59　鹊鹞

3. 黄脚三趾鹑（*Turnix tanki*）（图10－60）

形态特征：全长153～160mm。头顶和枕部黑褐色，具栗色羽缘，有一淡黄色冠纹由头顶中部伸延后颈。颊、耳羽、眼先均为棕黄色；下颈及颈侧具栗红色块斑，并散布淡黄和黑色细点；背及两肩灰褐色，羽端有一黑色大斑；腰、尾羽灰褐而有黑色和栗色细纹；翼上覆羽淡黄色，具黑色圆斑。喉淡黄色，胸橙栗色，下胸及腹部浅黄。

图10－60　黄脚三趾鹑

生态习性：栖于山坡灌木丛和草丛中。迁徙季节，常见于机场围界内草坪区，平时，该鸟多单独或成对活动。以杂草种子为食。

分布：该鸟分布于黑龙江、吉林、辽宁、河北、河南、陕西、山东、长江中下游（夏候鸟）；湖南、福建、贵州、广东、广西、云南及海南岛（冬候鸟）。

危害等级：＋＋＋＋，飞行高度较低，易击伤起降的飞机。

净空范围：在机场围界内，控制其活动。治理方法：毒饵诱杀，效果十分明显。

4. 普通秧鸡（*Rallus aquaticus*）（图 10－61）

形态特征：全长 254～290mm。雄鸟额、头顶至后颈黑色，背、肩、腰、尾上覆羽橄榄褐色，缀以黑色纵斑；眉纹灰白色，贯眼纹灰褐色，两翼橄榄褐色，中小覆羽具零散白斑。雌鸟体色较暗，颏与喉几乎白色。

生态习性：栖于河湖岸边和沼泽湿地芦苇丛和水草丛中。单个或成对活动。以昆虫、小鱼、甲壳类、软体动物等为食。

分布：该鸟分布于东北地区、内蒙古、河北、青海和四川西南部（留鸟）；江苏、浙江、湖北、福建、广东、海南岛和台湾（留鸟、夏候鸟）。

危害等级：＋＋＋＋

净空范围：在机场围界 0.5km 范围内，控制其营巢繁殖。治理方法：猎杀。

图 10－61　普通秧鸡

5. 黑水鸡（*Gallinula chloropus*）（图 10－62）

形态特征：全长 300～345mm。头和颈灰黑色，背部、尾、肩羽为橄榄褐色；初级覆羽及飞羽黑褐色，第一枚初级飞羽外翈白色；胸、腹灰黑色，下腹部羽端白色；两肋具宽的白色纵条纹；尾下腹羽中央灰黑色，两侧白色，杂以黑褐色横斑。幼鸟，上体呈橄榄绿色，下体为浅灰褐色。

生态习性：栖于沼泽或近水的灌丛中。一般单独或成对活动。杂食性，以水生植物嫩芽、根茎以及水生昆虫、软体动物为食。

分布：该鸟分布于新疆、黑龙江东部向西南、西藏以东各省、海南岛、台湾（留鸟、繁殖鸟）。冬季多分布于中部、东部和南方广大地区。

危害等级：＋＋＋

净空范围：在机场围界内，控制其在草坪区觅食活动。治理方法：猎杀、网捕，效果很好。

图 10－62　黑水鸡

6. 矶鹬（*Actitis hypoleucos*）（图 10－63）

形态特征：全长 184～200mm。头顶至颈后灰褐色，具黑色细的纵纹；眉纹白色，贯眼纹黑褐色；颏白；脸部、前颈、颈侧、上胸白色，具细小褐色纵纹；上体沾绿，微有金属光泽；尾羽灰褐色，具暗色横斑；飞羽褐色，基部白色。下体纯白，在胸侧至肩角，形成白斑。

图 10－63　矶鹬

生态习性：栖于沼泽草地、稻田、池塘与水域边。一般小群活动。以甲壳类、蠕虫、昆虫等为食，夏季尤喜食蚯蚓。

分布：该鸟分布于内蒙古、东北全境、河北，西至青海、宁夏、甘肃、新疆（繁殖鸟）。在云南、长江以南及海南岛、台湾越冬。

危害等级：＋＋＋＋

净空范围：在机场围界内，控制其在草坪区觅食活动。治理方法：猎杀、网捕效果很好。

7. 丘鹬（*Scolopax rusticola*）（图 10－64）

形态特征：全长 320～340mm。头顶淡灰色，头顶后部与枕具 4 条黑褐色横斑；眉纹、颊黄白色；背、肩与双翅赤褐色，杂有斑纹，腰及尾上覆羽赤褐色，具细黑色横纹；飞羽赤褐色；翅上覆羽具数条灰色横带；下体淡黄褐色，下颈、胸和腹部具褐色横斑；尾

羽黑褐色，具暗赤褐色横斑。

图 10－64　丘鹬

生态习性：栖于水域沼泽，但也活动于山区林间及人工栽培的灌木丛中，也见于机场草坪区。以蠕虫、昆虫等为食，也吃植物性食物。

分布：该鸟分布于新疆、甘肃、黑龙江（繁殖鸟），在山东、江苏、河南夏季也能见到，是否在此繁殖，还有待研究。在西藏南部、长江以南、海南岛、台湾越冬。

危害等级：＋＋＋＋

净空范围：在机场围界内，控制其活动。治理方法：猎杀、网捕。

8. 白额燕鸥（*Sterna albofrons*）（图 10－65）

形态特征：全长 210～250mm。前额白色。头顶至后颈黑色；背、肩及两翼表面为珠灰色；最外侧两枚初级飞羽黑灰色，羽干白色，内翈具宽阔白缘；其余初级飞羽珠灰色，而具白色内缘；尾羽和下体纯白色。

图 10－65　白额燕鸥

生态习性：栖于湖泊周围沼泽芦苇丛以及沿海和岛屿。常集群活动。以鱼、虾、水生昆虫等为食。

分布：该鸟分布于东部各省、海南岛、台湾（繁殖鸟）。

危害等级：＋＋＋＋，该鸟在繁殖区对飞行安全影响比较明显。

净空范围：在机场外 0.5km 范围内，控制大面积养鱼、虾等。治理方法：诱杀、猎杀，效果明显。

9. 红角鸮（*Otus scops*）（图 10－66）

形态特征：全长 175～200mm。上体灰褐色（有棕栗型），满布纤细的黑色；面盘灰褐色，周围灰褐色，周围不具明显的淡棕色翎领；眼棕白色；耳羽延长突出于头侧。头和背具棕白色斑点。外侧肩羽棕白色先端黑褐。翅上外侧覆羽、初级飞羽外翈有白斑。下体大都灰白杂以暗褐色横斑。

生态习性：栖于山地林间。以昆虫、小鸟、鼠类为食。

分布：该鸟分布于新疆，东部各省（留鸟）；台湾（旅鸟）。

危害等级：＋＋＋＋，迁徙季节危害明显。

净空范围：在机场围界内控制其夜间活动。治理方法：灭杀内场区的鼠类等小型动物，可控制其危害。

图 10－66　红角鸮

10. 鹰鸮（*Ninox scutulata*）（图 10－67）

形态特征：全长 261～295mm。上体浓棕褐色，头及上背等均较灰暗；尾淡褐色，横贯以 5 道黑褐色带斑；胸以下白色，满杂以褐斑。

图 10－67　鹰鸮

生态习性：栖于较荒僻地区树林中。以昆虫为食。

分布：该鸟分布于东北地区、河北，向南至海南岛，西至四川、云南等地；台湾（留鸟）。

危害等级：＋＋＋＋，在国内有多起该鸟击伤飞机的案例。

净空范围：在机场围界内，控制其夜间觅食活动。

11. 楼燕（*Apus apus*）（图 10－68）

形态特征：全长 165～185mm。前额近白，喉部白色延伸上胸。体羽几乎纯黑褐色。上体羽毛大多具有白色羽缘。

生态习性：栖于旷野、水边及农田等处。常集群活动。以昆虫为食。

分布：该鸟分布于东北地区、新疆、青海、内蒙古、河北、山西、河南、山东、陕西、四川（繁殖鸟）；长江以南地区（旅鸟）。

危害等级：＋＋＋＋，危害较重的机场主要有华北地区和西北地区的区域机场。

净空范围：在机场围界内，控制其集群觅食。治理方法：灭杀机场草坪区内的蚊、虫，即可控制危害。

图 10－68 楼燕

12. 白腰雨燕（*Apus pacificus*）（图 10－69）

形态特征：全长 180～185mm。上体、两翼及尾大都黑褐色，自头至尾羽毛均具淡色狭缘；喉、颏和腰至两腿均为白色，并缀以黑色羽干纹；下体余部羽基暗褐色，羽端白色。

生态习性：栖于高山、平原、荒漠和农田等处。结群活动。以昆虫，如金龟子、蛾、蝇蚊等为食。

分布：该鸟分布于新疆（夏候鸟或旅鸟）；内蒙古、青海、西藏以东各省区（繁殖鸟）；台湾（留鸟）。

危害等级：＋＋＋

净空范围：在机场围界内，控制其集群。治理方法与金腰燕相同。

图 10－69　白腰雨燕

13. 小沙百灵（*Carlandrella rufesens*）（图 10－70）

形态特征：全长 139～148mm。上体淡褐，具黑褐色细纵纹及淡棕至白色羽缘；尾羽根部染栗，中央尾羽与背羽同色，外侧尾羽具白斑，最外一对几乎全白；飞羽黑褐，具淡缘。下体近白色，胸及肋羽具黄褐色条纹。

生态习性：栖于半荒漠草原及沙质土壤的农田。杂食性，以植物种子为主食。

分布：该鸟分布于黄河流域以北地区（留鸟或夏候鸟）。

危害等级：＋＋＋＋

净空范围：在机场围界内控制其集群活动。治理方法：网捕、毒饵诱杀等。

图 10－70　小沙百灵

14. 小云雀（*Alauda gulgula*）（图 10－71）

形态特征：全长 175～185mm。上体棕褐，具黑褐色纵纹及淡棕色羽缘。后头部有一簇不甚明显的羽冠。眉纹不显。腰羽呈亮栗色，最外侧一对尾羽全白、第二枚外翈白色。下体淡棕，胸部色浓并具密黑纹及斑。

图 10-71　小云雀

生态习性：栖于草原、河床及农田地带。杂食性，但以食物种子为食。

分布：该鸟分布于我国中部以南地区、台湾和海南岛（留鸟）。

危害等级：＋＋＋＋

净空范围：在机场围界内控制其集群活动。治理方法：网捕、毒饵诱杀、猎杀等。

15. *角百灵*（*Eremophila alpertris*）（图 10-72）

形态特征：全长 147～154mm。雄鸟：上体褐色，羽缘浅棕；后头至上背羽染栗；外侧尾羽黑，最外侧则纯白。头顶及脸侧各有一显著黑斑，头顶黑斑的后侧各伸出一簇黑羽，状如羊角。下体白色染棕，在胸部有宽阔黑带。雌鸟：上体羽色较雄鸟淡，头及脸部不具黑斑，亦无角羽；下体胸斑较小。

图 10-72　角百灵

生态习性：栖于高原草地、荒漠及高山草甸。杂食性但以植物性食物为主食。

分布：该鸟分布于我国东北以西的西部地区以及四川、西藏（留鸟或夏候鸟）；迁徙种群冬季见于河北北部。

危害等级：＋＋＋＋

净空范围：该鸟在越冬去机场，应控制其在围界内集群活动，在繁殖区机场外的1km范围内，清理其繁殖巢。

16. 崖沙燕（*Riparia riparia*）（图10-73）

形态特征：全长120～130mm。外形似燕但尾叉较浅。上体暗灰褐色，多具淡色羽缘；尾羽深褐。翼上覆羽与背羽同色，飞羽黑褐。下体近白色，有灰褐色胸带。

生态习性：栖于湖、河附近的土崖。在水面上空飞捕昆虫为食。

分布：该鸟分布于长江以北地区。在西北、西南以及东南地区为留鸟；在东北、内蒙古等地为夏候鸟；迁徙时广泛见于东部地区，在广东、广西等地为冬候鸟。

危害等级：＋＋＋＋

净空范围：在机场围界内，控制其集群觅食。治理方法：灭杀机场草坪区的蚊虫。

图10-73　崖沙燕

17. 岩燕（*Ptyonprogne rupestris*）（图10-74）

形态特征：全长145～150mm。体形似家燕，但翅长尾短，尾叉较浅。头顶暗褐，上体灰褐色，尾羽暗褐、多具白斑。翼上覆羽与背羽同色。下体胸部以前污白，腹、胁至尾下为烟褐色。

图10-74　岩燕

生态习性：栖于海拔1500～5000m的高山崖壁处。在空中飞捕昆虫为食。

分布：该鸟分布于自河北北部、西北、西南（留鸟或夏候鸟）。

危害等级：++++

净空范围：在机场围界内，控制其集群觅食。治理方法：灭杀机场草坪区的蚊虫。

18. 毛脚燕（*Delichon urbica*）（图10－75）

形态特征：全长115～145mm。体形似家燕，但尾短、尾叉不明显。上体黑色，具蓝色金属光泽；要不有白色横带；尾及飞羽黑褐。下体白色。足趾被有白羽。

图10－75 毛脚燕

生态习性：栖于山区岩崖附近。在空中飞捕昆虫为食。

分布：该鸟分布遍及全国（夏候鸟），其中台湾为留鸟。

危害等级：+++，在气压低时，易在机场内集群。

净空范围：在机场围界内控制该鸟集群活动，春季清理机场周边1.5km范围内的巢。

19. 树鹨（*Anthus hodgsoni*）（图10－76）

形态特征：全长152～158mm。上体橄榄绿色至褐灰，具黑褐色纵纹；尾羽黑褐有绿灰缘，外侧尾羽有淡端。眉纹淡黄。翼上覆羽色似背羽，飞羽暗褐。下体近白色。喉侧及胸部有明显黑褐纵纹。

生态习性：栖于海拔800～4000m的针阔混交林至苔原地带。以昆虫为主食。

分布：该鸟分布于自东北至西藏地区（夏候鸟），迁徙时遍布东部，在华南、台湾、海南岛越冬。

危害等级：++++

净空范围：在机场围界内，控制其集群，迁徙季节网捕效果十分明显。

图 10－76 树鹨

20. 八哥（*Acridotheres cristatellus*）（图 10－77）

形态特征：全长 240～250mm。通体黑色，额部有一簇长羽，嘴、腿及脚黄色；头、颈羽具有绿色金属光泽，上体染褐；尾黑，外侧尾羽具白端。初级覆羽先端及初级飞羽基部具白色，构成显著翼斑。

生活习性：栖于平原至丘陵的阔叶林及竹林附件。成群活动。杂食性。

分布：过去的资料中记载，该鸟分布于长江以南地区（留鸟），但从 1995－2015 年的调查来看，该鸟在长江以北广大地区也是留鸟。如江苏的大丰市、东台市、兴化市、如皋市、南通市、扬州市、泰州市等冬季都有分布，且集群活动，成为当地的留鸟。

危害等级：＋＋＋＋，在椋鸟科中，该鸟智商较高，在机场及周边地区活动的种群，除亚成鸟对飞行有潜在危害外，成鸟很少出现鸟击征候。

净空范围：在机场围界内，控制该鸟的集群活动。治理方法：猎杀或网捕。

图 10－77 八哥

21. 寒鸦（*Coruus momedula*）（图 10－78）

形态特征：全长 335～345mm。后颈、颈侧以及下胸以下的下体均为白色或灰白色，其余体羽纯黑并具紫色金属光泽。耳羽及后头有白色细纵纹。幼鸟体羽全为黑色。

生态习性：栖于平原至海拔 2000m 左右的多岩崖的阔叶林内，冬季与其他鸦类混群向城市集结。杂食性。

分布：该鸟繁殖于云南至山东以北广大地域（留鸟）。秋季向南游荡，几乎遍布全国。

危害等级：＋＋＋，该鸟很聪明，成鸟能主动避开飞行的飞机。

净空范围：冬季控制该鸟在机场内及周围地区垃圾处集群。治理方法：驱赶或猎杀，驱赶效果较好。

图 10－78　寒鸦

22. 大嘴乌鸦（*Corvus macrorhynchos*）（图 10－79）

形态特征：全长 460～530mm。嘴型粗大，通体黑色，体羽有绿色金属光泽，翼及尾有紫色金属光泽。

生态习性：栖于海拔 600～4000m 的山林地区，在村落、农田及牧场附近较多。杂食性，尤喜动物尸体等腐食。

分布：广布于东北到西南的广大山区（留鸟）。冬季向平原游荡，与其他鸦类混群在城市公园、机场草坪区、垃圾站等地越冬。

危险等级：＋＋＋

净空范围：该鸟冬季在机场及周边地区集群，应控制机场内及周边地区 1.5km 范围内的集群，驱赶或猎杀，效果都比较好。成鸟的智商很高，能主动避让飞机。

图 10－79　大嘴乌鸦

23. 乌鸫（*Turdus merula*）（图 10－80）

形态特征：全长约 280mm。雄鸟：上体包括两翼和尾等为黑色，下体黑褐，颏缀以棕褐色羽缘，喉亦微有此色渲染。雌鸟：上体包括两翼和尾黑褐色，背部较浅，颏和喉均浅栗褐，缀以黑褐色纵纹，下体余部亦黑褐，但稍沾栗色。

生态习性：栖于平原地或园圃、树林间，也见于机场内及生活区。常结小群在地面上奔驰。善鸣叫。食物主要为昆虫的幼虫，此外尚有淡水螺、蟋蟀和植物性食物等。

分布：该鸟分布于长江口向西至新疆天山一线以南的广大地区。

危害等级：＋＋＋＋

净空范围：在机场围界内控制其活动，在围界外 0.5km 范围内控制营巢。

图 10－80　乌鸫

24. 大苇莺（*Acrocephalus arumdinaceus*）（图 10－81）

形体特征：全长 166～198mm。上体棕褐色；眉纹淡黄色；眼鲜褐色；羽翼暗褐色，具淡棕色的边缘；尾羽淡褐色亦具淡棕色狭边；下体呈沾黄的白色；胸部具有少数不明显的灰褐色纵纹。

图 10－81　大苇莺

生态习性：栖于沼泽湿地、湖泊、芦苇塘与柳丛。常单个或2～3只结小群活动。食昆虫，亦食水生植物种子和嫩芽。常为杜鹃代养后代，该鸟活动区易招引繁殖的杜鹃活动。

分布：该鸟分布于新疆及以东的甘肃、宁夏、内蒙古、东北地区、陕西、山西、河北、河南、安徽、江苏、浙江、山东、四川、湖北、湖南、贵州、云南、广西、福建（繁殖鸟）、海南岛、台湾（旅鸟）等地。

危害等级：＋＋＋＋

净空范围：在机场外0.5m范围内，控制该鸟营巢繁殖。

25. 白腰文鸟（*Lonchura striata*）（图10-82）

形态特征：全长约100mm。前头、眼先、眼周、颏、喉及嘴基周围黑褐色。耳羽、喉侧、颈侧以至上胸为栗色。由头顶向后至腰及两肩暗沙褐色。腰部前段白色，后段及尾上覆羽栗褐色。尾羽黑色。翼上覆羽和飞羽外翈为黑褐色。尾下覆羽栗褐色。下胸、腹及两胁近白色，各羽具“U”形纹。

图10-82　白腰文鸟

生态习性：栖于平原及山脚、村庄旁边的树丛和稻田、溪边、池塘边的灌木或竹林间、山上的针叶林或较高的草中。常成群站在树上一动不动。食物以植物质为主，特别喜欢吃稻米，也吃些昆虫。

分布：该鸟分布于黄河、长江间及长江以南广大地区。

危害等级：＋＋＋＋

净空范围：机场围界内，控制该鸟集群，治理与树麻雀相似。

26. 燕雀（*Fringlla montifringilla*）（图10-83）

形态特征：全长约155mm。雄鸟：自额至背和头、颈两侧黑色，有蓝色金属反光。下背、腰和尾上覆羽白色。两翼黑色。除第一至第三枚初级飞羽外，飞羽基部各具以白

斑。肩羽和小覆羽棕黄，中覆羽白色。大覆羽和尾羽黑色。颏、喉、胸及两胁橙棕色。下体余部白色。雌鸟：和雄鸟相似，但羽色不如雄鸟鲜亮，雄鸟黑色部分在雌鸟则为黑褐色。头部几呈土黄色。下体橙棕色亦较暗淡。

图 10－83　燕雀

生态习性：栖于荒山、田间、林缘、疏阔叶林和次生林中。食物为杂草种子、野果、谷粒和各种昆虫。

分布：该鸟分布遍及全国，为旅鸟或冬候鸟。

危害等级：＋＋＋＋，冬季易集小群，在机场草坪区活动。

净空范围：在机场围界内，控制该鸟集群活动。

27. 黑尾蜡嘴雀（*Eophona migratoria*）（图 10－84）

形态特征：全长约 180mm。雄鸟：头顶、颊部以及由嘴基至颈侧、颏、喉为亮黑色。后颈、背、肩深灰褐色。腰和尾上覆羽由浅灰褐转为浅灰。中央尾羽亮黑，其余尾羽黑。飞羽外翈亮浅紫黑，内翈黑褐。胸浅橄榄灰。上腹浅焦黄和白色混杂。下腹及尾下覆羽白色。两胁及腹侧焦黄色。雌鸟：头顶、眼先脸、颏角灰褐色。颈侧、耳羽至喉为银灰色。背、两肩及三级飞羽灰黄褐色。腰和尾上覆羽近银灰色。中央四枚尾羽浅灰褐色，相邻二对外翈浅灰褐，内翈黑褐，其余尾羽黑褐。

图 10－84　黑尾蜡嘴雀

生态习性：栖于平原至近 3000m 高山上。在山地，多在阔叶林树上；在平原，多见于行道树或村庄、公园高大树上。食物以植物种子为主，也兼吃昆虫。

分布：该鸟分布于东经 100 度以东广大地区。

危害等级：＋＋＋＋，在华东地区，特别是安徽、江苏等地的机场，常见该鸟集群觅食。

净空范围：在机场围界内，控制该鸟集群活动。

28. 白眉鹀（*Emberiza tristrami*）（图 10－85）

形态特征：全长约 155mm。雄鸟：冠纹、眉纹和颧纹白色。额、头顶、眼先、颊黑色。后颈栗红色。肩、背栗褐色。腰和尾上覆羽栗色。翼上小覆羽栗色，中和大覆羽黑褐色。三级、次级、初级飞羽、尾羽等黑褐色。颏黑色。喉白色。胸具栗色横带，并与颈侧和后颈栗色相连。下体其余白色。雌鸟：头顶深褐色，并杂有白纹。眼先、眼周皮黄色。耳羽红褐色。肩、背土红褐色。腰、尾上覆羽砖红色。翼上覆羽栗褐色。颏白色。胸、颈侧土红色。其余与雄鸟同。

生态习性：栖于针阔叶混交林、阔叶林、林缘或溪流边灌从中。单个、成对或结小群活动。食物为昆虫与草籽等。

分布：该鸟分布于大、小兴安岭与长白山，迁徙时至东部沿海各省，长江以南地区越冬。

危害等级：＋＋＋＋，迁徙季节喜集群，对过境机场飞行有影响。

净空范围：在机场围界内控制其活动。治理方案：网捕、毒饵毒杀，效果十分明显。

图 10－85　白眉鹀

因此，上述三类鸟类在净空管理中应分别对待，净空管理的一类鸟类是重点管控的鸟类，它们不仅体型较大，且易集群，大多喜欢在机场草坪区觅食，对待这类鸟类必须强化管理，严格控制其在机场周边地区 3km 范围内营巢繁殖及亚成鸟群活动；对待净空管理的二类鸟类，控制其在机场周边地区 1.5～2km 范围内营巢繁殖及亚成鸟群活动；对待净空管理的三大类鸟类，应强化控制其在机场周边地区 0.5～1km 范围内营巢繁殖及亚成鸟群活动。这三类鸟类，均需控制其在过境机场上空或机场草坪区觅食等活动。

第四节　净空鸟类治理方法

根据鸟类在机场及周边地区活动规律，对于不同种类鸟类，有针对性地采取治理措施，将其危害控制在人们能接受的阀值内。目前国内外净空区鸟类综合治理的方法主要有以下几方面。

（1）网捕法：在机场排水沟内侧，布设“一”字形驱鸟网；在起降点两侧，靠近巡场道边，布设“S”形驱鸟网。捕捉家燕、田鹨等小型鸟类为主的驱鸟网，应在高网前端

1.5m 处，架设 1.2～1.5m 的低位驱鸟网。目的是阻吓鸟类进入机场或主跑道上空。有条件的机场还可以架设水网、“树”网等控制周边的大型水鸟及猛禽。此外，控制营巢期鸟巢的清理，待小鸟出壳后 3～4 天内，用枪连同巢一并摧毁，效果更好。

（2）光学法：春秋鸟类迁徙季节，在机场草坪区，近巡场道边，布设探照灯（一般多为自制），选择红光和蓝光为宜以改变迁徙鸟类过境机场上空及附近地区的路线，阻断东方鸻、凤头麦鸡等迁徙鸟类在机场草坪区内集群觅食。

（3）声波法：利用煤气炮、钛雷弹、声波驱鸟王、高强喇叭等声波驱鸟器，对留鸟和过境的鸟类进行恐吓。目的是控制鸟类在机场草坪区内过境居留、觅食、集群等活动。需要注意的是，使用声波器，需要与猎杀工具同步使用。如仅使用声波驱鸟器驱鸟，10～15 天，鸟类就会产生“惯性适应症”。一旦产生此症，声波驱鸟器的使用效果会越来越差。因此，声波驱鸟器与猎枪、弹弓、弩等猎杀工具同时使用，效果会更好。

（4）生物法：一是在机场围界外 1～2m 处栽培红蓖麻，可有效驱赶一些小型鸟类。二是机场内草坪区栽培驱鸟植物，在干旱地区可以栽培薰衣草；雨水多的地区可以栽培薄荷等茎杆短、花不引诱昆虫的植物。三是有条件的机场每年春秋两季，可以租用普通猎犬，在人的牵引下，寻找内场区鼠洞、蛇洞、刺猬洞及蚁洞等地栖动物洞穴，有针对性地进行灭杀，以切断夜行性鸟类鸮形目及隼形目鸟类的食源。同时，对切断大型杂食性鸟类在机场内场区觅食也有帮助，如苍鹭、白鹭等。四是投放昆虫诱集剂，诱集昆虫，切断食虫鸟类食源等。

（5）化学法：一是喷施草坪矮化剂（自配，价格低，效果好），每年 4～5 月，第一次割草后，喷药控制草的高度，恶化昆虫和鸟类的生态环境。二是喷施农药，灭杀机场草坪区内的昆虫、蚂蚁、蚯蚓、陆生贝类等，切断鸟类食源；喷施农药的要求是做到喷药无死角，圈式围喷，农药混配，灭杀效果好。三是诱饵毒杀，这种方法对控制鸟类种群数量，效果比较明显。

（6）猎杀法：对机场内草坪区的鸟类，要进行综合评估，一旦对飞行产生危害，应有针对性地进行猎杀。常见猎杀的种类有：扇尾沙锥、田鹨、小云雀、白腰草鹬、白鹭、牛背鹭、鹌鹑、东方鸻、灰头麦鸡、喜鹊、雉鸡等。

机场草坪区内猎杀使用的工具常用的有双管猎枪、弹弓、弩及小口径猎枪（猎杀高空鸟类）。

（7）无人机高空驱鸟：利用 4 轴、6 轴无人机和 8 轴无人机，驱赶过境机场的鹭类、鸠鸽类、鸦科类、鹬类等鸟类，迫使其改变过境路线，减控对飞行的危害。此外，也可用无人机在空中抓捕孔明灯、小型无人机等。还可用无人机空中灭杀蝙蝠等。

（8）铺装人工驱鸟草坪：在机场主跑道的起降点两侧，每一边铺装 12000m^2 的人工驱鸟草坪，人工草的高度 10～15cm。采用这一方法，经过初步的观察研究，可减少该区域鸟类 45%以上，减控鸟击征候率 30%左右。

第十一章 军民合用及直升机机场净空规定

第一节 军用机场净空规定

军用机场和军民合用机场设定机场净空区，限制净空区内物体的高度以及为净空区内影响飞行安全的物体设置障碍物标志，适用本规定。

一、净空规定的基本内容

（一）基本原则

机场净空条件应两端两侧符合规定要求：如果建设机场的地形条件不许可，而又必须在该地建设机场时，则至少着陆一端和一侧的净空条件须符合规定要求，另一端、另一侧可适当降低要求（这一点西藏阿里某机场就比较明显，右边高山，终年积雪，紧靠机场里跑道，净空条件不佳，但左边为湿地，距山地较远，从而满足了机场净空的部分要求）。净空降低要求的障碍物限制面，应由主管部门根据使用的机型、飞行航迹等研究确定。

（二）净空规定的具体要求

机场净空规定的障碍物限制面是指：升降带、端净空面、过渡面、内水平面、锥形面和外水平面（图 11－1）。

（1）升降带：升降带是以机场跑道中线为基准，两侧各 100m 的中线平行线和两端各 100m 处中线水平延长线的垂直线所构成的场地。升降带上不应有对飞机活动构成安全危险的任何物体（包括在这一区域飞行的鸟类、蝙蝠及无人机、航模和孔明灯等）。

（2）端净空区：端净空区是从升降带端线的两端开始，与升降带边线水平延长线的水平面 15％的扩散率扩展至 3km，并以此宽度延伸到机场净空区边线所构成的限制物体高度的空间区域。障碍物限制面起算高程为跑道端中点高程。端净空区障碍物限制面要求见表 11－1、图 11－2 和图 11－3。

（3）侧净空区：侧净空区是从升降带和端净空区限制面边线开始，是机场净空区边线所构成的限制物体高度的空间区域。障碍物限制面由过渡面、内水平面、锥形面和外水平面组成。

过渡面：过渡面从升降带和端净空区限制面边线开始，按 1/10 坡度向上向外倾斜，直至与相应的内水平面、锥形面、外水平面相交。升降带两侧过渡面起算点高程，采用跑道中线处距该点最近的高程：端净空区两侧过渡面起算高程为端净空区限制面边线上的高程。过渡面的坡度必须在与跑道方向垂直的平面中度量。

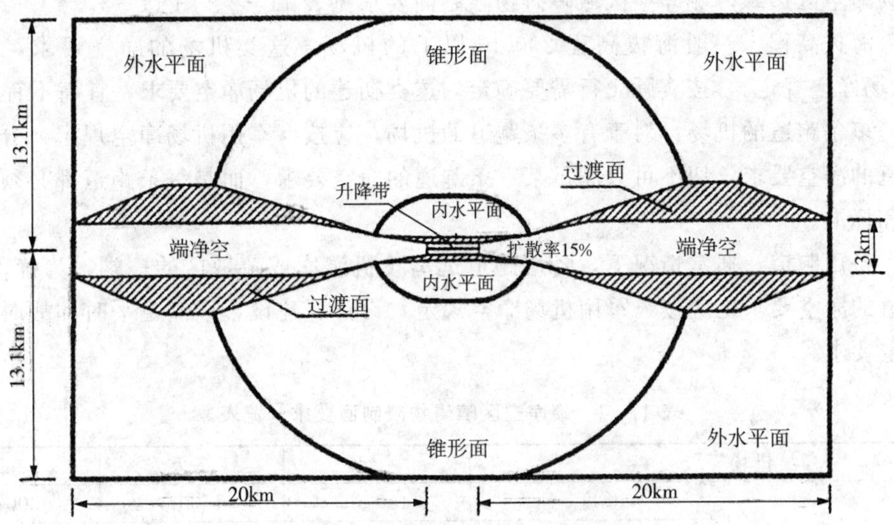

图 11-1　机场净空平面图（以二级机场为例）

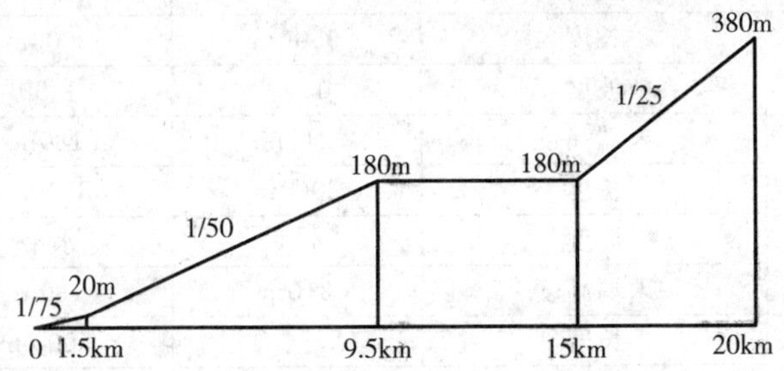

图 11-2　机场端净空剖面图（以二级机场为例）

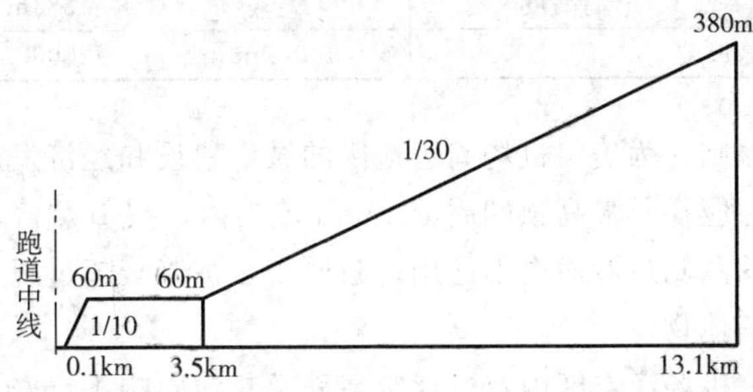

图 11-3　机场端净空剖面图（以二级机场为例）

内水平面：内水平面从过渡面的外边线开始，水平向外延伸，直至与锥形面相交。其交线由以升降带端线中点在内水平延伸面内的投影点为圆心、按规定半径做的圆弧和与圆弧相切并与跑道方向一致的直线组成。起算高程采用跑道两端中点高程较高的那个部分。

锥形面：锥形面从内水平面的外边线开始，按规定坡度向上向外倾斜，直至与外水平面相交。其交线由以升降带端线中点在外水平面延伸面内的投影点为圆心、按规定半径做的圆弧和与圆弧相切，并与跑道方向一致的直线组成。锥形面的坡度必须与内水平面周边成直角的垂直面中度量。

外水平面：外水平面从锥形面和端净空面两侧过渡面的外边线开始，水平向外延伸，直至机场净空区边缘。侧净空区域障碍物限制面要求见表 11-2、图 11-3。

(4) 海拔高程：一般海拔高程 2000m 以上的机场，这类机场的净空要求，可参照《军用机场净空规定》，按实际飞行需要确定。这类初建的机场净空要求，宜高不宜低。

(5) 多条跑道的机场：对于有多条跑道的机场，应按《军用机场净空规定》分别确定每条跑道的净空要求，切不可只满足某一条跑道的净空要求，而是每条跑道都必须符合净空要求和标准。

(6) 备用跑道：通常情况下，备用跑道远离飞机洞库或疏散区的一端，为确保安全，备用跑道的净空要求也应按《军用机场净空规定》设计、建设，以满足平时和战时飞机起降的净空要求。

表 11-1 端净空区障碍物限制面要求一览表

机场等级		一级	二级	三、四级
第一段	长度	1500m	1500m	3000m
	坡度	1/75	1/75	1/100
	末端高度	20m	20m	30m
第二段	长度	9500m	8000m	6000m
	坡度	1/50	1/50	1/50
	末端高度	210m	180m	150m
第三段	长度	3000m	5500m	6000m
	坡度	水平	水平	水平
	末端高度	210m	180m	150m
第四段	长度	—	5000m	5000m
	坡度	—	1/25	1/25
	末端高度	—	380m	350m
每段总长度		14000m	20000m	20000m

(7) 障碍物遮蔽原则：为确保机场周边地区的城市建设和经济发展，凡经过许可存在的特殊超高固定物体，应在其最高顶端周围 150m 范围内，按 10%降坡，降坡面以下的物体被遮蔽。升降带及其两侧过渡面内不适用遮蔽原则。被遮蔽超过规定高度的物体不视为独立障碍物，不遮蔽其他物体。

(8) 障碍物标志：机场净空区内超过规定高程及其他影响飞行安全的物体（鸟类、蝙蝠、航模、无人机、孔明灯、风筝等），均应设置障碍物标志（有些物体，如鸟类、蝙蝠及无人机等无法设置障碍物标志，可以进行人为控制和法制化管理），被遮蔽的物体可不设置障碍物标志。障碍物标志由色彩标志和灯光标志组成。

表 11-2 侧净空区障碍物限制面要求一览表

机场等级		一级	二级	三级
过渡面	坡度	1/10	1/10	1/10
内水平面	半径	3500m	3500m	4000m
	高度	60m	60m	50m

（续表）

机场等级		一级	二级	三级
锥形面	半径	6500m	13100m	13000m
	坡度	1/20	1/30	1/30
	外边线高度	210m	380m	350m
外水平面	高度	210m	380m	350m
跑道中线每侧总宽度		6500m	13100m	15000m

色彩标志：永久性建筑物及封密式结构通讯塔台等，应采用红白相间色带标志。两种颜色至少应各涂饰三段。色带应垂直于长边，宽度应视建筑物具体情况确定，一般不应小于 2m。

对于一些临时设施可采用边长不小于 1.5m 的方形红色旗帜标志。旗帜应展示在物体的顶部和最高边缘的四周，间距不应小于 1.5m。

灯光标志：单个物体高度低于 50m 的应采用低光强红色障碍灯；50～150m 的应采用中光强白色障碍灯，每一层的障碍灯都不应少于 4 盏。同一层的灯应同时闪光（图 11－4）。

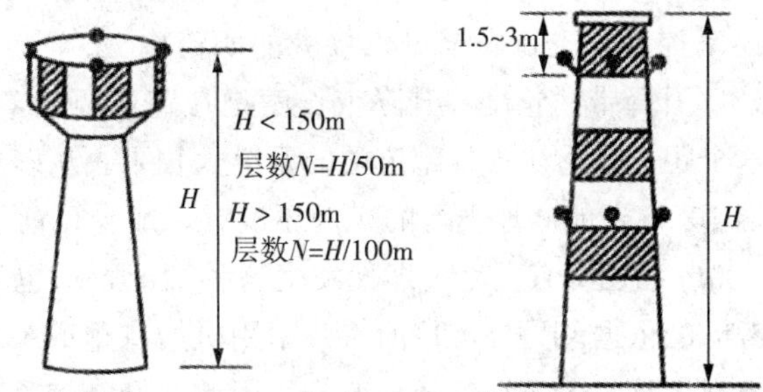

图 11－4　单个物体色彩和灯光标志

高度大致相同、相邻间距不超过 50m 的物体群，单个物体高度高于 50m 的应采用中光强白色障碍灯；低于 50m 的应采用中光强红色障碍灯。顶部障碍灯应设置在物体群最高顶端、外侧边缘及其拐角处，灯的间距不应大于 50m。中间层障碍灯的设置、层间距离和闪光要求用单个物体的规定。

高大烟囱等类似建筑物的顶部障碍灯应设置在其顶部以下 1.5～3m 处。

从专业角度要求，所有障碍灯必须要规范，为使大家更了解障碍灯的性能，现就障碍灯的性能要求归纳如下（表 11－3）。

表 11－3　障碍灯性能要求一览表

灯的类型	灯光颜色	闪光次数	有效光强（cd）		
		(r/min)	昼间	黄昏、黎明	夜间
低光强	红	固定	不使用	100～200	100～200
中光强	白	20～60	20000（±25%）	20000（±25%）	2000（±25%）
中光强	红	20～60	不使用	2000（±25%）	2000（±25%）
高光强	白	20～60	200000（±25%）	20000（±25%）	2000（±25%）

二、机场净空规定的来源

（一）升降带

新的机场净空规定增强了升降带的内容，这是因为机场净空区除了端净空区和侧净空区以外，飞机起降地带（即升降带）也在这个区域之中，该区域内对障碍物也应加以限制，而且比其他区域对障碍物的限制更为重要，更为严格。端净空区、侧净空区加上升降带才组成空想的机场净空区。在这一区域中应限制栽培超高树木（前面已评述），弄清鸟类、蝙蝠的分布、活动规律，并有效控制无人机、航模、孔明灯及放风筝等活动，确保飞机起降安全。

（1）升降带宽度：升降带宽度是以机场跑道中线为基准，两侧各100m，其基本依据是《机场战术技术标准》。该标准中规定土跑道宽度为80m，按跑道宽度50m计算，中线一侧为25m，加上80m则为105m。国际民航和我国民航的规定均为150m，原规定也是150m，但是土跑道80m宽，升降带一半还规定150m，则把土跑道外侧近50m的地带列入升降带来要求就不太合理了。况且我军有些机场土跑道外侧边缘就有很多民房、树木和大片的农田等，建设机场时也没有改变，现在修改净空规定重新把它列为升降带上的障碍物，这不太合适。几十年的实践也证明，在100m外的地方不按升降带的要求规定是可行的。但是，有一点必须说明，为确保飞行安全，在升降带及50m以外的区域，严禁栽培超大的树木。此外，对鸟类、蝙蝠等种群数量应严加管控，以减控鸟击灾害的发生，把鸟击征候率控制在飞行安全可以接受的阈值内。

（2）升降带的长度：升降带长度是在跑道两端多加100m。原规定端净空是从跑道头计算，这个距离普遍认为距跑道端的距离太长了。从多年的飞行实践中体会到，飞机起飞冲出跑道端100m还能离地飞行的实例还没有，最少目前没有这方面的案例，着陆提前接地距跑道端100m的也鲜有发生，即使发生这种情况，那也是极不正常的。因此，不应作为标准或规定考虑的依据。另外，目前一些军用机场在跑道头起算是不合适的，也不尽科学。国际民航组织规定是跑道两端各延伸60m。因此，升降带长度规定为跑道长加上跑道两端向外各延伸100m。从目前军用和民用机场升降带延伸的这片区域看，成为一片管理困难区，鸟类、兽类及昆虫活动期间，给净空安全带来了新难题，如何破解这一难题，还有待进一步探索。

（二）端净空区

（1）扩散率和端净空区宽度：在空军军事训练大纲中，飞行员技术的评分标准（表11－4）是保密的。本表所列及由本表衍生出的数据均为模拟数，与实际相差很大，仅供教学参考。

表11－4　飞行员驾驶技术偏离方向及格标准

机　种	四转弯结果	通过远分	通过近分
歼（强）击机	±9.5°	±7°	±5°
轰炸机	±16°	±8°	±7°
运输机	±11°	±9°	60m
民用客机	±10°	±6°	50m

根据表11－4，上述几种在及格标准情况下，飞机偏离方向在近距导航台处偏离值为50m、100m、159m，在远距导航台处偏离值为473m，在距跑道端20km处偏离值为1968m、2470m、3750m。

端净空区是从升降带端线两端开始，与升降带边线水平延长线的水平面15%的扩散率，扩展至3km。原规定端净空长度由跑道头计算，宽度由跑道头中点两侧各150m处的平面15°角扩展至2km，其水平距离为3.17km。经专家们多次研讨，并征求了飞行程序设计人员的

意见，基本达成一致的共识，认为距跑道端这么近的距离，要求净空区宽度 2km 是不必要的。国际民航组织的规定，这个扩散率也是 15%。多年的飞行实践证明，端净空区远处，在飞行航线四转弯过来要求进入端净空 2km 范围内是很困难的，都感到 2km 事实上是窄了。所以，经过充分论证确定端净空区宽度为 3km 是比较合理的。按 15%的扩散率计算，从升降带端区至 3km 宽度处的水平距离为 9.333km，至 2km 宽度处的水平距离是 6km。这样从 6km 以远各段比原规定 15°角扩散至 2km 的要求严格多了，而 6km 以内放宽了一些。但是，这个范围对现阶段条件下的军用机场飞行是有利的。同时，也适用于一般民用飞机的飞行。

（2）端净空区长度：在我国二、三、四级机场一端净空区的总长度为 20km，与民用机场基本相同，比原规定的 30km 缩短了 10km。国际民航的规定为 15km，不设外水平面（原规定为外延面）。经过多年的实践，部分飞行部队提出 30km 没有必要，但事实上也确实没有必要。1982 年以前的机场净空标准中，二、三、四级机场一端的净空区长度都是 20km，这一标准使用几十年，没有发生过大问题。〔1982〕38 号文件附件一《机场净空要求》的机场一端净空区长度规定 30km，如飞行部队反映的一样，没有显示出它的必要性。而且这种标准也会给净空管理带来不少困难，实为画蛇添足。

考虑到二、三、四级机场飞双 180°大航线的情况，在机场净空规定中，提出了端净空区 20km 以外 5km 范围内修建超过外水平面高度的建筑物或通风塔等需要征得军队的同意，同时，考虑到 20km 以外的航线可调整性，所以，这一区域作为机场净空区外的特殊问题处理。一级机场端净空长度为 14km，根据初级教练机的飞行训练情况来确定。值得一提的是，随着一级机场功能的增强，加之教练机的现代化，机型越来越多，速度越来越快，一级机场端净空 14km 也会随之进行调整，以满足飞行训练的需要。

（3）障碍物限制面：

一级机场端净空区域第一段坡度改为 1/75，末端高度 20m，比原规定提高 5m。考虑一级机场多数是飞行学院机场，主要是多种教练机使用，不宜再放宽障碍物的限制。当然，随着教练机机型的改变，其机场端净空区域也会发生一些变化，特别在净空管理方面都会做出某些调整。

二级机场第一段长度 1500m，坡度为 1/75，末端高度 20m，比原规定提高 5m。其他各段和水平段在调整坡度距离时，相应高度提高 15m，以便与外水平面等高相接。新规定的二级机场端净空，各段限制面比国际民航组织最严要求的精密进近跑道Ⅱ或Ⅲ类基准代码要求还严。二级机场在我国占多数，使用的机种也多，主要是军用的多种歼击机、强击机，这些飞机和地面导航设备不及民航机场设备。所以，为了飞行安全，现在，乃至于未来很长一段时间里，我国军用机场还不能大幅度放宽二级机场端净空区障碍物限制，放易收难，管理更难。

三、四级机场第一段长 3000m，比原规定的 5000m 缩短了 2000m，与国际民航组织规定基本相同。这一段限制坡度为 1/100，与原规定一致，末端高 30m，比国际民航组织规定在持续高度为 60m 要严格一些。第二段坡度没有什么改变，在 6600m 处比国际民航组织规定的高度低 48m。水平段长 6000m，其高度与原规定相同。此次修改三、四级机场的端净空改动不大，主要考虑轰炸机起落性能较差，不宜放宽太多。但是，从多年的实践和航迹测试的结果看，新规定第一段长度、坡度和末端高度是可以满足轰炸机起落要求的。

（三）侧净空区

（1）过渡面：过渡面的坡是根据飞机爬升坡度和偏离跑道中线的扩散率得出的。如飞机的爬升梯度3.33%（根据资料介绍，这是所有飞机复飞爬升时所允许的最低值），扩散率取15%，则过渡面坡度应大于1/4.5，为安全起见，再取这个坡的1/2，即1/9。所以，在新规定中，规定过渡面的坡度为1/10。原规定为1/25的坡度，国际民航组织规定是1/7的坡度。与国际民航组织的规定相比，按新规定从距跑道中线267m处以外，较国际民航组织更严，在267m以内较国际民航组织的要求严格一些。这些标准比较适合我国军用机场的实际情况。

（2）内水平面：新规定的内水平面标高从跑道中线两端高程较高的一端起算，三、四级机场高度为50m，一、二级机场高度为60m。原规定高度均为45m，是从跑道中线两端中点高程起算，国际民航组织规定的高程也是45m，它是以飞机起落区最高点高程计算的。

内水平面的基准标高是为满足飞机在机场上空盘旋的要求，主要考虑飞机盘旋是所需求的最低标准和该机场运行性质。军用机场不仅要考虑作战，而且要考虑平时的训练飞行和救灾等飞行，一般在机场上空盘旋飞行不应低于200m。所以，新规定中各级机场内水平面的基准标高是可以满足要求的。同时，保证了不小于100m的航行安全高度。

跑道中线两端高程极少是相等的，若跑道中线两端高程不等，则原规定的内水平面就不是一个水平面。所以，原规定的起算高程是不合理的。国际民航组织规定的起落区最高点的高程为内水平面的起算高程不适合我国军用机场的实际，而且起落区的概念怎么界定不明确。按我国军用机情况，在机场场区内（包括跑道、土跑道、滑行道及跑道与滑行道肩的联络道等）选择最高点，最高点很可能不是在机场跑道上，这个最高点不在跑道上是不合理的。因此，我国军用机场不宜采用国际民航组织的这个规定。

内水平面半径，三、四级机场为4km，与原规定一致；一、二级机场为3.5km，主要考虑与端净空区相应处等高相交。改了以后仍可保证子航线飞行宽度和安全高度。

（3）锥形面：新规定的锥形面坡度为1/30，不分内外锥形面，高度改动不大，只是在与外水平面衔接时做了小的调整，满足飞机在机场上空盘旋高度200m的航线宽度7km和安全高度100m左右的要求。原规定作为内外锥形面考虑是不必要的。同时，在与外延面相接构成45m高的台阶是不合理的。

（4）外水平面：三、四级机场原规定是在跑道两侧各17km，这次修改为距跑道中线两侧各15km，这是根据轰炸机直角大航线宽度14km左右的标准而定的。二级机场考虑飞双180°大航线需要，不考虑直角大航线飞行。所以，宽度为13.1km，升降两侧净空区不设外水平面。二、三、四级机场外水平面的高度与原规定外延面的高度接近，满足飞行方向高度500m左右、安全高度不小于100m的要求。一级机场变化不大。

（四）障碍物遮蔽原则

障碍物遮蔽是机场净空要求中新增加的内容。所谓障碍物遮蔽，即如果一个物体相对于永久性障碍物的位置不会在实际上增加航行的危险，不应视为影响飞行的障碍物，例如，无人机、航模、鸟类、蝙蝠、孔明灯等。世界上许多国家都是用遮蔽原则来限制机场净空区内的建设和规定障碍物的标志及灯光，以便限制更为合理，但是，各个国家在使用

这个原则时，所规定的具体标准不相同。我国民航主管部门参照国际民航组织的规定，采用的遮蔽原则，即从最高（而不是次高）的障碍物顶端周围150m范围内按10%降低的斜面来限制，在这个斜面下的物体被遮蔽。同时，又规定了升降带及其两侧过渡面内不适用遮蔽原则。被遮蔽了的物体不视为独立的飞行障碍物，因为它不会增加对航行的危险。

（五）障碍物标志

有关障碍物的条款，规定了机场净空区内的障碍物标志设置范围。超过规定高度及其他影响飞行安全的物体应按本规定设置障碍物标志。其中，“其他影响飞行安全的物体”是指经航行部门研究后，确认对飞机航行构成安全威胁的物体。被遮蔽的物体可不设障碍物标志，这是原规定没有的，这一要求与国际民航组织的规定一致。

(1) 色彩标志：将原规定中色带颜色“应涂饰黑、橙黄或红、白两色”，修改为“采用红、白两色”，删除了环境黏度较低的反差较小的黑色。橙黄色可用红色代替。规定色带应垂直于建筑物的长边（包括构建物），使被标示的障碍物明显醒目。临时设施具有实现性、活动性和大高层的特点，对飞行安全构成威胁，在这类障碍物上设置旗帜标志是国际上通常做法。

(2) 灯光标志：有关灯光标志，我国军用机场根据其对净空和飞行的实际状况，并在吸收国际民航组织有关规定的基础上，进行一些调查和创新。

第一，单个物体按三个高度层次分别设置不同光强的灯光。层次高度50m和150m是指单个物体顶部高出周围地面高度。该条规定还明确了障碍灯的设置和数量，以利于障碍物的发现。高于50m的单个物体中间层应根据其不同高度分别按50m和100m的层间距离设置中光强白色障碍灯，同一层的障碍物灯应同时闪光，这是新增加的内容；中间层障碍灯的设置增加了不同高度的单个物体上的障碍灯数量，以保障飞行安全。上述高度层次和中间层距离的划分根据飞行的实际需要，并参照了国际民航组织的相关规定。

当建筑物和构建物顶层的天线、避雷针附属物高于10m时，应在其顶部或邻近位置相同高度至少设置一盏中光强白色障碍灯。

第二，明确了物体群的含义、障碍灯的设置位置和间距，规定了物体群应采用中光强白色障碍灯，昼间容易呈现被标示的物体；低于50m的采用对视觉敏感的红色障碍灯，有利于夜间和黄昏黎明时对被标示物的发现。

第三，烟囱及类似构筑物的顶部障碍灯，应设置在其顶部以下1.5～3m的位置，目的就是避免或减少粉尘的污染，保证灯光的亮度。

第四，规定了各种障碍灯的有效光强、颜色和闪光次数。不同背景亮度时，要采用相应颜色和有效光强的灯光，以满足飞机起飞着陆目视避开升降障碍物的距离要求。障碍灯闪光次数，除了低光强灯为固定光强外，其余的均每分钟20～60次。闪光次数高了炫目，太低了不利辨认障碍物。北京光亮度，通常是指昼间$L>500\text{cd/m}^2$，黄昏黎明$L=50\sim500\text{cd/m}^2$，夜间$L<50\text{cd/m}^2$，与国际民航组织的规定相一致。

三、使用机场净空规定时要注意的事项

从上面叙述的内容我们可以清楚地看出，我国于2001年颁发的《军用机场净空规定》中的机场净空规定，是根据有关飞机起落航线的要求，加以综合和简化而得出的。所以，

在使用这个标志时要注意下列几点：

(1) 平原机场与高原机场飞机起落航线的差异：根据《军用机场净空规定》中的具体要求，军用机场一般都是根据标高 $h \leqslant 2000$m 的机场上起落航线的要求来制定。所以，这个规定只适用于较高 $h \leqslant 2000$m 的机场，对西部高原机场不适用。

(2) 因事制宜，以飞机的起落航线来判别飞行安全：飞机在复杂气象条件下，有的着陆航线的长度通常超过 20km，偏出航线的车厢距离有时超过 1.5km。而这个规定对于距跑道端 20km 外的障碍物来做出明确的限制，对于 3km 宽的净空带两旁的障碍物也未做出详细的规定。训练大航线侧向宽度达 1410m 左右，当飞行员驾驶不准确时，可能会偏离规定航线 3～5km，而三、四级机场侧净空宽度定为 15km，对该范围以外的障碍物也没有提出要求。我们在确定跑道位置时，如果在上述地区有高障碍物，则必须用有关飞机的起落航线来判别是否能够保证飞行安全，决不能认为由于净空规定未做出详细规定而不加以考虑。切记，因事制宜，以飞机的起落航线来制定使用标准确保飞行安全的基本保障。

第二节 直升机机场净空规定

一、障碍物限制面和扇形面

为了保证直升机场能够安全运行，规定了几种障碍物限制，用以限制直升机场及周围地区物体的高度。

进近面——进近面是一个倾斜的平面或者几个平面的组合，从安全区端部以斜坡向上，并以最终进近和起飞区中心线的延长线为中心线，如图 11－5 所示。进近面的界限包括：

一条内边：长度为安全区的宽度、垂直于进近面中心线并位于安全区边线上的一条水平线。内边的标高应为进近面中心线与安全区外边线交点的标高。

两条侧边：自内边的两端起，对于非精密进近的最终进近和起飞区，按规定斜率向外扩散；对于精密进近的最终进近和起飞区，按规定的斜率向外扩散至进近的直升机到达最终进近和起飞区上规定的高度处，然后按规定的斜率向外扩散至最终的宽度，并保持这一宽度至规定的进近面长度。

一条外边：垂直于进近面中心线，在内边标高以上规定高度的一条水平线。进近面的坡度应在包含进近面中心线的铅垂面内度量。

过渡面——过渡面是沿安全区边缘和部分进近面边缘向上、向外倾斜到内水平面或规定高度的一个复合面，如图 11－5 所示。过渡面的界限应包括：

一条底边：从进近面侧边与内水平面相交处开始，当不设内水平面时从某一对顶高度开始，沿进近面侧边向下延伸至进近面内边，再从该处沿与最终进近和起飞区中心线平行的安全区边缘到安全区的另一端。

一条顶边：位于内水平面上，当不设内水平面时位于底边的一个规定高度。

过渡面底边上任一点的标高，当该点处于进近面侧边时，应为该点进近面的标高；当该点处于安全区边缘时，应为最终进近和起飞区中心线上距该点最近点的标高。

过渡面的坡度应在与最终进近和起飞区中心线成直角的铅垂面内度量。

内水平面——内水平面是位于最终进近和起飞区及其周围以上规定高度的一个圆形水

平面，如图 11－5 所示。内水平面的圆心应为最终进近和起飞区的中心点，其高度应从直升机场标高起算。

锥形面——锥形面是从内水平面周边向上、向外的斜面，当不设内水平面时则是从过渡面边界线向上、向外的斜面，如图 11－5 所示。锥形面的界限包括：

底边：与内水平面周边相重合，当不设内水平面时与过渡面边界线相重合；顶边：位于高出内水平面的规定高度，当不设内水平面时，位于高出最终进近和起飞区最低端中点标高的规定高度。

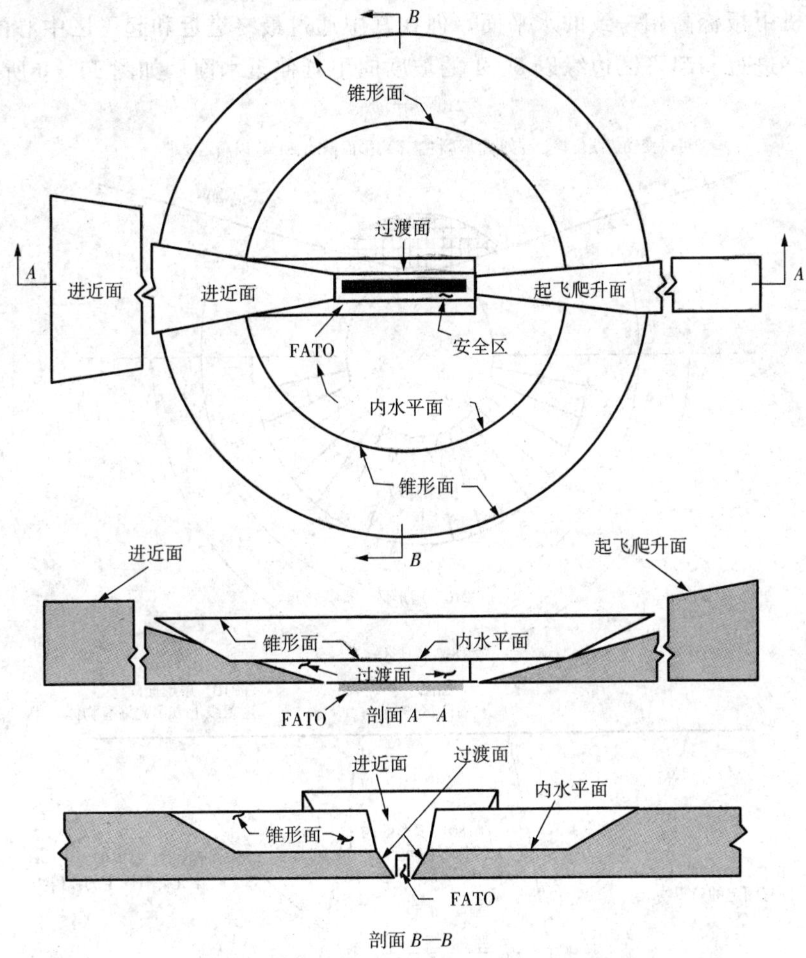

图 11－5　障碍物限制面

注：本图为设有 FATO 和净空道的直升机场的障碍物限制面

起飞爬升面——起飞爬升面是从安全区端部向上倾斜，并以最终进近和起飞区中心线的延长线为中心线的一个斜面或平面组合，如有转弯时则为一复合面，如图 11－5 所示。起飞爬升面的界限应包括：

内边：长度等于安全区的宽度、垂直于起飞爬升面中心线并位于安全区端或净空道端的一条水平线；两条侧边：从内边的两端起、按规定的斜率向外散开；外边：垂直于起飞爬升面中心线、位于内边标高以上规定高度的一条水平线。

内边的标高应为内边与起飞爬升面中线交点处的安全区的标高。当设置净空道时，内

边标高应采用净空道中心线上地面最高点的标高。

起飞爬升面的坡度应在包含该面中心线的铅垂面内度量。

起飞航道有转弯时，起飞爬升面中心线的转弯半径不得小于 270m，并且在内边和高出内边 30m 处之间必须是直的。

直升机甲板无障碍扇形面——直升机甲板无障碍扇形面是从直升机夹盘的最终进近和起飞区边缘的一个参考点起，延伸至规定距离的复合面。该面应为 210°的扇形区域，向外延伸至使用该直升机甲板的最关键直升机一发失效时所要求的起飞空间相一致的距离。该面为与直升机甲板标高相一致的水平面，但在其中通过最终进近和起飞区中心的 180°范围内，为从最终进近和起飞区边缘以 5∶1 的坡度向下延伸至水面，如图 11－6 所示。

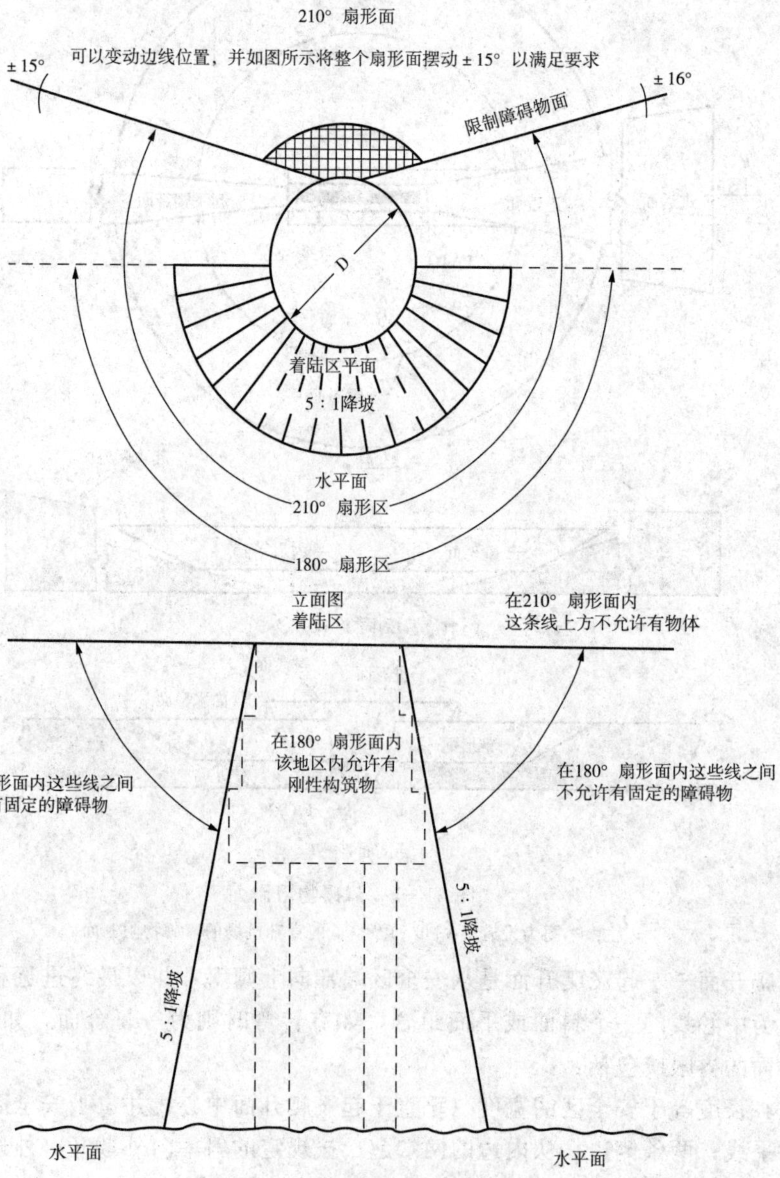

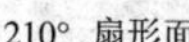

图 11－6　直升机甲板无障碍物扇形面

直升机甲板限制障碍物扇形面——直升机甲板限制障碍物扇形面是从无障碍物扇形面的参考点起，由未被无障碍物扇形面覆盖的弧向外延伸的复合面。

二、障碍物限制要求

精密进近的最终进近和起飞区必须设置下列障碍物面：起飞爬升面、进近面、过渡面、锥形面。非精密进近的最终进近和起飞区必须设置下列障碍物面：起飞爬升面、进近面、过渡面。并应设置下列障碍物限制面：内水平面、锥形面。

第十二章 净空管理法律与规范

机场不仅要考虑飞机在地面上是否便于滑行和停放，旅客是否便于上下飞机，还要考虑飞机起飞后能否安全、迅速地进入航线和飞向目的地，以及外来飞机能否安全、迅速地进入机场上空和着陆。

根据对商用喷气式运输机飞行事故的统计，起飞（包括初始爬升）及降落事故占全部飞行事故的70%（图12-1）。所以，预防飞行事故，关键在于确保飞机起降安全。跑道周围净空情况对飞机起降安全影响很大，因此在机场设计时，必须把跑道选在净空良好的地方。

飞行阶段	滑行	起飞	初始爬升	上升	巡 航	下降	初始进近	最后进近	着陆
飞行时间百分比（%）	—	1	1	13	60	10	11	3	1
事故百分比（%）	3.3	12.9	8.9	6.3	5.6	7.2	7.4	22.0	26.3

图12-1 世界范围商用喷气式运输机各飞行阶段事故比

第一节 法规要求

鉴于机场净空对于飞行安全的重要影响，我国有多部法律法规对其进行了规定和限制。从纵向时间上来看，从国发〔1977〕14号文《关于保护机场净空的规定》、〔1982〕《国务院、中央军委关于重新颁发关于保护机场净空的规定的通知》、〔1995〕《中华人民共和国民用航空法》等，到2008年开始施行的民航总局191号令《民用机场运行安全管理规定》（CCAR-140）中的详尽规定，都为相关部门开展净空管理工作提供了依据和保障，相关人员应该熟悉这些相关的法规。从横向上分，根据法律法规的执法范围和详尽程度，可以包含以下相关内容。

一、障碍物控制与管理相关法律、法规

《中华人民共和国民用航空法》第58条、第60条；

《中华人民共和国飞行基本规则》第 24 条；

《国务院、中央军委关于保护机场净空的规定》第 1 条、第 2 条；

《国务院、中央军委关于加强机场净空保护的通知》第 2 条、第 3 条；

《建设部　中国民航总局关于加强规划管理保护机场净空的通知》第 4 条、第 5 条；

《国务院办公厅关于加强民航飞行安全管理有关问题的通知》第 4 条；

《中国民用航空总局关于保护机场净空的通告》第 4 条、第 5 条。

(一)《中华人民共和国民用航空法》

(1995 年 10 月 30 日中华人民共和国主席令第 56 号公布)

第五十八条　禁止在依法划定的民用机场范围内和按照国家规定划定的机场净空保护区域内从事下列活动：(一) 修建可能在空中排放大量烟雾、粉尘、火焰、废气而影响飞行安全的建筑物或者设施；(二) 修建靶场、强烈爆炸物仓库等影响飞行安全的建筑物或者设施；(三) 修建不符合机场净空要求的建筑物或者设施；(四) 设置影响机场目视助航设施使用的灯光、标志或者物体；(五) 种植影响飞行安全或者影响机场助航设施使用的植物；(六) 饲养、放飞影响飞行安全的鸟类动物和其他物体；(七) 修建影响机场电磁环境的建筑物或者设施。禁止在依法划定的民用机场范围内放养牲畜。

第六十条　民用机场新建、扩建的公告发布后，任何单位和个人违反本法和有关行政法规的规定，在依法划定的民用机场范围内和按照国家规定划定的机场净空保护区域内修建、种植或者设置影响飞行安全的建筑物、构筑物、树木、灯光和其他障碍物体的，由机场所在地县级以上地方人民政府责令清除；由此造成的损失，由修建、种植或者设置该障碍物体的人承担。

(二)《中华人民共和国飞行基本规则》

(2000 年 7 月 24 日中华人民共和国国务院、中华人民共和国中央军事委员会令第 288 号公布)

第二十四条　在机场区域内必须严格执行国家有关保护机场净空的规定，禁止在机场附近修建影响飞行安全的射击靶场、建筑物、构筑物、架空线路等障碍物体。

(三)《国务院、中央军委关于保护机场净空的规定》

(1982 年 12 月 11 日国务院、中央军委第 38 号文发布)

(1) 凡在军用和民用机场附近规划、兴建各项工程时，必须遵守本规定。在机场净空区域内，严禁修建超出本规定的高大建筑物和影响机场通信、导航的设施。

(2) 各地区、各部门凡在机场附近规划或兴建各项工程时，必须事先与该机场所驻单位联系。凡属擅自在机场净空区域内修建的超高建筑物，超高部分必须拆除。其损失由建筑物产权单位负责。

(四)《国务院、中央军委关于加强机场净空保护的通知》

(1993 年 12 月 31 日国务院、中央军委发布)

(1) 各地区尤其是各级建设规划主管部门，必须严格依照国务院、中央军委的《关于保护机场净空的规定》审批建设项目。任何单位和个人都无权批准修建破坏机场净空的建筑物。

(2) 对严重超高的建筑物在条件许可的范围内给予清理；对危及飞行安全的要尽快采取有效的清理措施，限期解决；对无法保证飞行安全的要坚决拆除，各级人民政府要给予积极配合。

（五）《建设部、中国民航总局关于加强规划管理保护机场净空的通知》

（1996 年 6 月 4 日建规字第 339 号文发布）

任何单位或个人在机场的净空保护区域内进行各类建筑物或构筑物的新建、迁建、改（扩）建活动，都必须报经城市人民政府的城市规划行政主管部门审查批准；如该建筑物或构筑物超过了机场净空障碍物限制面，审查批准前必须征求机场管理机构的意见。

各地城市规划行政主管部门和机场管理机构要加强对于机场净空区范围内建设活动监督检查，凡在机场净空区范围内从事违法建设活动的，有关城市规划行政主管部门必须及时依法严肃查处。今后，各地在开展《城市规划法》、《民用航空法》执法检查法，要把保护机场净空情况作为一项重要内容。凡是由于管理不严，导致净空区域内出现障碍物，致使机场净空条件遭到破坏者，要依法追究有关部门、单位负责人或直接责任人的责任。

（六）《国务院办公厅关于加强民航飞行安全管理有关问题的通知》

（2004 年 4 月 25 日国务院令第 37 号发布）

各地人民政府和有关部门要严格执行有关规定，禁止在机场净空保护区域内违反规定修建建筑物、构筑物或其他影响民航飞行安全的设施，防止新增障碍物。要加强管理，完善措施，在机场周围设立明显的净空标志，严禁在机场附近焚烧农作物秸秆、垃圾等，严禁放飞影响民航安全的鸟类动物、气球、风筝和其他升空物体，不得燃放升空高度超标的烟花、焰火等。

（七）《中国民用航空总局关于保护机场净空的通告》

（1995 年 6 月 27 日民航总局发布）

禁止在民用机场及其净空保护区域内从事下列活动：（1）修建不符合机场净空要求的建筑物或设施；（2）修建可能在空中排放大量烟雾、粉尘、火焰、废气而影响飞行安全的建筑物或设施；（3）修建靶场、强烈爆炸物仓库等影响飞行安全的建筑物或设施；（4）设置影响机场目视助航设施使用的灯光、标志或其他物体；（5）种植不符合机场净空要求或影响机场助航设施使用的树木、植物。

凡擅自在机场净空区内修建的超高建筑物或设施，其超高部分必须予以拆除，所造成的损失由建筑物、设施的产权单位或个人自行承担；对造成飞行事故、国家和旅客生命财产损失者，将依法追究刑事责任。

二、航空障碍灯设置与维护相关法律、法规

国防部、交通部《关于飞机场附近高大建筑物设置飞行障碍标志的规定》第 8 条；

《国务院、中央军委关于保护机场净空的规定》第 3 条；

《中华人民共和国民用航空法》第 61 条；

《中华人民共和国飞行基本规则》第 24 条。

（一）《关于飞机场附近高大建筑物设置飞行障碍标志的规定》

（1961 年 4 月 15 日国防部、交通部军办字第 18 号文颁布）

设置飞行障碍标志，由各地飞机场的管理单位根据各该地飞机场的净空标准和实际使用情况，按照本规定直接向建筑使用单位提出具体要求，各该建筑物使用单位应负责设

置，并给予维护管理，保证正常使用。

(二)《国务院、中央军委关于保护机场净空的规定》

(1982 年 12 月 11 日国务院、中央军委第 38 号文发布)

对机场净空区域内原有的超高建筑物，其产权单位应按一九六一年四月十五日国防部和交通部联合颁发的〔61〕军字第 18 号《关于飞机场附近高大建筑物设置飞行障碍标志的规定》设置飞行障碍标志。

(三)《中华人民共和国民用航空法》

(1995 年 10 月 30 日中华人民共和国主席令第 56 号公布)

在民用机场及其按照国家规定划定的净空保护区域以外，对可能影响飞行安全的高大建筑物或者设施，应当按照国家有关规定设置飞行障碍灯和标志，并使其保持正常状态。

(四)《中华人民共和国飞行基本规则》

(2000 年 7 月 24 日中华人民共和国国务院、中华人民共和国中央军事委员会令第 288 号公布)

在机场及其按照国家规定划定的净空保护区域以外，对可能影响飞行安全的高大建筑物或者设施，应当按照国家有关规定设置飞行障碍灯和标志，并使其保持正常状态。

三、首都机场净空保护区范围

依据《国际民用航空公约附件 14》、中华人民共和国行业标准《民用机场飞行区技术标准》等有关净空管理要求，首都机场净空保护区为每一条跑道两侧各 6km、两端各 15km 的范围。按四条跑道的终端规划，首都机场净空保护区南北长 35.8km，东西宽 15.9km，东至顺义区仁和地区的林河工业区，西至顺义区后沙峪地区的罗各庄村，北至顺义区赵全营镇的豹房村，南至通州区永顺地区的范庄村，覆盖面积包括顺义区 3 个街道、5 个地区、3 个镇管辖的 38 个社区、83 个行政村，朝阳区 3 个地区管辖的 2 个社区、22 个行政村，通州区 1 个地区、1 个镇管辖的 7 个行政村。

第二节　加强净空管理措施

近年来，随着社会经济的快速发展，超高层建筑建设需求日渐增多，由于很多机场与城市主城区重叠，给机场的净空保护工作带来了极大的压力。同时随着机场规模的不断扩大，机场净空保护区域也相应扩大，净空障碍物不断增多。另一方面，由于城市建设的发展，原有地形地貌和障碍物也在不断发生变化，已不能满足飞行安全的需要。1999 年以来，民航总局每年都组织专业人员分批分期对全国 100 多个机场净空进行抽查，发现其中 30 个机场存在不同程度的超高障碍物和其他影响净空的环境问题。

一、地方立法

目前，很多省市先后出台了民用机场净空和电磁环境保护法规，地方法规的出台，对于改善当地机场的净空保护管理、加强具体管理措施的可操作起到了极大的促进作用，见

表 12-1。民用机场净空及安全管理规定的主要内容应包括：立法目的、适用范围、政府职责、机场的规划与建设、机场净空环境、电磁环境管理、应急救援、法律责任、行政处罚等内容。要解决的主要问题：

一是加强民用机场净空及安全管理，保障飞行安全。

二是落实监管职责。民用机场净空安全监督管理涉及地方政府多个部门、民用航空管理部门和机场管理机构。对此，国家的上位法只是作了原则规定，因此要在城市立法中作出具体规定。

三是关于涉及机场净空安全的禁止行为。国家《中华人民共和国民用航空法》虽然对在机场范围内和机场净空保护区域内禁止从事的活动有明确规定，但并没有涵盖所有影响飞行安全的行为。因此，作为地方立法，有必要一一列出影响净空安全的行为，一方面有助于公众知晓哪些是禁止行为以便遵循，另一方面便于执法。根据民航法的有关规定和省份及城市净空安全的实际情况，应作更为详细的规定。

四是关于机场净空保护区内建筑物或设施的规划建设。影响机场净空安全的主要因素之一是超高建筑物或者设施，机场净空安全与城市规划的关系极为密切，故城市规划部门与机场管理机构应当加强联系与沟通。

五是关于执法主体问题。民航法虽然明确规定了在民用机场范围内和机场净空保护区域内禁止从事的活动，却没有规定违法行为的法律责任，自然也没有明确谁是行政执法主体。《民用机场管理条例》规定了违法行为的法律责任，并对行政执法权的行使作了原则规定，考虑到与上位法保持一致，对此进行了明确。

六是关于应急处置工作。机场应急救援管理是机场安全生产的重要一环。国家《突发事件对应法》、国务院《民用机场管理条例》等上位法作了原则规定。但应急救援的组织、职权和体制归属并未进一步明确。因此应规定机场的应急救援体系，统一管理。这样有利于调动各方资源和一切力量及时参与机场的应急救援。同时规定了一旦发生影响安全飞行的突发事件，市和有关区、县人民政府、民用航空管理部门、空中交通管理部门、机场管理机构应该按照应急预案的要求，及时、有效地开展应急救援。

表 12-1　2011 年全国旅客吞吐量前 30 名的机场净空立法情况表

序号	机场名称	条例、规定及通知等	施行时间
1	北京首都机场	《北京市民用机场净空保护区域管理若干规定》	2010 年 11 月 1 日
2	广州白云机场	《广东省民用机场电磁环境保护规定》，目前《广州市民用机场管理条例》立法项目已通过评审	2007 年 3 月 1 日
3	上海浦东机场	《上海市民用机场地区管理条例》，自 2011 年 12 月 1 日起施行第二次新修订条例	1999 年 8 月 1 日
4	上海虹桥机场	《上海市民用机场地区管理条例》，自 2011 年 12 月 1 日起施行第二次新修订条例	1999 年 8 月 1 日
5	成都双流机场	《四川省民用机场净空及电磁环境保护条例》	2001 年 9 月 22 日
6	深圳宝安机场	《广东省民用机场电磁环境保护规定》	2007 年 3 月 1 日

（续表）

序号	机场名称	条例、规定及通知等	施行时间
7	昆明长水机场	《云南省民用运输机场保护条例》	2011年7月1日
8	西安咸阳机场	——	——
9	重庆江北机场	《重庆市民用机场保护条例》	2003年10月1日
10	杭州萧山机场	——	——
11	厦门高崎机场	福建省《关于进一步加强民用机场净空管理和电磁环境保护的意见》	2012年4月12日
		厦门市人民政府办公厅《关于成立厦门市机场净空专项整治工作领导小组的通知》	2012年7月17日
12	长沙黄花机场	《湖南省民用运输机场管理条例》	2010年7月1日
13	南京禄口机场	《南京禄口国际机场保护办法》	2004年2月1日
14	武汉天河机场	《湖北省民用机场净空安全保护条例》	2011年3月3日
15	大连周水子机场	辽宁省人民政府办公厅《关于加强机场净空保护区域内建设项目审批管理工作的通知》	2008年11月24日
		《大连市人民政府关于加强机场净空保护区升空物体管理的通告》	2012年7月12日
16	青岛流亭机场	山东省人民政府办公厅《关于进一步加强民航安全生产工作的意见》鲁政办发〔2009〕120号	2009年11月3日
		青岛市《关于加强民航青岛流亭机场净空保护和环境治理工作的通知》	2011年7月10日
17	乌鲁木齐地窝堡机场	新疆自治州《关于贯彻落实民用机场管理条例加强自治区民用机场安全环境保护工作的通知》	2010年10月10日
		乌鲁木齐市出台《关于加强机场净空保护区信鸽安全管理的通知》	2012年12月10日
18	三亚凤凰机场	——	——
19	沈阳桃仙机场	辽宁省人民政府办公厅《关于加强机场净空保护区域内建设项目审批管理工作的通知》	2008年11月24日
20	海口美兰机场	——	——
21	郑州新郑机场	——	——
22	济南遥墙机场	济南市政府《关于济南遥墙机场净空保护区范围的通告》	2012年10月15日
23	哈尔滨太平机场	为首都机场集团成员机场，净空立法进行中	——
24	天津滨海机场	天津市人民政府文件关于发布《天津滨海国际机场及周围地区规划建设管理办法》的通知（津政发〔1997〕64号），净空立法进行中	1987年10月18日

（续表）

序号	机场名称	条例、规定及通知等	施行时间
25	贵阳龙洞堡机场	为首都机场集团成员机场，净空立法进行中	——
26	福州长乐机场	《福州长乐国际机场保护条例》	2002年8月1日
27	南宁吴圩机场	——	——
28	太原武宿机场	榆次区人民政府《关于太原武宿国际机场净空环境保护区内烟花爆竹燃放事宜的通告》	2011年1月31日
29	温州永强机场	温州市人民政府《关于加强温州永强机场净空和电磁环境保护的通告》（通告〔2011〕5号）	2011年11月23日
30	桂林两江机场	——	——

上述机场中，13个机场已完成净空保护立法工作，7个机场净空保护工作颁布了政府规范性文件，3个机场（包括天津）净空保护立法正在进行中。还有7个机场没有启动净空立法。

二、规划审批

（一）长期规划

为了利于机场的发展规划、机场周边的控制规划，保障机场的正常运行，机场管理机构要根据本机场的中远期发展规划，从长远发展考虑，结合未来再建跑道的可能性，对未来可能规划的净空区参照现有跑道的净空要求进行规划控制，为本机场未来的发展留有一定的余地。对现状和规划拥有多条跑道的机场而言，由于多条跑道的高程差异，净空图中多条跑道的各相关控制面重叠处要以高程最低点控制净空，机场周边地区，现状或规划处于整个机场净空要求范围内的建（构）筑物，要严格按照现状和规划净空图控制，以保证机场最基本的飞行净空要求。

（二）审批资料

机场障碍物审批范围包括：机场净空保护区以内的所有建（构）物或设施，净空保护区以外高出机场地面标高150m或更高的建筑物或设施。根据《国际民用航空公约附件14》，对于障碍物限制面以外的物体，机场管理机构要对拟建高于地面标高150m或更高的建筑物进行航行研究，以确定其是否对飞机构成危害。

机场障碍物的审批可采用两种方式：一是机场障碍物审批范围内所有建设项目都要报机场管理机构出具审查意见后，地方规划行政主管部门再审核、批复；二是由机场管理机构将一定范围内的障碍物审查权限交给地方规划行政主管部门，双方在各自审查范围内进行障碍物审批。

建设单位在办理申请时须要提交：当地规划管理部门出具的该项目的规划意见书；由有资质的测绘单位提供的拟建项目材料，主要是位置坐标和高程，位置坐标可以采用相对跑道基准点的极坐标（磁方位角、距离）、经纬度坐标、城市坐标、国家大地坐标和机场系坐标等，见表12-2所列。

表 12-2　机场净空区拟建项目提交材料示例

昆明长永国际机场净空保护区拟建项目情况表

机场基准点的经度：102°56′34.840″E　纬度：25°06′13.741″N　采用的高程系：1985 国家高程基准

采用的坐标系：WGS-84 坐标系　　跑道长度：4500m　　跑道号码：东主跑道

经批复的远期总体规划中跑道数量：2 条跑道

编号	拟建项目名称	拟建项目相对于机场基准点		相对于跑道中心线/延长线垂直距离（m）	相对于距跑道入口中点（较近点）的水平距离（平行于跑道）（m）（跑道入口有内移的，应明确其体跑道编号及尺寸）	拟建项目±0.00高程 H（m）	拟建项目最高点高程 H（含屋顶构筑物及附属设施）（m）	施工塔架最高点的预估高程 H（m）	备注
		磁方位角	距离（m）						
1	A1	127°	1702.505	1701.022	2071.008	2131.55	2141.80	—	台湾航空 1 栋
2	A2	127°	1748.487	1746.908	2074.266	2131.55	2141.80	—	台湾航空 1 栋

建设项目申报须要向民航省级安全监督管理局提交以下净空审核文件和资料：①城市规划行政主管部门出具的征求净空审核意见的函或图件资料原件；②城市土地管理部门出具的批准文件或意见原件；③由新建、改扩建项目所在地机场管理机构提供的审核意见原件；④项目建设单位提供的说明拟建设项目的用地位置、建设规模、项目性质、建设工程内容、电力设施设备容量及控高建筑物高程内容的申请报告（加盖建设单位印章）；⑤有证设计或测绘单位制作的采用统一城市坐标系统和黄海高程 1：2000 地形蓝图原件两份（图上有绘制标明的项目用地范围、经纬度坐标，构建筑物制高点高程、坐标）；⑥有证设计或测绘单位制作的建设项目与机场基准点相对位置关系图原件一份（比例尺为 1/20000，按比例标示跑道构型，标明的项目用地范围，构建筑物最高点黄海高程、海拔高度、经纬度以及相对于机场基准点磁方位及距离）；⑦建设项目属电厂、变电站、高压输电线路及电台、移动通讯设施等能产生电磁环境影响的还需提供当地无线电管理委员会（局）的评估意见原件；⑧由有资质的单位编制的航行研究报告原件（根据补正材料通知书的要求提供）。

机场管理机构会同民航管理机构以及民用机场所在地区（县）人民政府规划行政主管部门，依照国家有关规定及民航有关技术标准编制民用机场净空障碍物限制图，在报送民用航空行政主管部门批准后，会同航行研究部门、民航无线电管理机构等部门制订具体的控高区及净空审批要求，与民用机场净空障碍物限制图同时抄送民用机场净空环境保护区域相关的县级以上人民政府规划建设、国土资源行政主管部门和气象主管机构进行备案。

建设单位和个人在机场净空保护区域内新建、扩建、改建建（构）筑物或者其他设施（包括宅基地居民住房建设项目）时，按规定报市或县级规划行政主管部门审批。行政主管部门主要审查是否在控高区内、是否符合机场净空审批要求。对于控高区内符合机场净

空审批要求的，受理审批后抄送机场管理机构和民航无线电管理机构备案；对于控高区外和控高区内不符合机场净空审批要求的建设项目，主管部门要求建设单位和个人提供机场管理机构出具的净空限高批复后，方可受理审批。

机场管理机构、民航地区空管局飞行程序设计部门、民航地区通信导航及无线电管理部门、民航地区管理局的机场处和航务处共同负责机场净空保护区管理和规划控制工作。收到建设项目申请后，机场管理机构首先要会同飞行程序设计部门、通信导航及无线电管理部门依据各自职责范围内的行业标准出具评估意见，经民航地区管理局的机场处和航务处对相关单位的评估意见进行核准后，由机场管理机构出具建设项目控制高度的审批意见，作为地方规划行政主管部门进行规划审批的依据（参见表 12－3)。

表 12－3　民航相关部门的净空审批内容

审批单位	审批内容	审批标准
机场管理机构	障碍物限制面符合性评估噪声环境符合性评估	国际民航公约附件 14《机场》 国际民航组织文件 Doc9137－AN/898 机场勤务手册第六部分《障碍物的管制》 中华人民共和国民用航空行业标准（MH5001－2006)《民用机场飞行区技术标准》 国际民航公约附件 16 卷 I《航空器噪声》
民航地区空中交通管理局飞行程序设计部门	飞行程序符合性评估	国际民航组织文件 Doc8168－OPS/611《空中航行服务程序一航空器运行（PANS－OPS）一卷Ⅱ目视和仪表飞行程序设计》 国际民航组织文件 Doc4444－RAC/501《空中规则和空中交通服务》
民航地区通信导航及无线电管理部门	电磁环境符合性评估	中华人民共和国国家标准 GB6364－86《航空无线电导航台站电磁环境要求》 中华人民共和国民用航空行业标准 MH/T4003－1996《航空无线电导航台和空中交通管制雷达站设置场地规范》

各机场可根据具体情况和净空条件、飞行程序及通信导航设施等，会同航行研究部门、民航无线电管理机构等确定“必报区”和“控高区”。“必报区”是指确定一个或多个规定区域，这些区域内的所有建设项目在得到地方规划行政主管部门的规划审批前，必须事先取得机场管理机构的审查同意意见。“控高区”是指在规定区域内障碍物的高度不能超出允许的高度。

以下为某机场递交给当地安全监督管理局的关于某项目净空审核的审核意见书。

民航××安全监督管理局：

××× 有限公司（公司全称）拟在××机场×侧（方位）距机场××米处〔×××°××′××″E；×××°××′××″N；(指拟建建筑物最高点地理坐标）北京 54 坐标，下同〕拟建×××(项目类型：如住宅楼），初审情况如下：

拟建项目名称及地点

×××项目（项目名称），位于×××（详细位置），为××项目（如：住宅）。与××机场跑道相对位置拟建建筑物最高点地理坐标为×××°××′××″E；×××°××′××″N（经纬度坐标）；位于××机场净空障碍物限制面内/外。

××机场限高计算及意见

拟建建筑物最高点海拔高度（场地高程及建筑物高度）为××米（黄海高程），（不）符合机场净空高度控制要求。

请监管局对该项目在净空管理方面是否符合相关要求给予审核。此函。

附件：1. ×××建设项目净空障碍物限高计算表（略）

2. 障碍物与跑道相对位置关系示意图

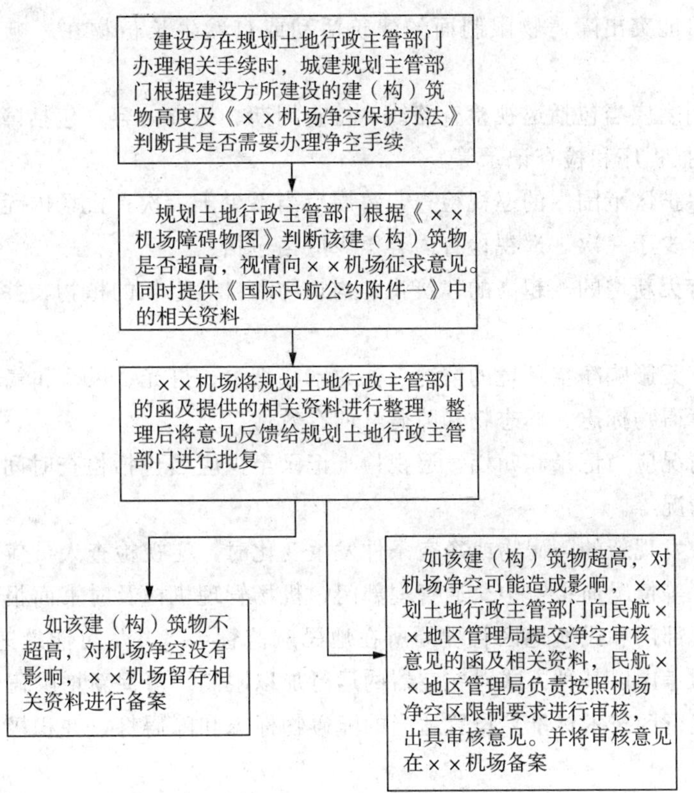

第三节　净空管理日常工作

为督促辖区机场落实安全主体责任，加强机场净空管理工作，监管局对机场净空保护工作进行了专项检查。监管局与地方勘察测绘院就净空区域内建设项目测绘资料内容进行沟通，确保机场净空测绘资料的准确和统一。此外，还通过查阅净空巡视检查记录、建设项目管理档案和现场巡查等方式，检查了机场周边建筑物管理情况和机场公司对影响机场净空安全建设项目的后续处置措施，并就下一步做好净空保护工作提出要求：一是要加强机场周边净空巡查工作，及时了解周边建筑物建设动态；二是要积极与地方规划部门沟通，从规划源头把好项目审批关；三是要积极联系地方政府，及时向地方政府汇报净空保护区域内障碍物信息，争取得到及时处置，确保机场净空安全。

一、巡视

机场管理机构应当指定部门和人员负责机场净空保护区的巡视检查工作，并配置必要的巡检车辆和净空测量设备。

民航地区管理局和机场管理机构应当依据《民用机场管理条例》，加强对民用机场净空状况的核查。发现影响民用机场净空保护的情况，应当立即制止，并书面报告民用机场所在地县级以上地方人民政府。机场管理机构应当建立机场净空保护区定期巡视检查制度。确保任何可能突出障碍物限制面的建筑活动或自然生长植物在影响机场运行之前被发现。

巡视检查制度应当包括巡视检查路线、检查周期、检查内容（包括障碍灯是否开启并正常工作）、通报程序和检查记录等。

机场净空保护区范围内的巡视检查，每周应当不少于一次；机场内无障碍区的巡视检查，每日应当不少于一次。巡视检查内容至少应当包括：

（1）检查有无新增的、超高的建筑物、构筑物和自然生长的植物，并对可能超高的物体进行测量；

（2）检查有无影响净空环境的情况，如树木、烟尘、灯光、风筝和气球等；

（3）检查障碍物标志、标志物和障碍灯的有效性。

巡视检查情况应当记录和归档。巡视检查记录至少应当包括检查时间、检查人员、检查区域和检查情况等。

巡视检查中发现新的障碍物或净空条件发生变化时，巡视检查人员应当及时将新障碍物的位置、高度等情况通报空中交通管理部门；机场管理机构及时书面报告并报所在地城市规划行政主管部门和民航地区管理局所在地民航监管局，并尽可能迅速协调予以拆除。拆除前应当立即考虑以某种方式对航空器的运行加以限制，督促新增障碍物的业主单位按照《民用机场飞行区技术标准》设置适当的障碍物标志和障碍灯，并积极协调、研究解决办法。

二、档案管理

机场管理机构应当建立机场净空管理档案。档案至少应当包括以下资料：

（1）障碍物限制图净空保护区图；

（2）巡视检查记录；

（3）障碍物测量资料；

（4）机场净空保护区域内的建筑物或构筑物的新建、迁建、改（扩）建审批资料；

（5）障碍物拆除、迁移和处置的资料。

机场管理机构在机场新建跑道起用时要以 AIP 资料的形式发布以下净空资料：具有测量资质的测绘单位出具的 A 型机场障碍物图；机场障碍物资料，包括突出于障碍物限制面

的、突出于A型机场障碍物图的建筑物或设施以及控制障碍物。

三、审批依据

净空区域内建设项目管理程序的依据：

（一）《中华人民共和国民用航空法》（中华人民共和国主席令第56号）；

（二）《民用机场管理条例》（中华人民共和国国务院令第553号）；

（三）《民用机场运行安全管理规定》（CCAR-140）；

（四）《航空器机场运行最低标准的制定与实施规定》（CCAR-97FS-R1）；

（五）《民用机场飞行区技术标准》（民用航空行业标准MH5001-2006）；

（六）《民用机场总体规划规范》（民用航空行业标准MH5002-1999）；

（七）《目视和仪表飞行程序设计规范》（民用航空行业标准MH/T4023-2007）；

（八）《航图》《国际民用航空公约附件4》。

附录1 中国民航和华东地区的仪表着陆系统（ILS）发展及应用概况

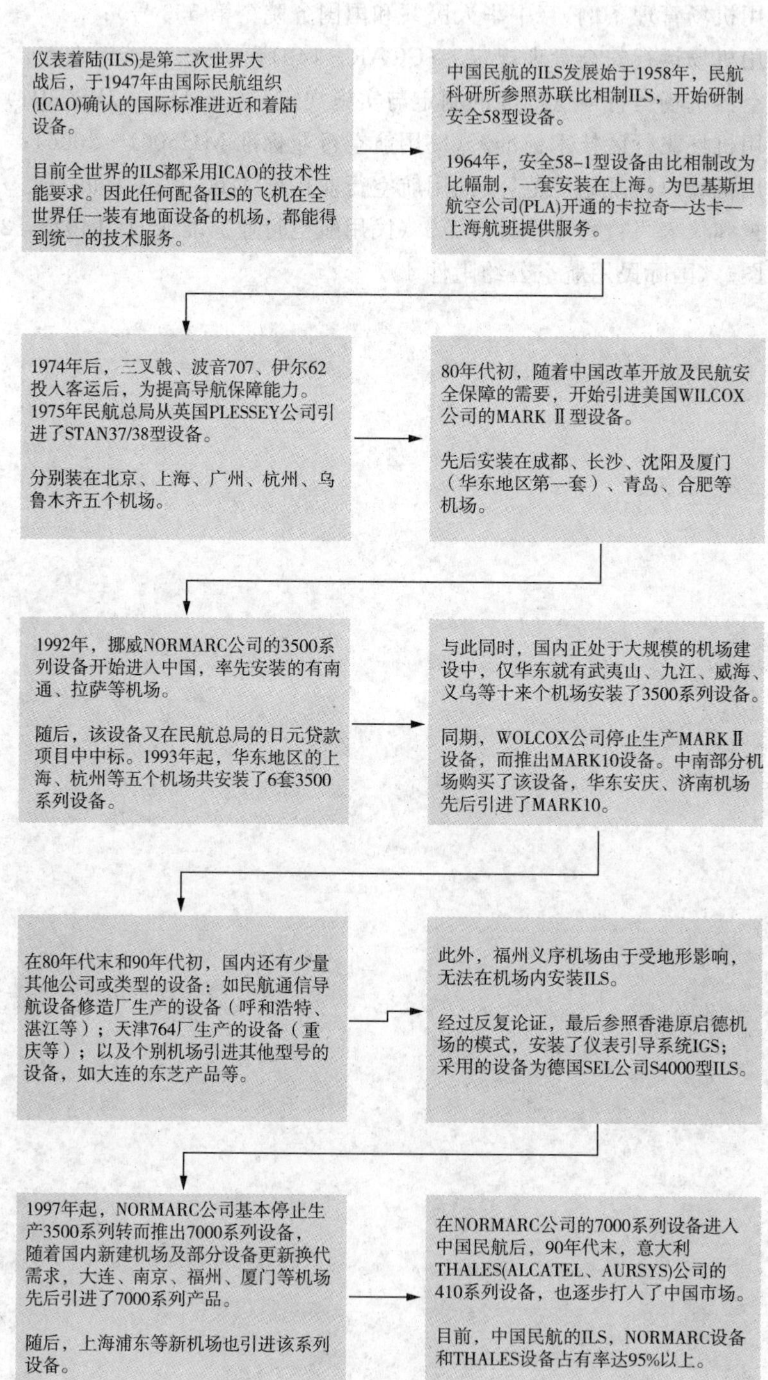

附录2　中国民航和华东地区的全向信标/测距仪（VOR/DME）发展及应用概况

1965年，为适应高空高速飞机飞行的需要，民航总局从法国THOMSOM公司引进4套VOR，分别安装在大王庄、无锡、英德、昆明四地。

这款RAO1615/2VOR，功放部分为电子管，射频输出功率为200瓦。

1976年，为配合国际通航需要，加强航路导航，民航总局从法国THOMSON公司引进了10套VOR，其中一套TAH510型设备安装在邳县导航台。

这种全固态设备，射频输出功率为50瓦，采用2单元天线阵；邳县VOR于1980年投产。

同时，天津764厂根据THOMSON公司的样机，也开始研制生产VOR。1980年一台764厂生产的QXDD型VOR交付给上海南汇导航台，1981年7月投入使用。

这台VOR的功放采用金属陶瓷管，输出功率100瓦，采用5单元天线阵，天线总高14.4米

1981年，北京首都机场得到联合国开发计划署的援助，配置了美国WILCOX公司的596B型测距仪（DME）。由于器件原因，末级功放采用金属陶瓷管和强制风冷，脉冲输出功率为1000瓦。

由于使用效果较好，1982年民航总局引进了7套改型DME，其中一大部分配给了上海虹桥机场。

1983年，新建的厦门机场引进了WILCOX公司585B VOR和596B DME，成为华东地区第一个配备VOR/DME的机场。随后，福州义序机场扩建，又引进了一大鹏585B VOR和596B DME。

585B VOR为全固态电路，输出功率100瓦，采用一单元天线阵，使天线高度大大降低。

1986年，由于无锡VOR台设备老化，经民航总局同意，从WILCOX公司和意大利FACE公司分别引进了585B VOR和FSD 15DME。

FSD15 DME为全固态设备，末级功放采用八个功放块（每个功放块功率为200瓦）功率合成输出，输出总功率=1200瓦

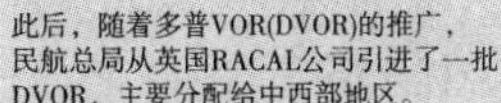

此后，随着多普VOR(DVOR)的推广，民航总局从英国RACAL公司引进了一批DVOR，主要分配给中西部地区。

由于该公司没有配备大量的DME，1988年民航总局从法国THOMSON公司采购了10多套DVOR和DME。黄山机场获得第一套该设备。

与此同时，还有部分机场，从美国WILCOS公司引进了MARK 10型设备。

此外，1991年福州义序机场由于受地形影响，无法在机场内安装ILS，采用了仪表引导系统IGS，采用的设备为德国SEL公司S4000型ILS。

到20世纪90年代初，华东地区总共安装了10余套VOR/DME。

随后，澳大利亚AWA公司在民航总局的日元贷款建设项目中中标，1993年至1997年，华东地区先后在南昌、上海、杭州、赣州、南汇等地配置了12套DVO/DME。

与此同时，华东地区还有南通、武夷山、义乌、黄岩、九江、威海、潍坊、晋江、福州等新建或扩建机场的建设项目，都先后配置了AWA公司的DVOR/DME。

至此，华东地区VOR/DME的数量已达30多套，约为全民航总量的四分之一。

1997年后，意大利ALCATEL公司的DVOR/DME开始进入中国市场。华东地区先后有南京、徐州、浦东、南昌等机场安装了该公司设备。

而同时，杭州新机场则采购了AWA设备。这样，中国民航的VOR/DME市场基本就被这两个公司的产品占据了。

附录3 机载天线位置示意图

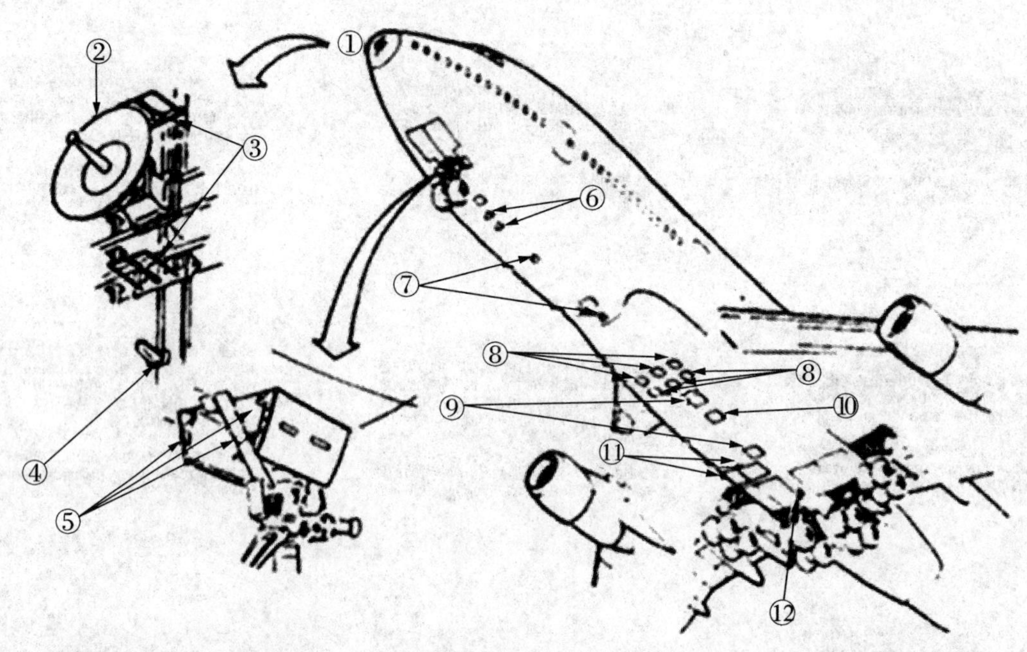

① 天线罩
② 气象雷达
③ 航向道
④ 下滑道捕获
⑤ 下滑道轨迹
⑥ 管制联系天线
⑦ DMW天线
⑧ 低高度无线电
⑨ ADF的环形天线
⑩ 指点标天线
⑪ 辨向天线
⑫ 甚高频通信

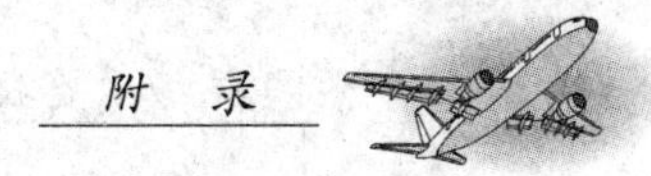

附录 4　辽宁省民用机场净空安全保护办法

（《辽宁省民用机场净空安全保护办法》业经 2013 年 6 月 18 日辽宁省第十二届人民政府第 6 次常务会议审议通过，2013 年 7 月 12 日辽宁省人民政府令第 284 号公布。自 2013 年 8 月 20 日起施行）

第一条　为了加强民用机场净空安全保护，保障民用航空安全和人民生命财产安全，根据《中华人民共和国民用航空法》、《民用机场管理条例》等法律、法规，结合我省实际，制定本办法。

第二条　本办法适用于我省行政区域内民用机场（含军民合用机场的民用部分）的净空区域保护和电磁环境保护。

第三条　民用机场所在地的市人民政府应当建立和完善民用机场净空安全保护工作责任制和协调机制，研究解决净空安全工作中的重大事项，将民用机场净空安全保护工作纳入本地安全生产责任目标考核体系，督促各有关部门按照规定承担保障净空安全的责任，依法对民用机场实施监督管理。

第四条　省安全生产监督管理部门和民用机场所在地市、县（含县级市、区，下同）人民政府确定的行政部门，对本级政府有关部门和下级人民政府的民用机场净空安全保护工作实施综合协调和监督指导。

发展改革、经济和信息化、公安、国土资源、环境保护、住房和城乡建设、林业、气象等有关部门，按照规定的职责，做好民用机场净空安全保护工作，具体职责另行规定。

地区民用航空管理机构依法对辖区内民用机场净空安全保护实施行业监督管理。

空中交通管理部门按照规定的职责，负责民用机场净空安全保护管理工作。

第五条　辽宁省机场管理集团公司、大连国际机场集团有限公司等（以下统称机场管理集团公司）按照国家和省有关规定，承担所属民用机场净空安全保护的具体工作。

第六条　地区民用航空管理机构、民用机场所在地的市、县人民政府及其相关部门，应当加强机场净空安全保护宣传、教育工作，提高公民对机场净空安全保护意识。

机场管理集团公司和机场所在地的乡（镇）人民政府、街道办事处以及村（居）民委员会，应当做好辖区内机场净空安全保护宣传、教育等相关工作。发现净空安全隐患或者危害净空安全行为的，应当向上级人民政府或者有关部门报告。

第七条　地区民用航空管理机构和民用机场所在地的市人民政府，应当按照国家有关规定划定民用机场净空保护区域，将其纳入市城乡建设规划和土地利用总体规划，并向社会公布。

民用机场所在地的县人民政府应当会同机场管理集团公司，在民用机场净空保护区域设置警示标识。

第八条　机场管理集团公司应当依据《民用机场飞行区技术标准》和民用机场总体规划，编制净空障碍物限制图，经国务院民用航空行政主管部门批准后，报民用机场所在地的市发展改革、住房和城乡建设、国土资源行政部门备案。

民用机场总体规划调整时，净空障碍物限制图也应当相应调整。

第九条　机场新建、扩建的，机场所在地的市人民政府应当于工程动工6个月前，在当地主要媒体发布公告，并在机场周围地区张贴。对可能影响机场净空安全的建筑物及设施、树木、灯光等障碍物，由市人民政府或者其委托的相关部门组织清除、处理。造成损失的，应当依法给予补偿或者采取其他补救措施。

机场新建、扩建公告发布后，任何单位和个人不得在机场净空保护区域内修建、种植或者设置影响净空安全的障碍物。

第十条　审批机场净空保护区域内建设项目时，应当书面征求地区民用航空管理机构的意见。地区民用航空管理机构应当自收到征求意见书之日起20个工作日内作出书面答复；依法需要听证、检验、检测和专家评审的，经地区民用航空管理机构负责人批准，可适当延长答复时间。但是，法律、法规另有规定的，依照其规定。

机场净空保护区域内新建、改建和扩建建设项目的安全设施，应当与主体工程同时设计、同时施工、同时验收、同时投入使用。安全设施投资应当纳入建设项目概算。

第十一条　禁止在机场净空保护区域内从事下列活动：

（一）修建靶场、强烈爆炸物仓库和超过民用机场净空障碍物限制高度等影响飞行安全的建筑物或者其他设施；

（二）排放大量烟雾、粉尘、火焰、废气等物质；

（三）设置影响机场目视助航设施使用或者飞行员视线的灯光、标志或者物体；

（四）种植影响飞行安全或者影响民用机场助航设施使用的植物；

（五）放飞鸟类，升放无人驾驶的自由气球、系留气球、风筝、孔明灯等其他升空物体以及进行飞艇、滑翔机、动力伞等飞行活动；

（六）储存爆炸物品以及进行超过净空保护高度要求的爆破或者作业；

（七）焚烧产生大量烟雾的农作物秸秆、垃圾等物质；

（八）燃放烟花、焰火；

（九）在机场围界外5米范围内，搭建建筑物，种植树木，或者从事挖掘、堆积物体等影响民用机场运营安全的活动；

（十）国家规定的其他影响机场净空保护的行为。

第十二条　市人民政府应当组织地区民用航空管理机构、政府有关部门以及机场管理集团公司，确定机场净空保护区域外机场周边区域修建建（构）筑物，种植高大树木，燃放升空的爆竹、烟花、焰火，升放无人驾驶的自由气球、系留气球和风筝、孔明灯等其他升空物体的限制高度或者区域，并向社会公布。

第十三条　在机场净空保护区域外，高大建筑物可能影响飞行安全的，其所有权人应当按照国家有关规定设置飞行障碍灯和标志，并保持正常显示状态。

第十四条　单位或者个人在净空保护区域外，升放无人驾驶自由气球或者系留气球，应当向升放地县以上气象主管机构提出申请。气象主管机构应当自受理申请之日起2日内作出批准或者不予批准的决定，并通知申请人。

升放无人驾驶自由气球，应当在拟升放2日前持气象主管机构的批准文件，向当地空中交通管理部门提出申请，空中交通管理部门应当在拟升放1日前作出批准或者不予批准的决定，并通知申请人。

升放无人驾驶自由气球非正常运行或者系留气球意外脱离系留的，升放单位或者个人应当立即向空中交通管理部门和气象主管机构报告。

第十五条　在机场净空保护区域边界接壤的地区使用飞艇、热气球、滑翔机、动力伞等航空器从事航空飞行的单位或者个人，需要划定临时飞行空域的，应当在拟使用临时飞行空域7个工作日前向空中交通管理部门提出书面申请；受理申请的空中交通管理部门自收到申请之日起3日内，做出批准或者不予批准的决定，并书面告知申请人。

第十六条　机场管理集团公司应当建立机场净空保护区域定期巡视检查制度。

机场净空保护区域内的巡视检查，每周不少于一次；机场内无障碍区的巡视检查，每日不少于一次。巡视检查应当包括下列主要内容：

（一）检查新增的、超高的建筑物、构筑物和自然生长的植物；

（二）检查有无树木、烟尘、灯光、风筝和气球等影响净空环境的情况；

（三）检查障碍物标志、标志物和障碍灯的有效性。

巡视检查情况应当记录和归档。

第十七条　信鸽协会应当做好协会会员和俱乐部的管理工作，教育和监督其在饲养、放飞信鸽和组织竞赛等活动时，遵守有关规定，避免影响机场净空安全。

第十八条　民用机场所在地无线电管理机构应当会同地区民用航空管理机构按照国家有关规定和标准，划定和调整民用机场电磁环境保护区域，保证民用机场通信设施、设备正常工作，限制电磁干扰信号和电磁障碍物体，并向社会公布。

机场管理集团公司应当及时将最新的机场电磁环境保护区域报当地的市人民政府有关部门备案。

第十九条　在民用机场电磁环境保护区域内设置、使用非民用航空无线电台（站）的，无线电管理机构应当征求地区民用航空管理机构意见后，按国家无线电管理的有关规定审批。

第二十条　空中交通管理部门和机场管理集团公司应当与航路无线电台站所在地市无线电管理机构建立民用机场电磁环境监测信息通报制度。

民用航空无线电专用频率受到干扰时，地区民用航空管理机构和机场管理集团公司应当立即采取排查措施，及时消除；无法消除的，应当通报机场所在地无线电管理机构。接到通报的无线电管理机构应当采取措施，依法查处。

第二十一条　机场管理集团公司应当建立机场电磁环境保护区域巡检制度，发现有下列影响航空电磁环境行为的，应当立即报告地区民用航空管理机构：

（一）修建影响航空电磁环境的高压输电线、架空金属线、铁路、公路、无线电发射设备试验发射场等；

（二）存放金属堆积物；

（三）法律、法规、规章规定的其他行为。

第二十二条　承担民用机场净空安全保护职责的政府有关部门，应当制定机场净空安全保护监督检查计划和措施，对净空安全保护工作进行定期检查。对检查中发现的违法行为和隐患，应当及时依法处理，并监督整改。

第二十三条　违反本办法第十一条规定，出现影响飞行安全突发性事件的，发现者应当立即告知机场管理集团公司，由机场管理集团公司向所在地公安机关报告，接到报告的公安机关应当先行采取有效处置措施，排除飞行安全隐患。

公安机关先行处置后，对于不属于其管辖的事项，应当及时移送省安全生产监督管理部门或者民用机场所在地市、县人民政府确定的行政部门进一步处理。

第二十四条　违反本办法第十一条、第十四条、第十五条规定的，按照国务院《民用机场管理条例》、《通用航空飞行管制条例》有关规定予以处罚。

第二十五条　政府有关部门工作人员在机场净空安全保护工作中，有下列行为之一的，由监察机关或者任免机关依照人事管理权限依法给予行政处分；构成犯罪的，依法追究刑事责任：

（一）不依照规定实施行政许可的；

（二）不依法履行监督检查职责的；

（三）不依法实施行政强制措施或者行政处罚的；

（四）利用职务之便谋取不正当利益的；

（五）其他滥用职权、徇私舞弊、玩忽职守的行为。

第二十六条　军民合用机场民用部分的净空区域保护和电磁环境保护，除遵守本办法有关规定外，还应当遵守国务院、中央军事委员会的有关规定。

第二十七条　本办法自2013年8月20日起施行。

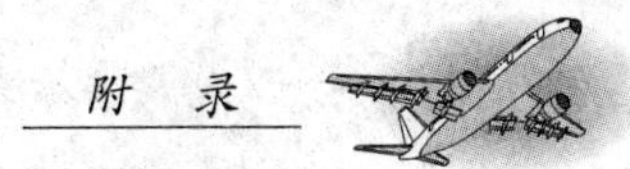

附录5 乌兰察布市民用机场及通用机场净空电磁环境保护管理规定

——乌政办字〔2016〕28号

第一章　总　则

第一条　为了加强乌兰察布市民用机场及通用机场净空电磁环境保护工作，确保机场运行安全，特制定本规定。

第二条　本规定适用于乌兰察布民用机场及通用机场净空电磁环境保护区域。

乌兰察布民用机场及通用机场净空保护区域：机场远期规划跑道中心线两侧各10公里、跑道端外20公里的区域，主要包括净空障碍物限制面、外水平面、机场电磁环境保护区和部分飞行程序保护区域。

第三条　本规定根据《中华人民共和国民用航空法》（主席令第56号）、《民用机场管理条例》（国务院令第553号）、《内蒙古自治区民用机场管理办法》（内蒙古自治区人民政府令第200号）、《民用机场运行安全管理规定》（CCAR－140）、《华北地区民用机场净空障碍物管理办法》（民航华北发〔2013〕22号）、《乌兰察布市人民政府办公厅关于进一步加强乌兰察布民航机场净空环境保护的通知》（乌政办字〔2015〕93号）等有关法律、法规，结合乌兰察布市的实际情况制定。

第四条　任何单位和个人不得破坏机场净空电磁环境；对破坏机场净空电磁环境的行为，均有权制止和举报。

第五条　名词解释：

（一）民用机场及通用机场净空保护区：是指民用机场及通用机场远期规划跑道中心线两侧各10公里、跑道端外20公里的区域，主要包括净空障碍物限制面、外水平面、机场电磁环境保护区域和部分飞行程序保护区域。

（二）净空障碍物限制面：包括锥形面、内水平面、内进近面、进近面、过渡面、内过渡面、复飞面及起飞爬升面。

（三）机场电磁环境保护区域：包括设置在民用机场及通用机场总体规划区域内的民用航空无线电台（站）电磁环境保护区和机场飞行区电磁环境保护区域。

（四）民用航空无线电台（站）电磁环境保护区域：是指按照国家有关规定、标准或者技术规范划定的地域和空间范围。

（五）机场飞行区电磁环境保护区域：是指影响民用航空器运行安全的机场电磁环境区域，即民用机场及通用机场管制地带内从地表面向上的空间范围。

（六）障碍物限制：飞机场附近障碍物限制是为了保证飞机的起降安全，对飞机场邻

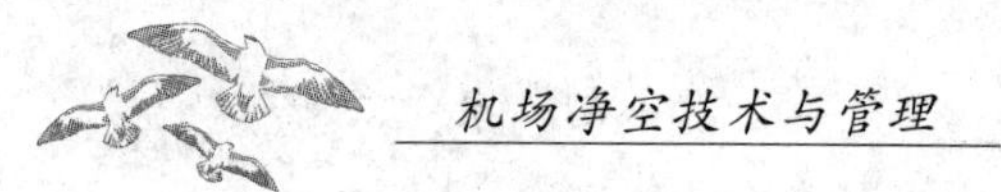

近地区的人工和自然物体的高度必须实行限制，以保证对飞行没有障碍。

第二章　净空电磁环境保护

第六条　凡在乌兰察布民用机场及通用机场净空电磁环境保护区域内拟建建（构）筑物，必须满足机场净空限制要求，同时还应满足机场电磁环境要求。

第七条　在障碍物限制面区域内或在机场障碍物限制面范围以外、距机场跑道中心线两侧各 10 公里，跑道端外 20 公里的区域内，高出原地面 30 米且高出机场标高 150 米拟建高大建（构）筑物，规划部门应在审批前向民航管理部门征求意见。

对报经民航管理部门净空审查的建设项目，需在该建设项目通过民航管理部门的净空审查后，方可予以审批。

第八条　建（构）筑物或者设施经民航管理部门批准但超出民航有关技术规范规定的其他影响飞行安全情形的，必须按照国家有关标准设置飞行障碍物灯或标志。建（构）筑物或者设施已经安装飞行障碍物灯或者标志的，必须确保其正常使用。

第九条　乌兰察布集宁机场及全市通用机场净空保护区域内，禁止从事下列活动：

（一）修建靶场、爆炸物仓库等影响飞行安全的建（构）筑物或者其他设施；

（二）设置影响机场目视助航设施的使用或者飞行员视线的灯光、标志或者物体；

（三）种植影响飞行安全或者影响机场助航设施使用的植物；

（四）放飞影响民航飞行安全的鸟类，升放无人驾驶的自由气球、系留气球、风筝、孔明灯以及其他升空物体；

（五）未经民航管理部门审查，在机杨净空电磁环境保护范围内，从事无人机、航空模拟、航空运动、（无）动力滑翔伞、热气球、飞艇以及飞播、灭虫、人工增雨、护林等影响民航飞行安全的飞行活动；

（六）焚烧产生大量烟雾的农作物秸秆、垃圾等物质；

（七）排放产生大量烟雾、粉尘、火焰、废气等影响飞行安全的物质；

（八）燃放烟花、焰火；

（九）在乌兰察布集宁机场及全市通用机场围界外 5 米范围内，搭建建筑物、种植树木，或者从事挖掘、堆积物体等影响机场运行安全的活动；

（十）在机杨净空电磁环境保护范围内，未经民航许可擅自设置 110 千伏及以上的高压输电塔；

（十一）国务院民用航空主管部门规定的其他影响民用机场净空保护的行为。

第十条　禁止在乌兰察布集宁机场及全市通用机场无线电（站）电磁环境保护区域内，从事下列影响民用机场电磁环境的活动：

（一）修建架空高压输电线、架空金属线、铁路、公路、电力排灌站；

（二）存放金属堆积物；

（三）种植高大植物；

（四）从事掘土、采砂、采石等改变地形地貌的活动；

（五）国务院民用航空主管部门规定的其他影响民用机场电磁环境的行为。

第十一条　任何单位或者个人使用的无线电台（站）和其他仪器、装置，不得对民用航空无线电专用频率的正常使用产生干扰。

第三章　管理职责

第十二条　乌兰察布民航机场净空电磁环境保护工作领导小组及其办公室，负责本规定的组织实施。组织机构的主要负责人由乌兰察布市人民政府、乌兰察布机场铁路办公室和乌兰察布民航机场公司领导担任，成员由各旗县市区人民政府和市安监局、规划局、住房和城乡建设委员会、无线电管理处、气象局、公安局、体育局、文化新闻出版广电局、环保局、电业局、农牧业局等部门领导组成。

对未取得建设工程规划许可证在机场净空保护区内建设违章超高建（构）筑物，超高部分由乌兰察布市人民政府责成有关单位责令拆除，由此造成的损失由建设单位承担。如对机场的安全正常运行造成影响，该单位或者个人要承担相应的责任。

第十三条　民航机场净空电磁环境保护领导小组办公室（乌兰察布市机场铁路建设办公室）职责：

（一）加强电气化铁路建设项目管理，避免发生影响机场电磁环境的事件，协调解决净空电磁环境保护管理工作中遇到的困难和问题；

（二）负责全市建设单位报建项目净空审查的上报、回函和验收工作；

（三）根据《乌兰察布民航机场总体规划》和有关技术要求，及时更新机场净空障碍物限制图，并报政府相关部门备案；

（四）在全市机场（包括通用机场）及周边地区乡村、企事业单位经常性地开展净空电磁环境保护知识的宣传普及工作；

（五）定期组织召开全市净空电磁环境管理相关会议。

第十四条　乌兰察布民用机场公司及通用机场公司职责：

（一）根据《国际民航组织公约》及民航行业规范，协调民航相关部门对乌兰察布集宁机场及全市通用机场净空电磁环境保护区域内的各类拟建建（构）筑物或设施提出评估意见和建议；

（二）承担乌兰察布集宁机场及通用机场净空电磁环境保护区域内各类建（构）筑物、障碍灯、障碍物标志和升空物体等日常巡视检查管理工作。

第十五条　各旗县区级人民政府负责协助民航管理部门在各辖区范围内开展净空电磁环境保护及宣传工作；负责辖区内出现的新增、新建超高障碍物的拆除工作。

第十六条　各级安监部门需配合、参与机场净空电磁环境保护的宣传及巡视检查工作；协助解决机场净空电磁环境保护工作中出现的违法违规问题。

第十七条　各级规划部门要将机场发展规划纳入城市总体规划，并加强机场净空电磁环境保护区域内规划、修建建（构）筑物或者其他设施的监督管理，按照国家有关规定审核把关；与民航管理部门建立工作协调联动机制，共同做好机场净空电磁环境保护工作。对拟建申报项目，按照机场净空保护要求进行审批；建设项目拟建高度超出机场净空障碍物限制图要求高度时，要责成项目申请单位书面征询民航管理部门意见，在该项目取得民航管理机构的行业审批后方可予以受理和审批。

第十八条 各级住房和城乡建设部门要民航管理部门建立工作协调联动机制，共同做好机场净空电磁环境保护工作；对机场净空电磁环境保护区域内的建设项目进行管控，将机场净空电磁环境保护要求纳入到建设项目验收程序中。

第十九条 各级无线电管理部门负责协助民航管理部门做好机场电磁环境保护工作。对干扰、影响机场通讯导航等无线电频率的事件及时进行查处。

第二十条 各级气象部门协助民航管理部门对升放无人驾驶自由气球、系留气球等升空物体及人工增雨等飞行活动进行管理。

第二十一条 各级公安机关协助民航管理部门对未经批准并违反机场净空管理规定的各类飞行活动，进行追查和处置；民航管理部门在节日期间对机场周边地区的广场等人群聚集地进行监管，及时制止放飞孔明灯和燃放高空烟花等影响飞行安全的行为。

第二十二条 各级体育部门在举办各类大型体育赛事或其他文体活动期间，应对烟花焰火、强光型投射灯、升空热气球、航拍飞机等进行管控；在审批模拟飞行、航模飞行、飞艇、热气球、滑翔机、动力伞、信鸽赛事等活动时，应当责令活动组织者提前征询民航管理部门关于活动时间、范围、规模和高度的意见。

第二十三条 各级文化新闻出版广电部门在重大节假日前和安全生产月活动期间，无偿协助机场利用电视、广播、报纸等新闻媒体进行净空电磁环境保护宣传。

第二十四条 各级环保部门负责查处向机场排放污水、粉尘以及能产生大量烟雾、火焰、废气等，破坏机场环境、影响飞行安全的行为。

第二十五条 各旗县市区政府及其城管部门同民航管理部门建立净空电磁环境保护管理联动机制，会同机场相关部门开展净空巡视检查，发现违反机场净空电磁环境保护的行为及时予以处置。

第二十六条 各级电业局同民航管理部门建立净空电磁环境保护管理联动机制，规划设计在民用机场及通用机场净空电磁环境保护区域内的新建、迁建或改扩建高压输变电线路时，要考虑到机场净空电磁环境保护的相关要求。

第二十七条 各级农牧业部门协助民航管理部门做好飞播、灭虫等通用航空飞行管理工作。

第二十八条 中国铁塔股份有限公司乌兰察布市分公司及各旗县市区分支机构要同民航管理部门建立净空电磁环境保护管理联动机制，规划设计在乌兰察布集宁机场及通用机场净空电磁环境保护区域内新建通讯铁塔时，要考虑到机场净空电磁环境保护的相关要求。

第四章 法律责任

第二十九条 违反本办法第九条的，由乌兰察布市人民政府责成有关部门按照《民用机场管理条例》第七十九条的规定责令整改，情节严重的，处 2 万元以上 10 万元以下的罚款。

第三十条 违反本办法规定，在民用机场净空保护区域内设置 22 万伏及以上的高压输电塔，未按照国务院民用航空主管部门的有关规定设置障碍物灯或者标志的，根据《民用机场管理条例》第七十八条的规定，由民航主管部门责令改正，处10万元以上50万元以下的罚款。

第三十一条　违反本办法第十条的，根据《民用机场管理条例》第八十一条的规定，由乌兰察布市人民政府责成有关部门责令改正，情节严重的，处2万元以上10万元以下的罚款。

第三十二条　违反本办法的规定，使用的无线电台（站）或者其他仪器、装置，对民用航空无线电专用频率的正常使用产生干扰的，根据《民用机场管理条例》第八十条的规定，由无线电管理委员会乌兰察布市管理处责令改正，情节严重的，处2万元以上10万元以下的罚款。

第三十三条　旗县市区行政主管部门、乡镇人民政府、街道办事处实施本规定有关行政处罚，并将受委托行政机关和受委托实施行政处罚的内容予以公告。

第五章　附　则

第三十四条　本规定自颁布之日起生效执行。

附录6 航空障碍灯图示

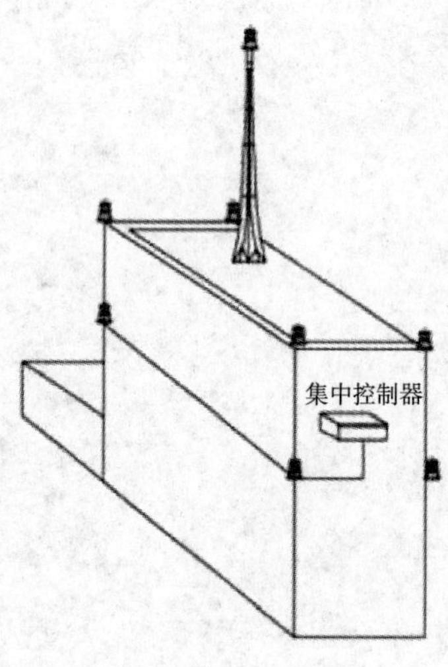

交流多盏联控闪光障碍灯安装示意图

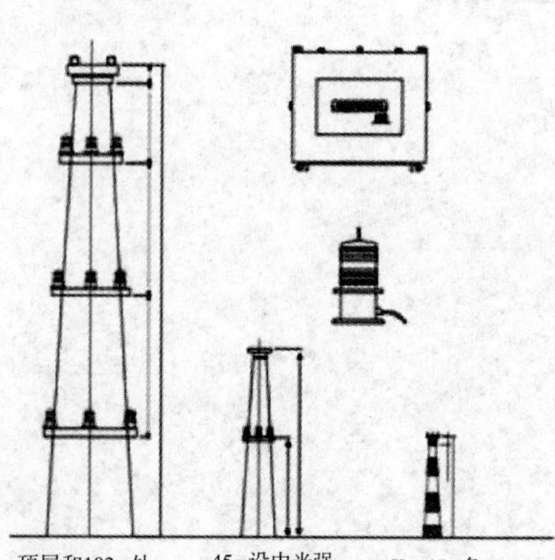

顶层和102m处装高光强闪光障碍灯，其余两层装中光强障碍灯，此设置方案可不用刷色标漆

45m设中光强障碍灯，90m设高光强障碍灯，安装高光强白色闪光障碍灯不用刷色标漆

$H<45$m色标为7条，顶部装一层中光强障碍灯

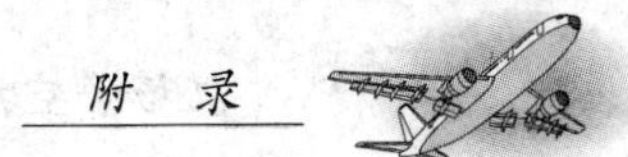

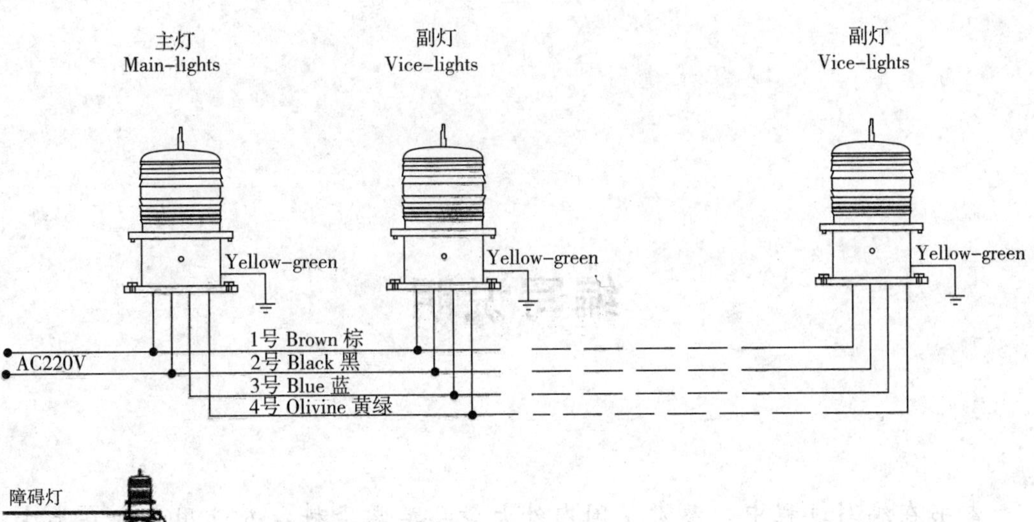

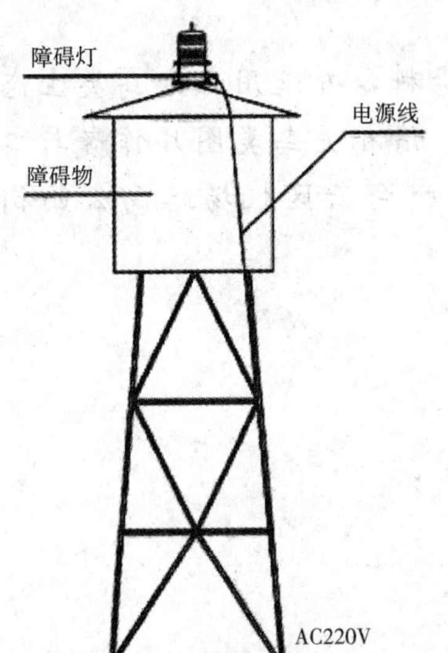

一般建筑应在其顶端安装障碍灯

外形广大的建筑群所设置的障碍灯应能从各个方位看出物体的轮廓，水平方向也可参考以45m左右的间距设置障碍灯

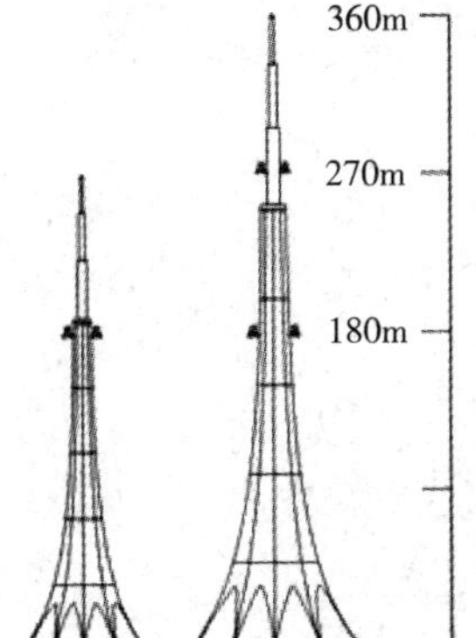

高于150m超高物体，在其顶端设置高光强A型障碍灯，并与中光强障碍灯配合使用

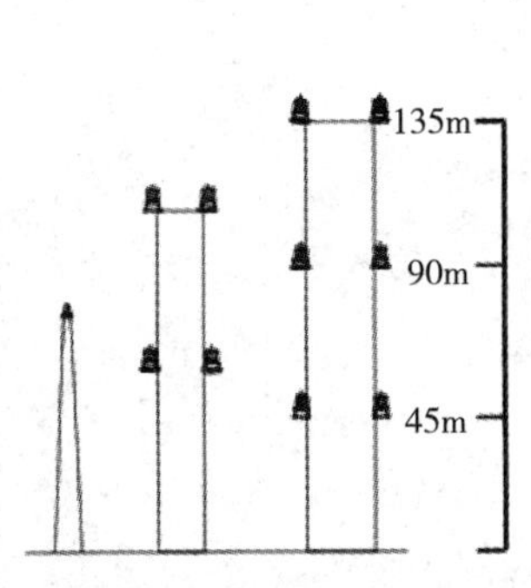

高于105m而不足150m高大物体，应在顶端设置中光强A型障碍灯，中间层还应加设障碍灯，且间距尽可能相等

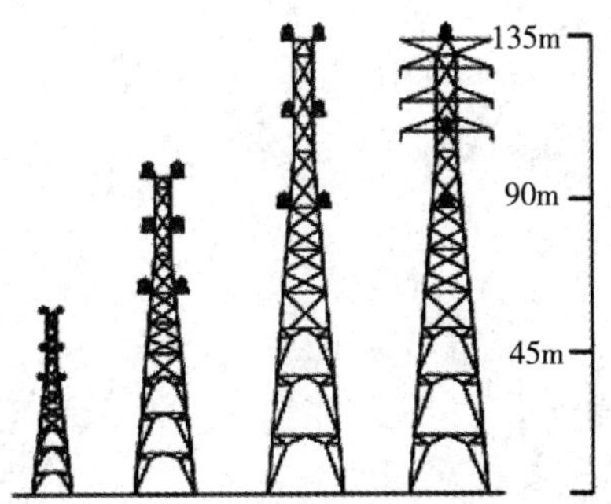

超高压输电线铁塔应设置高光强B型障碍灯，并为三层同步闪光。位置为塔顶、电缆下垂线的最低点及二者中间位置

编写说明

本书在编写过程中，参考了国内外大量鸟类学资料，并选用部分鸟类生态照片，因作者较多，无法取得联系，在此表示感谢。请相关鸟类图片作者与本书作者（单位：广州民航职业技术学院；地址：广州白云区机场路向云西街10号）联系，我们将赠送本书及支付相应的片酬。

图书在版编目(CIP)数据

机场净空技术与管理/吴昊,施泽荣等编著.—合肥:合肥工业大学出版社,2017.2
ISBN 978-7-5650-3290-5

Ⅰ.①机… Ⅱ.①吴…②施… Ⅲ.①机场—安全管理 Ⅳ.①V35

中国版本图书馆 CIP 数据核字(2017)第 044746 号

机场净空技术与管理

吴 昊 施泽荣 白文娟 王 正 编著　　　　责任编辑 权 怡

出 版	合肥工业大学出版社	**版 次**	2017 年 2 月第 1 版
地 址	合肥市屯溪路 193 号	**印 次**	2017 年 11 月第 1 次印刷
邮 编	230009	**开 本**	787 毫米×1092 毫米 1/16
电 话	编 校 中 心:0551-62903210	**印 张**	20.25
	市场营销部:0551-62903198	**字 数**	327 千字
网 址	www.hfutpress.com.cn	**印 刷**	安徽昶颉包装印务有限责任公司
E-mail	hfutpress@163.com	**发 行**	全国新华书店

ISBN 978-7-5650-3290-5　　　　**定价:** 57.00 元